全国高等教育自学考试指定教材

传感器技术与应用

（2023 年版）

（含：传感器技术与应用自学考试大纲）

全国高等教育自学考试指导委员会　组编

主编　樊尚春

机 械 工 业 出 版 社

本书系统介绍了传感器的原理与应用，包括：传感器的作用实例分析、分类与命名，传感器技术的特点与发展，传感器的特性及其主要性能指标的计算，应变式传感器，硅压阻式传感器，电容式传感器，电磁式传感器，压电式传感器，谐振式传感器，光纤传感器，温敏与湿敏传感器，气敏与离子敏传感器，视觉与触觉传感器，智能化传感器，面向物联网应用的无线传感器网络等。

本书在每章都给出了较丰富的应用实例及分析，并配有适量的习题与思考题。

本书是高等教育自学考试测控技术与仪器、自动化等专业“传感器技术与应用”课程的自学考试教材，也可供相关专业的师生和有关工程技术人员参考。

图书在版编目（CIP）数据

传感器技术与应用：2023年版/全国高等教育自学考试指导委员会组编；樊尚春主编．—北京：机械工业出版社，2023.9

全国高等教育自学考试指定教材

ISBN 978-7-111-73883-1

Ⅰ.①传… Ⅱ.①全… ②樊… Ⅲ.①传感器-高等教育-自学考试-教材 Ⅳ.①TP212

中国国家版本馆CIP数据核字（2023）第179221号

机械工业出版社（北京市百万庄大街22号 邮政编码100037）

策划编辑：张振霞　　责任编辑：张振霞　杨晓花

责任校对：潘　蕊　王　延　　责任印制：邓　博

北京盛通数码印刷有限公司印刷

2024年1月第1版第1次印刷

184mm×260mm · 17印张 · 417千字

标准书号：ISBN 978-7-111-73883-1

定价：59.00元

电话服务　　网络服务

客服电话：010-88361066　　机　工　官　网：www.cmpbook.com

010-88379833　　机　工　官　博：weibo.com/cmp1952

010-68326294　　金　书　网：www.golden-book.com

封底无防伪标均为盗版　　机工教育服务网：www.cmpedu.com

组编前言

21世纪是一个变幻难测的世纪，是一个催人奋进的时代，科学技术飞速发展，知识更替日新月异。希望、困惑、机遇、挑战，随时随地都有可能出现在每一个社会成员的生活之中。抓住机遇、寻求发展、迎接挑战、适应变化的制胜法宝就是学习——依靠自己学习，终生学习。

自学考试作为我国高等教育的组成部分，其职责就是在高等教育水平上倡导自学、鼓励自学、帮助自学、推动自学，为每一个自学者铺就成才之路。组织编写供自学者学习的教材就是履行这个职责的重要环节。毫无疑问，自学考试指定教材应当适合自学，应当有利于自学者掌握和了解新知识、新信息，有利于自学者增强创新意识、培养实践能力、形成自学能力，同时有利于自学者学以致用，解决实际工作中所遇到的问题。虽然自学考试指定教材沿用了“教材”的概念，但它与仅供教师讲、学生听，教师不讲、学生不懂，以“教”为中心的教科书相比，在内容编排、编写体例、行文风格等方面都大有不同。希望自学者对此有所了解，以便从一开始就树立起依靠自己学习的坚定信念，不断探索适合自己的学习方法，充分利用自己已有的知识基础和实际工作经验，最大限度地发挥自己的潜能，达到学习的目标。

欢迎读者提出意见和建议。

祝每一位自学者自学成功！

全国高等教育自学考试指导委员会

2022年8月

目　录

组编前言

传感器技术与应用自学考试大纲

大纲前言
Ⅰ. 课程性质与课程目标 …… 3
Ⅱ. 考核目标 …… 4
Ⅲ. 课程内容与考核要求 …… 5
Ⅳ. 关于大纲的说明与考核实施要求 …… 20
Ⅴ. 题型举例 …… 23
后记 …… 26

传感器技术与应用

编者的话 …… 28
第1章　绪论 …… 30
1.1　传感器的作用实例分析 …… 30
1.1.1　圆柱形应变筒式压力传感器 …… 30
1.1.2　谐振筒式压力传感器 …… 30
1.1.3　硅微结构谐振式压力传感器 …… 31
1.1.4　传感器的作用小结 …… 31
1.2　传感器的分类与命名 …… 32
1.2.1　按输出信号的类型分类 …… 32
1.2.2　按传感器能量源分类 …… 32
1.2.3　按被测量分类 …… 32
1.2.4　按工作原理分类 …… 33
1.2.5　传感器的命名 …… 34
1.3　传感器技术的特点 …… 34
1.4　传感器技术的发展 …… 35
1.4.1　新原理、新材料和新工艺的发展 …… 35
1.4.2　微型化、集成化、多功能和智能化传感器的发展 …… 37
1.4.3　多传感器融合与网络化的发展 …… 38
1.4.4　量子传感技术的快速发展 …… 39
习题与思考题 …… 39
第2章　传感器的特性 …… 41
2.1　传感器的静态标定 …… 41
2.1.1　静态标定条件 …… 41
2.1.2　传感器的静态特性 …… 41
2.2　传感器的主要静态性能指标 …… 42
2.2.1　测量范围与量程 …… 42
2.2.2　静态灵敏度 …… 42
2.2.3　分辨力与分辨率 …… 43
2.2.4　温漂 …… 44
2.2.5　时漂（稳定性） …… 44
2.2.6　传感器的测量误差 …… 44
2.2.7　线性度 …… 45
2.2.8　迟滞 …… 46
2.2.9　非线性迟滞 …… 47
2.2.10　重复性 …… 47
2.2.11　综合误差 …… 48
2.2.12　环境参数与使用条件 …… 49
2.3　传感器的动态特性方程与性能指标 …… 50
2.3.1　动态特性方程 …… 50
2.3.2　动态响应及动态性能指标 …… 50
2.3.3　动态标定 …… 55
2.3.4　动态模型的建立 …… 55
2.4　传感器静态特性计算实例 …… 57
2.5　传感器动态特性计算实例 …… 60
2.5.1　利用传感器单位阶跃响应建立传递函数 …… 60

2.5.2 某加速度传感器幅频特性的测试与改进 …… 61
习题与思考题 …… 62
第3章 应变式传感器 …… 65
3.1 电阻应变片 …… 65
3.1.1 应变式变换原理 …… 65
3.1.2 应变片的结构及应变效应 …… 65
3.1.3 电阻应变片的种类 …… 66
3.2 应变片的温度误差及其补偿 …… 67
3.2.1 温度误差产生的原因 …… 67
3.2.2 温度误差的补偿方法 …… 68
3.3 电桥电路原理 …… 69
3.3.1 电桥电路的平衡 …… 69
3.3.2 电桥电路的不平衡输出 …… 70
3.3.3 电桥电路的非线性误差 …… 70
3.3.4 四臂受感差动电桥电路的温度补偿 …… 72
3.4 应变式传感器的典型实例 …… 72
3.4.1 应变式力传感器 …… 73
3.4.2 应变式加速度传感器 …… 78
3.4.3 应变式压力传感器 …… 79
3.4.4 应变式转矩传感器 …… 81
习题与思考题 …… 83
第4章 硅压阻式传感器 …… 85
4.1 硅压阻式变换原理 …… 85
4.1.1 半导体材料的压阻效应 …… 85
4.1.2 单晶硅的晶向、晶面的表示 …… 86
4.1.3 压阻系数 …… 87
4.2 硅压阻式传感器的典型实例 …… 89
4.2.1 硅压阻式压力传感器 …… 89
4.2.2 硅压阻式加速度传感器 …… 93
4.3 基于硅压阻式压力传感器的节流式流量计 …… 95
4.4 硅压阻式传感器温度漂移的补偿 …… 97
习题与思考题 …… 98
第5章 电容式传感器 …… 100
5.1 电容式敏感元件及特性 …… 100
5.1.1 电容式敏感元件 …… 100
5.1.2 变间隙电容式敏感元件 …… 100
5.1.3 变面积电容式敏感元件 …… 101
5.1.4 变介电常数电容式敏感元件 …… 102
5.1.5 电容式敏感元件的等效电路 …… 102
5.2 电容式变换元件的信号转换电路 …… 102
5.2.1 运算放大器式电路 …… 102
5.2.2 交流不平衡电桥电路 …… 103
5.2.3 变压器式电桥电路 …… 103
5.3 电容式传感器的典型实例 …… 104
5.3.1 电容式压力传感器 …… 104
5.3.2 硅电容式集成压力传感器 …… 105
5.3.3 电容式加速度传感器 …… 106
5.3.4 硅电容式微机械加速度传感器 …… 106
5.3.5 硅电容式微机械角速度传感器 …… 109
5.3.6 电容式转矩传感器 …… 109
5.3.7 容栅式位移传感器 …… 110
5.4 电容式传感器的抗干扰问题 …… 111
5.4.1 温度变化对结构稳定性的影响 …… 111
5.4.2 温度变化对介质介电常数的影响 …… 112
5.4.3 绝缘问题 …… 112
5.4.4 寄生电容的干扰与防止 …… 112
习题与思考题 …… 113
第6章 电磁式传感器 …… 115
6.1 电感式变换原理及其元件 …… 115
6.1.1 简单电感式变换元件 …… 115
6.1.2 差动电感式变换元件 …… 116
6.1.3 差动变压器式变换元件 …… 117
6.2 磁电感应式变换原理 …… 119
6.3 电涡流式变换原理 …… 120
6.3.1 电涡流效应 …… 120
6.3.2 等效电路分析 …… 120
6.3.3 信号转换电路 …… 121
6.4 霍尔效应及元件 …… 123
6.4.1 霍尔效应 …… 123
6.4.2 霍尔元件 …… 124
6.5 压磁效应及元件 …… 124
6.6 电磁式传感器的典型实例 …… 124
6.6.1 差动变压器式加速度传感器 …… 124
6.6.2 电磁式振动速度传感器 …… 125
6.6.3 差动电感式压力传感器 …… 126
6.6.4 电涡流式位移传感器 …… 127
6.6.5 感应同步器 …… 127
6.6.6 测速发电机 …… 129
6.6.7 磁电式涡轮流量传感器 …… 132
6.6.8 电磁式流量传感器 …… 133
6.6.9 压磁式力传感器 …… 134

6.6.10 压磁式转矩传感器 ………………… 135
6.6.11 基于电涡流式振动位移传感器的振动场测量 ………………………… 135
习题与思考题 ………………………………… 135
第7章 压电式传感器 ……………………… 138
7.1 主要压电材料及其特性 ……………… 138
7.1.1 石英晶体 …………………………… 138
7.1.2 压电陶瓷 …………………………… 141
7.1.3 聚偏二氟乙烯 ……………………… 143
7.1.4 压电元件的等效电路 ……………… 143
7.2 压电元件的信号转换电路 …………… 144
7.2.1 电荷放大器与电压放大器 ………… 144
7.2.2 压电元件的并联与串联 …………… 145
7.3 压电式传感器的抗干扰问题 ………… 145
7.3.1 环境温度的影响 …………………… 145
7.3.2 横向灵敏度 ………………………… 146
7.3.3 电缆噪声的影响 …………………… 147
7.3.4 接地回路噪声的影响 ……………… 147
7.4 压电式传感器的典型实例 …………… 148
7.4.1 压电式力传感器 …………………… 148
7.4.2 压电式加速度传感器 ……………… 149
7.4.3 压电式压力传感器 ………………… 151
7.4.4 压电式角速度传感器 ……………… 152
7.4.5 漩涡式流量传感器 ………………… 153
7.4.6 压电式超声波流量传感器 ………… 153
习题与思考题 ………………………………… 154
第8章 谐振式传感器 ……………………… 156
8.1 谐振状态及其评估 …………………… 156
8.1.1 谐振现象 …………………………… 156
8.1.2 谐振子的机械品质因数 Q 值 …… 157
8.2 闭环自激系统的实现 ………………… 158
8.2.1 基本结构 …………………………… 158
8.2.2 闭环系统实现的条件 ……………… 158
8.3 测量原理及特点 ……………………… 159
8.3.1 测量原理 …………………………… 159
8.3.2 谐振式传感器的特点 ……………… 159
8.4 谐振式传感器的典型实例 …………… 159
8.4.1 谐振弦式压力传感器 ……………… 159
8.4.2 谐振筒式压力传感器 ……………… 160
8.4.3 谐振膜式压力传感器 ……………… 163
8.4.4 石英谐振梁式压力传感器 ………… 164
8.4.5 硅微结构谐振式压力传感器 ……… 165
8.4.6 石英谐振梁式加速度传感器 ……… 167
8.4.7 硅微结构谐振式加速度传感器 … 168
8.4.8 声表面波谐振式加速度传感器 … 169
8.4.9 钢弦式扭矩传感器 ………………… 170
8.4.10 谐振式直接质量流量传感器 …… 170
习题与思考题 ………………………………… 173
第9章 光纤传感器 ………………………… 175
9.1 光纤传感器的发展 …………………… 175
9.2 光纤及其有关特性 …………………… 175
9.2.1 光纤的结构与种类 ………………… 175
9.2.2 传光原理 …………………………… 176
9.2.3 光纤的集光能力 …………………… 178
9.2.4 光纤的传输损耗 …………………… 178
9.3 光纤传感器的典型实例 ……………… 179
9.3.1 基于位移测量的反射式光纤压力传感器 ……………………………… 179
9.3.2 相位调制光纤压力传感器 ………… 179
9.3.3 基于萨格纳克干涉仪的光纤角速度传感器 ……………………………… 181
9.3.4 频率调制光纤血流速度传感器 … 182
习题与思考题 ………………………………… 183
第10章 温敏与湿敏传感器 ……………… 185
10.1 温湿度测量的意义 ………………… 185
10.2 热电阻式温度传感器 ……………… 185
10.2.1 金属热电阻式温度传感器 ……… 185
10.2.2 热敏电阻式温度传感器 ………… 186
10.2.3 基于热电阻的气体质量流量传感器 ……………………………… 188
10.3 热电偶式温度传感器 ……………… 188
10.3.1 基本原理 ………………………… 188
10.3.2 热电偶的组成、分类及其特点 ……………………………… 190
10.4 非接触式温度传感器 ……………… 192
10.4.1 全辐射式温度传感器 …………… 192
10.4.2 亮度式温度传感器 ……………… 192
10.4.3 比色式温度传感器 ……………… 193
10.5 其他温度传感器 …………………… 194
10.5.1 半导体温度传感器 ……………… 194
10.5.2 石英温度传感器 ………………… 194
10.6 湿度传感器 ………………………… 195
10.6.1 相对湿度与绝对湿度 …………… 195
10.6.2 氯化锂湿敏元件 ………………… 195
10.6.3 半导体陶瓷湿敏元件 …………… 196
10.6.4 高分子膜湿敏元件 ……………… 198

10.6.5 热敏电阻式湿度传感器 …… 199
10.6.6 结露传感器 …… 200
10.7 温度补偿的处理 …… 200
习题与思考题 …… 201
第 11 章 气敏与离子敏传感器 …… 204
11.1 气敏传感器 …… 204
11.1.1 气敏元件的工作原理 …… 204
11.1.2 常用气敏元件的种类 …… 205
11.1.3 气敏元件的几种应用实例 …… 206
11.2 离子敏传感器 …… 209
11.2.1 离子选择敏感元件 …… 209
11.2.2 离子选择性电极的工作原理及分类 …… 210
11.2.3 离子选择性电极的应用实例 …… 213
习题与思考题 …… 213
第 12 章 视觉与触觉传感器 …… 215
12.1 视觉传感器 …… 215
12.1.1 光电式摄像机 …… 215
12.1.2 固体半导体摄像机 …… 215
12.1.3 激光式视觉传感器 …… 216
12.1.4 红外图像传感器 …… 217
12.2 人工视觉 …… 218
12.2.1 人工视觉系统的硬件构成 …… 218
12.2.2 物体识别 …… 218
12.3 机器视觉 …… 220
12.3.1 机器视觉系统的组成 …… 220
12.3.2 视觉检测 …… 221
12.4 触觉传感器 …… 222
12.4.1 接触觉传感器 …… 223
12.4.2 压觉传感器 …… 224
12.4.3 滑动觉传感器 …… 224
12.4.4 柔性触觉传感器 …… 225
习题与思考题 …… 227
第 13 章 智能化传感器 …… 228
13.1 智能化传感器的发展 …… 228
13.1.1 传感器技术的智能化 …… 228
13.1.2 基本传感器 …… 230
13.1.3 智能化传感器中的软件 …… 231
13.2 智能化传感器的典型实例 …… 232
13.2.1 智能化差压传感器 …… 232
13.2.2 机载智能化结构传感器系统 …… 233
13.2.3 智能化流量传感器系统 …… 233
13.3 智能化传感器的发展前景 …… 234
习题与思考题 …… 235
第 14 章 面向物联网应用的无线传感器网络 …… 236
14.1 物联网技术概况 …… 236
14.1.1 物联网的体系结构 …… 236
14.1.2 物联网的技术特点 …… 237
14.2 无线传感器网络技术 …… 237
14.2.1 无线传感器网络架构 …… 237
14.2.2 无线传感器网络的安全技术 …… 239
14.3 无线传感器网络的多传感器信息融合技术 …… 239
14.3.1 多传感器信息融合的结构 …… 239
14.3.2 多传感器信息融合算法 …… 241
14.3.3 多传感器信息融合新技术 …… 243
14.4 无线传感器网络在物联网技术中的典型应用 …… 244
14.4.1 无线传感器网络在物联网环境监测中的应用 …… 244
14.4.2 无线传感器网络在物联网健康监护中的应用 …… 245
14.4.3 无线传感器网络在物联网智能家居中的应用 …… 246
习题与思考题 …… 246
部分习题参考答案 …… 248
参考文献 …… 261
后记 …… 262

全国高等教育自学考试

传感器技术与应用
自学考试大纲

全国高等教育自学考试指导委员会　制定

大纲前言

为了适应社会主义现代化建设事业的需要，鼓励自学成才，我国在20世纪80年代初建立了高等教育自学考试制度。高等教育自学考试是个人自学、社会助学和国家考试相结合的一种高等教育形式。应考者通过规定的专业课程考试并经思想品德鉴定达到毕业要求的，可获得毕业证书；国家承认学历并按照规定享有与普通高等学校毕业生同等的有关待遇。经过40多年的发展，高等教育自学考试为国家培养造就了大批专门人才。

课程自学考试大纲是国家规范自学者学习范围、要求和考试标准的文件。它是按照专业考试计划的要求，具体指导个人自学、社会助学、国家考试及编写教材的依据。

为更新教育观念，深化教学内容方式、考试制度、质量评价制度改革，更好地提高自学考试人才培养的质量，全国高等教育自学考试指导委员会各专业委员会按照专业考试计划的要求，组织编写了课程自学考试大纲。

新编写的大纲，在层次上，本科参照一般普通高校本科水平，专科参照一般普通高校专科或高职院校的水平；在内容上，及时反映学科的发展变化以及自然科学和社会科学近年来的研究成果，以更好地指导应考者学习使用。

全国高等教育自学考试指导委员会

2023年5月

Ⅰ. 课程性质与课程目标

一、课程性质和特点

“传感器技术与应用”是测控技术与仪器（专升本）、自动化（专升本）等专业的一门专业课程。

传感器技术是涉及传感器的机理研究与分析、传感器的设计与研制以及传感器的应用等方面的一门综合性技术。掌握传感器技术、合理应用传感器几乎是所有技术领域工程技术人员必须具备的基本素养。

本课程的主要特点有：

1）充分反映传感器技术的内涵，体现了“一条主线、一个基础、三个重点、多个独立模块”的原则。

一条主线：以测量即将被测量转换为可用电信号为主线。

一个基础：传感器的特性以及数据处理分析，涉及数学知识。

三个重点：重物理效应，重变换原理，重不同传感器各自的应用特点。

多个独立模块：不同的传感器既有联系，又相互独立，体现着传感器的个性化。

2）遵循认知规律，以系统论讲述传感器技术。

“传感器技术与应用”课程包括传感器的特性、应变式传感器、压阻式传感器、电容式传感器、电磁式传感器、压电式传感器、谐振式传感器、光纤传感器、温敏与湿敏传感器、气敏与离子敏传感器、视觉与触觉传感器、智能化传感器、面向物联网应用的无线传感器网络等。课程内容覆盖识记、领会、应用三个能力层次，强化问题→思路→方法→结果→结论的系统逻辑主线，便于学生与读者系统掌握传感器技术。

3）面向个性化，以典型案例满足不同层次人群的学习需求。

传感器虽小，涉及理论与技术较多。每类传感器都有个性理论问题与关键技术，应用差异也很大。本课程既注重介绍传感器理论的基础知识，又适当介绍传感器的结构组成、误差补偿、应用特点等；既注重介绍经典的常规传感器，又适当介绍近年来出现的新型传感器技术。通过本课程的学习，学生与读者在掌握有关传感器技术知识的同时，能够形成个性化的信息获取意识与能力，并进一步培养传感器的高级思维，积极应对未来社会发展与技术进步带来的复杂变化及其影响。为此，本课程在重要知识点处都配有较详细的应用实例与分析，组织编排了 368 个精挑细选的习题与思考题，满足不同层次人群的学习需求。

二、课程目标

通过本课程的学习，要求考生：

1）较系统地理解和掌握传感器技术的基础知识、必要的基本概念和基本原理。

2）掌握传感器敏感结构、中间转换单元、信号调理电路的工作原理和性能，并能根据测量要求进行合理选用。

3）掌握传感器的静、动态特性的评价方法，并能正确运用。

4）了解传感器技术在工业自动化等领域的典型应用需求，并能构建应用系统。

5）完成课程安排的必做实验，以培养实践技能，从而加深对本课程基本知识的理解。

在自学过程中，要求考生在通读教材、理解和掌握所学基础知识和基本方法的基础上，结合习题与思考题及实例与分析，提高分析问题、解决实际问题的能力。

通过本课程的学习，学生与读者能够了解传感器技术的发展状况，深入理解传感器技术的重要作用，掌握常用传感器的基本组成、整体结构、工作原理与典型应用；了解传感器技术领域中的新内容、新进展；同时通过大量传感器技术的典型应用实例与分析，为学生与读者在自动化、智能化测控系统中合理应用传感器技术打下坚实基础。

三、与相关课程的联系与区别

学习本课程前考生应具有工程数学、工程力学、电工技术基础、电子技术基础、微型计算机原理与接口技术、自动控制系统及应用等基础知识，以便使考生能顺利地理解和掌握“传感器技术与应用”课程的基本知识。

学习本课程，为学习“智能仪器设计技术”“检测技术与仪表”“测控系统设计”“过程控制工程”“计算机控制系统”“智能仪器”“物联网信息安全技术”“无线传感网技术”“物联网系统综合设计”等课程打下基础。

四、课程的重点和难点

本课程的重点：工业自动化等领域常用传感器（应变式传感器、压阻式传感器、电容式传感器、电磁式传感器、压电式传感器、谐振式传感器、光纤传感器、温敏与湿敏传感器、气敏与离子敏传感器、视觉与触觉传感器、智能化传感器）的基本工作原理与应用特点。

本课程的次重点：传感器技术的发展、传感器的特性，常用传感器（应变式传感器、压阻式传感器、电容式传感器、电磁式传感器、压电式传感器、谐振式传感器、光纤传感器、温敏与湿敏传感器、气敏与离子敏传感器、视觉与触觉传感器、智能化传感器）的基本结构与信号调理电路。

本课程的一般点：常用传感器（应变式传感器、压阻式传感器、电容式传感器、电磁式传感器、压电式传感器、谐振式传感器、光纤传感器、温敏与湿敏传感器、气敏与离子敏传感器、视觉与触觉传感器、智能化传感器）的误差与补偿，面向物联网应用的无线传感器网络。

本课程的难点：系统掌握传感器、中间转换单元、信号调理电路的工作原理、性能与应用特点，结合测量要求进行比较合理的选用，基本实现传感器在典型应用场景的设计、分析与测试数据的处理。

Ⅱ. 考核目标

本大纲在考核目标中，按照识记、领会、应用三个层次规定了考生应达到的能力层次要求。三个能力层次是递升的关系，后者必须建立在前者的基础上。各能力层次的含义是：

识记（Ⅰ）：要求考生能够识别和记忆本大纲规定的有关知识点的主要内容（如定义、公式、表达式、原理、重要结论、特征、应用特点等），并能够根据考核的不同要求，做出正确的表述、选择和判断。

领会（Ⅱ）：要求考生能够领悟和理解本大纲规定的有关知识点的内涵与外延，熟悉其内容要点和它们之间的区别与联系，并能够根据考核的不同要求，做出正确的解释和表述。

应用（Ⅲ）：要求考生能够运用本大纲规定的知识点，分析和解决一般的传感器应用问题，如计算、设计实验测试系统、说明各环节的功能。

Ⅲ. 课程内容与考核要求

本课程主要内容：传感器静态特性与动态特性的含义、获取方法和分析方法；传感器的基本分类、组成、结构、功能与特性；常用传感器的工作原理与典型应用；分析测量电路的误差来源及减小方法；智能化传感器、网络型传感器的组成、结构、工作原理与应用；传感器的静态标定方法和动态标定方法。

本课程要求学生至少进行16学时的实验。实验内容包括：电涡流式传感器位移特性实验；PN结温度传感器测温实验；热敏电阻演示实验；半导体扩散硅压阻式压力传感器实验；光纤位移传感器静态实验；要求用传感器构成测量系统，实施测量并分析误差来源。

第1章　绪　论

一、学习目的与要求

通过本章的学习，了解传感器在工业自动化等领域的作用；理解传感器敏感元件的核心作用；掌握传感器的组成，理解传感器信号调理电路的作用；掌握传感器的分类与命名、传感器技术的特点，了解传感器技术应用的新材料、微机械加工工艺，传感器技术向集成化、多功能化、智能化、网络化方向的发展，以及传感器在智能仪器设计技术、检测技术与仪表、测控系统设计、过程控制工程、计算机控制系统、智能仪器、物联网信息安全技术、无线传感网技术、物联网系统综合设计中的应用。

本章是本门课程的基础，理解和掌握本章的基本内容是学好本课程的必要前提。

二、课程内容

1.1　传感器的作用实例分析

1.2　传感器的分类与命名

1.3　传感器技术的特点

1.4　传感器技术的发展

三、考核知识点与考核要求

（1）传感器的作用实例分析

识记：传感器的定义。

领会：典型传感器的作用与实例分析、传感器的基本结构组成。

（2）传感器的分类与命名

识记：传感器的命名方式。

领会：按不同分类方法对传感器进行分类；结构型传感器和物性型传感器。

（3）传感器技术的特点

领会：掌握传感器技术的特点。

（4）传感器技术的发展

领会：掌握传感器技术的发展方向；新原理、新材料和新工艺的发展，微型化、集成化、多功能化和智能化的发展，传感器融合与网络化的发展，量子传感技术的快速发展。

四、本章重点、难点

1）典型传感器的应用实例分析。

2）传感器技术的特点。

3）传感器技术的发展。

第 2 章　传感器的特性

一、学习目的与要求

通过本章的学习，了解传感器的静态标定、静态标定的条件；掌握传感器的主要性能指标的定义、物理意义与计算方法；理解传感器的稳定性的重要意义，掌握传感器测量误差及其分项指标的计算、传感器综合误差的常用计算方法；理解基于传感器重复性指标的极限点法的综合误差的计算；了解传感器的动态模型及其建立的基本条件与方法；掌握一阶、二阶传感器主要动态特性指标的定义、物理意义与计算方法。通过对典型传感器测试数据的计算处理与分析，理解传感器静态与动态性能指标的计算过程，以及基于动态模型和补偿模型对传感器动态误差的补偿方法。

本章是本门课程的重要基础，理解和掌握本章的基本内容是学好本课程的必要前提。

二、课程内容

2.1　传感器的静态标定

2.2　传感器的主要静态性能指标

2.3　传感器的动态特性方程与性能指标

2.4　传感器静态特性计算实例

2.5　传感器动态特性计算实例

三、考核知识点与考核要求

（1）传感器的静态标定

识记：传感器的静态标定。

领会：传感器静态标定的条件。

应用：传感器静态标定的过程、传感器静态特性的描述。

（2）传感器的主要静态性能指标

识记：传感器的测量范围与量程。

领会：传感器的测量误差、使用的环境参数与实验条件。

应用：传感器的静态性能指标的定义、物理意义与计算，包括静态灵敏度、分辨力与分辨率、温漂、时漂（稳定性）、线性度、迟滞、非线性迟滞、重复性、综合误差。

（3）传感器的动态特性方程与性能指标

识记：传感器的动态标定。

领会：传感器的时域动态性能指标的定义、物理意义与计算，包括时间常数 T、响应时间（过渡过程时间）t_s、上升时间 t_r、延迟时间 t_d、二阶传感器的固有角频率 ω_n、阻尼比 ζ、二阶传感器的阻尼振荡角频率 ω_d、相位延迟、振荡次数 N、峰值时间 t_p、超调量 σ_p；传感器的频域动态性能指标包括幅值增益 $A(\omega)$、相位延迟 $\varphi(\omega)$、通频带 ω_B、工作频带 ω_g、二阶传感器的谐振角频率 ω_r 与对应的谐振峰值 A_{max}。

应用：传感器动态特性方程的时域微分方程和复频域传递函数描述；传感器的幅频特性和相频特性。

（4）传感器动态模型的建立

应用：由非周期型单位阶跃响应获取一阶传感器的传递函数、由衰减振荡型单位阶跃响应获取二阶传感器的传递函数、由频率特性获取一阶传感器的传递函数、由频率特性获取二阶传感器的传递函数。

四、本章重点、难点

1）传感器的特性及主要性能指标的计算，利用极限点法计算传感器综合误差的基本原理与过程。

2）传感器主要静态性能指标的定义、物理意义与计算。

3）一阶、二阶传感器的主要动态性能指标的定义、物理意义与计算。

4）利用传感器单位阶跃响应获取一阶、二阶传感器的传递函数，利用传感器的频率特性获取一阶、二阶传感器的传递函数。

5）典型传感器的幅频特性测试与改进。

第3章　应变式传感器

一、学习目的与要求

通过本章的学习，了解应变式传感器在工业自动化等领域的应用；掌握应变式变换原理、应变片的结构及应变效应、电阻应变片的种类；理解应变片的横向效应、温度误差产生的原因，掌握横向效应的补偿方法、温度误差的补偿方法；掌握电桥电路的工作原理、实现方式与应用特点。重点掌握应变式力传感器、应变式加速度传感器、应变式压力传感器、应变式转矩传感器等的基本结构、工作原理、信号转换过程与应用特点等。

二、课程内容

3.1　电阻应变片

3.2　应变片的温度误差及其补偿

3.3　电桥电路原理

3.4　应变式传感器的典型实例

三、考核知识点与考核要求

（1）电阻应变效应与电阻应变片

识记：电阻应变效应的概念。

领会：金属电阻丝应变片的结构、应变效应的描述，应变片的种类与应用特点，应变片的横向效应以及减小措施，半导体应变片的工作原理与应用特点。

（2）应变片的温度误差及其补偿

领会：金属应变片的温度误差产生的原因及模型描述。

应用：减小金属应变片温度误差的主要措施，电路补偿法的工作原理与应用特点。

（3）电桥电路

领会：电桥电路的应用方式，平衡电桥电路、不平衡电桥电路的应用方式、应用特点；电桥电路与差动检测原理的实现、应用特点。

应用：电桥电路的非线性误差、温度误差；四臂受感差动电桥电路的温度补偿原理；恒压源供电工作方式与恒流源供电工作方式；电桥电路电压灵敏度的计算。

（4）应变式力传感器

领会：应变式力传感器的基本结构、工作原理与应用特点；力与应变的关系；电桥电路的输出电压与被测力之间的关系。圆柱式力传感器的横向力和弯矩的干扰影响分析，减小或消除横向力影响的措施与应用特点。环式力传感器敏感结构的设计与应用特点。梁式力传感器的设计；悬臂梁、剪切梁、S 形弹性元件构成的应变式力传感器的应用特点。

应用：设计应变式力传感器，掌握各环节的作用；同时测量两个方向力的环形敏感结构的设计与工作原理。

（5）应变式加速度传感器

领会：应变式加速度传感器的基本结构、工作原理；悬臂梁、应变筒构成的应变式加速度传感器的应用特点。

应用：设计应变式加速度传感器，掌握各环节的作用；基于加速度测量的惯性倾角传感器的测量原理。

（6）应变式压力传感器

领会：应变式压力传感器的基本结构、工作原理、使用条件；圆平膜片、圆柱形应变筒构成的应变式压力传感器的应用特点。

应用：设计应变式压力传感器，掌握各环节的作用。

（7）应变式转矩传感器

领会：应变式转矩传感器的基本结构、工作原理与应用特点；剪切应变转换为正应变实现应变测量的方式。

四、本章重点、难点

1）金属应变片的温度影响与补偿措施。

2）电桥电路的工作原理与传感器差动检测方式的实现。

3）应变式力传感器的基本结构、工作原理，力与应变的关系，电桥电路输出。

4）应变式加速度传感器、应变式压力传感器、应变式转矩传感器的基本结构、工作原理及应用特点。

第 4 章　硅压阻式传感器

一、学习目的与要求

通过本章的学习，了解硅压阻式传感器在工业自动化等领域的应用；掌握硅压阻式变换原理、半导体材料的压阻效应、单晶硅的晶向及晶面的表示、压阻系数的计算；理解压阻效应的应用特点；重点掌握硅压阻式压力传感器、硅压阻式加速度传感器等的基本结构、工作原理、信号转换过程与应用特点等；了解基于硅压阻式压力传感器实现的节流式流量计的实现方案；了解硅压阻式传感器温度漂移的原因与补偿方法。

二、课程内容

4.1　硅压阻式变换原理

4.2　硅压阻式传感器的典型实例

4.3　基于硅压阻式压力传感器的节流式流量计

4.4　硅压阻式传感器温度漂移的补偿

三、考核知识点与考核要求

（1）硅压阻式变换原理

识记：压阻效应的概念。

领会：应变效应与压阻效应的比较；单晶硅晶向、晶面的表示；单晶硅材料的压阻效应与压阻系数矩阵；压阻效应的温度特性分析。

应用：单晶硅材料压阻系数的计算。

（2）硅压阻式压力传感器

领会：硅压阻式压力传感器的基本结构、工作原理与应用特点；硅压阻式压力传感器的动态特性分析。

应用：设计硅压阻式压力传感器，掌握各环节的作用；基于硅压阻式压力传感器的节流式流量计的基本结构、测量原理与应用特点。

（3）硅压阻式加速度传感器

领会：硅压阻式加速度传感器的基本结构、工作原理与应用特点；闭环工作方式的硅压阻式加速度传感器的结构与工作原理。

应用：设计硅压阻式加速度传感器，掌握各环节的作用。

（4）硅压阻式传感器温度漂移的补偿

领会：硅压阻式传感器零位温度漂移和灵敏度温度漂移的分析与补偿措施。

四、本章重点、难点

1）压阻效应与应变效应的比较；压阻效应的温度特性、误差与补偿。

2）单晶硅的晶向、晶面的表示；单晶硅压阻系数的计算。

3）硅压阻式压力传感器、硅压阻式加速度传感器的基本结构、工作原理及应用特点。

第5章　电容式传感器

一、学习目的与要求

通过本章的学习，了解电容式传感器在工业自动化等领域的应用；掌握变间隙、变面积、变介电常数三种电容式敏感元件的基本特性方程、应用特点；理解电容式敏感元件的等效电路与近似分析方法；掌握运算放大器、交流不平衡电桥、变压器式电桥三种电容式变换元件的信号转换电路的工作原理与应用特点；重点掌握电容式压力传感器、硅电容式集成压力传感器、电容式加速度传感器、硅电容式微机械加速度传感器、硅电容式微机械角速度传感器、电容式扭矩传感器、容栅式位移传感器等的基本结构、工作原理、信号转换过程与应用特点等；了解温度变化对结构稳定性的影响、温度变化对介质介电常数的影响、电容式传感器的绝缘问题、寄生电容的干扰与防止等。

二、课程内容

5.1　电容式敏感元件及特性

5.2　电容式变换元件的信号转换电路

5.3　电容式传感器的典型实例

5.4　电容式传感器的抗干扰问题

三、考核知识点与考核要求

（1）电容式敏感元件

识记：电容式敏感元件的实现方式。

领会：电容式敏感元件的应用特点；变间隙、变面积、变介电常数电容式敏感元件的基本结构、变换原理。

应用：电容式敏感元件的特性分析；电容式敏感元件等效电路的分析；差动电容式敏感结构的实现与应用特点。

（2）电容式变换元件的信号转换电路

领会：运算放大器式电路、交流不平衡电桥电路、变压器式电桥电路的基本结构、工作原理与应用特点；电容量的计算。

（3）电容式压力传感器

领会：电容式压力传感器的基本结构、工作原理、应用特点，电容量的计算；电容式压力传感器差动检测方式的实现；硅电容式集成压力传感器的实现。

应用：设计电容式压力传感器，掌握各环节的作用。

（4）电容式加速度传感器

领会：电容式加速度传感器的基本结构、差动检测工作原理与应用特点；硅微机械单轴加速度传感器、微机械平衡式伺服加速度传感器、硅微机械三轴加速度传感器的基本结构、工作原理与应用特点。

应用：设计电容式加速度传感器，掌握各环节的作用。

（5）硅电容式微机械角速度传感器

领会：硅电容式微机械角速度传感器的基本结构与工作原理。

（6）电容式转矩传感器

领会：电容式转矩传感器的基本结构、工作原理与应用特点。

（7）容栅式位移传感器

领会：容栅式位移传感器的基本结构、工作原理与应用特点；电容量的计算。

（8）电容式传感器主要干扰因素的影响与抑制措施

领会：温度变化对电容式敏感元件结构稳定性、介质介电常数的影响；电容式敏感元件的绝缘问题与寄生电容干扰的影响；电容式传感器抑制干扰因素的主要措施。

四、本章重点、难点

1）电容式敏感元件的特性。

2）电容式变换元件的信号转换电路。

3）电容式压力传感器、电容式加速度传感器、容栅式位移传感器的工作原理、结构特点与应用特点。

4）电容式传感器干扰因素的影响与抑制。

第6章　电磁式传感器

一、学习目的与要求

通过本章的学习，了解电磁式传感器在工业自动化等领域的应用；掌握简单电感式、差动电感式和差动变压器式变换元件的基本特性方程和应用特点；理解磁电感应式变换原理、电涡流式变换原理、霍尔效应和压磁效应；掌握电涡流效应的等效电路分析、信号转换电路与应用特点；重点掌握差动变压器式加速度传感器、电磁式振动速度传感器、差动电感式压力传感器、电涡流式位移传感器、感应同步器、测速发电机、磁电式涡轮流量传感器、电磁式流量传感器、压磁式力传感器、压磁式转矩传感器等的基本结构、工作原理、信号转换过程与应用特点等；了解基于电涡流式振动位移传感器的振动场测量的实现方案。

二、课程内容

6.1　电感式变换原理及其元件

6.2　磁电感应式变换原理

6.3　电涡流式变换原理

6.4　霍尔效应及元件

6.5　压磁效应及元件

6.6　电磁式传感器的典型实例

三、考核知识点与考核要求

（1）电感式变换原理及其元件

识记：电感式变换元件的实现方式。

领会：简单电感式、差动电感式、差动变压器式变换元件的基本结构、工作原理与应用特点；简单电感式变换元件的等效电路分析与信号转换电路；差动变压器式变换元件的磁路分析与电路分析。

应用：简单电感式、差动电感式、差动变压器式变换元件输出电信号与气隙（位移）变化的关系。

（2）磁电感应式变换原理

领会：磁电感应式变换原理的应用方式与应用特点，线圈中产生的感应电动势与运动速度（角速度）的关系。

（3）电涡流式变换原理

识记：电涡流效应的实现方式。

领会：影响电涡流效应的因素；电涡流效应等效电路的分析；电涡流效应应用的调频信号转换电路与定频调幅信号转换电路的基本结构、工作原理与应用特点。

应用：设计电涡流式压力传感器；设计电涡流式转速传感器，掌握传感器输出信号频率与转速之间的关系。

（4）霍尔效应

识记：霍尔效应的实现方式。

领会：霍尔效应的工作机理、应用方式与特点；霍尔电动势与霍尔元件的灵敏度的定量描述。

应用：设计霍尔式压力传感器；设计霍尔式转速传感器，掌握传感器输出信号频率与转速之间的关系。

（5）压磁效应

识记：压磁效应的概念。

领会：压磁效应的工作机理、应用方式与特点。

（6）差动变压器式加速度传感器

领会：差动变压器式加速度传感器的基本结构、工作原理与应用特点。

（7）电磁式振动速度传感器

领会：动圈式振动速度传感器与动铁式振动速度传感器的基本结构、工作原理与应用特点。

（8）差动电感式压力传感器

领会：差动电感式压力传感器的基本结构、工作原理与应用特点。

应用：设计差动电感式压力传感器，掌握各环节的作用。

(9) 电涡流式位移传感器

领会：高频反射涡流式传感器与低频透射涡流式传感器的基本结构、工作原理与应用特点。

应用：设计差动电感式压力传感器，掌握各环节的作用；基于电涡流式振动位移传感器的振动场测量。

(10) 感应同步器

领会：感应同步器的基本结构、工作原理与应用特点。

应用：鉴相型与鉴幅型测试系统中，感应电动势的计算。

(11) 测速发电机

领会：直流、交流测速发电机的工作原理与应用特点；直流测速发电机测速产生误差的原因及改进方法。

应用：测速发电机在理想情况下和考虑负载情况下，输出电压的计算。

(12) 磁电式涡轮流量传感器

领会：磁电式涡轮流量传感器的基本结构、工作原理与应用特点。

(13) 电磁式流量传感器

领会：电磁式流量传感器的基本结构、工作原理与应用特点。

(14) 压磁式力传感器

领会：压磁式力传感器的基本结构、工作原理与应用特点。

(15) 压磁式转矩传感器

领会：压磁式转矩传感器的基本结构、工作原理与应用特点。

四、本章重点、难点

1) 电感式、磁电感应式、电涡流式、霍尔效应、压磁效应等的变换原理、应用方式与应用特点。

2) 电感式、磁电感应式、电涡流式变换元件的信号转换电路。

3) 差动变压器式加速度传感器、电磁式振动速度传感器、差动电感式压力传感器、电涡流式位移传感器、感应同步器、磁电式涡轮流量传感器、电磁式流量传感器、压磁式力传感器、压磁式转矩传感器的工作原理、结构特点与应用特点。

4) 直流、交流测速发电机的工作原理，以及直流测速发电机的输出特性。

第 7 章　压电式传感器

一、学习目的与要求

通过本章的学习，了解压电式传感器在工业自动化等领域的应用；掌握石英晶体、压电陶瓷、聚偏二氟乙烯等压电材料的正压电特性；掌握压电元件的等效电路，电荷放大器与电压放大器的实现方式与应用特点，压电元件的并联与串联的应用特点；了解环境温度、电缆噪声、接地回路噪声等对压电式传感器的干扰及抑制方法；理解压电式传感器的横向灵敏度；重点掌握压电式力传感器、压电式加速度传感器、压电式压力传感器、压电式角速度传感器、漩涡式流量传感器、压电式超声波流量传感器等的基本结构、工作原理、信号转换过程与应用特点等。

二、课程内容

7.1　主要压电材料及其特性

7.2　压电元件的信号转换电路

7.3　压电式传感器的抗干扰问题

7.4　压电式传感器的典型实例

三、考核知识点与考核要求

（1）主要压电材料及其特性

领会：正压电效应及逆压电效应的概念、应用特点；石英晶体、压电陶瓷、聚偏二氟乙烯的正压电特性与应用特点；压电元件的等效电路及后接放大器的要求。

（2）压电元件的信号转换电路

领会：电荷放大器、电压放大器的基本结构、工作原理与应用特点。

应用：电荷放大器输出电压信号的计算；压电元件并联与串联的应用特点与计算。

（3）压电式传感器的抗干扰

识记：加速度传感器横向灵敏度的概念。

领会：环境温度、电缆噪声、接地回路噪声等的影响及抗干扰措施。

（4）压电式传感器

领会：压电式力传感器、压电式加速度传感器、压电式压力传感器、压电式角速度传感器、漩涡式流量传感器、压电式超声波流量传感器的基本结构、工作原理与应用特点。

应用：设计压电式加速度传感器、压电式力传感器，掌握它们各环节的作用。

四、本章重点、难点

1）压电效应与常用压电材料的特性。

2）电荷放大器的电路结构、工作原理与应用特点。

3）压电式传感器干扰因素的影响与抑制。

4）压电式力传感器、压电式加速度传感器、压电式压力传感器、压电式角速度传感器、漩涡式流量传感器、压电式超声波流量传感器的基本结构、工作原理与应用特点。

第8章　谐振式传感器

一、学习目的与要求

通过本章的学习，了解谐振式传感器在工业自动化等领域的应用；理解谐振现象，掌握谐振子的机械品质因数 Q 值的物理意义与计算方法、谐振式传感器闭环自激系统的基本结构与实现条件，以及谐振式传感器的测量原理及特点；重点掌握谐振弦式压力传感器、谐振筒式压力传感器、谐振膜式压力传感器、石英谐振梁式压力传感器、硅微结构谐振式压力传感器、石英谐振梁式加速度传感器、硅微结构谐振式加速度传感器、声表面波谐振式加速度传感器、钢弦式转矩传感器、谐振式直接质量流量传感器等的基本结构、工作原理、信号转换过程与应用特点等。

二、课程内容

8.1　谐振状态及其评估

8.2　闭环自激系统的实现

8.3　测量原理及特点

8.4　谐振式传感器的典型实例

三、考核知识点与考核要求

（1）谐振状态及其评估

识记：谐振现象与机械谐振的概念。

领会：谐振状态与谐振频率；谐振子的机械品质因数 Q 值的物理意义与计算；提高谐振子的机械品质因数的措施。

（2）谐振式传感器的闭环自激系统

领会：闭环自激系统的组成与基本结构，信号转换与闭环系统实现的复频域条件、时域条件。

应用：常用的激励方式与拾振方式。

（3）谐振式传感器的测量原理与特点

领会：谐振式传感器输出信号的特征参数；测量原理的实现方式；谐振式传感器的应用特点。

（4）谐振式传感器

领会：谐振弦式、谐振筒式、谐振膜式、石英谐振梁式、硅微结构谐振式压力传感器，石英谐振梁式、硅微结构谐振式、声表面波谐振式加速度传感器，钢弦式转矩传感器，谐振式直接质量流量传感器的基本结构、工作原理与应用特点。

应用：谐振弦式压力传感器的间歇式激励方式与连续式激励方式的比较；谐振筒式压力传感器的电磁激励方式与压电激励方式的比较，谐振筒式压力传感器特性的解算、温度误差及其补偿；硅微结构谐振式压力传感器二次敏感方式的实现，差动输出的实现方式与应用特点；谐振式直接质量流量传感器多功能的实现。

四、本章重点、难点

1）谐振式传感器的工作机理、实现方式与特点。

2）谐振子的机械品质因数的概念与计算。

3）谐振式传感器的闭环系统与实现条件。

4）谐振弦式压力传感器、谐振筒式压力传感器、谐振膜式压力传感器、石英谐振梁式压力传感器、硅微结构谐振式压力传感器、石英谐振梁式加速度传感器、硅微结构谐振式加速度传感器、声表面波谐振式加速度传感器、钢弦式转矩传感器、谐振式直接质量流量传感器等的基本结构、工作原理、激励方式、信号转换过程与应用特点。

5）谐振筒式压力传感器的温度误差及其补偿；谐振式传感器二次敏感、差动输出方式的实现方式与应用特点；谐振式直接质量流量传感器密度与体积流量的测量；双组分流体的测量。

第9章　光纤传感器

一、学习目的与要求

通过本章的学习，了解光纤传感器在工业自动化等领域的应用；了解光纤的结构与种类、光纤的传光原理、光纤的集光能力与光纤的传输损耗；重点掌握基于位移测量的反射式光纤压力传感器、相位调制光纤压力传感器、基于萨格纳克干涉仪的光纤角速度传感器、频率调制光纤血流速度传感器的基本结构、工作原理、信号转换过程与应用特点等。

二、课程内容

9.1　光纤传感器的发展

9.2　光纤及其有关特性

9.3　光纤传感器的典型实例

三、考核知识点与考核要求

（1）光纤及其特性

识记：光纤的结构与种类；光纤的数值孔径；单模保偏光纤的概念。

领会：光的全反射原理在光纤中的应用；光纤的集光能力；光纤的传输损耗。

应用：基于输入光功率和输出光功率的传输损耗的计算。

（2）光纤传感器

识记：非功能型和功能型光纤传感器的概念。

领会：基于位移测量的反射式光纤压力传感器、相位调制光纤压力传感器、基于萨格纳克干涉仪的光纤角速度传感器、频率调制光纤血流速度传感器的基本结构、工作原理与应用特点；光纤传感器的发展。

四、本章重点、难点

1）光纤的结构与种类，光纤的数值孔径，光纤的集光能力，光纤的传输损耗。

2）非功能型和功能型光纤传感器的概念。

3）光强调制型与相位调制型光纤压力传感器、光纤角速度传感器、光纤血流速度传感器的基本结构、工作原理与应用特点。

第10章　温敏与湿敏传感器

一、学习目的与要求

通过本章的学习，了解温度、湿度传感器在工业自动化等领域的应用；了解温度、湿度的测量方法；重点掌握金属热电阻式温度传感器、热敏电阻式温度传感器、热电偶式温度传感器等的基本结构、工作原理、信号转换过程与应用特点等；理解全辐射式温度传感器、亮度式温度传感器、比色式温度传感器等非接触式温度传感器的工作原理与应用特点；了解半导体温度传感器、石英温度传感器的基本原理与应用特点；了解基于热电阻的气体质量流量传感器的实现方案；理解相对湿度与绝对湿度的物理意义；了解氯化锂、半导体陶瓷、高分子膜、热敏电阻式等湿敏元件的工作原理与应用特点；了解结露传感器的实现方案。

二、课程内容

10.1　温湿度测量的意义

10.2　热电阻式温度传感器

10.3　热电偶式温度传感器

10.4　非接触式温度传感器

10.5　其他温度传感器

10.6　湿度传感器

10.7　温度补偿的处理

三、考核知识点与考核要求

（1）温度与湿度

识记：温度的概念；绝对湿度和相对湿度的概念。

领会：温度作为内涵量的意义，温度测量的意义与应用场合。

（2）金属热电阻式温度传感器

领会：金属热电阻式温度传感器的测温机理、结构组成与应用特点。

应用：铂热电阻与铜热电阻的比较；金属热电阻双线绕制的原理；金属热电阻构成测温电桥的基本方法、应用特点与输出特性；基于热电阻的气体质量流量传感器的基本结构、工作原理与应用特点。

（3）热敏电阻式温度传感器

领会：正温度系数、临界温度、负温度系数热敏电阻的含义；负温度系数热敏电阻的模型；负温度系数热敏电阻温度传感器的自热问题。

（4）热电偶式温度传感器

领会：热电偶式温度传感器的基本结构与应用特点；热电偶中的接触电动势和温差电动势的描述；普通热电偶、铠装热电偶、薄膜热电偶的结构及特点；并联热电偶、串联热电偶的连接方式与应用特点。

应用：热电偶测温方法；热电动势和温度之间的关系分析；中间导体定律；参考端电桥补偿法。

（5）非接触式温度传感器

领会：全辐射式、亮度式及比色式温度传感器的测温方法、工作原理与应用特点。

（6）半导体温度传感器

领会：半导体温度传感器的测温原理与应用特点。

（7）石英温度传感器

领会：石英温度传感器的测量原理与应用特点。

（8）湿度传感器

领会：常用湿度测量的基本原理、测量方法、应用特点与适用场合；氯化锂湿敏元件、烧结型半导体陶瓷湿敏电阻、涂覆膜型 Fe_3O_4 半导体陶瓷湿敏元件、高分子膜湿敏元件、热敏电阻式湿敏元件的工作原理与应用特点。

应用：电容式相对湿度传感器中的温度影响与补偿；基于热敏电阻式绝对湿度传感器的恒温恒湿槽的工作原理。

（9）结露传感器

识记：结露传感器的基本原理。

领会：结露传感器的应用特点。

（10）传感器的温度补偿

识记：传感器温度补偿的概念。

领会：温度补偿的公式法与表格法的基本原理与应用特点。

四、本章重点、难点

1）温度测量的意义、应用场合与特殊性。

2）热电阻式温度传感器的工作原理与应用特点；热电阻测温的自热问题；测温电桥电

路的应用。

3）热电偶式温度传感器的工作原理、冷端补偿方法与中间导体定律。

4）非接触式温度传感器的应用特点。

5）绝对湿度和相对湿度的概念，湿度传感器的工作原理、应用特点。

6）传感器温度补偿的公式法与表格法的基本原理与应用特点。

7）基于热电阻的气体质量流量传感器的基本结构；电容式相对湿度传感器中的温度影响与补偿；基于热敏电阻式绝对湿度传感器的恒温恒湿槽的工作原理。

第 11 章　气敏与离子敏传感器

一、学习目的与要求

通过本章的学习，了解气敏与离子敏传感器在工业自动化等领域的应用；了解气敏元件的工作原理、常用气敏元件的种类、离子选择敏感元件、离子选择性电极的工作原理及分类等；重点掌握气敏元件的典型应用实例、离子选择性电极的应用实例。

二、课程内容

11.1　气敏传感器

11.2　离子敏传感器

三、考核知识点与考核要求

（1）气敏元件

识记：气敏传感器的概念；常用气敏元件的种类。

领会：常用气敏元件的工作原理、实现方式；烧结型、薄膜型和厚膜型气敏元件的应用特点。

应用：气敏元件的典型应用实例。

（2）氧化型和还原型气敏元件

识记：氧化型和还原型气敏元件的概念。

（3）离子选择敏感元件

识记：离子选择敏感元件的工作原理、分类及特点。

领会：离子选择性电极的工作原理及基本构造。

应用：离子选择性电极的应用实例。

四、本章重点、难点

1）常用气敏元件的工作原理与分类。

2）离子选择性电极的工作原理与分类。

3）气敏元件与离子选择性电极的典型应用实例。

第 12 章　视觉与触觉传感器

一、学习目的与要求

通过本章的学习，了解视觉与触觉传感器在工业自动化等领域的应用；了解光电式摄像机、固体半导体摄像机、激光式视觉传感器、红外图像传感器的基本结构、工作原理、信号转换过程与应用特点等；理解人工视觉系统的硬件构成、物体识别原理，机器视觉系统组成与视觉检测原理；了解接触觉传感器、压觉传感器、滑动觉传感器、PVDF 柔性触觉传感器、导电橡胶柔性触觉传感器、人工皮肤触觉传感器的工作原理与应用特点。

二、课程内容

12.1　视觉传感器

12.2　人工视觉

12.3　机器视觉

12.4　触觉传感器

三、考核知识点与考核要求

（1）视觉传感器

识记：视觉传感器的组成、各组成环节的功能。

领会：视觉传感器在工业自动化等领域中的作用；视觉传感器的光电转换原理；光电式摄像机、固体半导体摄像机、激光式视觉传感器、红外图像传感器的工作原理。

（2）人工视觉系统

识记：人工视觉硬件系统的组成；各组成硬件的作用。

领会：人工视觉系统的工作过程与基本原理。

（3）机器视觉系统

识记：机器视觉中的光源问题。

领会：三维视觉检测中激光扫描测量的基本原理；双目立体视觉系统的基本原理；机器视觉中的不同照明方式及应用特点。

（4）触觉传感器

识记：接触觉、压觉、滑动觉的概念与比较。

领会：硅橡胶触觉传感器的工作原理；光电式滑动觉传感器的工作原理及应用；PVDF柔性触觉传感器、导电橡胶柔性触觉传感器、人工皮肤触觉传感器的工作原理与应用特点。

应用：柔性触觉传感器的典型应用实例。

四、本章重点、难点

1）视觉传感器的工作原理与分类。

2）人工视觉系统的硬件构成及各部分作用。

3）常用的三维视觉检测方法及工作原理。

4）触觉和柔性触觉传感器的工作原理及应用。

第13章　智能化传感器

一、学习目的与要求

通过本章的学习，了解智能化传感器在工业自动化等领域的应用；了解传感器技术的智能化，以及智能化传感器中的基本传感器与软件的应用特点；理解智能化传感器的发展前景；重点掌握智能化差压传感器、机载智能化结构传感器系统、智能化流量传感器系统等的基本结构、工作原理、信号转换过程与应用特点等。

二、课程内容

13.1 智能化传感器的发展

13.2 智能化传感器的典型实例

13.3 智能化传感器的发展前景

三、考核知识点与考核要求

（1）智能化传感器的发展

识记：传感器技术的智能化；智能化传感器的基本组成。

领会：智能化传感器的基本功能；智能化传感器中的基本传感器及其基本要求；智能化传感器中的软件系统的功能与实现；把握智能化传感器的发展前景。

（2）智能化传感器的典型实例

领会：智能化差压传感器、机载智能化结构传感器系统、智能化流量传感器系统的基本组成、工作原理与应用特点。

四、本章重点、难点

1）智能化传感器的发展。

2）智能化传感器的功能与基本组成。

3）智能化传感器的典型应用实例。

第 14 章　面向物联网应用的无线传感器网络

一、学习目的与要求

通过本章的学习，了解面向物联网应用的无线传感器网络的应用情况；了解物联网的体系结构、物联网的技术特点；理解无线传感器网络架构、多传感器信息融合的结构、多传感器信息融合算法、多传感器信息融合新技术等；重点掌握无线传感器网络在物联网环境监测、健康监护、智能家居等典型实例中的实现方案与应用特点。

二、课程内容

14.1　物联网技术概况

14.2　无线传感器网络技术

14.3　无线传感器网络的多传感器信息融合技术

14.4　无线传感器网络在物联网技术中的典型应用

三、考核知识点与考核要求

（1）物联网技术

识记：物联网的含义与体系结构。

领会：物联网中的感知层、网络层和应用层的功能；物联网的技术特点。

（2）无线传感器网络技术

识记：无线传感器网络中的传感器节点、汇聚节点与管理平台的作用。

领会：无线传感器网络中的安全技术。

（3）无线传感器网络的多信息融合

识记：多传感器信息融合过程；多传感器信息融合新技术。

领会：串联型、并联型、串并混联型多传感器融合系统的结构组成方式与应用特点；多传感器信息融合算法的分类。

（4）无线传感器网络在物联网技术中的应用

领会：无线传感器网络在物联网环境监测、健康监护、智能家居中的应用。

四、本章重点、难点

1）物联网技术的含义与体系结构。

2）无线传感器网络的基本组成与应用要求。

3）无线传感器网络的多传感器信息融合系统结构与算法。

4）无线传感器网络在物联网技术中的典型应用。

Ⅳ. 关于大纲的说明与考核实施要求

一、课程自学考试大纲的目的和作用

课程自学考试大纲是根据专业自学考试计划的要求，结合自学考试的特点而确定的。其目的是对个人自学、社会助学和课程考试命题进行指导和规定。

课程自学考试大纲明确了课程学习的内容以及深广度，规定了课程自学考试的范围和标准。因此，它是编写自学考试教材和辅导书的依据，是社会助学组织进行自学辅导的依据，是自学者学习教材、掌握课程内容知识范围和程度的依据，也是进行自学考试命题的依据。

二、课程自学考试大纲与教材的关系

课程自学考试大纲是进行学习和考核的依据，教材是学习掌握课程知识的基本内容与范围，教材的内容是大纲所规定的课程知识和内容的扩展与发挥。课程内容在教材中可以体现一定的深度或难度，但在大纲中对考核的要求一定要适当。

大纲与教材所体现的课程内容应基本一致，即大纲里面的课程内容和考核知识点，教材里一般也要有；反过来，教材里有的内容，大纲里就不一定体现（注意：如果教材是推荐选用的，其中有的内容与大纲要求不一致的地方，应以大纲规定为准）。

三、关于自学教材

1）指定教材：《传感器技术与应用》，全国高等教育自学考试指导委员会组编，樊尚春主编，机械工业出版社出版，2023年版。

2）参考教材：《传感器技术案例教程》，樊尚春主编，机械工业出版社，2020年版。

四、关于自学要求和自学方法的指导

本大纲的课程基本要求是依据专业考试计划和专业培养目标而确定的。课程基本要求还明确了课程的基本内容，以及对基本内容掌握的程度。基本要求中的知识点构成了课程内容的主体部分。因此，课程基本内容的掌握程度、课程考核知识点是高等教育自学考试考核的主要内容。

为有效地指导个人自学和社会助学，本大纲已指明了课程的重点和难点，在章节的基本要求中也指明了章节内容的重点和难点。

本课程为5学分，含实验1学分；相当于全日制高等学校课内64学时，自学本课程大约需要200余学时，辅导40学时，建议学时分配见表1。

表1　建议学时分配

章	自学学时数	辅导学时数
第1章　绪论	16	3
第2章　传感器的特性	20	4
第3章　应变式传感器	16	3
第4章　硅压阻式传感器	10	2

（续）

章	自学学时数	辅导学时数
第 5 章　电容式传感器	10	2
第 6 章　电磁式传感器	20	4
第 7 章　压电式传感器	14	2
第 8 章　谐振式传感器	20	4
第 9 章　光纤传感器	10	2
第 10 章　温敏与湿敏传感器	14	3
第 11 章　气敏与离子敏传感器	10	2
第 12 章　视觉与触觉传感器	10	3
第 13 章　智能化传感器	10	2
第 14 章　面向物联网应用的无线传感器网络	20	4

五、应考指导

（1）如何学习

“传感器技术与应用”课程应用面非常宽，几乎渗透所有的行业和领域。本教材主要介绍传感器的发展、传感器的特性，讨论常用传感器（应变式传感器、压阻式传感器、电容式传感器、电磁式传感器、压电式传感器、谐振式传感器、光纤传感器、温敏与湿敏传感器、气敏与离子敏传感器、视觉与触觉传感器）的基本组成结构、工作原理、信号调理电路、误差与补偿、应用特点等，介绍智能化传感器、面向物联网应用的无线传感器网络。

初学者往往会感到有一定的困难，一时不能适应，但自学能力的培养对获取知识往往是非常必要的。在自学过程中应注意以下几点：

1）“传感器技术与应用”课程的自学考试大纲是自学本课程的主要依据。因此在自学本课程之前应先通读大纲，从而了解课程的要求，获得一个完整的概貌。

在开始自学某一章时，应先阅读大纲，了解该章的内容、考核知识点和考核要求。从而可以在自学过程中做到有的放矢。

2）阅读教材时，要求逐段细读，吃透每一个考核知识点。对基本概念要做到深刻理解，对基本原理要弄清弄懂，对基本方法要熟练掌握。

不同原理传感器的应用特点有较大差异，必须准确把握每一个传感器的工作原理与应用特点。

3）重视每章末习题与思考题的作用，它可以帮助考生达到考试大纲的要求，并检查对考核知识点掌握的程度。

4）“传感器技术与应用”是一门理论性与实践性都较强的课程。实验在本课程中占有很重要的地位，只有通过实验才能加深对知识点的理解，提高考生分析问题和解决问题的能力，并能培养考生严肃认真的科学作风。

5）完善的计划和组织是学习成功的法宝。在本课程的学习过程中，一定要紧跟课程并完成作业。为了在考试中交出满意的答卷，考生必须对所学课程内容有很好的理解。可以通过制定行动计划表来监控学习进展。阅读教材时可以做读书笔记。如有需要重点注意的内容，可以用彩笔来标注。如红色代表重点内容；绿色代表需要深入研究的内容；黄色代表可以运用在实际工作中的内容。可以在空白处记录相关网站、文章等参考资料。

（2）如何考试

卷面整洁非常重要。书写工整、段落与间距合理、卷面赏心悦目有助于教师评分，因为教师只能为他能看懂的内容打分。考生要回答所问的问题，而不是回答自己乐意回答的问题！避免超过问题的范围。

（3）如何处理紧张情绪

正确处理对失败的惧怕，要正面思考。如果可能，在系统复习与准备应考过程中，请教已经通过该科目考试的人，问他们一些问题。做深呼吸放松，这有助于使头脑清醒，缓解紧张情绪。考试前合理膳食，保持旺盛精力，保持冷静。

（4）如何克服心理障碍

这是一个普遍问题！如果考生在考试中出现心理障碍，可以尝试使用“线索”纸条。即进入考场之前，将记忆“线索”记在纸条上，但不能将纸条带进考场。阅读考卷时，一旦有了思路就快速记下，按自己的步调进行答卷。为每个考题或部分合理分配时间，并按此时间安排进行答题。

六、对社会助学的要求

1）助学指导教师应熟悉本大纲所要求的考核知识点和考核要求，辅导的内容以本大纲为依据。

2）注意自学考试的特点，命题将覆盖各章，不要增删和圈定重点，以免导向失误。考核知识点不要求的内容则不考。

3）注意培养考生的自学能力，同时要注意引导考生分析总结，提高分析问题和解决问题的能力。

4）建议组织实验和课程配合进行，指导教师应帮助考生进行实验，解决实验中遇到的问题，提高考生的动手能力。

5）在辅导时应注意引导考生按考试大纲的要求认真自学，检查考生所做习题的正误，针对常见错误予以辅导。

七、对考核内容的说明

1）本课程要求考生学习和掌握的知识点内容都将作为考核的内容。课程中各章的内容均由若干知识点组成，在自学考试中成为考核知识点。因此，课程自学考试大纲中所规定的考试内容是以分解为考核知识点的方式给出的。由于各知识点在课程中的地位、作用以及知识自身的特点不同，自学考试将对各知识点分别按三个认知（或称能力）层次确定其考核要求。

2）课程分为四部分：第一部分是传感器的基本知识；第二部分包括应变式传感器、压阻式传感器、电容式传感器、电磁式传感器、压电式传感器、谐振式传感器、光纤传感器；第三部分包括温敏与湿敏传感器、气敏与离子敏传感器、视觉与触觉传感器；第四部分包括智能化传感器、面向物联网应用的无线传感器网络。分别对应教材的第1、2章，第3~9章，第10~12章，第13、14章；考试试卷中所占的比例大约分别为10%~20%、50%~60%、15%~25%、5%~15%。

八、关于考试命题的若干规定

1）考试采用闭卷方式，考试时间为150分钟。试卷及答题卡涂写部分、画图部分必须使用2B铅笔，书写部分必须使用黑色字迹签字笔。

2）本大纲各章所规定的基本要求、知识点及知识点下的知识细目都属于考核的内容。考试命题既要覆盖到章，又要避免面面俱到。要注意突出课程的重点、章节重点，加大重点内容的覆盖度。

3）命题不应有超出大纲中考核知识点范围的题目，考核目标不得高于大纲中所规定的相应的最高能力层次要求。命题应着重考核自学者对基本概念、基本知识和基本理论是否了解或掌握，对基本方法是否会用或熟练。不应出与基本要求不符的偏题或怪题。

4）本课程在试卷中对不同能力层次要求的分数比例为识记占15%~20%、领会占35%~40%，应用占40%~50%。

5）要合理安排试卷的难易程度，试题的难易可分为易、较易、较难、难四个等级。每份试卷中不同难度试题的分数所占的比例一般为2∶3∶3∶2。

必须注意的是，试题的难易程度与能力层次有一定的联系，但二者不是等同的概念。在各个能力层次中对于不同的考生都存在着不同的难度。在大纲中要特别强调这个问题，应告诫考生切勿混淆。

6）本课程考试命题的主要题型为单项选择题、填空题、简单问答题、计算题、应用题，各自比例为20%、10%、20%、20%、30%。

在命题工作中必须按照本课程大纲中所规定的题型命题，考试试卷使用的题型可以略少，但不能超出本课程对题型的规定。

7）考生必须通过实验考核。

Ⅴ. 题 型 举 例

一、单项选择题

1. 属于传感器静态性能指标的是（　　）。

A. 阻尼比　　B. 超调量　　C. 重复性　　D. 通频带

2. 一个由线圈、铁心和活动衔铁组成的电感式变换元件的自感量为0.1H，若线圈匝数增加一倍，则该电感式变换元件的电感量为（　　）。

A. 0.05H　　B. 0.1H　　C. 0.2H　　D. 0.4H

二、填空题

3. 半导体应变片的工作原理是基于半导体材料的__________效应。

4. 物联网主要分为感知层、网络层和应用层，其中由大量、多类型__________构成的感知层是物联网的基础。

三、简单问答题

5. 简述压电材料的正压电效应和逆压电效应。

6. 简要说明烧结型气敏元件的应用特点。

四、计算题

7. 某测温传感器由铂电阻温度传感器、电桥、信号调理电路三个环节串联而成，各自的灵敏度分别为0.4Ω/℃、0.2mV/Ω、150（放大倍数），试回答以下问题：

1）求该传感器的总灵敏度。

2）若该传感器的测量范围为0~300℃，计算传感器的满量程输出。

8. 某加速度传感器的输入-输出数据见表 2，试计算该传感器的有关线性度：

1）端基线性度。

2）平移端基线性度。

表 2　某加速度传感器的输入-输出数据

$x/(m/s^2)$	0	1	2	3	4	5
y/mV	0.11	3.03	5.99	9.05	12.10	14.97

五、应用题

9. 为了测悬臂端带有质量块的悬臂梁的振动特性，将应变片贴于梁的上、下对称位置，如图 1 所示，应变为 0 时，$R_1=R_2=R_3=R_4=120\Omega$，应变片应变灵敏系数 $K=2$。有振动时，应变幅值 $\varepsilon_m=500\times10^{-6}$。

1）将应变片正确接入电桥电路中，画出接线图。

2）用 $U_{in}=5V$ 的直流电压作为电桥电源，求电桥输出电压幅值 U_{out}。

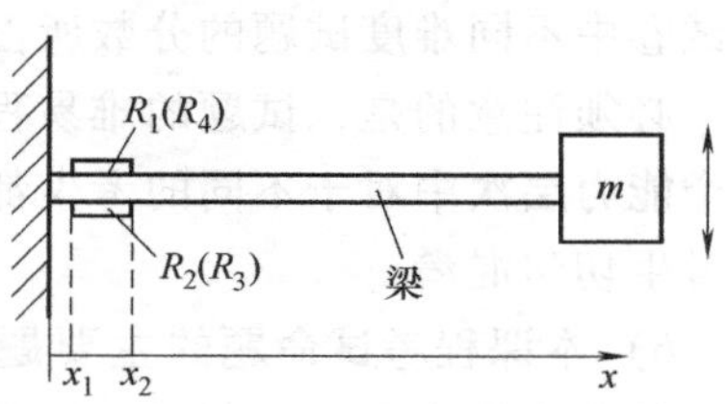

图 1　题 9 图

10. 如图 2 所示传感器，试回答以下问题：

1）该传感器属于哪一类型？

2）该传感器可以直接测量哪些参数？简要说明其工作原理。

3）该传感器还可以间接测量哪些参数？

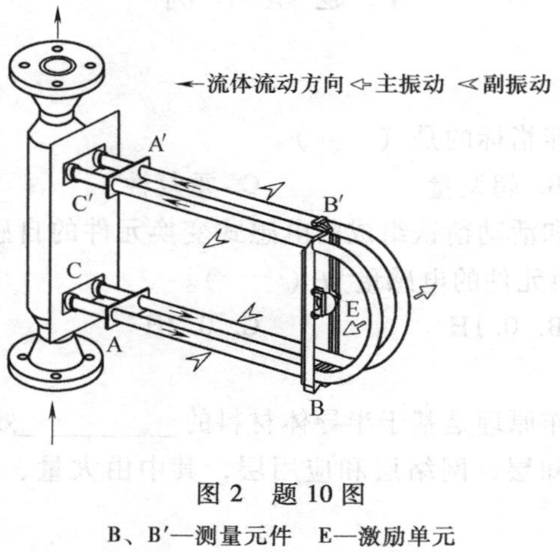

图 2　题 10 图

B、B′—测量元件　E—激励单元

参 考 答 案

一、单项选择题

1. C　2. D

二、填空题

3. 压阻　4. 传感器

三、简单问答题

5. 当沿一定方向对某些电介质施加外力导致材料发生变形时，材料内部发生极化现象，在其某些表面产生电荷，实现机械能到电能的转换，这种现象称为正压电效应。在电介质极化方向施加电场，它会产生机械变形，实现电能到机械能的转换，这种现象称为逆压电效应。

6. 一致性较差，机械强度不高；价格低，工作寿命较长。

四、计算题

7. 解：

1）总灵敏度为

0.4Ω/℃×0.2mV/Ω×150=12mV/℃

2）满量程输出为

12mV/℃×(300-0)℃=3600mV=3.6V

8. 解：

1）端基直线为

$$y=\frac{14.97-0.11}{5-0}(x-0)+0.11=2.972x+0.11$$

x 为 0、1、2、3、4、5 时，端基直线的输出分别为 0.11、3.082、6.054、9.026、11.998、14.97；相应的端基偏差分别为 0、-0.052、-0.064、0.024、0.102、0；端基线性度为

$$\xi_{LB}=\frac{0.102}{14.86}\times 100\% \approx 0.686\%$$

2）平移端基的最大偏差为

$$\Delta y_{B,M}=0.5(\Delta y_{P,max}-\Delta y_{N,max})=0.5[0.102-(-0.064)]=0.083$$

平移端基线性度为

$$\xi_{LB,M}=\frac{0.083}{14.86}\times 100\% \approx 0.559\%$$

五、应用题

9. 解：

1）如答图 1 所示。

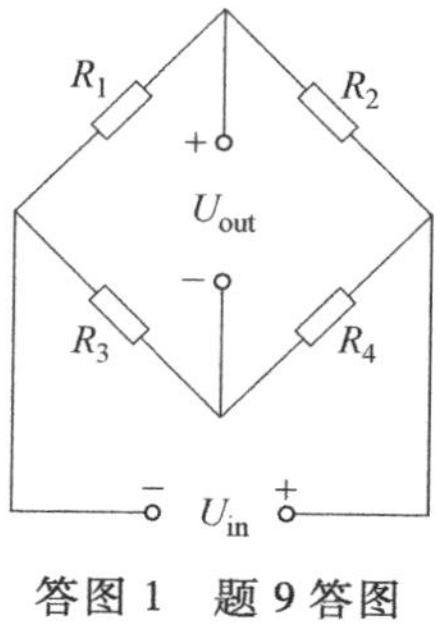

答图 1　题 9 答图

2）输出电压幅值为

$$U_{out}=K\varepsilon_m U_{in}=2\times 500\times 10^{-6}\times 5V=0.005V=5mV$$

10. 解：

1）谐振式传感器。

2）质量流量、流体密度；激励单元 E 使一对平行的 U 形管做一阶弯曲主振动，建立传感器的工作点。当管内流过质量流量时，由于科氏效应的作用，使 U 形管产生关于中心对称轴的一阶扭转副振动；该副振动直接与所流过的质量流量成比例，在 B、B′两个检测点产生相位差或时间差，通过测量该相位差或时间差，实现对质量流量的测量。

同时，利用测量管的固有角频率或谐振频率的变化，实现管内流体密度的测量。

3）体积流量；两种不互溶液体混合介质各自的质量流量与体积流量，以及这两种流体的比例，在某一时间段内流过质量流量传感器的两种流体各自的质量数和体积数。

后　记

《传感器技术与应用自学考试大纲》是根据《高等教育自学考试专业基本规范（2021年）》的要求，由全国高等教育自学考试指导委员会电子、电工与信息类专业委员会组织制定的。

全国考委电子、电工与信息类专业委员会对本大纲组织审稿，根据审稿会意见由编者做了修改，最后由电子、电工与信息类专业委员会定稿。

本大纲由北京航空航天大学樊尚春教授编写，参加审稿并提出修改意见的有清华大学丁天怀教授、北京工业大学何存富教授。

对参与本大纲编写和审稿的各位专家表示感谢。

全国高等教育自学考试指导委员会
电子、电工与信息类专业委员会
2023 年 5 月

全国高等教育自学考试指定教材

传感器技术与应用

全国高等教育自学考试指导委员会　组编

编者的话

本书是根据全国高等教育自学考试指导委员会最新制定的《传感器技术与应用自学考试大纲》编写的自学考试教材。

传感器技术是信息获取的首要环节，在当代科学技术中占有十分重要的地位。目前所有的自动化测控系统，都需要传感器提供赖以做出实时决策的信息。随着科学技术的发展，特别是系统自动化程度和复杂性的增加，对传感器测量的精度、稳定性、可靠性和实时性的要求越来越高。传感器技术已经成为重要的基础性技术；掌握传感器技术、合理应用传感器几乎是科技工作者与工程技术人员必须具备的基本素养。

就技术内涵而言，传感器是通过敏感元件直接感受被测量，并把被测量转换为可用电信号的一套完整的测量装置。对于传感器，应从三个方面来把握：一是传感器的工作原理——体现在其敏感元件上；二是传感器的作用——体现在完整的测量装置上；三是传感器的输出信号形式——体现在可以直接利用的电信号上。

本书围绕上述三个方面进行内容的组织，注重对传感器的敏感机理、整体结构组成、参数设计、误差补偿和应用特点等的介绍；注重对工业自动化领域典型的、常用传感器的介绍；注重对近年来出现的新型传感器技术的介绍。

本书以便于读者阅读、理解所涉及的知识点为原则，突出典型案例分析。对于重要知识点给出有针对性的分析、讨论。为了便于读者系统掌握传感器技术与应用的主要内容，每章配置了一定数量的习题与思考题。

本书共分 14 章。第 1 章是绪论，介绍有关传感器的基本概念、传感器的分类与命名、传感器技术的特点及传感器技术的发展。第 2 章介绍传感器的静态标定、主要静态性能指标、动态特性方程与性能指标，以及传感器静态特性与动态特性的计算实例。第 3 章介绍电阻应变效应与应变片、应变片的温度误差及其补偿、电桥电路原理、应变式传感器的典型实例。第 4 章介绍硅压阻式变换原理、硅压阻式传感器的典型实例、基于硅压阻式压力传感器的节流式流量计、硅压阻式传感器温度漂移的补偿。第 5 章介绍电容式敏感元件及特性、电容式变换元件的信号转换电路、电容式传感器的典型实例、电容式传感器的抗干扰问题。第 6 章介绍电感式变换原理及其元件、磁电感应式变换原理、电涡流式变换原理、霍尔效应及元件、压磁效应及元件、电磁式传感器的典型实例。第 7 章介绍主要压电材料及其特性、压电元件的信号转换电路、压电式传感器的抗干扰问题、压电式传感器的典型实例。第 8 章介绍谐振状态及其评估、闭环自激系统的实现、谐振式测量原理及特点、谐振式传感器的典型实例。第 9 章介绍光纤传感器的发展、光纤及其有关特性、光纤传感器的典型实例。第 10 章介绍温湿度测量的意义、电阻式温度传感器、热电偶式温度传感器、非接触式温度传感器、其他温度传感器、湿度传感器、温度补偿的处理。第 11 章介绍气敏传感器、离子敏传感器。第 12 章介绍视觉传感器、人工视觉、机器视觉、触觉传感器、柔性触觉传感器。第 13 章介绍智能化传感器的发展、智能化传感器的典型实例、智能化传感器的发展前景。第 14 章介绍物联网技术概况、无线传感器网络技术、无线传感器网络的多信息融合技术、无线传感器网络在物联网技术中的典型应用。

本书由北京航空航天大学仪器科学与光电工程学院樊尚春教授主编（第1~10章、第13章），李成副教授参编（第11、12、14章），樊尚春教授负责统稿。本书在编写过程中，参考并引用了一些国内外专家学者的教材与论著。清华大学丁天怀教授、北京工业大学何存富教授审阅了全稿并提出了许多宝贵的意见与建议，在此一并表示衷心感谢。

传感器技术领域内容广泛且发展迅速，限于编者的学识与水平，书中难免有错误与不妥之处，敬请读者批评指正。

编　者

2023年5月

第1章　绪　　论

1.1　传感器的作用实例分析

什么是传感器？其作用是什么？下面以三个典型的压力传感器为例进行说明。

1.1.1　圆柱形应变筒式压力传感器

图 1-1 为一种圆柱形应变筒式压力传感器结构示意图和电桥原理图。该传感器的核心部件为敏感元件薄壁圆筒，其可直接感受通入内腔的被测流体介质的压力。压力变化使圆筒产生应变变化，应变电阻 R_1、R_4 感受压力的变化，同时与另外两个常值电阻 R_2、R_3 构成电桥，实现对压力的测量。因此，对于该传感器，重要的是研究、分析传感器的敏感元件，薄壁圆筒在压力作用下的应变特性变化规律，即要研究圆筒几何结构参数和材料参数对这种规律的影响。在此基础上，合理设计、选择圆筒的有关参数，使圆柱形应变筒式压力传感器达到较理想的工作状态。

1.1.2　谐振筒式压力传感器

图 1-2 为一种谐振筒式压力传感器结构示意图。该传感器的核心部件是圆柱壳谐振敏感元件（简称谐振筒），其可直接感受被测压力。气体压力变化引起谐振筒的应力变化，导致其等效刚度变化，即谐振筒的固有频率发生了变化。所以，通过对谐振筒固有频率的测量就可以得到作用于谐振筒内的气体压力。因此，对于该传感器，重要的是研究、分析传感器的敏感元件，圆柱壳在压力作用下的固有振动特性的有关规律，即要研究圆柱壳几何结构参数

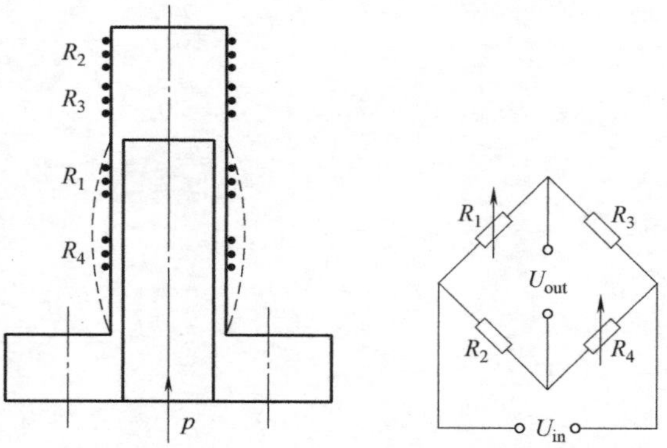

a) 传感器结构示意图　　b) 电桥原理图

图 1-1　圆柱形应变筒式压力传感器

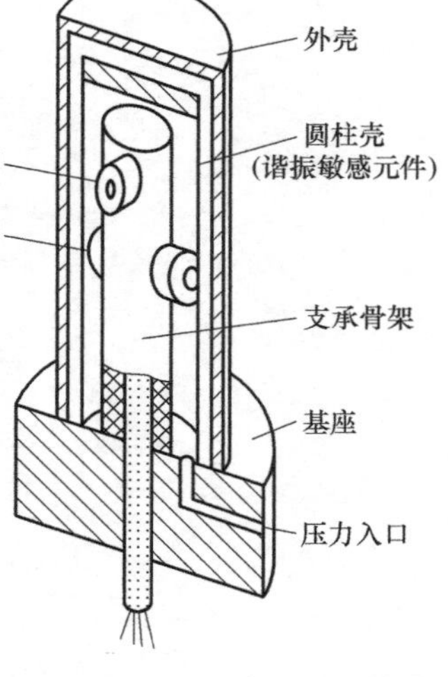

图 1-2　谐振筒式压力传感器结构示意图

和材料参数对这种规律的影响。在此基础上，合理设计、选择圆柱壳的有关参数，使谐振筒式压力传感器达到较理想的工作状态。

1.1.3 硅微结构谐振式压力传感器

图 1-3 为一种典型的硅微结构谐振式压力传感器结构示意图。该传感器的核心部件是由方形硅平膜片与其上的梁谐振子构成的复合敏感结构。其中，方形硅平膜片作为一次敏感元件，直接感受被测压力，将被测压力转化为膜片的应变与应力；在膜片的上表面制作浅槽和硅梁，以硅梁作为二次谐振敏感元件，直接感受膜片上的应力，间接感受被测压力。即压力的作用使梁谐振子的等效刚度发生变化，导致硅梁的固有频率随被测压力的变化而变化。通过检测梁谐振子固有频率的变化，即可间接测出压力的变化。因此，对于该传感器，重要的是研究、分析传感器的整个复合敏感结构，方形硅平膜片在压力作用下，其上的梁谐振子固有振动特性的有关规律，即要研究方形硅平膜片、梁谐振子的几何结构参数和材料参数，以及梁谐振子在方形硅平膜片上的位置对这种规律的影响。在此基础上，合理设计、选择方形硅平膜片、梁谐振子的有关参数，使硅微结构谐振式压力传感器达到较理想的工作状态。

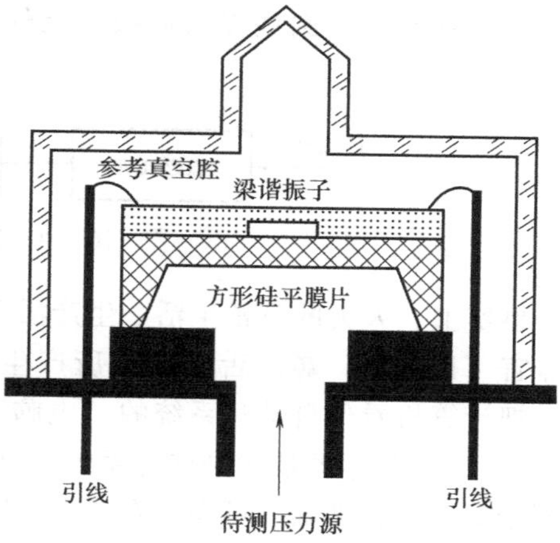

图 1-3 硅微结构谐振式压力传感器结构示意图

1.1.4 传感器的作用小结

以上三个典型的压力传感器实例充分说明，传感器直接的作用与功能就是测量。利用传感器可以获得被测对象（被测目标）的特征参数，在此基础上进行处理、分析、反馈（监控），从而掌握被测对象的运行状态与趋势。上述第一种压力传感器较为简单，早期用于工业自动化领域；后两种压力传感器的结构相对复杂，测量原理先进，属于数字式的高性能传感器，已成功应用于航空机载、计量和工业自动化等领域。

GB/T 7665—2005《传感器通用术语》对传感器（Transducer/Sensor）的定义是能感受被测量并按一定的规律转换成可用输出信号的器件或装置，通常由敏感元件和转换元件组成。敏感元件（Sensing Element）指传感器中能直接感受或响应被测量的部分；转换元件（Transducing Element）指传感器中能将敏感元件感受或响应的被测量转换成适于传输或测量的电信号部分。

根据传感器的定义和内涵，传感器应从以下三个方面来理解与把握：

1）传感器的作用——体现在测量上。获取被测量，是应用传感器的目的，也是学习本课程的目的。

2）传感器的工作机理——体现在其敏感元件上。敏感元件是传感器技术的核心，也是研究、设计和制作传感器的关键，更是学习本课程的重点。

3）传感器的输出信号形式——体现在其适于传输或测量的电信号上。输出信号时需要解决非电量向电信号转换以及不适于传输或测量的微弱电信号向适于传输与测量的电信号转换的技术问题，反映了传感器技术在自动化技术领域的时代性。

因此，认识一个传感器就必须从其功能、作用上入手，分析它是用来测量什么“量”的；这个“量”为什么能够被测量，基于什么敏感机理感受被测量；以及通过什么样的转换装置或信号调理电路才能够输出可用的电信号。

传感器的基本结构组成如图 1-4 所示，其核心部件是敏感元件。在图 1-1～图 1-3 中，分别为薄壁圆筒、圆柱壳谐振敏感元件、方形硅平膜片及其上制作的一个双端固支梁谐振子。

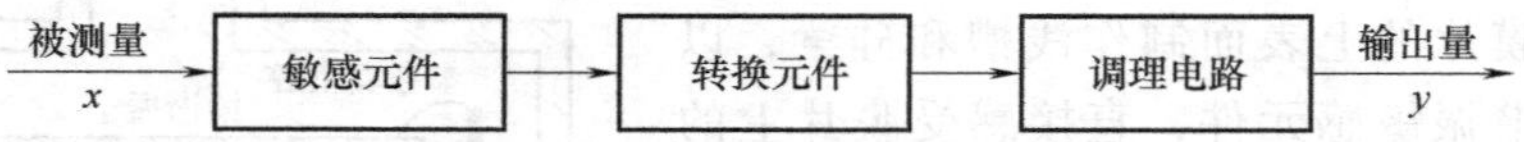

图 1-4　传感器的基本结构组成

事实上，人类的日常生活、生产活动和科学实验都离不开测量。测量的功能就是人的感觉器官（眼、耳、鼻、舌、身）所产生的视觉、听觉、嗅觉、味觉、触觉的延伸和替代。如果把计算机看作自动化系统的“电脑”，可以把传感器形象地比喻为自动化系统的“电五官”。可见，传感器技术是信息系统、自动化系统中信息获取的首要环节。如果没有传感器对原始参数进行准确、可靠、在线、实时地测量，那么无论信号转换、信息分析处理的功能多么强大，都没有任何实际意义。传感器已经成为物理世界通往数字世界的桥梁。

1.2　传感器的分类与命名

1.2.1　按输出信号的类型分类

按传感器输出信号的类型分类，传感器可以分为模拟式传感器、数字式传感器、开关型传感器三类。模拟式传感器直接输出连续电信号，数字式传感器输出数字信号，开关型传感器又称二值型传感器，即传感器的输出只有“1”和“0”或开（ON）和关（OFF）两个值，用来反映被测对象的工作状态。

1.2.2　按传感器能量源分类

按传感器能量源分类，传感器可以分为无源型和有源型两类。无源型传感器不需要外加电源，而是将被测量的相关能量直接转换成电信号输出，故又称为能量转换器，如磁电感应式、压电式、热电式、光电式等传感器；有源型传感器需要外加电源才能输出电信号，故又称能量控制型，如应变式、压阻式、电容式、电感式等传感器。

1.2.3　按被测量分类

按传感器的被测量——输入信号分类，能够很方便地表示传感器的功能，也便于用户使用。按这种分类方法，传感器可以分为压力、流量、温度、物位、质量、位移、速度、加速度、角位移、转速、力、力矩、湿度、浓度等传感器。生产厂家和用户都习惯于这种分类方法。

1.2.4 按工作原理分类

传感器按其工作原理或敏感原理分类，可分为物理型、化学型和生物型三大类，如图 1-5 所示。

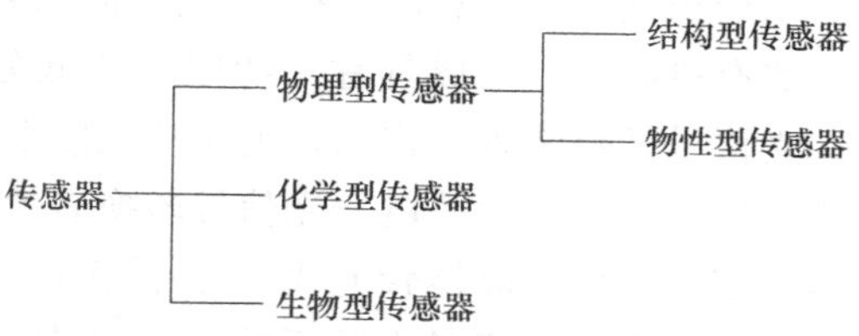

图 1-5 传感器按工作原理分类

物理型传感器是利用某些敏感元件的物理性质或某些功能材料的特殊物理性能制成的传感器。如利用金属材料在被测量作用下引起的电阻值变化的应变效应制成的应变式传感器，利用半导体材料在被测量作用下引起的电阻值变化的压阻效应制成的压阻式传感器，利用电容器在被测量的作用下引起电容值变化制成的电容式传感器，利用磁阻随被测量变化的简单电感式、差动变压器式传感器，利用压电材料在被测力作用下产生的压电效应制成的压电式传感器等。

物理型传感器又可以分为结构型传感器和物性型传感器。

结构型传感器以结构（如形状、几何参数等）为基础，利用某些物理规律来感受（敏感）被测量，并将其转换为电信号实现测量。如图 1-1 圆柱形应变筒式压力传感器，必须有按规定参数设计制成的薄壁圆筒压力敏感元件；对于电容式压力传感器，必须有按规定参数设计制成的电容式压力敏感元件；而对于图 1-2 谐振筒式压力传感器，必须设计制作合适的感受被测压力的圆柱壳谐振敏感元件。

物性型传感器就是利用某些功能材料本身所具有的内在特性及效应感受（敏感）被测量，并转换成可用电信号的传感器。如利用半导体材料在被测压力作用下引起其内部应力变化导致其电阻值变化制成的压阻式传感器，就是利用半导体材料的压阻效应来实现对压力的测量；利用具有压电特性的石英晶体材料制成的压电式压力传感器，就是利用石英晶体材料本身具有的正压电效应来实现对压力的测量。

一般而言，物理型传感器对物理效应和敏感结构都有一定要求，但侧重点不同。结构型传感器强调要依靠精密设计制作的结构才能保证其正常工作；而物性型传感器则主要依靠材料本身的物理特性、物理效应来实现对被测量的感受。

近年来，由于材料科学技术的飞速发展与进步，物性型传感器的应用越来越广泛。这与该类传感器易于小型化、低功耗，便于批量生产、性价比高等特点密切相关。

化学型传感器是利用电化学反应原理，把无机或有机化学的物质成分、浓度等转换为电信号的传感器。最常用的是离子敏传感器，即利用离子选择性电极，测量溶液的 pH 值或某些离子的活度，如 K^+、Na^+、Ca^{2+}等。虽然电极的测量对象不同，测量的特征值不同，但其测量原理基本相同，主要是利用电极界面（固相）和被测溶液（液相）之间的电化学反应，即利用电极对溶液中离子的选择性响应而产生的电位差。所产生的电位差与被测离子活度的对数呈线性关系，故检测出其反应过程中的电位差或由其影响的电流值，即可得到被测离子的活度。

化学型传感器的核心部分是离子选择性敏感膜。膜可以分为固体膜和液体膜。固体膜有玻璃膜、单晶膜和多晶膜等；液体膜有带正、负电荷的载体膜和中性载体膜。

化学型传感器广泛应用于化学分析、化学工业的在线检测及环保检测中。

生物型传感器是近年来发展很快的一类传感器，它利用生物活性物质的选择性来识别和测定生物活性物质。生物活性物质对某种物质具有选择性亲和力或功能识别能力，利用这种单一识别能力来判定某种物质是否存在，浓度是多少，进而利用电化学的方法转换成电信号。

生物型传感器主要由两大部分组成。其一是功能识别物，作用是对被测物质进行特定识别。功能识别物主要有酶、抗原、抗体、微生物及细胞等。用特殊方法把这些识别物固化在特制的有机膜上，形成具有对特定的从低分子到大分子化合物进行识别的功能膜。其二是电、光信号转换装置，作用是把在功能膜上进行的识别被测物所产生的化学反应转换成电信号或光信号。最常用的电、光信号转换装置是电极，如氧电极和过氧化氢电极。也可以把功能膜固定在场效应晶体管上代替栅-漏极的生物型传感器，可使传感器的体积很小。若采用光学方法识别在功能膜上的反应，则要靠光强的变化来测量被测物质，如荧光生物型传感器等。

生物型传感器的最大特点是能在分子水平上识别被测物质，在医学诊断、化工监测、环保监测等方面应用广泛。

对于传感器，同一个被测量可以采用不同的测量原理；而同一种测量原理，也可以用于对不同被测量测量的传感器。如对于压力传感器，可用不同材料和方法来实现，如应变式压力传感器、压阻式压力传感器、电容式压力传感器、压电式压力传感器、谐振式压力传感器等。而对于应变式测量原理，可以用于对多个参数测量的传感器，如应变式力传感器、应变式加速度传感器、应变式压力传感器、应变式扭矩传感器等。因此，必须掌握不同的测量原理用于测量不同被测量的传感器时各自具有的特点。

1.2.5 传感器的命名

通常，将传感器的工作原理和被测量结合在一起对传感器进行命名。即先说工作机理，后说被测参数，如硅压阻式压力传感器、电容式加速度传感器、压电式振动传感器、谐振式直接质量流量传感器等。

1.3 传感器技术的特点

传感器技术是涉及传感器的机理研究与分析、传感器的设计与研制、传感器的性能测试与应用等的综合性技术。因此，传感器技术具有以下特点：

1）涉及多学科与技术，包括物理学科中的各个门类（力学、热学、电学、磁学、光学、声学、原子物理等）以及多个技术学科门类（材料科学、机械、电工电子、微电子、控制、计算机技术等）。现代科学技术发展迅速，敏感元件、转换元件与信号调理电路，以及传感器产品也得到了较快发展，使得一些新型传感器具有原理新颖、机理复杂、技术综合等鲜明的特点。相应地，传感器技术领域需要不断更新生产技术，配套相关的生产设备，同时需要配备多方面的高水平技术人才协作攻关。

2）品种繁多。传感器的被测参数包括热工量（温度、压力、流量、物位等）、电工量（电压、电流、功率、频率等）、物理量（光、磁、湿度、浊度、声、射线等）、机械量（力、力矩、位移、速度、加速度、转角、角速度、振动等）、化学量（氧、氢、一氧化碳、二氧化碳、二氧化硫、瓦斯等）、生物量（酶、细菌、细胞、受体等）、状态量（开关、二维图形、三维图形等），故需要发展多种多样的敏感元件和传感器。

3）要求具有高稳定性、高可靠性、高重复性、低迟滞和快响应的特点，做到准确可靠、经久耐用。对于处于工业现场和自然环境下的传感器，要有良好的环境适应性，能够耐高温、耐低温、抗干扰、耐腐蚀、安全防爆，便于安装、调试与维修。

4）应用领域十分广泛。无论是工业、农业和交通运输业，还是能源、气象、环保和建材业；无论是高新技术领域，还是传统产业；无论是大型成套技术装备，还是日常生活用品和家用电器，都需要采用大量的敏感元件和传感器。如我国复兴号动车组列车，整车检测点达2500多个，传感器需要采集1500多项车辆状态信息，对列车振动、轴承温度、牵引制动系统状态、车厢环境等进行监测。

5）应用要求千差万别，有量大、面广、通用性强的传感器，也有专业性强的传感器；有单独使用、单独销售的传感器，也有与主机密不可分的传感器；有的传感器要求高精度，有的要求高稳定性，有的要求高可靠性，有的要求耐振动，有的要求防爆等。因此，不能用统一的评价标准对传感器进行考核、评估，也不能用单一的模式进行传感器科研与生产。

6）相对于信息技术领域的传输技术与处理技术，传感器技术发展缓慢；但一旦成熟，其生命力强，不会轻易退出竞争舞台，可长期应用，持续发展的能力非常强。如应变式传感技术最早应用于20世纪30年代，硅压阻式传感器最早应用于20世纪60年代，目前仍然在传感器技术领域占有重要的地位。

1.4 传感器技术的发展

1.4.1 新原理、新材料和新工艺的发展

1. 新原理传感器

传感器的工作机理是基于多种物理（化学或生物）效应和定律，由此启发人们进一步探索具有新机理的现象和新效应的敏感功能材料，并以此研制具有新原理的传感器，这是发展高性能、多功能、低成本和小型化传感器的重要途径。如近年来量子力学为纳米技术、激光、超导研究、大规模集成电路等的发展提供了理论基础，利用量子效应研制可以敏感某种被测量的量子敏感元件，如共振隧道二极管、量子阱激光器和量子干涉部件等，具有高速（比电子敏感元件速度提高1000倍）、低耗（低于电子敏感元件能耗的千分之一）、高效、高集成度、经济可靠等优点。此外，仿生传感器也有了较快的发展。这些新原理传感器将会在传感器技术领域中引起一次新的技术革命，从而把传感器技术推向更高的发展阶段。

2. 新材料传感器

传感器材料是传感器技术的重要基础。任何传感器都要选择恰当的材料来制作，而且要求所使用的材料具有优良的机械品质与特性。近年来，在传感器技术领域，所应用的新型材料主要有：

1）半导体硅材料。半导体硅材料包括单晶硅、多晶硅、非晶硅、硅蓝宝石等，它们具有相互兼容的优良电学特性和机械特性，因此，可采用半导体硅材料研制多种类型的硅微结构传感器和集成化传感器。

2）石英晶体材料。石英晶体材料包括压电石英晶体和熔凝石英晶体（又称石英玻璃），

它们具有极高的机械品质因数和非常好的温度稳定性，同时，天然的石英晶体还具有良好的压电特性，因此，可采用石英晶体材料研制多种微型化的高精密传感器。

3）功能陶瓷材料。利用某些精密陶瓷材料的特殊功能可以研制一些新型传感器，在气体传感器的研制、生产中尤为突出。利用不同配方混合的原料，在精密调制化学成分的基础上，经高精度成型烧结，可以制作出能够识别某一种或某几种气体的功能识别陶瓷敏感元件，实现新型气体传感器。功能陶瓷材料具有半导体材料的许多特点，而且工作温度上限很高，有效弥补了半导体硅材料工作上限温度低的不足。因此，功能陶瓷材料的进步意义很大，应用领域广阔。

此外，一些化合物半导体材料、复合材料、薄膜材料、石墨烯材料、形状记忆合金材料等，在传感器技术中得到了成功的应用。随着研究的不断深入，未来将会有更多更新的传感器材料被研发出来。

3. 加工技术微精细化

传感器的发展有逐渐小型化、微型化的趋势，这为传感器的应用带来了许多方便。以IC制造技术发展起来的微机械加工工艺，可使被加工的敏感结构的尺寸达到微米、亚微米，甚至纳米级，并可以批量生产，从而制造出微型化、价格低廉、性价比高的传感器。如微型加速度传感器、压力传感器、流量传感器等，已广泛应用于汽车电子系统，大大促进了汽车工业的快速发展。

微机械加工工艺主要包括：

1）平面电子加工工艺技术，如光刻、扩散、沉积、氧化、溅射等。

2）选择性的三维刻蚀工艺技术，如各向异性腐蚀技术、外延技术、牺牲层技术、LIGA技术（X射线深层光刻、电铸成型、注塑工艺的组合）等。

3）固相键合工艺技术，如Si-Si键合，实现硅一体化结构。

4）机械切割技术，将每个芯片用分离切断技术分割开来，以避免损伤和残余应力。

5）整体封装工艺技术，将传感器芯片封装于一个合适的腔体内，隔离外界干扰对传感器芯片的影响，使传感器工作于较理想的状态。

图1-6给出了利用硅微机械加工工艺制成的一种精巧的复合敏感结构。E形圆膜片是一次敏感元件，直接感受被测压力；在E形圆膜片的环形膜片的上表面制作的一对结构参数完全相同的双端固支梁谐振子，即梁谐振子1、梁谐振子2，是二次敏感元件，间接感受被测压力，直接感受的是由压力引起的应力。两个梁谐振子可以实现差动检测机制，既提高了测量灵敏度，又大幅减小了共模干扰因素，实现了高性能测量。

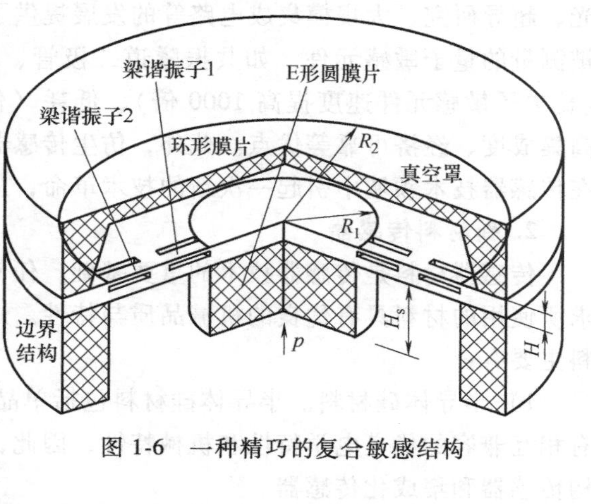

图1-6　一种精巧的复合敏感结构

4. 传感器模型及其仿真技术

上述传感器技术的发展特点充分体现了其综合性，特别是涉及敏感元件输入-输出特性规律的参数以及影响传感器输入-输出特性的不同环节的参数越来越多。因此，在分析、研究传感器的特性，设计、研制传感器的过程中，甚至在选用、对比传感器时，都要对传感器的工作机理有针对性地建立模型和进行细致的模拟计算。对于图 1-2 谐振筒压力传感器和图 1-6 精巧的复合敏感结构，如果没有符合实际情况的传感器模型的建立与相应的模拟计算，就不可能在定量意义上系统地掌握它们，更谈不上研究、分析和设计传感器。可见，传感器模型及其仿真技术在传感器技术领域中的地位日益突出。

5. 传感器中微弱信号的处理

采用新原理、新材料和新工艺实现的新型传感器，从敏感结构上直接检测到的信号非常微弱。如电压信号在 μV、亚 μV 级；电流信号在 nA 级；电容值低于 pF 级，甚至 fF 级，即传感器中有用信号的大小远远低于噪声信号，并始终与噪声信号混叠在一起。所以检测高噪声背景下的微弱信号，是实现新型传感器必须要解决好的关键问题之一。

通常，在传感器中采用的微弱信号的检测方法主要有滤波技术、相关原理与相关检测技术、锁相环技术、时域信号的取样平均技术及开关电容网络技术等。

1.4.2 微型化、集成化、多功能和智能化传感器的发展

1. 微型化传感器

微型化传感器（又称微型传感器、微传感器）的特征之一是体积小，其敏感元件的尺寸一般为 μm 级，采用微机械加工工艺制作，包括光刻、腐蚀、淀积、键合和封装等工艺。采用各向异性腐蚀、牺牲层技术和 LIGA 工艺，可以制造出层与层之间有很大差别的三维微结构，包括可活动的膜片、悬臂梁、桥以及凹槽、孔隙、锥体等。这些微结构与特殊用途的薄膜和高性能的集成电路相结合，已成功地用于制造多种微型化传感器乃至多功能的敏感元阵列（如光电探测器等），实现了如压力、力、加速度、角速率、应力、应变、温度、流量、成像、磁场、湿度、pH 值、气体成分、离子和分子浓度以及生物型传感器等。

2. 集成化传感器

集成化技术包括传感器与 IC 的集成制造技术以及多参量传感器的集成制造技术，其优点是缩小了传感器的体积、提高了抗干扰能力。采用敏感结构和信号处理电路于一体的单芯片集成技术，能够避免多芯片组装时引脚引线引入的寄生效应，改善器件的性能。单芯片集成技术在改善器件性能的同时，还可以充分地发挥 IC 技术可批量化、低成本生产的优势。

3. 多功能传感器

一般的传感器多为单个参数测量的传感器。近年来，也出现了利用一个传感器实现多个参数测量的多功能传感器。如一种能同时检测 Na^+、K^+和 H^+的传感器，其几何结构参数为 $2.5\times0.5\times0.5mm^3$，可直接用导管送到人体心脏内，检测血液中的 Na^+、K^+和 H^+的浓度，对诊断心血管疾患非常有意义。

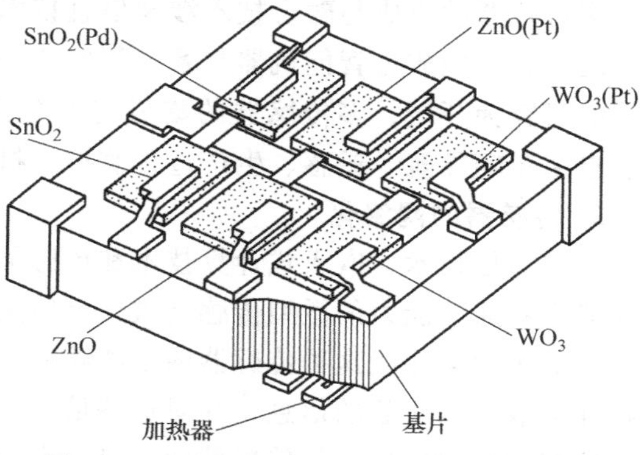

图 1-7　一种多功能气体传感器结构示意图

气体传感器在多功能方面的进步最具代表性。图 1-7 为一种多功能气体传感器结构示意图，能够同时测量 H_2S、C_8H_{18}、$C_{10}H_{20}O$、NH_3 四种气体。该结构共有 6 个用不同敏感材料制成的敏感部分，其敏感材料分别是

WO_3、ZnO、SnO_2、SnO_2（Pd）、ZnO（Pt）、WO_3（Pt）。它们对上述四种被测气体均有响应，但其响应的灵敏度差别很大；利用其从不同敏感部分输出的差异，即可测出被测气体的浓度。这种多功能气体传感器采用厚膜制造工艺制作在同一基板上，根据敏感材料的工作机理，在测量时需要加热。

4. 智能化传感器

所谓智能化传感器，就是将传感器获取信息的基本功能与专用的微处理器的信息处理、分析功能紧密结合在一起，并具有诊断、数字双向通信等新功能的传感器。由于微处理器具有强大的计算和逻辑判断功能，故可方便地对数据进行滤波、变换、校正补偿、存储记忆、输出标准化等；同时实现必要的自诊断、自检测、自校验以及通信与控制等功能。智能化传感器由多片模块组成，其中包括传感器、微处理器、微执行器和接口电路，它们构成一个闭环系统，由数字接口与更高一级的计算机控制相连，通过专家系统中得到的算法为传感器提供更好的校正与补偿。

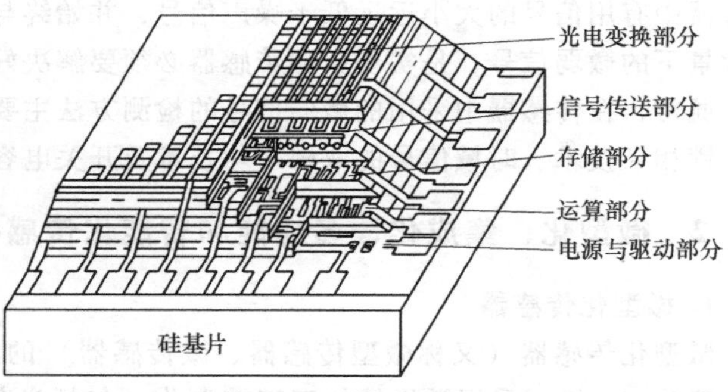

图 1-8　三维图像传感器结构示意图

图 1-8 为一个应用三维集成器件和异质结技术制成的三维图像传感器结构示意图，主要由光电变换部分（图像敏感单元）、信号传送部分、存储部分、运算部分、电源与驱动部分等组成。

智能化传感器的特征表明，其优点更突出、功能更多、精度和可靠性更高、应用更广泛。

1.4.3　多传感器融合与网络化的发展

1. 多传感器的集成与融合

由于单传感器不可避免地存在不确定性或偶然不确定性，缺乏全面性、鲁棒性，所以偶然的故障就会导致系统失效。多传感器的集成与融合技术正是解决这些问题的良方。多个传感器不仅可以描述同一环境特征的多个冗余信息，而且可以描述不同的环境特征。其显著特点是冗余性、互补性、及时性和低成本性。

多传感器的集成与融合技术涉及信息技术的多个领域，是新一代智能化信息技术的核心基础之一，已经成为智能机器与系统领域的一个重要研究方向。从 20 世纪 80 年代初以军事领域的研究为开端，多传感器的集成与融合技术迅速扩展到许多应用领域，如自动目标识别、自主车辆导航、遥感、生产过程监控、机器人、医疗应用等。

2. 传感器的网络化

随着通信技术、嵌入式计算技术和传感器技术的飞速发展和日益成熟，具有感知能力、计算能力和通信能力的微型传感器被广泛应用。由这些微型传感器构成的传感器网络更是引起人们的极大关注。这种传感器网络能够协作进行实时监测、感知和采集网络分布区域内的多种环境或监测对象的信息，并对这些信息进行处理分析，获得详尽而准确的信息，传送到需要这些信息的用户。如传感器网络可以向正在准备进行登陆作战的部队指挥官报告敌方岸滩的翔实特征信息，包括丛林地带的地面坚硬度、干湿度等，为制定作战方案提供可靠的信息。总之，传感器网络系统可应用于国防军事、国家安全、环境监测、交通管理、医疗卫生、制造业、反恐抗灾等领域，并重点发展无线传感器网络（Wireless Sensors Network，WSN）。

3. 传感器在物联网中的应用

物联网是指通过传感器、射频识别（Radio Frequency Identification，RFID）、红外感应器、全球定位系统等信息传感设备，按照约定的协议，把物品与互联网相链接以进行信息交换和通信，实现智能化识别、定位、跟踪、监控和管理的一种网络。

物联网主要分为感知层、网络层和应用层，其中由大量、多类型传感器构成的感知层是物联网的基础。传感器是物联网的关键技术之一，主要用于感知物体属性和进行信息采集。如图 1-9 所示为 RFID 标签。物体属性包括直接存储在 RFID 标签中的静态属性和实时采集的动态属性，如环境温度、湿度、重力、位移、振动等。目前在物联网领域，传感器主要应用于物流及安防监控、环境参数监测、设备状态监测、制造业过程管理。

图 1-9　RFID 标签

1.4.4　量子传感技术的快速发展

自用激光冷却和捕获原子成功（1997 年诺贝尔物理学奖）以来，玻色-爱因斯坦凝聚（2001 年诺贝尔物理学奖）、光学的相干量子理论（2005 年诺贝尔物理学奖），以及单个量子系统的测量与操控（2012 年诺贝尔物理学奖）等关键物理基础理论和技术的新发现、新突破，使得基于量子调控理论与技术的量子传感技术得到快速发展。同时，基于核磁共振的磁谱技术（1991 年诺贝尔化学奖）和核磁共振成像技术（2003 年诺贝尔医学或生理学奖）说明高灵敏度的科学仪器、传感器技术促进了新领域的研究，为研究人员不断获取新的实验数据、揭示新的自然现象、发现新的科学规律，提供了强有力的理论与技术支撑。

量子传感技术的研究在国内外得到了高度重视，已经成为学术研究与关键技术攻关的热点、重点、难点，虽然目前还没有完全发挥出其优势，还需要解决许多技术问题，但它将对人类社会、科学研究、国计民生、军事国防产生重要的影响和应用价值。

综上，近年来传感器技术得到了较大的发展，有力推动着各个技术领域的发展与进步。有理由相信：作为信息技术源头的传感器技术，当其获得较快的发展时，必将为信息技术领域以及其他技术领域的发展、进步带来新的动力与活力。

习题与思考题

1-1　如何理解传感器？举例说明。

1-2　简述传感器技术在信息技术中的作用。

1-3　针对传感器的基本结构，简要说明各组成部分的作用。

1-4　在现代技术中，为什么要把传感器的输出界定在可用的电信号上？

1-5　图 1-1 传感器提供了哪些信息？

1-6　简要说明图 1-2 传感器的工作机理。

1-7 如何对传感器进行分类？

1-8 阐述传感器技术的特点。

1-9 简要说明你对传感器的个性化理解。

1-10 结合图 1-6 传感器的敏感结构，说明在传感器中建模的重要性。

1-11 与传统的传感器技术相比，微机械传感器技术的主要特征有哪些？

1-12 微机械传感器中常使用的材料及其加工工艺有哪些？

1-13 简述必须解决好新型传感器中的微弱信号处理问题的理由。

1-14 简要说明集成化传感器的技术内涵。

1-15 简要说明图 1-7 传感器的工作机理，写出其解算被测气体浓度的简单数学模型，并分析在信号解算时可能遇到的问题及应采取的措施。

1-16 谈谈你对智能化传感器发展的理解。

1-17 简要说明图 1-8 智能化图像传感器的基本结构。

1-18 物联网的组成及其主要应用领域包括哪些？为什么说感知层是基础？

1-19 谈谈你对学习传感器技术之后，应具有传感器思维的理解。

1-20 查阅资料，列举两个我国科技人员近期在传感器技术领域创新发展中的主要贡献。

第 2 章　传感器的特性

2.1　传感器的静态标定

在一定标准条件下，利用一定等级的标定设备对传感器进行多次往复测试，获得传感器特性的过程称为标定，如图 2-1 所示。若测试过程中输入量不随时间变化，或随时间的变化程度远小于传感器固有最低阶运动模式的变化程度，则这种获得传感器静态特性的过程为静态标定。

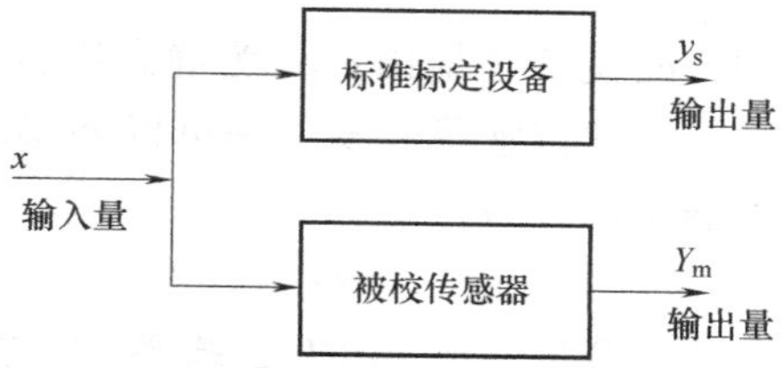

图 2-1　传感器的标定

2.1.1　静态标定条件

静态标定的标准条件主要反映在标定的环境、所用的标定设备和标定过程上。

1. 标定环境

1）无加速度，无振动，无冲击。

2）温度为 15~25℃。

3）相对湿度不大于 85%。

4）大气压力为 0.1MPa。

2. 标定设备

$$\sigma_s \leqslant \frac{1}{3}\sigma_m \tag{2-1}$$

式中，σ_s、σ_m 为标定设备的随机误差和被标定传感器的随机误差。

$$\varepsilon_s \leqslant \frac{1}{10}\varepsilon_m \tag{2-2}$$

式中，ε_s、ε_m 为标定设备的系统误差和被标定传感器的系统误差。

3. 标定过程

在被测量的标定范围内，选择 n 个测点 x_i（$i=1, 2, \cdots, n$）；共进行 m 个循环，得到 $2mn$ 个测试数据（x_i，y_{uij}）、（x_i，y_{dij}）（$j=1, 2, \cdots, m$）；它们分别表示第 i 个测点、第 j 个循环正行程（下标“u”）和反行程（下标“d”）的测试数据。

n 个测点 x_i 通常是等分的，也可以不等分。如在传感器工作较为频繁或者特性变化较大的区域，多取一些测点。同时，第一个测点 x_1 为被测量的最小值 x_{min}，第 n 个测点 x_n 为被测量的最大值 x_{max}。

2.1.2　传感器的静态特性

基于得到的测试数据（x_i，y_{uij}）、（x_i，y_{dij}），第 i 个测点的平均输出为

$$\bar{y}_i = \frac{1}{2m}\sum_{j=1}^{m}(y_{uij} + y_{dij}) \quad (i = 1,2,\cdots,n) \tag{2-3}$$

通过式（2-3）可得到传感器 n 个测点对应的输入-输出关系（x_i，$\bar{y}_i$），即为传感器的静态特性，也可以拟合成曲线为

$$y = f(x) = \sum_{k=0}^{N} a_k x^k \tag{2-4}$$

式中，a_k 为传感器的标定系数，反映了传感器静态特性曲线的形态；N 为传感器拟合曲线的阶次，$N \leqslant n-1$。

当 $N=1$ 时，传感器的静态特性为一条直线，即

$$y = a_0 + a_1 x \tag{2-5}$$

式中，a_0 为零位输出；a_1 为静态传递系数或静态增益。通常传感器的零位是可以补偿的，则传感器的静态特性为

$$y = a_1 x \tag{2-6}$$

式（2-5）描述的是线性传感器，而式（2-6）描述的是严格数学意义上的线性传感器。

传感器的静态特性也可以用表 2-1 或图 2-2 来表述。对于数字式传感器，一般直接利用上述 n 个离散的点进行分段（线性）插值来表述传感器的静态特性。

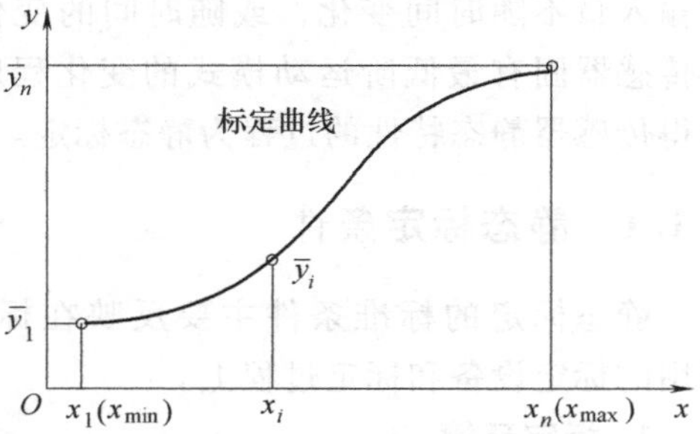

图 2-2 传感器的标定曲线

表 2-1 传感器的标定结果

x_i	x_1	x_2	…	x_{n-1}	x_n
$\bar{y}_i$	$\bar{y}_1$	$\bar{y}_2$	…	$\bar{y}_{n-1}$	$\bar{y}_n$

2.2 传感器的主要静态性能指标

2.2.1 测量范围与量程

测量范围是指传感器在允许误差范围内，所能测量到的最小被测量 x_{min} 与最大被测量 x_{max} 之间的范围，表述为（x_{min}，x_{max}）或 $x_{min} \sim x_{max}$；量程是指传感器测量范围的上限值 x_{max} 与下限值 x_{min} 的代数差 $x_{max}-x_{min}$。通常，传感器在不致引起规定性能指标永久改变的条件下，允许超过测量范围的能力，称为过载能力。一般用允许超过测量上限（或下限）的被测量与量程的百分比表示。

如一温度传感器的测量范围为-55～+125℃，那么该传感器的量程为 180℃；若允许超过测量上限 20℃，则该传感器的过载能力为 11.1%。

2.2.2 静态灵敏度

传感器被测量（输入）的单位变化量引起的输出变化量称为静态灵敏度，如图 2-3 所

示，可描述为

$$S=\lim_{\Delta x\to 0}\left(\frac{\Delta y}{\Delta x}\right)=\frac{\mathrm{d}y}{\mathrm{d}x} \tag{2-7}$$

某一测点处的静态灵敏度是其静态特性曲线的斜率。线性传感器的静态灵敏度为常数，非线性传感器的静态灵敏度为变量。

静态灵敏度是重要的性能指标。它可以根据传感器的测量范围、抗干扰能力等进行选择。特别是对于传感器中的敏感元件，其灵敏度的选择尤为关键。一方面，信号检测点或转换点总是设置在敏感元件的最大灵敏度处。另一方面，由于敏感元件不仅受被测量的影响，而且受到其他干扰量的影响，这时在优选敏感元件的结构及其参数时，就要使敏感元件的输出对被测量的灵敏度尽可能大，而对于干扰量的灵敏度尽可能小。

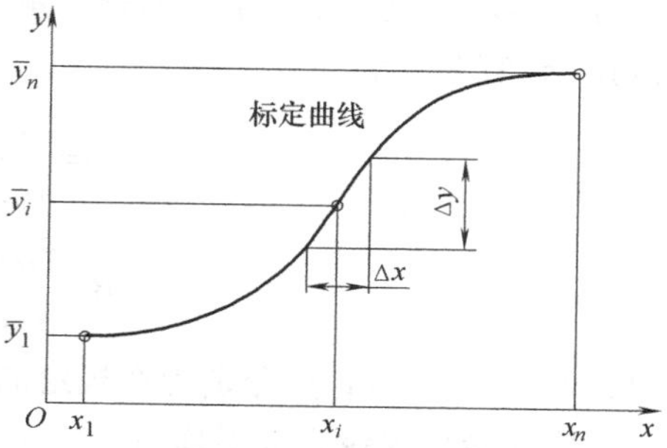

图 2-3　传感器的静态灵敏度

如加速度敏感元件的输出量 y，理想情况下只是被测量 x 轴方向加速度 a_x 的函数，但也与干扰量 y 轴方向的加速度 a_y、z 轴方向的加速度 a_z 有关，即其输出为

$$y=f(a_x,a_y,a_z) \tag{2-8}$$

那么对该敏感元件优化设计的原则为

$$|S_{ax}/S_{ay}|\gg 1 \tag{2-9}$$

$$|S_{ax}/S_{az}|\gg 1 \tag{2-10}$$

式中，S_{ax} 为敏感元件输出对被测量 a_x 的静态灵敏度，$S_{ax}=\partial f/\partial a_x$；$S_{ay}$ 为敏感元件输出对干扰量 a_y 的静态灵敏度，$S_{ay}=\partial f/\partial a_y$；$S_{az}$ 为敏感元件输出对干扰量 a_z 的静态灵敏度，$S_{az}=\partial f/\partial a_z$。

2.2.3　分辨力与分辨率

传感器工作时，当输入量变化太小时，输出量不会发生变化；而当输入量变化到一定程度时，输出量才产生可观测的变化。即传感器的特性有许多微小起伏，如图 2-4 所示。

对于第 i 个测点 x_i，如果有 $\Delta x_{i,\min}$ 变化时，输出才有可观测到的变化，即输入变化量小于 $\Delta x_{i,\min}$ 时，传感器的输出不会产生可观测的变化，那么 $\Delta x_{i,\min}$ 就是该测点处的分辨力，对应的分辨率为

$$r_i=\frac{\Delta x_{i,\min}}{x_{\max}-x_{\min}} \tag{2-11}$$

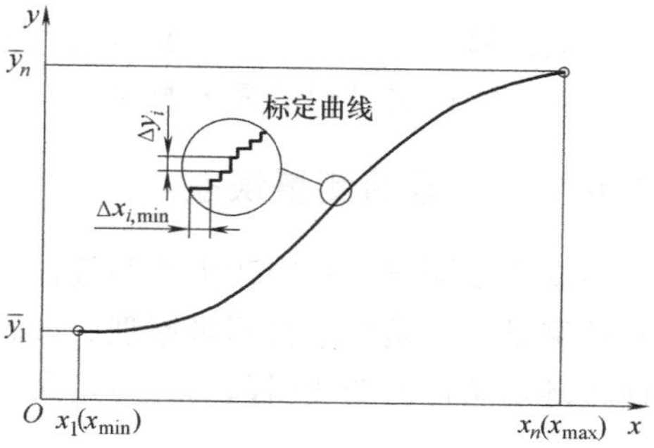

图 2-4　传感器的分辨力

考虑传感器的测量范围，都能产生可观测输出变化的最小输入变化量的最大值 $\max|\Delta x_{i,\min}|$（$i=1, 2, \cdots, n$）就是该传感器的分辨力，即传感器的分辨率为

$$r=\frac{\max|\Delta x_{i,\min}|}{x_{\max}-x_{\min}} \tag{2-12}$$

通常，传感器在最小测点处的分辨力称为阈值或死区。数字式传感器的分辨力就是指引起数字输出的末位数发生改变所对应的输入增量。

2.2.4 温漂

由外界环境温度变化引起的输出量变化的现象称为温漂。温漂分为零点漂移 ν 和满量程漂移 β，计算公式为

$$\nu=\frac{\overline{y}_0(t_2)-\overline{y}_0(t_1)}{\overline{y}_{FS}(t_1)(t_2-t_1)}\times 100\% \tag{2-13}$$

$$\beta=\frac{\overline{y}_{FS}(t_2)-\overline{y}_{FS}(t_1)}{\overline{y}_{FS}(t_1)(t_2-t_1)}\times 100\% \tag{2-14}$$

式中，$\overline{y}_0(t_2)$、$\overline{y}_{FS}(t_2)$ 分别为在规定的温度（高温或低温）t_2 保温 1h 后，传感器零点输出的平均值和满量程输出的平均值；$\overline{y}_0(t_1)$、$\overline{y}_{FS}(t_1)$ 分别为在室温 t_1 时，传感器零点输出的平均值和满量程输出的平均值。

2.2.5 时漂（稳定性）

当传感器的输入和环境温度不变时，输出量随时间变化的现象就是时漂。时漂反映的是传感器的稳定性，即在相同条件、相当长时间内，传感器输入-输出特性不发生变化的能力。它是由于传感器内部诸多环节性能不稳定引起的。影响传感器稳定性的因素是时间和环境。通常，考核传感器时漂的时间范围是一小时、一天、一个月、半年或一年等。时漂可以分为零点漂移 d_0 和满量程漂移 d_{FS}，计算公式为

$$d_0=\frac{\Delta y_{0,\max}}{y_{FS}}\times 100\%=\frac{|y_{0,\max}-y_0|}{y_{FS}}\times 100\% \tag{2-15}$$

$$d_{FS}=\frac{\Delta y_{FS,\max}}{y_{FS}}\times 100\%=\frac{|y_{FS,\max}-y_{FS}|}{y_{FS}}\times 100\% \tag{2-16}$$

式中，y_0、$y_{0,\max}$、$\Delta y_{0,\max}$ 为初始零点输出、考核期内零点最大漂移处的输出、考核期内零点的最大漂移；y_{FS}、$y_{FS,\max}$、$\Delta y_{FS,\max}$ 为初始的满量程输出、考核期内满量程最大漂移处的输出、考核期内满量程的最大漂移。

2.2.6 传感器的测量误差

传感器在测量过程中产生的测量误差的大小是衡量传感器水平的重要技术指标之一。传感器的测量误差是由于其测量原理、敏感结构的实现方式及参数、测试方法的不完善，或由于使用环境条件的变化引起的，可定义为

$$\begin{cases}\Delta y=y_a-y_t\\ \Delta x=x_a-x_t\end{cases} \tag{2-17}$$

式中，Δy 为针对传感器输出值定义的测量误差；Δx 为针对传感器被测输入值定义的测量误差；y_t、y_a 分别为传感器的无失真输出值和传感器实际的输出值；x_t、x_a 分别为被测量的真值和由 y_a 解算出的被测量值。

对于传感器的指标计算，目前主要针对传感器的输出测量值。事实上，测量过程总是希

望得到精确的输入被测量值。如要测量大气压力，不论采用哪种传感器，都希望精确给出输入被测压力值。如对于图 1-1 的圆柱形应变筒式压力传感器，希望由输出电压解算出精确压力值；而对于图 1-2 的谐振筒式压力传感器，希望由输出频率解算出精确压力值。对于非线性传感器，由于其灵敏度不为常值，相同的输出变化量对应的输入变化量不同，应该由传感器的输入被测量值来计算其性能指标。

2.2.7 线性度

线性度又称为传感器的非线性误差。传感器实际静态校准特性曲线与所选参考直线不吻合程度的最大值就是线性度，如图 2-5 所示。其计算公式为

$$\xi_{L}=\frac{(\Delta y_{L})_{max}}{y_{FS}}\times 100\% \tag{2-18}$$

$$(\Delta y_{L})_{max}=\max|\Delta y_{i,L}| \quad (i=1,2,\cdots,n)$$

$$\Delta y_{i,L}=\bar{y}_{i}-y_{i}$$

式中，$\Delta y_{i,L}$ 为第 i 个校准点平均输出值与参考直线的偏差，即非线性偏差；y_{FS} 为满量程输出，$y_{FS}=|B(x_{max}-x_{min})|$，$B$ 为所选参考直线的斜率。

参考直线不同，计算出的线性度不同，下面介绍几种常用的线性度计算方法。

1. 端基线性度 ξ_{LB}

参考直线是两个端点（x_1，$\bar{y}_1$），（x_n，$\bar{y}_n$）的连线，如图 2-6 所示，端基参考直线为

$$y=\bar{y}_1+\frac{\bar{y}_n-\bar{y}_1}{x_n-x_1}(x-x_1) \tag{2-19}$$

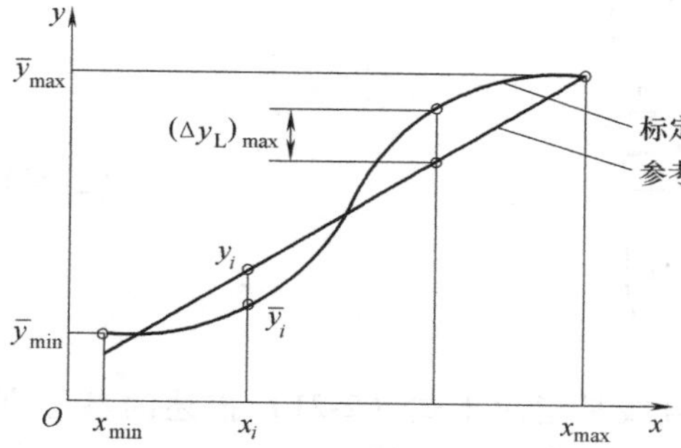

图 2-5 传感器的线性度

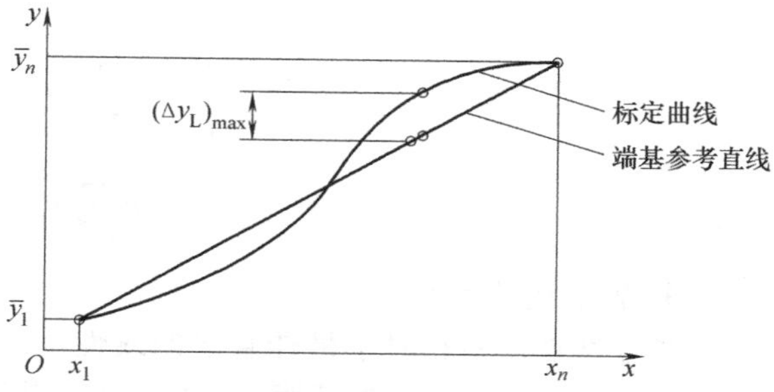

图 2-6 端基参考直线

端基参考直线只考虑了标定的两个端点，实际测点的偏差分布可能不合理。

2. 平移端基线性度 $\xi_{LB,M}$

将端基参考直线平移，使最大正、负偏差绝对值相等，得到平移端基参考直线，可有效避免端基参考直线的问题，如图 2-7 所示。

由式（2-19）可以计算出第 i 个校

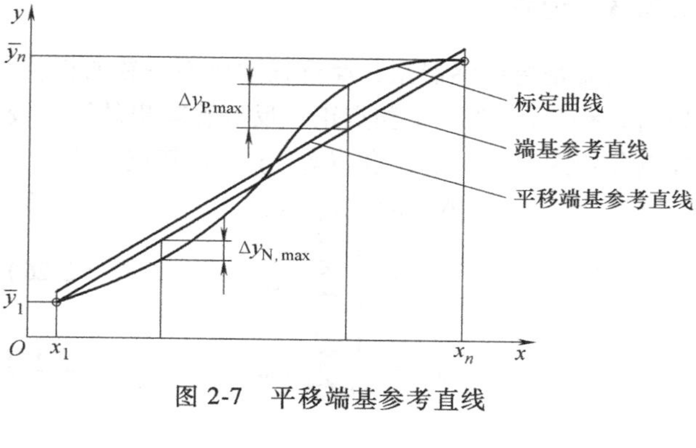

图 2-7 平移端基参考直线

准点平均输出值与端基参考直线的偏差为

$$\Delta y_i = \overline{y}_i - y_i = \overline{y}_i - \overline{y}_1 - \frac{\overline{y}_n - \overline{y}_1}{x_n - x_1}(x_i - x_1)$$

假设上述 n 个偏差 Δy_i 的最大正偏差为 $\Delta y_{P,max} \geqslant 0$，最大负偏差为 $\Delta y_{N,max} \leqslant 0$，则平移端基参考直线为

$$y = \overline{y}_1 + \frac{\overline{y}_n - \overline{y}_1}{x_n - x_1}(x - x_1) + 0.5(\Delta y_{P,max} + \Delta y_{N,max}) \tag{2-20}$$

n 个测点对平移端基参考直线的最大正偏差与最大负偏差的绝对值相等，均为

$$\Delta y_{B,M} = 0.5(\Delta y_{P,max} - \Delta y_{N,max})$$

显然有

$$\Delta y_{B,M} \leqslant \max(\Delta y_{P,max}, -\Delta y_{N,max})$$

3. 最小二乘线性度 ξ_{LS}

取参考直线为

$$y = a + bx \tag{2-21}$$

总的偏差平方和为

$$J = \sum_{i=1}^{n}(\Delta y_i)^2 = \sum_{i=1}^{n}[\overline{y}_i - (a + bx_i)]^2 \tag{2-22}$$

利用$\partial J/\partial a = 0$、$\partial J/\partial b = 0$，可以得到最小二乘法最佳 a、b 值为

$$a = \frac{\sum_{i=1}^{n} x_i^2 \sum_{i=1}^{n} \overline{y}_i - \sum_{i=1}^{n} x_i \sum_{i=1}^{n} x_i \overline{y}_i}{n\sum_{i=1}^{n} x_i^2 - \left(\sum_{i=1}^{n} x_i{}^2\right)} \tag{2-23}$$

$$b = \frac{n\sum_{i=1}^{n} x_i \overline{y}_i - \sum_{i=1}^{n} x_i \sum_{i=1}^{n} \overline{y}_i}{n\sum_{i=1}^{n} x_i^2 - \left(\sum_{i=1}^{n} x_i\right)^2} \tag{2-24}$$

4. 独立线性度 ξ_{LD}

独立线性度是相对于最佳直线的线性度。最佳直线是指对于式（2-21）描述的参考直线，任意改变参考直线的截距 a 与斜率 b，得到的最大偏差最小的直线。

2.2.8 迟滞

迟滞是指传感器正、反行程输出不一致的程度，如图 2-8 所示。第 i 个测点正、反行程输出的平均校准点分别为（x_i，$\overline{y}_{ui}$）和（x_i，$\overline{y}_{di}$），其偏差为

$$\Delta y_{i,H} = |\overline{y}_{ui} - \overline{y}_{di}| \tag{2-25}$$

$$\overline{y}_{ui} = \frac{1}{m}\sum_{j=1}^{m} y_{uij} \tag{2-26}$$

$$\overline{y}_{di} = \frac{1}{m}\sum_{j=1}^{m} y_{dij} \tag{2-27}$$

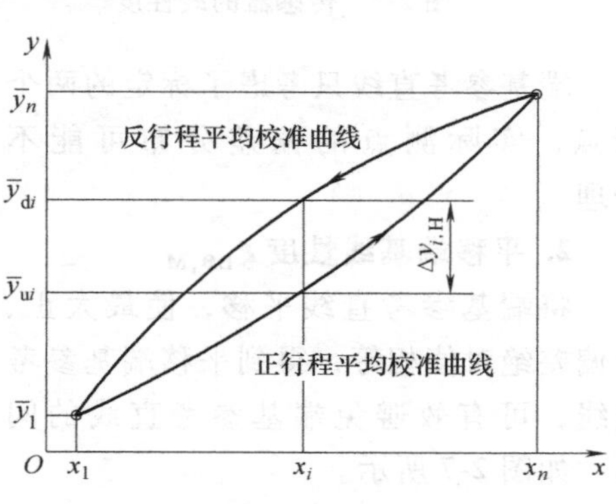

图 2-8 迟滞

迟滞指标为

$$(\Delta y_{\mathrm{H}})_{\max}=\max(\Delta y_{i,\mathrm{H}}) \quad (i=1,2,\cdots,n) \tag{2-28}$$

考虑到标定过程的平均输出为参考值，则迟滞误差可定义为

$$\xi_{\mathrm{H}}=\frac{(\Delta y_{\mathrm{H}})_{\max}}{2y_{\mathrm{FS}}}\times 100\% \tag{2-29}$$

2.2.9 非线性迟滞

非线性迟滞是综合考虑非线性偏差与迟滞，反映传感器正行程和反行程标定曲线与参考直线不一致的程度，如图 2-9 所示。对于第 i 个测点，传感器的标定点为（x_i，$\bar{y}_i$），参考点为（x_i，y_i）；正、反行程输出的平均校准点（x_i，$\bar{y}_{\mathrm{u}i}$）和（x_i，$\bar{y}_{\mathrm{d}i}$）对参考点（x_i，y_i）的偏差分别为 $\bar{y}_{\mathrm{u}i}-y_i$ 和 $\bar{y}_{\mathrm{d}i}-y_i$；这两者中绝对值较大者就是非线性迟滞，即

$$\Delta y_{i,\mathrm{LH}}=\max(|\bar{y}_{\mathrm{u}i}-y_i|,|\bar{y}_{\mathrm{d}i}-y_i|) \tag{2-30}$$

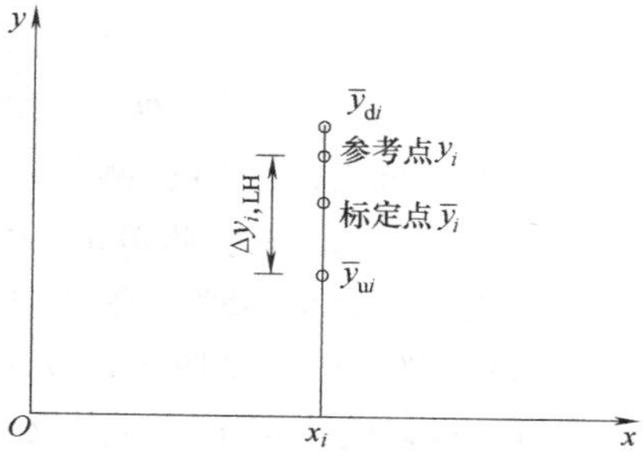

图 2-9 非线性迟滞

对于第 i 个测点，非线性迟滞与非线性偏差、迟滞的关系为

$$\Delta y_{i,\mathrm{LH}}=|\Delta y_{i,\mathrm{L}}|+0.5\Delta y_{i,\mathrm{H}} \tag{2-31}$$

在整个测量范围，非线性迟滞为

$$(\Delta y_{\mathrm{LH}})_{\max}=\max(\Delta y_{i,\mathrm{LH}}) \quad (i=1,2,\cdots,n) \tag{2-32}$$

非线性迟滞误差为

$$\xi_{\mathrm{LH}}=\frac{(\Delta y_{\mathrm{LH}})_{\max}}{y_{\mathrm{FS}}}\times 100\% \tag{2-33}$$

需要说明的是，由于非线性偏差的最大值和迟滞的最大值不一定发生在同一个测点，因此传感器的非线性迟滞不大于线性度与迟滞误差之和。

2.2.10 重复性

传感器在同一方向进行多次重复测量时，同一个测点每一次的输出值不一样，可以看成是随机的。为反映这一现象，引入重复性指标，如图 2-10 所示。

如对于正行程的第 i 个测点，$y_{\mathrm{u}ij}$（$j=1$，2，…，m）是其输出子样，$\bar{y}_{\mathrm{u}i}$ 是相应的数学期望值的估计值。可以利用下列方法来评估、计算第 i 个测点的标准偏差。

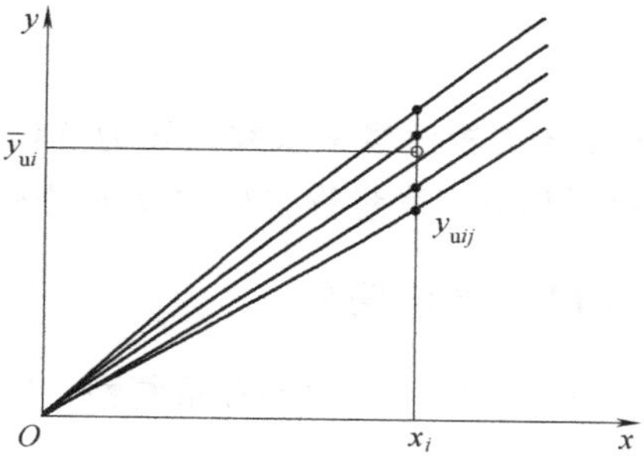

图 2-10 重复性

1. 极差法

$$s_{\mathrm{u}i}=W_{\mathrm{u}i}/d_m \tag{2-34}$$

$$W_{\mathrm{u}i}=\max(y_{\mathrm{u}ij})-\min(y_{\mathrm{u}ij}) \quad (j=1,2,\cdots,m)$$

式中，$W_{\mathrm{u}i}$ 为极差，即第 i 个测点正行程 m 个标定值中的最大值与最小值之差；d_m 为极差系数，取决于测量的循环次数，即样本容量 m，见表 2-2。

表 2-2 极差系数表

m	2	3	4	5	6	7	8	9	10	11	12
d_m	1.41	1.91	2.24	2.48	2.67	2.83	2.96	3.08	3.18	3.26	3.33

类似地可以得到第 i 个测点反行程的极差 W_{di} 和相应的标准偏差 s_{di}，即

$$s_{di}=W_{di}/d_m \tag{2-35}$$

$$W_{di}=\max(y_{dij})-\min(y_{dij}) \quad (j=1,2,\cdots,m)$$

式中，y_{dij} 是第 i 个测点反行程的输出子样。

2. 贝塞尔（Bessel）公式

$$s_{ui}^2=\frac{1}{m-1}\sum_{j=1}^{m}(\Delta y_{uij})^2=\frac{1}{m-1}\sum_{j=1}^{m}(y_{uij}-\bar{y}_{ui})^2 \tag{2-36}$$

s_{ui} 的物理意义是当随机测量值 y_{uij} 看成是正态分布时，y_{uij} 偏离期望值 $\bar{y}_{ui}$ 的范围在（$-s_{ui}$，s_{ui}）之间的概率为 68.37%；在（$-2s_{ui}$，$2s_{ui}$）之间的概率为 95.45%；在（$-3s_{ui}$，$3s_{ui}$）之间的概率为 99.73%，如图 2-11 所示。

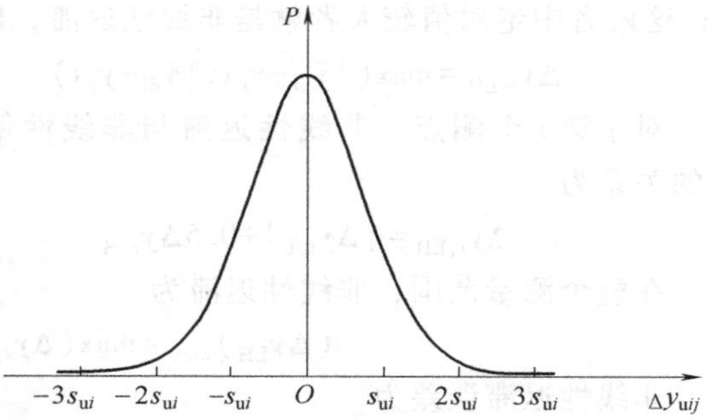

图 2-11 正态分布概率曲线

类似地可以给出第 i 个测点反行程的子样标准偏差为

$$s_{di}^2=\frac{1}{m-1}\sum_{j=1}^{m}(\Delta y_{dij})^2=\frac{1}{m-1}\sum_{j=1}^{m}(y_{dij}-\bar{y}_{di})^2 \tag{2-37}$$

综合考虑正、反行程，若测量过程具有等精密性，则第 i 个测点子样标准偏差为

$$s_i=\sqrt{0.5(s_{ui}^2+s_{di}^2)} \tag{2-38}$$

考虑全部 n 个测点，整个测量过程的标准偏差为

$$s=\sqrt{\frac{1}{n}\sum_{i=1}^{n}s_i^2}=\sqrt{\frac{1}{2n}\sum_{i=1}^{n}(s_{ui}^2+s_{di}^2)} \tag{2-39}$$

利用标准偏差 s 就可以描述传感器的随机误差，即重复性指标为

$$\xi_R=\frac{3s}{y_{FS}}\times 100\% \tag{2-40}$$

式中，3 为置信概率系数；$3s$ 为置信限或随机不确定度。其物理意义是在整个测量范围内，传感器相对于满量程输出的随机误差不超过 ξ_R 的置信概率为 99.73%。

2.2.11 综合误差

考虑非线性、迟滞和重复性，综合误差为

$$\xi_a=\xi_L+\xi_H+\xi_R \tag{2-41}$$

$$\xi_a=\sqrt{\xi_L^2+\xi_H^2+\xi_R^2} \tag{2-42}$$

考虑非线性迟滞和重复性，综合误差为

$$\xi_a=\xi_{LH}+\xi_R \tag{2-43}$$

综合考虑迟滞和重复性，当传感器应用微处理器，可以不考虑非线性误差，只考虑迟滞与重复性，综合误差为

$$\xi_a=\xi_H+\xi_R \tag{2-44}$$

可利用极限点法计算综合误差。基于重复性讨论，第 i 个测点正行程输出 y_{uij} 偏离期望值 $\overline{y}_{ui}$ 在（$-3s_{ui}$，$3s_{ui}$）区间的置信概率为 99.73%，即 y_{uij} 以 99.73%置信概率落在区间（$\overline{y}_{ui}-3s_{ui}$，$\overline{y}_{ui}+3s_{ui}$）。同样，第 i 个测点反行程输出 y_{dij} 以 99.73%置信概率落在区间（$\overline{y}_{di}-3s_{di}$，$\overline{y}_{di}+3s_{di}$），如图 2-12 所示。

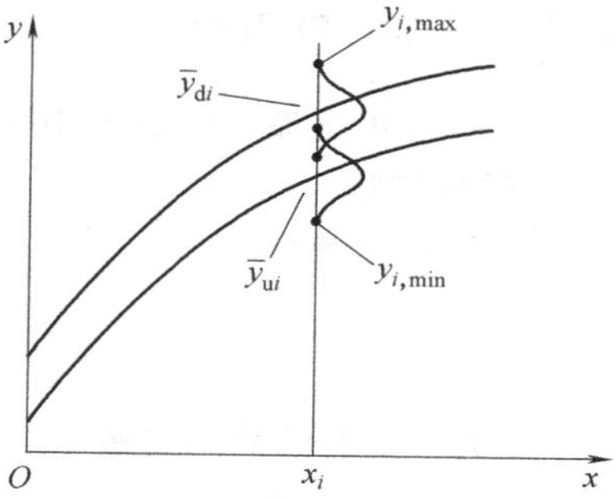

图 2-12　极限点法原理示意图

于是，第 i 个测点输出值以 99.73%的置信概率落在区间（$y_{i,\min}$，$y_{i,\max}$），称 $y_{i,\min}$、$y_{i,\max}$ 为第 i 个测点的极限点，满足

$$y_{i,\min}=\min(\overline{y}_{ui}-3s_{ui},\overline{y}_{di}-3s_{di}) \tag{2-45}$$

$$y_{i,\max}=\max(\overline{y}_{ui}+3s_{ui},\overline{y}_{di}+3s_{di}) \tag{2-46}$$

这样可以得到 $2n$ 个极限点，由它们可以给出传感器静态特性的一个实际不确定区域，进而评估、计算传感器的静态误差。极限点法物理意义明确，评估客观。

对于第 i 个测点，如果以极限点的中间值 0.5（$y_{i,\min}+y_{i,\max}$）为参考值（称为极限点参考值），则该点的极限点偏差为

$$\Delta y_{i,ext}=0.5(y_{i,\max}-y_{i,\min}) \tag{2-47}$$

利用上述 n 个极限点偏差中的最大值 Δy_{ext} 可以计算综合误差，即

$$\xi_a=\frac{\Delta y_{ext}}{y_{FS}}\times100\% \tag{2-48}$$

$$\Delta y_{ext}=\max(\Delta y_{i,ext})\quad(i=1,2,\cdots,n) \tag{2-49}$$

$$y_{FS}=0.5[(y_{n,\min}+y_{n,\max})-(y_{1,\min}+y_{1,\max})] \tag{2-50}$$

2.2.12　环境参数与使用条件

环境参数主要是指传感器允许使用的工作温度范围，环境压力、环境振动和冲击等引起的环境压力误差、环境振动误差和冲击误差，以及抗潮湿、抗介质腐蚀能力等。选择传感器时应充分考虑其抗环境干扰能力。

此外，传感器在实际应用时的工作方式也是选用传感器时应考虑的重要因素，如接触测量与非接触测量、在线测量与离线测量等。工作方式不同，对传感器的要求也不同。

在工业自动化等领域，运动部件的被测参数（如位移、速度、加速度、振动、力、力矩）往往需要非接触测量，因为对部件的接触式测量不仅会对被测系统或测试对象造成影响，而且有许多实际困难，如测量头的磨损、接触状态的变动、信号的采集都不易妥善解决，也易于造成测量误差，所以采用非接触式传感器。在线检测是与实际情况更接近一致的检测方法，特别是实现自动化过程的控制与检测往往要求真实性与可靠性，因此必须在现场实时条件下才能达到测量要求。

传感器的使用条件主要包括：电源（直流、交流、电压范围、频率、功率、稳定度）、气源（压力、稳定度）；外形几何结构参数、重量、备件、壳体材质、结构特点、安装方

式、馈线电缆；出厂日期、保修期、校准周期等。

2.3 传感器的动态特性方程与性能指标

2.3.1 动态特性方程

对于线性传感器，可以采用时域微分方程和复频域传递函数来描述。

1. 微分方程

（1）零阶传感器

$$a_0y(t)=b_0x(t) \tag{2-51}$$

$$y(t)=kx(t)$$

式中，k 为传感器的静态灵敏度或静态增益，$k=b_0/a_0$。

（2）一阶传感器

$$a_1\frac{\mathrm{d}y(t)}{\mathrm{d}t}+a_0y(t)=b_0x(t) \tag{2-52}$$

$$T\frac{\mathrm{d}y(t)}{\mathrm{d}t}+y(t)=kx(t)$$

式中，T 为传感器的时间常数（s），$T=a_1/a_0$，$a_0a_1\neq0$。

（3）二阶传感器

$$a_2\frac{\mathrm{d}^2y(t)}{\mathrm{d}t^2}+a_1\frac{\mathrm{d}y(t)}{\mathrm{d}t}+a_0y(t)=b_0x(t) \tag{2-53}$$

$$\frac{1}{\omega_{\mathrm{n}}^2}\frac{\mathrm{d}^2y(t)}{\mathrm{d}t^2}+\frac{2\zeta}{\omega_{\mathrm{n}}}\frac{\mathrm{d}y(t)}{\mathrm{d}t}+y(t)=kx(t)$$

式中，ω_{n} 为传感器的固有角频率（rad/s），$\omega_{\mathrm{n}}=\sqrt{a_0/a_2}$，$a_0a_2\neq0$；$\zeta$ 为传感器的阻尼比，$\zeta=0.5a_1/\sqrt{a_0a_2}$。

2. 传递函数

对于微分方程式（2-51）~式（2-53）描述的传感器，其输出量的拉普拉斯变换 $Y(s)$ 与输入量的拉普拉斯变换 $X(s)$ 之比称之为传递函数。

2.3.2 动态响应及动态性能指标

1. 时域动态性能指标

当被测量为单位阶跃信号时，即

$$x(t)=\varepsilon(t)=\begin{cases}1 & t\geqslant0\\0 & t<0\end{cases} \tag{2-54}$$

若要求传感器能对此信号进行无失真、无延迟测量，则其输出为

$$y(t)=k\varepsilon(t) \tag{2-55}$$

式中，k 为传感器的静态增益。

（1）一阶传感器的时域阶跃响应及其动态性能指标

由式（2-52）可知，一阶传感器的传递函数为

$$G(s)=\frac{k}{Ts+1} \tag{2-56}$$

一阶传感器的单位阶跃响应与相对动态误差分别为

$$y(t)=k[\varepsilon(t)-e^{-t/T}]=k\overline{y}(t) \tag{2-57}$$

$$\xi(t)=\frac{y(t)-y_s}{y_s}\times 100\%=-e^{-t/T}\times 100\% \tag{2-58}$$

式中，y_s 为传感器的稳态输出，$y_s=y(\infty)=k$。

图 2-13、图 2-14 分别给出了一阶传感器单位阶跃输入下的归一化响应和相对动态误差。

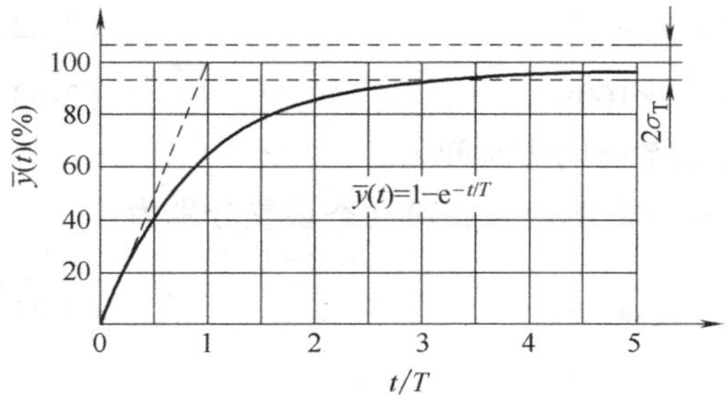

图 2-13　一阶传感器归一化单位阶跃响应

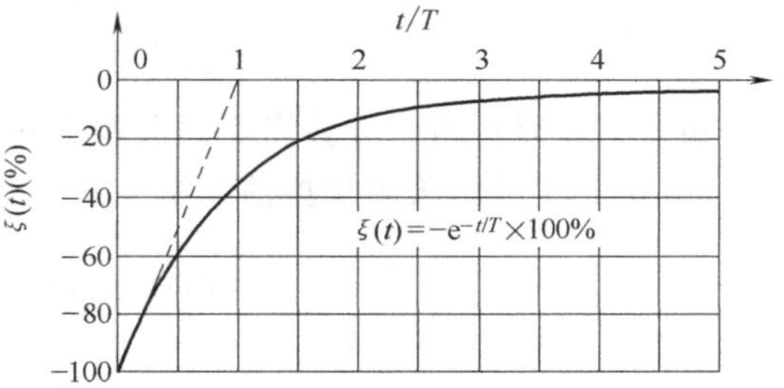

图 2-14　一阶传感器单位阶跃输入下的相对动态误差

对于传感器实际输出特性曲线，可选择几个特征时间点作为其时域动态性能指标。

1）时间常数 T：输出由零上升到稳态值 y_s 的 63%所需的时间。

2）响应时间 t_s（又称过渡过程时间）：输出由零上升达到并保持在与稳态值 y_s 相对偏差的绝对值不超过某一量值 σ_T 的时间；σ_T 可看成传感器所允许的相对动态误差，即误差带，通常为 5%。

3）上升时间 t_r：输出由 $0.1y_s$ 上升到 $0.9y_s$ 所需要的时间。

4）延迟时间 t_d：输出由零上升到稳态值 y_s 的一半所需要的时间。

一阶传感器的时间常数 T 是非常重要的指标，5%相对误差的响应时间 $t_{0.05}$、上升时间 t_r、延迟时间 t_d 与 T 的关系为

$$t_{0.05}\approx 3T$$
$$t_r\approx 2.20T$$
$$t_d\approx 0.69T$$

显然，为了提高传感器的动态特性，应当尽可能减小其时间常数。

（2）二阶传感器的时域阶跃响应及其动态性能指标

由式（2-53）可知，二阶传感器的传递函数为

$$G(s)=\frac{k\omega_n^2}{s^2+2\zeta\omega_n s+\omega_n^2} \tag{2-59}$$

二阶传感器的动态性能指标与 ω_n、ζ 有关，如图 2-15 所示，分三种情况进行讨论。

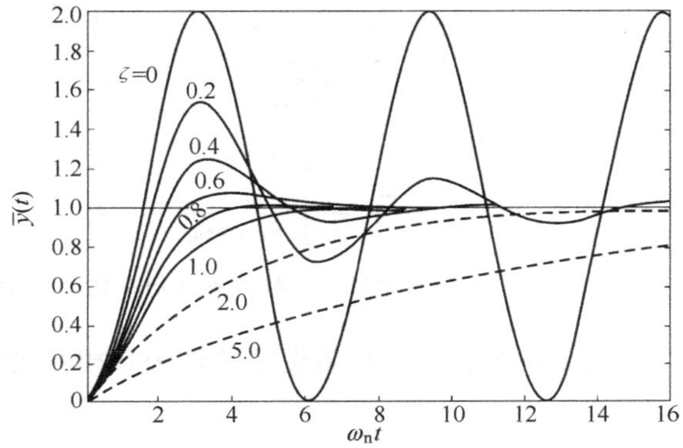

图 2-15　二阶传感器归一化阶跃响应与阻尼比关系

1）$\zeta>1$ 时为过阻尼无振荡系统，其归一化单位阶跃响应与相对动态误差分别为

$$\overline{y}(t)=\varepsilon(t)-\frac{(\zeta+\sqrt{\zeta^2-1})\mathrm{e}^{(-\zeta+\sqrt{\zeta^2-1})\omega_n t}}{2\sqrt{\zeta^2-1}}+\frac{(\zeta-\sqrt{\zeta^2-1})\mathrm{e}^{-(\zeta+\sqrt{\zeta^2-1})\omega_n t}}{2\sqrt{\zeta^2-1}} \tag{2-60}$$

$$\xi(t)=\left[-\frac{(\zeta+\sqrt{\zeta^2-1})\mathrm{e}^{(-\zeta+\sqrt{\zeta^2-1})\omega_n t}}{2\sqrt{\zeta^2-1}}+\frac{(\zeta-\sqrt{\zeta^2-1})\mathrm{e}^{-(\zeta+\sqrt{\zeta^2-1})\omega_n t}}{2\sqrt{\zeta^2-1}}\right]\times100\% \tag{2-61}$$

由式（2-61）可以计算出不同误差带 σ_T 对应的传感器的响应时间 t_s。

2）$\zeta=1$ 时为临界阻尼无振荡系统，其归一化单位阶跃响应与相对动态误差分别为

$$\overline{y}(t)=\varepsilon(t)-(1+\omega_n t)\mathrm{e}^{-\omega_n t} \tag{2-62}$$

$$\xi(t)=-(1+\omega_n t)\mathrm{e}^{-\omega_n t}\times100\% \tag{2-63}$$

由式（2-63）可以计算出不同误差带 σ_T 对应的系统响应时间 t_s。

3）$0<\zeta<1$ 时为欠阻尼振荡系统，其归一化单位阶跃响应与相对动态误差分别为

$$\overline{y}(t)=\varepsilon(t)-\frac{\mathrm{e}^{-\zeta\omega_n t}}{\sqrt{1-\zeta^2}}\cos(\omega_d t-\varphi) \tag{2-64}$$

$$\xi(t)=-\frac{\mathrm{e}^{-\zeta\omega_n t}}{\sqrt{1-\zeta^2}}\cos(\omega_d t-\varphi)\times100\% \tag{2-65}$$

式中，ω_d 为二阶传感器的阻尼振荡角频率（rad/s），$\omega_d=\sqrt{1-\zeta^2}\,\omega_n$，其倒数的 2π 倍为阻尼振荡周期 T_d，即 $T_d=2\pi/\omega_d$；φ 为二阶传感器阶跃响应的相位延迟，$\varphi=\arctan(\zeta/\sqrt{1-\zeta^2})$。

这时，二阶传感器归一化单位阶跃响应以其输出稳态值 1 为平衡位置衰减振荡，其包络线为 $1-\frac{\mathrm{e}^{-\zeta\omega_n t}}{\sqrt{1-\zeta^2}}$ 和 $1+\frac{\mathrm{e}^{-\zeta\omega_n t}}{\sqrt{1-\zeta^2}}$，如图 2-16 所示，图中同时给出了有关指标的示意。

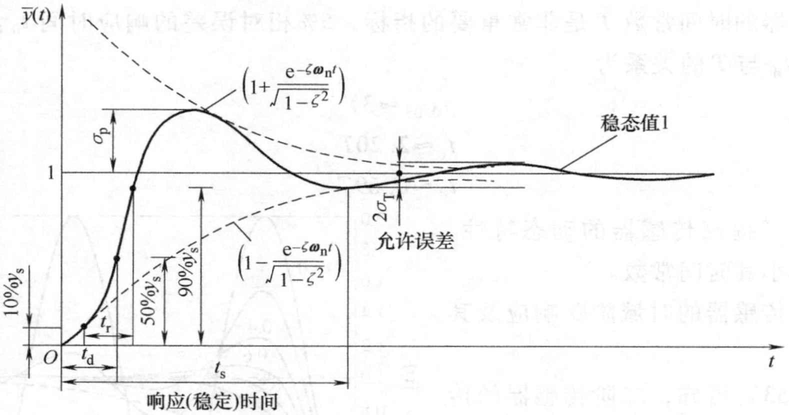

图 2-16　二阶传感器归一化单位阶跃响应与包络线及有关指标

为便于计算，一个较为保守的做法是相对误差用其包络线来限定，即

$$|\xi(t)|\leqslant\frac{\mathrm{e}^{-\zeta\omega_n t}}{\sqrt{1-\zeta^2}} \tag{2-66}$$

当 $0<\zeta<1$ 时，二阶传感器的响应过程有振荡，有关动态性能指标讨论如下。

① 振荡次数 N：相对误差曲线 $\xi(t)$ 的幅值超过允许误差带 σ_T 的次数。

② 峰值时间 t_p：动态误差曲线由起始点到达第一个振荡幅值点的时间间隔，即

$$t_p=\frac{\pi}{\omega_p}=\frac{\pi}{\omega_n\sqrt{1-\zeta^2}}=\frac{T_d}{2} \tag{2-67}$$

式（2-67）表明峰值时间为阻尼振荡周期 T_d 的一半。

③ 超调量 σ_p：峰值时间对应的相对动态误差值，即

$$\sigma_p=\frac{e^{-\zeta\omega_n t_p}}{\sqrt{1-\zeta^2}}\cos(\omega_d t_p-\varphi)\times100\%=e^{-\pi\zeta/\sqrt{1-\zeta^2}}\times100\% \tag{2-68}$$

图 2-17 给出了超调量 σ_p 与阻尼比 ζ 的近似关系曲线，ζ 越小，σ_p 越大。

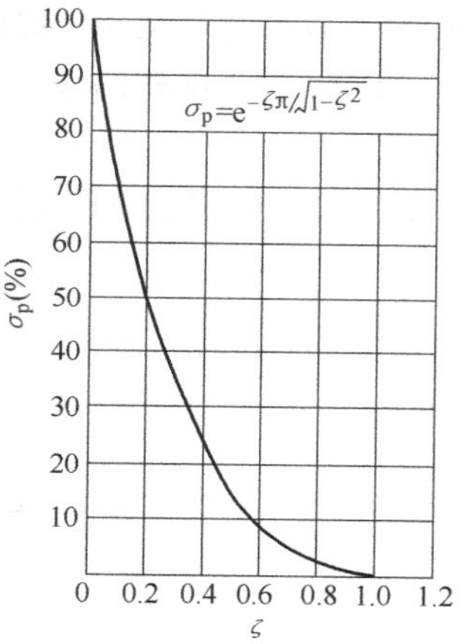

图 2-17 超调量 σ_p 与阻尼比 ζ 的近似关系曲线

④ 响应时间 t_s：超调量 $\sigma_p\leqslant\sigma_T$ 时，由式（2-65）确定不同误差带 σ_T 对应的传感器的响应时间；超调量 $\sigma_p>\sigma_T$ 时，由式（2-66）确定不同误差带 σ_T 对应的传感器的响应时间。

⑤ 上升时间 t_r 和延迟时间 t_d 为

$$t_r\approx\frac{0.5+2.3\zeta}{\omega_n} \tag{2-69}$$

$$t_d\approx\frac{1+0.7\zeta}{\omega_n} \tag{2-70}$$

2. 频域动态性能指标

当被测量为正弦函数时，即

$$x(t)=\sin\omega t \tag{2-71}$$

传感器的稳态输出响应为

$$y(t)=kA(\omega)\sin[\omega t+\varphi(\omega)] \tag{2-72}$$

式中，$A(\omega)$、$\varphi(\omega)$ 为传感器的归一化幅值频率特性和相位频率特性。

（1）一阶传感器的频域响应及其动态性能指标

式（2-56）描述的一阶传感器归一化幅值增益，以及与无失真幅值增益的相对误差分别为

$$A(\omega)=\frac{1}{\sqrt{(T\omega)^2+1}} \tag{2-73}$$

$$\Delta A(\omega)=A(\omega)-A(0)=\frac{1}{\sqrt{(T\omega)^2+1}}-1 \tag{2-74}$$

一阶传感器的相位特性与相位延迟为

$$\varphi(\omega)=-\arctan(T\omega) \tag{2-75}$$

图 2-18 给出了一阶传感器归一化幅频特性和相频特性曲线。频率较低时，传感器的输出能够在幅值和相位上较好地跟踪输入；频率较高时，传感器的输出很难在幅值和相位上跟踪输入，出现幅值衰减和相位延迟。因此，必须对输入信号的频率范围加以限制。

除了幅值增益的相对误差和相位延迟以外，一阶传感器动态性能指标还有通频带和工作

频带。

1）通频带 ω_B：幅值增益的对数特性衰减 3dB 处所对应的频率范围，即

$$\omega_B = 1/T \tag{2-76}$$

2）工作频带 ω_g：归一化幅值误差小于所规定的允许误差 σ_F 时，幅频特性曲线所对应的频率范围，即

$$\omega_g = \frac{1}{T}\sqrt{\frac{1}{(1-\sigma_F)^2}-1} \tag{2-77}$$

显然，提高一阶传感器的通频带和工作频带的有效途径是减小其时间常数。

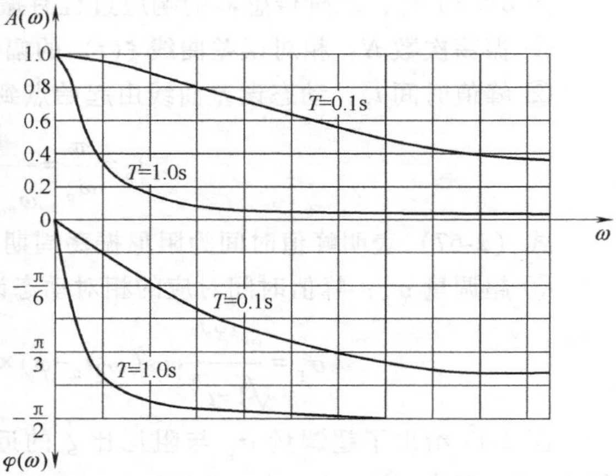

图 2-18 一阶传感器归一化幅频特性和相频特性曲线

（2）二阶传感器的频域响应及其动态性能指标

式（2-59）描述的二阶传感器的归一化幅值增益和相位特性与相位延迟分别为

$$A(\omega) = \frac{1}{\sqrt{[1-(\omega/\omega_n)^2]^2+[2\zeta(\omega/\omega_n)]^2}} \tag{2-78}$$

$$\varphi(\omega) = \begin{cases} -\arctan\dfrac{2\zeta(\omega/\omega_n)}{1-(\omega/\omega_n)^2} & \omega \leqslant \omega_n \\ -\pi+\arctan\dfrac{2\zeta(\omega/\omega_n)}{(\omega/\omega_n)^2-1} & \omega > \omega_n \end{cases} \tag{2-79}$$

图 2-19 给出了二阶传感器归一化幅频特性和相频特性曲线。

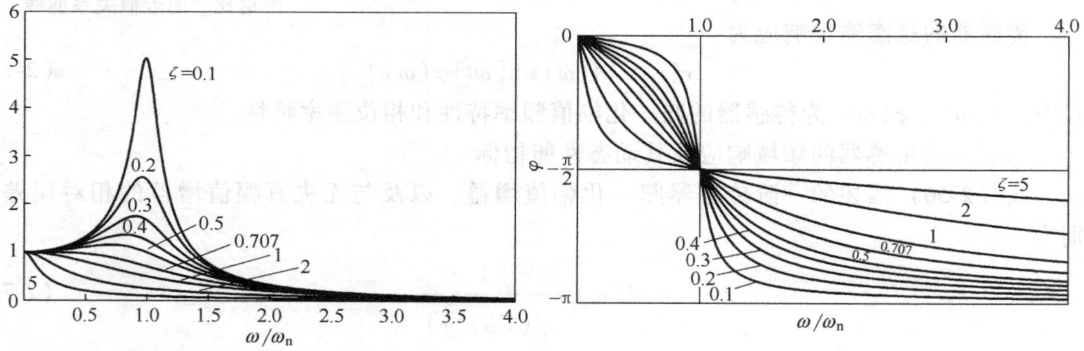

a) 幅频特性　　b) 相频特性

图 2-19 二阶传感器归一化幅频特性和相频特性曲线

类似地可以分析二阶传感器幅值增益的相对误差和相位延迟。

对于二阶传感器，当阻尼比在 $0 \leqslant \zeta < 1/\sqrt{2}$ 时，幅频特性曲线出现峰值，对应传感器的谐振角频率 ω_r。谐振角频率及所对应的谐振峰值、相角分别为

$$\omega_r = \sqrt{1-2\zeta^2}\,\omega_n \leqslant \omega_n \tag{2-80}$$

$$A_{max}=A(\omega_r)=\frac{1}{2\zeta\sqrt{1-\zeta^2}} \tag{2-81}$$

$$\varphi(\omega_r)=-\arctan\frac{\sqrt{1-2\zeta^2}}{2\zeta}\geqslant-\frac{\pi}{2} \tag{2-82}$$

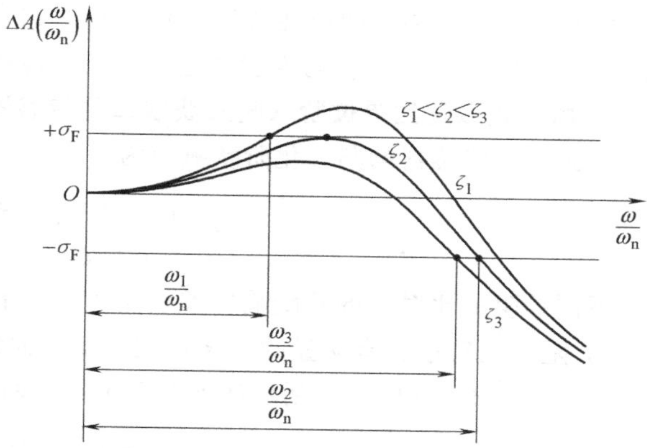

图 2-20　二阶传感器阻尼比与工作频带的关系

考虑到二阶传感器幅值增益会产生较大峰值，故二阶传感器的工作频带更有意义。当二阶传感器的阻尼比不变时，固有频率 ω_n 越高，频带越宽。图 2-20 给出了具有相同固有角频率而阻尼比 ζ 不同，在允许的相对幅值误差不超过 σ_F 时，所对应的不同工作频带的示意。可见，阻尼比对工作频带的影响较为复杂。

2.3.3　动态标定

对传感器进行动态标定时，应有合适的典型输入信号发生器、动态信号记录设备和数据采集处理系统。典型输入信号发生器要能够产生较理想的动态输入信号，若获得时域脉冲响应，应保证输入能量足够大，且脉冲宽度尽可能窄；若获得频域特性，应保证输入信号是不失真的正弦周期信号。对于动态信号记录设备，工作频带要足够宽，通常应满足

$$\begin{cases}\Omega_n\geqslant(3\sim5)\omega_n\\ \Omega_g\geqslant(2\sim3)\omega_g\end{cases} \tag{2-83}$$

式中，Ω_n、Ω_g 为动态记录设备的固有角频率（rad/s）和工作频带（rad/s）；ω_n、ω_g 为被标定传感器的固有角频率（rad/s）和工作频带（rad/s）。

动态信号采集系统的采样频率 f_s 与被标定传感器的固有频率 f_n 应满足

$$f_s\geqslant10f_n \tag{2-84}$$

2.3.4　动态模型的建立

1. 由非周期型单位阶跃响应获取一阶传感器的传递函数

式（2-56）描述的一阶传感器的单位阶跃响应如图 2-13 所示。当实际阶跃响应与图 2-13 相似时，就可以按一阶传感器处理，其静态增益 k 由静态标定获得，时间常数 T 根据实验曲线求出。利用式（2-57），一阶传感器归一化阶跃响应和归一化回零过渡过程分别为

$$\overline{y}(t)=1-e^{-t/T} \tag{2-85}$$

$$\overline{y}(t)=e^{-t/T} \tag{2-86}$$

对于归一化阶跃响应，利用式（2-85）可得

$$Y=At \tag{2-87}$$

$$Y=\ln[1-\overline{y}(t)]$$

$$A=-1/T$$

对于归一化回零过渡过程，由式（2-86）也可得到如式（2-87）的形式，只是

$$Y=\ln[\overline{y}(t)]$$

由式（2-87）描述的线性特性方程求解回归直线的斜率 A，将得到的 T 代入式（2-85）或式（2-86）计算 $\overline{y}(t)$，与实验值进行比较，检查回归效果。

2. 由衰减振荡型单位阶跃响应获取二阶传感器的传递函数

振荡二阶传感器的归一化阶跃响应为

$$\overline{y}(t)=1-\frac{1}{\sqrt{1-\zeta^2}}e^{-\zeta\omega_n t}\cos(\omega_d t-\varphi)$$

不同的阻尼比对应的阶跃响应差别比较大，下面分别进行讨论。

1）阻尼比较小，有明显的振荡过程，实验曲线可以提供超调量 A_1、峰值时间 t_p、上升时间 t_r，如图 2-21a 所示。利用如下关系中任意两个可以得到固有角频率 ω_n 和阻尼比 ζ。

$$\sigma_p=A_1=e^{-\pi\zeta/\sqrt{1-\zeta^2}} \tag{2-88}$$

$$t_p=\frac{\pi}{\omega_d}=\frac{\pi}{\omega_n\sqrt{1-\zeta^2}}=\frac{T_d}{2} \tag{2-89}$$

$$t_r\approx\frac{0.5+2.3\zeta}{\omega_n} \tag{2-90}$$

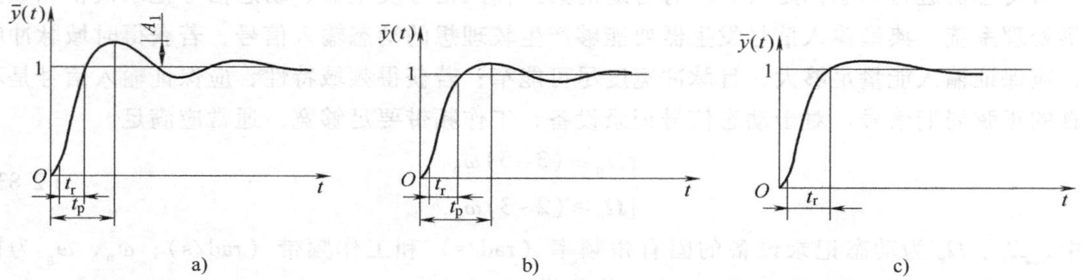

图 2-21　二阶传感器在单位阶跃作用下的衰减振荡响应

2）有振荡过程但较弱，实验曲线可以提供峰值时间 t_p 和上升时间 t_r，如图 2-21b 所示。利用式（2-89）、式（2-90）可以计算得到 ω_n 和 ζ。

3）超调很小的情况，实验曲线可以准确给出上升时间 t_r，如图 2-21c 所示。阻尼比在 0.8~1.0 之间；初选一个阻尼比，由式（2-90）计算 ω_n，然后检验回归效果。

3. 由频率特性获取一阶传感器的传递函数

式（2-73）描述的一阶传感器归一化幅值增益 $A(\omega)$ 取 0.707、0.900 和 0.950 时的角频率分别记为 $\omega_{0.707}$、$\omega_{0.900}$ 和 $\omega_{0.950}$，如图 2-22 所示，有

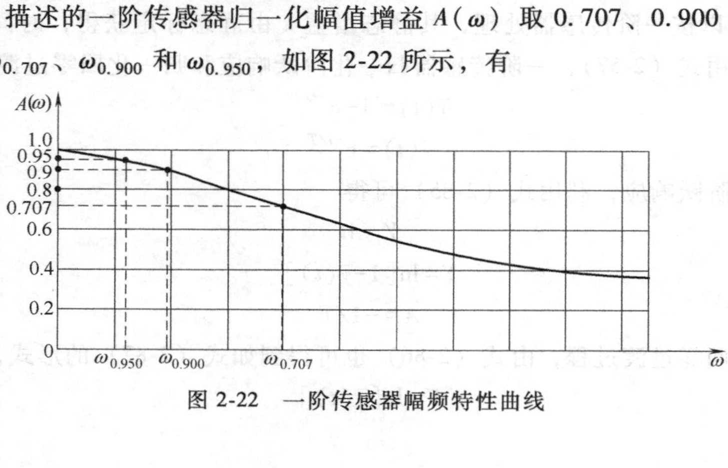

图 2-22　一阶传感器幅频特性曲线

$$\begin{cases}\omega_{0.707}\approx 1/T\\ \omega_{0.900}\approx 0.484/T\\ \omega_{0.950}\approx 0.329/T\end{cases} \tag{2-91}$$

利用 $\omega_{0.707}$、$\omega_{0.900}$ 和 $\omega_{0.950}$ 来回归一阶传感器的时间常数 T，即

$$T\approx\frac{1}{3}\left(\frac{1}{\omega_{0.707}}+\frac{0.484}{\omega_{0.900}}+\frac{0.329}{\omega_{0.950}}\right) \tag{2-92}$$

4. 由频率特性获取二阶传感器的传递函数

式（2-78）描述的二阶传感器的归一化幅频特性如图 2-19a 所示。幅频特性可以分为两类：一类有峰值；另一类无峰值。

当 $\zeta<0.707$ 时，幅频特性有峰值 A_{max}，对应谐振角频率 ω_r，如式（2-81）和式（2-80）。利用它们可以求得阻尼比 ζ 和固有角频率 ω_n。由式（2-78）计算幅频特性，与实验值进行比较，检查回归效果。

对于幅频特性无峰值的二阶传感器，可以先在幅频特性曲线上读出 $A(\omega)$ 两个特殊值（如 0.707 和 0.900）对应的角频率值（如 $\omega_{0.707}$ 和 $\omega_{0.900}$）；再结合式（2-78）计算出 ω_n 和 ζ；最后由式（2-78）计算幅频特性，与实验值进行比较，检查回归效果。

2.4 传感器静态特性计算实例

表 2-3 给出了某压力传感器的标定数据。

表 2-3 某压力传感器的标定数据

行程	输入压力 x/10^5Pa	传感器输出电压 y/mV				
		第 1 循环	第 2 循环	第 3 循环	第 4 循环	第 5 循环
正行程	0.0	0.5	0.7	0.9	1.2	1.0
	0.2	190.9	191.1	191.3	191.4	191.4
	0.4	382.8	383.2	383.5	383.7	383.8
	0.6	575.8	576.1	576.6	576.9	577.0
	0.8	769.4	769.8	770.4	770.8	771.0
	1.0	963.9	964.6	965.2	965.7	966.0
反行程	1.0	964.4	965.1	965.7	965.7	966.1
	0.8	770.6	771.0	771.4	771.4	772.0
	0.6	577.3	577.4	578.1	578.1	578.5
	0.4	384.1	384.2	384.1	384.9	384.9
	0.2	191.6	191.6	192.0	191.9	191.9
	0.0	0.6	0.8	0.9	1.1	1.1

基于表 2-3 的标定数据，表 2-4 给出了正、反行程平均校准输出 $\bar{y}_{ui}$ 和 $\bar{y}_{di}$，总平均校准输出 $\bar{y}_i$，迟滞 $\Delta y_{i,H}$，端基直线输出 y_i，非线性偏差 $\Delta y_{i,L}$，正、反行程非线性迟滞 $\bar{y}_{ui}-y_i$ 和 $\bar{y}_{di}-y_i$，正、反行程标准偏差 s_{ui} 和 s_{di} 的计算值。

表 2-4　某压力传感器标定数据的计算处理过程一

计算内容	输入压力 $x/10^5$Pa						备注
	0.0	0.2	0.4	0.6	0.8	1.0	
正行程平均校准输出 $\bar{y}_{ui}$	0.86	191.22	383.40	576.48	770.28	965.08	
反行程平均校准输出 $\bar{y}_{di}$	0.90	191.80	384.44	577.88	771.28	965.40	
总平均校准输出 $\bar{y}_i$	0.88	191.51	383.92	577.18	770.78	965.24	
迟滞 $\Delta y_{i,H}$	0.04	0.58	1.04	1.40	1.00	0.32	$(\Delta y_H)_{max}=1.40$
端基直线输出 y_i	0.88	193.75	386.62	579.50	772.37	965.24	$y_{FS}=964.36$
非线性偏差 $\Delta y_{i,L}(=\bar{y}_i-y_i)$	0	−2.24	−2.70	−2.32	−1.59	0	$(\Delta y_L)_{max}=2.70$
正行程非线性迟滞 $\bar{y}_{ui}-y_i$	−0.02	−2.53	−3.22	−3.02	−2.09	−0.16	$(\Delta y_{LH})_{max}=3.22$
反行程非线性迟滞 $\bar{y}_{di}-y_i$	0.02	−1.95	−2.18	−1.62	−1.09	0.16	
正行程标准偏差 s_{ui}	0.270	0.217	0.406	0.517	0.672	0.847	s_{ui} 由式(2-36)计算
反行程标准偏差 s_{di}	0.212	0.187	0.422	0.512	0.522	0.663	s_{di} 由式(2-37)计算

参考直线选端基直线，其斜率为

$$b=\frac{965.24-0.88}{1-0}\times10^{-5}\text{mV/Pa}=964.36\times10^{-5}\text{mV/Pa}$$

端基直线的零点为 0.88mV。端基参考直线为

$$y=0.88+964.36x$$

(1) 测量范围与量程

测量范围为 $(0, 1.0\times10^5)$ Pa 或 $0\sim1.0\times10^5$Pa，量程为 1.0×10^5Pa。

(2) 灵敏度为

$$S=\frac{(965.24-0.88)\text{mV}}{1.0\times10^5\text{Pa}}=964.36\times10^{-5}\text{mV/Pa}$$

(3) 非线性（端基参考直线线性度）为

$$\xi_{LS}=\frac{|(\Delta y_L)_{max}|}{y_{FS}}\times100\%=\frac{2.70}{964.36}\times100\%=0.280\%$$

(4) 迟滞为

$$\xi_H=\frac{(\Delta y_H)_{max}}{2y_{FS}}\times100\%=\frac{1.40}{2\times964.36}\times100\%\approx0.073\%$$

(5) 非线性迟滞为

$$\xi_{LH}=\frac{(\Delta y_{LH})_{max}}{y_{FS}}\times100\%=\frac{3.22}{964.36}\times100\%\approx0.334\%$$

(6) 重复性

利用贝塞尔公式，由式（2-36）~式（2-40）计算出的标准偏差和重复性指标为

$$s=\sqrt{\frac{1}{n}\sum_{i=1}^{n}s_i{}^2}=\sqrt{\frac{1}{2n}\sum_{i=1}^{n}(s_{ui}^2+s_{di}^2)}=$$

$$\sqrt{\frac{1}{2\times6}(0.270^2+0.212^2+0.217^2+0.187^2+0.406^2+0.422^2+0.517^2+0.512^2+0.672^2+0.522^2+0.847^2+0.663^2)}$$

$$\approx0.496$$

$$\xi_R=\frac{3s}{y_{FS}}\times 100\%=\frac{3\times 0.496}{964.36}\times 100\%\approx 0.154\%$$

（7）综合误差（针对端基参考直线）

1）直接代数和为

$$\xi_a=\xi_L+\xi_H+\xi_R=0.280\%+0.073\%+0.154\%=0.507\%$$

2）方均根为

$$\xi_a=\sqrt{\xi_L^2+\xi_H^2+\xi_R^2}=\sqrt{(0.280\%)^2+(0.073\%)^2+(0.154\%)^2}\approx 0.328\%$$

3）考虑非线性迟滞和重复性为

$$\xi_a=\xi_{LH}+\xi_R=0.334\%+0.154\%=0.488\%$$

4）考虑迟滞和重复性为

$$\xi_a=\xi_H+\xi_R=0.073\%+0.154\%=0.227\%$$

观察表 2-4 中 6 个测点的非线性偏差，0、-2.24、-2.70、-2.32、-1.59、0，均为非正偏差。显然端基直线作为参考直线不合适。为此，采用平移端基直线作为参考直线，其斜率不变，截距（输出的初始值）由 0.88 变为 0.88+(-2.70/2)=-0.47。

与参考直线无关的数据，即正行程平均校准输出 $\bar{y}_{ui}$、反行程平均校准输出 $\bar{y}_{di}$、总平均校准输出 $\bar{y}_i$、迟滞 $\Delta y_{i,H}$ 与表 2-4 相同，相关的迟滞、重复性指标不变。表 2-5 给出了压力传感器与参考直线相关的数据，有关指标重新计算如下。

表 2-5　某压力传感器标定数据的计算处理过程二

计算内容	输入压力 $x/10^5$Pa						备注
	0.0	0.2	0.4	0.6	0.8	1.0	
平移端基直线输出 y_i	-0.47	192.40	385.27	578.15	771.02	963.89	$y_{FS}=964.36$
非线性偏差 $\Delta y_{i,L}$	1.35	-0.89	-1.35	-0.97	-0.24	1.35	$(\Delta y_L)_{max}=1.35$
正行程非线性迟滞 $\bar{y}_{ui}-y_i$	1.33	-1.18	-1.87	-1.67	-0.74	1.19	$(\Delta y_{LH})_{max}=1.87$
反行程非线性迟滞 $\bar{y}_{di}-y_i$	1.37	-0.60	-0.83	-0.37	0.26	1.51	

（8）非线性（平移端基直线线性度）为

$$\xi_{LB,M}=\frac{|(\Delta y_L)_{max}|}{y_{FS}}\times 100\%=\frac{1.35}{964.36}\times 100\%\approx 0.140\%$$

对比端基参考直线的线性度 0.280%，平移端基直线的线性度是其一半。

（9）非线性迟滞为

$$\xi_{LH}=\frac{(\Delta y_{LH})_{max}}{y_{FS}}\times 100\%=\frac{1.87}{964.36}\times 100\%\approx 0.194\%$$

对比端基参考直线的非线性迟滞 0.334%，平移端基直线的非线性迟滞是其 58.1%。

（10）综合误差再讨论（针对平移端基参考直线）

1）直接代数和为

$$\xi_a=\xi_L+\xi_H+\xi_R=0.140\%+0.073\%+0.154\%=0.367\%$$

2）方均根为

$$\xi_a=\sqrt{\xi_L^2+\xi_H^2+\xi_R^2}=\sqrt{(0.140\%)^2+(0.073\%)^2+(0.154\%)^2}\approx 0.221\%$$

3）考虑非线性迟滞和重复性为

$$\xi_a = \xi_{LH} + \xi_R = 0.194\% + 0.154\% = 0.348\%$$

4）考虑迟滞和重复性为

$$\xi_a = \xi_H + \xi_R = 0.073\% + 0.154\% = 0.227\%$$

可见，平移端基参考直线与非线性有关的指标明显下降。平移端基参考直线要比端基参考直线客观。

（11）利用极限点法进行评估

基于表 2-4 列出的正、反行程平均校准输出 $\bar{y}_{ui}$ 和 $\bar{y}_{di}$，正、反行程标准偏差 s_{ui} 和 s_{di} 等计算值，可以计算出正行程极限点、反行程极限点、综合极限点、极限点参考值和极限点偏差，见表 2-6。

表 2-6 某压力传感器标定数据的计算处理过程三

计算内容	输入压力 $x/10^5$Pa						备注
	0.0	0.2	0.4	0.6	0.8	1.0	
正行程极限点（$\bar{y}_{ui}-3s_{ui}, \bar{y}_{ui}+3s_{ui}$）	0.05，1.67	190.57，191.87	382.18，384.62	574.93，578.03	768.26，772.30	962.54，967.62	
反行程极限点（$\bar{y}_{di}-3s_{di}, \bar{y}_{di}+3s_{di}$）	0.26，1.54	191.24，192.36	383.17，385.71	576.34，579.42	769.71，772.85	963.41，967.39	
综合极限点（$y_{i,\min}, y_{i,\max}$）	0.05，1.67	190.57，192.36	382.18，385.71	574.93，579.42	768.26，772.85	962.54，967.62	
极限点参考值	0.86	191.47	383.95	577.18	770.56	965.08	
极限点偏差 $\Delta y_{i,\mathrm{ext}}$	0.81	0.90	1.77	2.25	2.30	2.54	$\Delta y_{\mathrm{ext}}=2.54$

利用式（2-48）~式（2-50）可以计算出极限点法的综合误差为

$$\xi_a = \frac{\Delta y_{\mathrm{ext}}}{y_{\mathrm{FS}}} \times 100\% = \frac{2.54}{964.22} \times 100\% \approx 0.263\%$$

$$y_{\mathrm{FS}} = 0.5(962.54+967.62) - 0.5(0.05+1.67) = 964.22$$

2.5 传感器动态特性计算实例

2.5.1 利用传感器单位阶跃响应建立传递函数

表 2-7 的前三行给出了某传感器单位阶跃响应的实测数据。

基于上述数据，计算 $Y=\ln[1-y(t)]$，列于表 2-7 的第四行。

利用有约束的最小二乘法（此时直线的截距为零），可以计算出回归直线的斜率为

$$A = \sum_{i=1}^{7} Y_i \Big/ \sum_{i=1}^{7} t_i \approx -5.576$$

故回归时间常数为

$$T = -1/A \approx 0.1793(\mathrm{s})$$

回归传递函数为

$$G(s)=\frac{1}{0.1793s+1} \tag{2-93}$$

利用式（2-93）可以计算出回归得到的过渡过程曲线，回归值列于表 2-7 中的第五行，同时在第六行列出了回归值与实测值的偏差。由偏差可知回归效果较好，所建立的传感器模型较准确。

表 2-7　某传感器单位阶跃响应的实测数据及相关处理数据

实验点数	1	2	3	4	5	6	7
时间 t(s)	0	0.1	0.2	0.3	0.4	0.5	0.6
实测值 $y(t)$	0	0.426	0.670	0.812	0.892	0.939	0.965
$Y=\ln[1-y(t)]$	0	−0.555	−1.109	−1.671	−2.226	−2.797	−3.352
回归值 $\hat{y}(t)$	0	0.427	0.672	0.812	0.893	0.938	0.965
偏差$\hat{y}(t)-y(t)$	0	0.001	0.002	0	0.001	−0.001	0

2.5.2　某加速度传感器幅频特性的测试与改进

图 2-23 为某加速度传感器幅频特性测试系统框图。它是一个闭环测控系统，其中标准加速度传感器的工作频带为 15kHz，远高于被测试加速度传感器的工作频带。实测中，系统提供一定幅值的正弦扫频信号进行多点测试。通过检测标准加速度传感器的输出作为反馈信号，不断修正输出值使振动台稳定。利用示波器读取标准加速度传感器和被测加速度传感器的输出峰值。

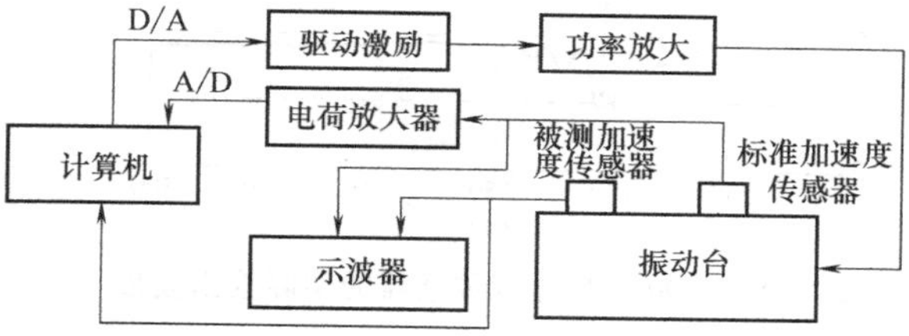

图 2-23　某加速度传感器幅频特性测试系统框图

在系统的正弦扫频方式下，对一灵敏度为 0.005V/(m·s^{-2}) 的 WKJ-200 型加速度传感器进行多次幅频特性测试，如图 2-24 所示曲线 1。动态测试结果表明，该传感器的原始幅频特性和厂家提供的基本吻合。在 75Hz 附近，系统有一个谐振峰，80Hz 之后，幅频特性曲线下降很快。

利用测试得到的幅频特性，建立该加速度传感器的动态模型，通过计算得到该模型的幅频特性，如图 2-24 所示曲线 2。仿真计算结果表明，所建立的模型较好地反映了传感器的动态特性。同时，基于传感器的动态模型可以给出补偿模型，从而进一步计算补偿后的加速度传感器的幅频特性，如图 2-24 所示曲线 3。

为了评估补偿效果，仍采用上述测试系统对补偿前、后的加速度传感器进行时域测试。通过幅值 5m/s^2、脉宽 1ms 的半正弦激励信号激励振动台。图 2-25 为标准加速度传感器的输出波形；图 2-26 为 WLJ-200 型加速度传感器的实际输出波形；图 2-27 为补偿后的加速度传感器的输出波形。可以看出，WLJ-200 型加速度传感器的频带较窄，引起所测信号幅值衰减，对其补偿后与标准加速度传感器的输出波形基本相同，误差约为 1%。上述结果表明，该加速度传感器模型的建立与补偿是成功的。

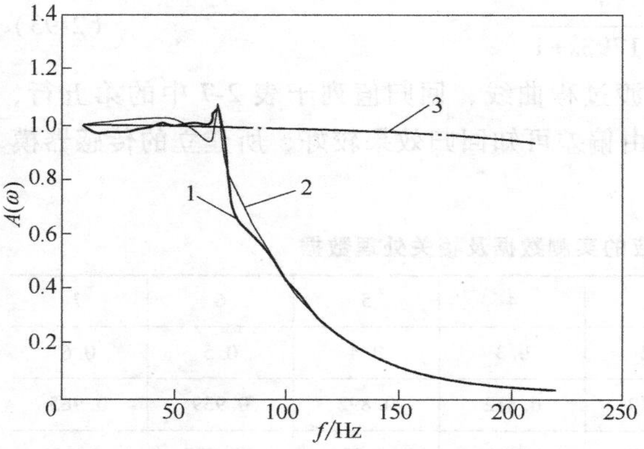

图 2-24 加速度传感器的归一化幅频特性

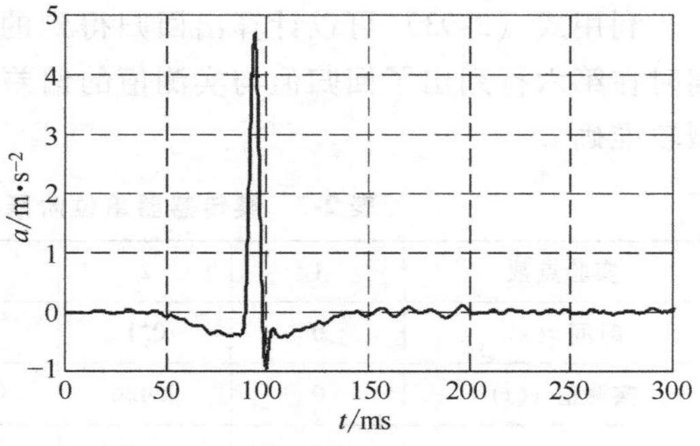

图 2-25 标准加速度传感器的输出波形

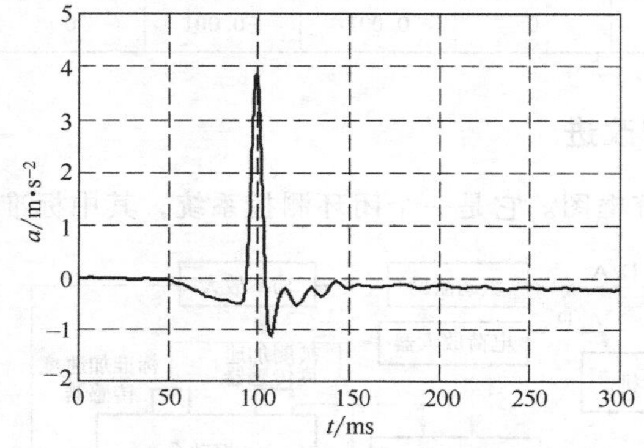

图 2-26 WLJ-200 型加速度传感器的实际输出波形

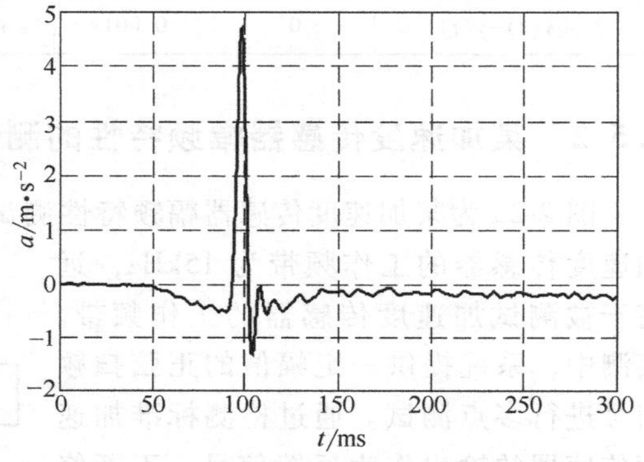

图 2-27 补偿后的加速度传感器的输出波形

习题与思考题

2-1 对于一个实际传感器，如何获得其静态特性？可以计算哪些静态性能指标？

2-2 简要说明传感器的静态校准条件。

2-3 静态灵敏度是传感器的一项主要性能指标，简要说明你对静态灵敏度的理解。

2-4 利用静态灵敏度，可以对传感器的敏感结构进行优化设计，试举例进行说明。

2-5 简要对比传感器的静态灵敏度与分辨率。

2-6 简要说明温漂与时漂在传感器性能指标中的重要性。

2-7 传感器的测量误差，可以从其输出可用电信号进行定义，也可以从其输入被测量进行定义。简要说明你对传感器的测量误差的理解。

2-8 计算传感器的综合误差时，说明式（2-41）~式（2-44）的意义。

2-9 简述利用极限点法计算传感器综合误差的过程，说明其特点。

2-10 描述传感器的动态模型有哪些主要形式？各自的特点是什么？

2-11 传感器进行动态校准时，应注意哪些问题？

2-12 传感器的动态特性的时域指标主要有哪些？说明其物理意义。

2-13 传感器的动态特性的频域指标主要有哪些？说明其物理意义。

2-14 某加速度传感器的输入-输出见表 2-8，试计算该传感器的有关线性度：

1）端基线性度。

2）平移端基线性度。

3）最小二乘线性度。

表 2-8　某加速度传感器的输入-输出数据表

$x/(\mathrm{m/s^2})$	1	2	3	4	5	6
y/mV	2.52	5.00	7.58	10.07	12.60	15.05

2-15　题 2-14 中，若只要在 6 个测点处分别有 $0.016\mathrm{m/s^2}$、$0.013\mathrm{m/s^2}$、$0.010\mathrm{m/s^2}$、$0.018\mathrm{m/s^2}$、$0.016\mathrm{m/s^2}$、$0.015\mathrm{m/s^2}$ 的变化，就能产生可观测的输出变化，试计算该传感器的分辨力与分辨率。

2-16　一线性传感器的校验特性方程为 $y=x+0.001x^2-0.0001x^3$；x、y 分别为传感器的输入和输出。输入范围为 $10 \geqslant x \geqslant 0$，计算传感器的平移端基线性度。

2-17　试分析题 2-16 中传感器的灵敏度。

2-18　某感应同步器及数显表测量最大位移量为 9999，求该测量装置的分辨力（绝对值）和分辨率（相对值）。

2-19　对于图 2-28 所示的利用加速度传感器测量倾角 θ 的测量方案，如果所用的加速度传感器 A 的测量范围分别为 $\pm 0.707g$ 和 $\pm 10g$，各对测量过程有何影响？

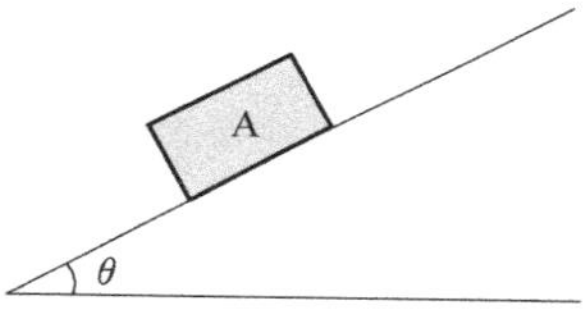

图 2-28　题 2-19 图

2-20　某压力传感器的一组标定数据见表 2-9，试计算其迟滞误差和重复性误差。工作特性选最小二乘直线。

表 2-9　某压力传感器的一组标定数据

行程	输入压力/10^5Pa	输出电压/mV		
		第 1 循环	第 2 循环	第 3 循环
正行程	0.0	0.1	0.1	0.1
	2.0	190.9	191.1	191.3
	4.0	382.8	383.2	383.5
	6.0	575.8	576.1	576.6
	8.0	769.4	769.8	770.4
	10.0	963.9	964.6	965.2
反行程	10.0	964.4	965.1	965.7
	8.0	770.6	771.0	771.4
	6.0	577.3	577.4	578.1
	4.0	384.1	384.2	384.7
	2.0	191.6	191.6	192.0
	0.0	0.1	0.2	0.2

2-21　用极限点法计算表 2-9 列出的某压力传感器的综合误差。

2-22　某压电式加速度传感器，出厂时标出的电压灵敏度为 $100\mathrm{mV}/g$，由于测量需要加长导线，因此应重新对加速度传感器进行标定。如果在 50Hz 和 $5g$ 的振动台上进行标定，选用电压放大器的放大倍数为20，标定用电压表的指示电压为9V，试计算该压电式加速度传感器的电压灵敏度K，并与原灵敏度进行比较。

2-23　某传感器的回零过渡过程见表2-10，试求该传感器的一阶动态回归模型以及时间常数、响应时间（所允许的动态相对误差值按5%计算）。

表2-10　某传感器的回零过渡过程

实验点数	1	2	3	4	5	6
时间 t/s	0	0.2	0.4	0.6	0.8	1.0
实测值 $y(t)$	1	0.671	0.449	0.301	0.202	0.135

第 3 章　应变式传感器

3.1　电阻应变片

3.1.1　应变式变换原理

长 L、横截面半径 r、电阻率 ρ 的圆形金属电阻丝的电阻值为

$$R=\frac{L\rho}{\pi r^2} \tag{3-1}$$

如图 3-1 所示的金属电阻丝，当其受拉力 F 作用伸长 $\mathrm{d}L$ 时，其半径减少 $\mathrm{d}r$，同时电阻率因金属晶格畸变影响改变 $\mathrm{d}\rho$，则电阻的相对变化量为

$$\frac{\mathrm{d}R}{R}=\frac{\mathrm{d}\rho}{\rho}+\frac{\mathrm{d}L}{L}-2\frac{\mathrm{d}r}{r} \tag{3-2}$$

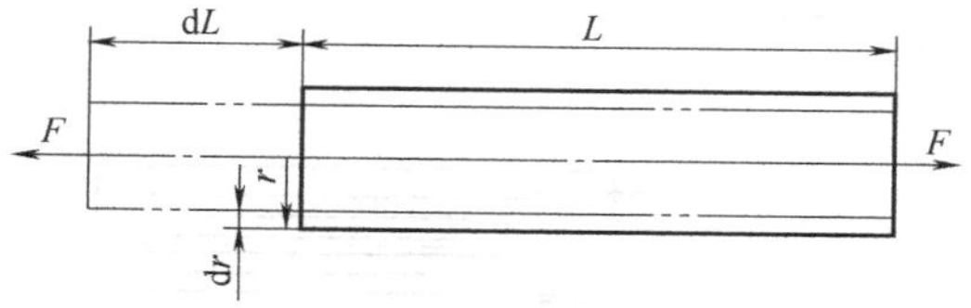

图 3-1　金属电阻丝的应变效应示意图

作为一维受力的电阻丝，其轴向应变 $\varepsilon_L=\mathrm{d}L/L$ 与径向应变 $\varepsilon_r=\mathrm{d}r/r$ 满足

$$\varepsilon_r=-\mu\varepsilon_L \tag{3-3}$$

式中，μ 为电阻丝材料的泊松比；若无特别说明，本书中 μ 均代表材料的泊松比。

利用式（3-2）、式（3-3）可得

$$\frac{\mathrm{d}R}{R}=\frac{\mathrm{d}\rho}{\rho}+(1+2\mu)\varepsilon_L=\left[\frac{\mathrm{d}\rho}{\varepsilon_L\rho}+(1+2\mu)\right]\varepsilon_L=K_0\varepsilon_L \tag{3-4}$$

$$K_0\overset{\text{def}}{=}\frac{\mathrm{d}R/R}{\varepsilon_L}=\frac{\mathrm{d}\rho}{\varepsilon_L\rho}+(1+2\mu)$$

式中，K_0 为金属材料的应变灵敏系数，表示单位应变引起的相对电阻变化。

测试结果表明，在电阻丝拉伸的比例极限内，K_0 为一常数，即电阻的相对变化与其轴向应变成正比。如对于康铜材料，$K_0\approx1.9\sim2.1$；对于铂材料，$K_0\approx3\sim5$。

3.1.2　应变片的结构及应变效应

图 3-2 为利用应变效应制成的金属应变片的基本结构示意图，由敏感栅、基底、黏合层、引出线和覆盖层等组成。敏感栅由金属电阻丝制成，直径为 0.01～0.05mm，用黏合剂将其固定在基底上。

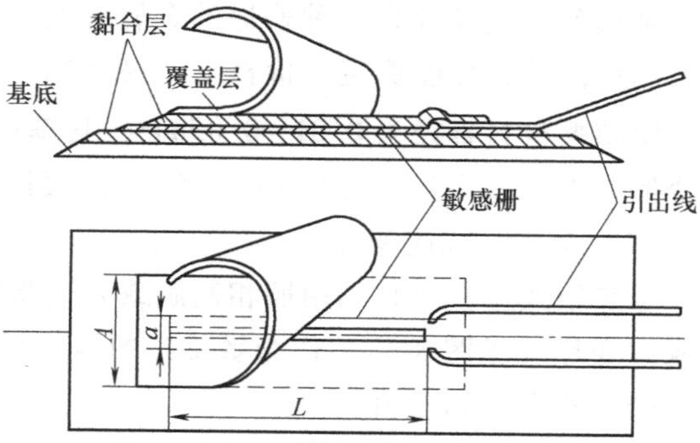

图 3-2　金属应变片的基本结构示意图

应变片的电阻应变效应不仅与金属电阻丝的应变效应有关，也取决于应变片的结

构、制作工艺和工作状态。实验表明：应变片的电阻相对变化 $\Delta R/R$ 与应变片受到的轴向应变 ε_x 在很大范围内具有线性特性，即

$$\Delta R/R=K\varepsilon_x \tag{3-5}$$

式中，K 为电阻应变片的灵敏系数，又称标称灵敏系数。

式（3-5）中的电阻应变片灵敏系数 K 小于同种材料金属丝的灵敏系数 K_0。原因是应变片的横向效应和粘贴带来的应变传递失真。因此，应变片出厂时，需要按照一定标准进行测试，给出标称值；实际应用时也需要重新测试。

直的金属丝受单向拉伸时，其任一微段均处于相同拉伸状态，感受相同应变，线材总的电阻增加量为各微段电阻增加量之和。当同样长度的线材制成金属应变片时，如图 3-3 所示，在电阻丝的弯段，电阻的变化情况与直段不同。如对于单向拉伸，当 x 方向应变 ε_x 为正时，y 方向应变 ε_y 为负，如图 3-3b 所示，即产生了所谓的横向效应。因此，实际应变片的应变效应可以描述为

$$\Delta R/R=K_x\varepsilon_x+K_y\varepsilon_y \tag{3-6}$$

式中，K_x 为电阻应变片对轴向应变 ε_x 的应变灵敏系数；K_y 为电阻应变片对横向应变 ε_y 的应变灵敏系数。

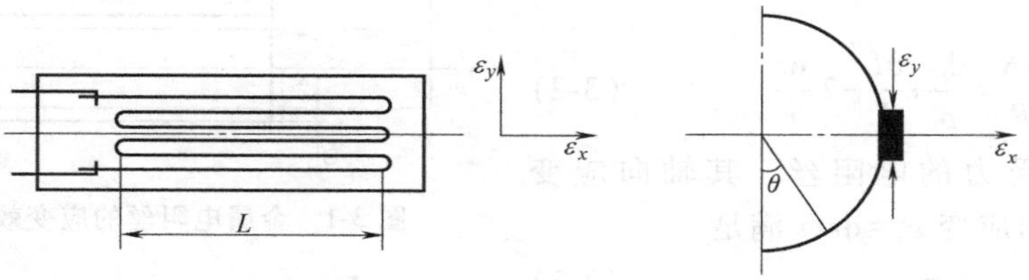

a)　　　　　　　　　　b)

图 3-3　应变片的横向效应

为了减小横向效应，可以采用如图 3-4 所示的箔式应变片。

3.1.3　电阻应变片的种类

目前应用的电阻应变片主要有金属丝式应变片、金属箔式应变片、薄膜式应变片以及半导体应变片。

（1）金属丝式应变片

金属丝式应变片是一种普通的金属应变片，制作简单，性能稳定，价格低，易于粘贴。敏感栅材料直径为 0.01～0.05mm；其基底很薄，一般为 0.03mm 左右，能保证有效传递变形；引线多用直径为 0.15～0.3mm 的镀锡铜线与敏感栅相连。

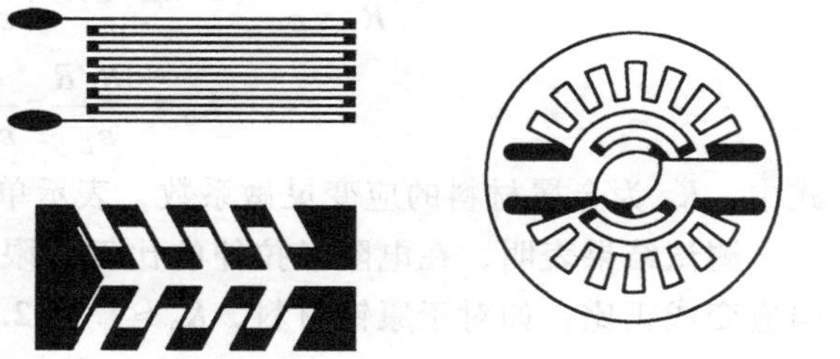

图 3-4　箔式应变片

（2）金属箔式应变片

金属箔式应变片是利用照相制版或光刻腐蚀法，将电阻箔材在绝缘基底上制成多种图案形成应变片（见图 3-4）。作为敏感栅的箔片很薄，厚度为 1～10μm。

（3）薄膜式应变片

薄膜式应变片极薄，厚度不大于 0.1μm。它采用真空蒸发或真空沉积等镀膜技术将电

阻材料镀在基底上，制成多种敏感栅而形成应变片。它灵敏度高、便于批量生产。也可将应变电阻直接制作在弹性敏感元件上，免去了粘贴工艺。

（4）半导体应变片

半导体应变片基于半导体材料的压阻效应，即电阻率随作用应力变化的效应（详见 4.1.1 节）制成。半导体应变片一般为单根状，如图 3-5 所示，其优点是体积小、灵敏度高、机械滞后小、动态特性好等；缺点是灵敏系数的温度稳定性差。

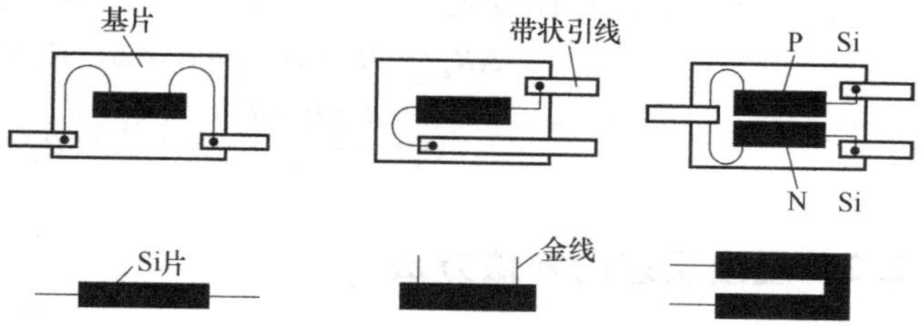

图 3-5　半导体应变片

3.2　应变片的温度误差及其补偿

3.2.1　温度误差产生的原因

电阻应变片工作时，受环境温度影响，引起温度误差。下面以金属应变片为例讨论造成电阻应变片温度误差的主要原因。

1）电阻热效应，即敏感栅的金属电阻丝自身随温度产生的变化，可以写为

$$R_t = R_0(1+\alpha\Delta t) = R_0 + \Delta R_{t\alpha} \tag{3-7}$$

$$\Delta R_{t\alpha} = R_0\alpha\Delta t \tag{3-8}$$

式中，R_0、R_t 为温度 t_0 和 t 时的电阻值（Ω）；Δt 为温度的变化值（℃）；α 为应变片电阻丝的电阻温度系数（1/℃）。

2）热胀冷缩效应，即试件与应变片电阻丝的材料线膨胀系数不一致，使应变片电阻丝产生附加变形，从而引起电阻变化，如图 3-6 所示。

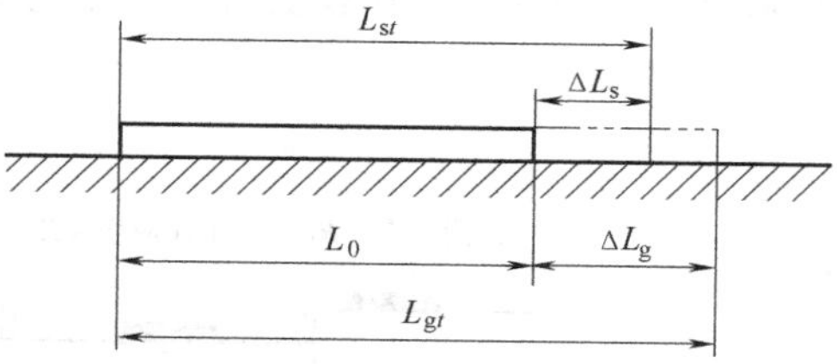

图 3-6　线膨胀系数不一致引起的温度误差

若电阻应变片电阻丝（简称应变丝）的初始长度为 L_0，当温度改变 Δt 时，应变丝受热自由变化到 L_{st}，而应变丝下的试件相应地由 L_0 自由变化到 L_{gt}，即有

$$L_{st} = L_0(1+\beta_s\Delta t) \tag{3-9}$$

$$\Delta L_s = L_{st} - L_0 = L_0\beta_s\Delta t \tag{3-10}$$

$$L_{gt} = L_0(1+\beta_g\Delta t) \tag{3-11}$$

$$\Delta L_g = L_{gt} - L_0 = L_0\beta_g\Delta t \tag{3-12}$$

式中，β_s、β_g 为应变丝的线膨胀系数（1/℃）和试件的线膨胀系数（1/℃）；ΔL_s，ΔL_g 为应变丝的自由膨胀量（m）和试件的自由膨胀量（m）。

当 $\Delta L_s \neq \Delta L_g$ 时，试件将应变丝从 L_{st} 变成到 L_{gt}，使应变丝产生附加变形，即应变丝有附加的应变和相应的电阻变化量为

$$\varepsilon_\beta = \frac{\Delta L_\beta}{L_{st}} = \frac{(\beta_g-\beta_s)\Delta t L_0}{L_0(1+\beta_s\Delta t)} \approx (\beta_g-\beta_s)\Delta t \tag{3-13}$$

$$\Delta R_{t\beta}=R_0K\varepsilon_\beta=R_0K(\beta_g-\beta_s)\Delta t \tag{3-14}$$

综上所述，总的电阻变化量以及折合为相应的应变量分别为

$$\Delta R_t=\Delta R_{t\alpha}+\Delta R_{t\beta}=R_0\alpha\Delta t+R_0K(\beta_g-\beta_s)\Delta t \tag{3-15}$$

$$\varepsilon_t=\frac{(\Delta R_t/R_0)}{K}=\left[\frac{\alpha}{K}+(\beta_g-\beta_s)\right]\Delta t \tag{3-16}$$

3.2.2 温度误差的补偿方法

1. 自补偿法

利用式（3-16）可知，若满足

$$\alpha+K(\beta_g-\beta_s)=0 \tag{3-17}$$

则温度引起的附加应变为零。即合理选择应变片和测试件可使温度误差为零，但该方法的局限性很大。

图 3-7 给出了一种采用双金属敏感栅自补偿应变片的改进方案。两段敏感栅的电阻为 R_1 和 R_2，由温度变化引起的电阻变化量分别为 ΔR_{1t} 和 ΔR_{2t}，当满足 $\Delta R_{1t}+\Delta R_{2t}=0$ 时，就实现了温度补偿。这种方案补偿效果较好，使用灵活。

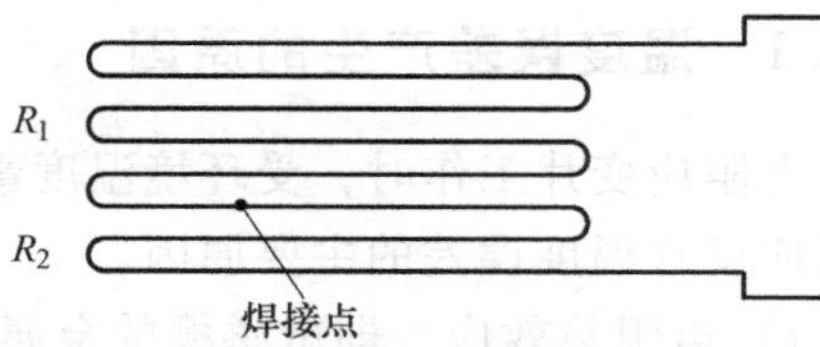

图 3-7 双金属敏感栅自补偿应变片

2. 电路补偿法

选用两个相同的应变片，处于相同的温度场、不同的受力状态，如图 3-8 所示。R_1 处于受力状态，称为工作应变片；R_B 不受力，称为补偿应变片。当温度变化时，工作应变片 R_1 与补偿应变片 R_B 的电阻发生相同变化。因此电桥电路输出只对应变敏感，不对温度敏感，从而起到温度补偿的作用。这种方法简单，温度变化缓慢时补偿效果较好；当温度变化较快时，工作应变片与补偿应变片很难处于完全一致的状态，会影响补偿效果。

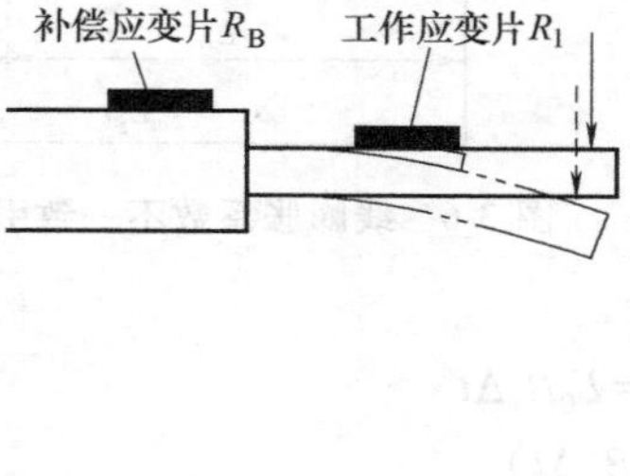

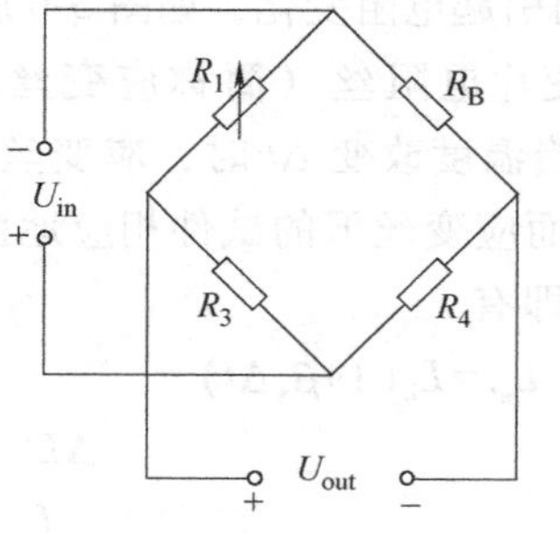

图 3-8 电路补偿法

进一步改进电路补偿法就形成一种理想的差动应变片补偿法，如图 3-9 所示。$R_1\sim R_4$ 是 4 个完全相同的应变片，R_1、R_4 与 R_2、R_3 处于互为相反的受力状态。当 R_1、R_4 受力拉伸时，R_2、R_3 受力压缩；即应变片 R_1、R_4 电阻增加，R_2、R_3 电阻减小。同时 $R_1\sim R_4$ 处于相同的温度场，温度变化带来的电阻变化相同，因此较好地实现了补偿温度误差，还提高了测量灵敏度。

图 3-10 给出了一种利用热敏电阻特性的补偿法。热敏电阻 R_t 处于与应变片相同的温度条件下。温度升高时，若应变片的灵敏度下降，则电桥电路输出电压减小，与此同时，具有负温度系数的热敏电阻 R_t 的阻值下降，导致电桥电路工作电压增加，输出电压增大，于是补偿了由于应变片受温度影响引起的输出电压的下降。此外，恰当选择分流电阻 R_5 的阻值，可以获得良好的补偿效果。

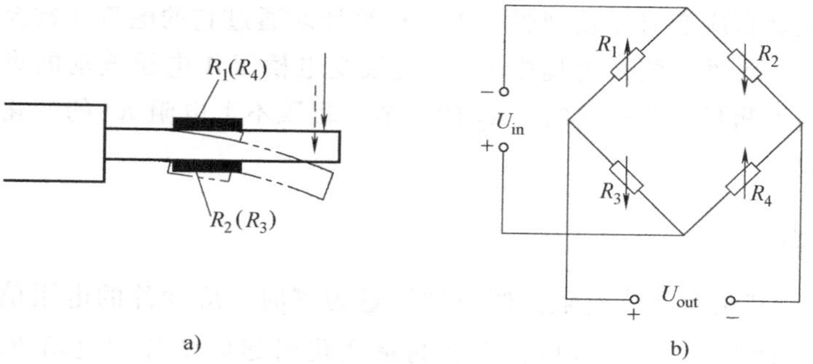

图 3-9　差动应变片补偿法

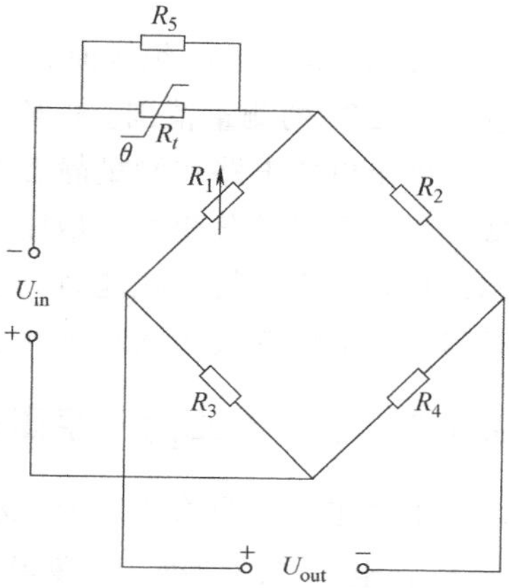

图 3-10　热敏电阻补偿法

3.3　电桥电路原理

利用应变片可以感受由被测量产生的应变，并得到电阻的相对变化量。通常可以通过电桥电路将电阻的变化转变成电压的变化。图 3-11 为常用的单臂受感电桥电路，U_{in} 为工作电压，R_1 为受感应变片，R_2、R_3、R_4 为常值电阻。为便于讨论，假设电桥电路的输入电源内阻为零，输出为空载。

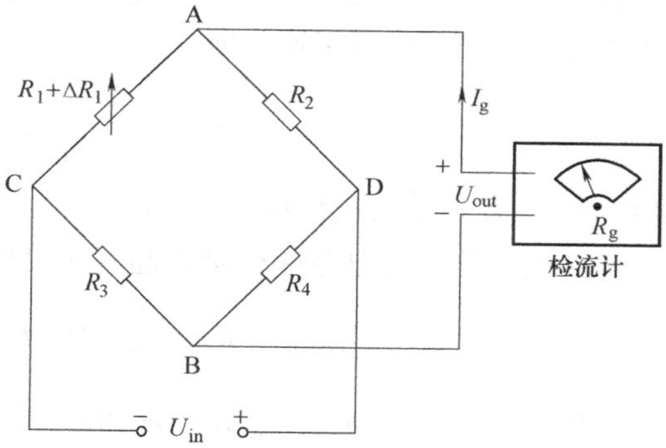

图 3-11　单臂受感电桥电路

3.3.1　电桥电路的平衡

基于上面的假设，电桥电路输出电压为

$$U_{out}=\left(\frac{R_1}{R_1+R_2}-\frac{R_3}{R_3+R_4}\right)U_{in}=\frac{R_1R_4-R_2R_3}{(R_1+R_2)(R_3+R_4)}U_{in} \tag{3-18}$$

电桥电路的平衡是指其输出电压 U_{out} 为零的情况。当在电路输出端接有检流计时，流过检流计的电流为零，即电桥电路平衡时满足

$$\frac{R_1}{R_2}=\frac{R_3}{R_4} \tag{3-19}$$

上述电桥电路中只有 R_1 为受感应变片，即单臂受感。当被测量变化引起应变片电阻产生 ΔR_1 变化时，上述平衡状态被破坏，检流计有电流通过。为建立新的平衡状态，调节 R_2

使之成为 $R_2+\Delta R_2$，满足

$$\frac{R_1+\Delta R_1}{R_2+\Delta R_2}=\frac{R_3}{R_4} \tag{3-20}$$

则电桥电路达到新的平衡。结合式（3-19）和式（3-20），有

$$\Delta R_1=\frac{R_3}{R_4}\Delta R_2 \tag{3-21}$$

可见，R_3 和 R_4 恒定时，由 ΔR_2 即可表示 ΔR_1 的大小；若改变 R_3 和 R_4 的比值，则可以改变 ΔR_1 的测量范围。电阻 R_2 称为调节臂，可以用它刻度被测应变量。

平衡电桥电路在测量静态或准静态应变时比较理想，由于检流计对通过它的电流非常灵敏，所以测量的分辨率和精度较高。此外，测量过程中 R_2 不直接受电桥工作电压波动的影响，故有较强的抗干扰能力。但当被测量变化较快时，R_2 的调节过程跟不上电阻 R_1 的变化过程，就会引起较大的动态测量误差。

3.3.2 电桥电路的不平衡输出

电桥电路中只有 R_1 为应变片，其余为常值电阻。假设被测量为零时，应变片的电阻值为 R_1，电桥电路应处于平衡状态，即满足式（3-19）。当被测量变化引起应变片的电阻 R_1 产生 ΔR_1 的变化时，电桥电路产生不平衡输出为

$$U_{out}=\left(\frac{R_1+\Delta R_1}{R_1+R_2+\Delta R_1}-\frac{R_3}{R_3+R_4}\right)U_{in}=\frac{\dfrac{R_4\Delta R_1}{R_3\ R_1}U_{in}}{\left(1+\dfrac{R_2}{R_1}+\dfrac{\Delta R_1}{R_1}\right)\left(1+\dfrac{R_4}{R_3}\right)} \tag{3-22}$$

引入电桥的桥臂比 $n=R_2/R_1=R_4/R_3$，忽略式（3-22）分母中的小量 $\Delta R_1/R_1$ 项，输出电压 U_{out} 与 $\Delta R_1/R_1$ 成正比，即

$$U_{out}\approx\frac{n}{(1+n)^2}\frac{\Delta R_1}{R_1}U_{in}\overset{\text{def}}{=\!=\!=}U_{out0} \tag{3-23}$$

式中，U_{out0} 为 U_{out} 的线性描述（V）。

定义应变片单位电阻变化量引起的输出电压变化量为电桥电路的电压灵敏度，即

$$K_U=U_{out0}/(\Delta R_1/R_1)=\frac{n}{(1+n)^2}U_{in} \tag{3-24}$$

显然，提高工作电压 U_{in} 以及选择 $n=1$（即 $R_1=R_2$、$R_3=R_4$ 的对称条件或 $R_1=R_2=R_3=R_4$ 的完全对称条件），电桥电路的电压灵敏度 K_U 达到最大，即

$$(K_U)_{max}=0.25U_{in} \tag{3-25}$$

3.3.3 电桥电路的非线性误差

对于单臂受感电桥电路，输出电压 U_{out} 相对于其线性描述 U_{out0} 的非线性误差为

$$\xi_L=\frac{U_{out}-U_{out0}}{U_{out0}}=\frac{1/(R_1+R_2+\Delta R_1)-1/(R_1+R_2)}{1/(R_1+R_2)}=\frac{-\Delta R_1}{R_1+R_2+\Delta R_1} \tag{3-26}$$

对于对称电桥电路，$R_1=R_2$、$R_3=R_4$，忽略式（3-26）分母中的小量 ΔR_1，有

$$\xi_L \approx -0.5\Delta R_1/R_1 \tag{3-27}$$

通常可以采用以下两种方法减小非线性误差。

1. 差动电桥电路

基于被测试件的应用情况，在电桥相邻的两臂接入相同的电阻应变片，一片受力拉伸，一片受力压缩，如图 3-12a 所示，则电桥电路输出电压为

$$U_{out}=\left(\frac{R_1+\Delta R_1}{R_1+\Delta R_1+R_2-\Delta R_2}-\frac{R_3}{R_3+R_4}\right)U_{in} \tag{3-28}$$

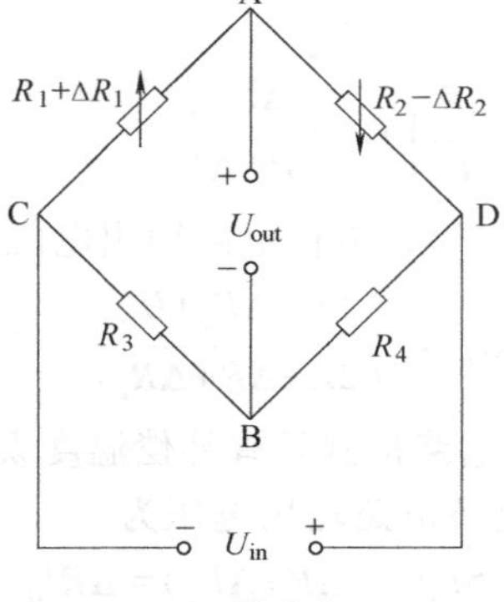

a) 两臂受感

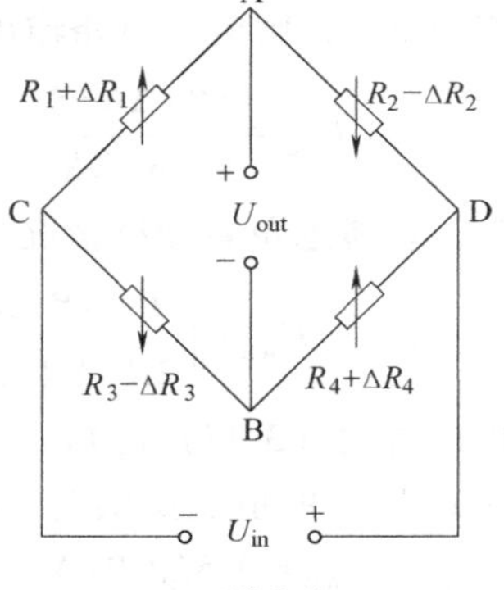

b) 四臂受感

图 3-12　差动电桥电路输出电压

考虑 $n=1$，$\Delta R_1=\Delta R_2$，则

$$U_{out}=\frac{U_{in}}{2}\frac{\Delta R_1}{R_1} \tag{3-29}$$

$$K_U=0.5U_{in} \tag{3-30}$$

图 3-12a 两臂受感差动电桥电路不仅消除了非线性误差，还提高了电桥电路的电压灵敏度。进一步，采用四臂受感差动电桥电路，如图 3-12b 所示，则有

$$U_{out}=U_{in}\frac{\Delta R_1}{R_1} \tag{3-31}$$

$$K_U=U_{in} \tag{3-32}$$

2. 恒流源供电电桥电路

图 3-13 为恒流源供电电桥电路，供电电流为 I_0，则电桥电路输出电压为

$$U_{out}=\frac{R_4\Delta R_1 I_0}{R_1+R_2+R_3+R_4+\Delta R_1} \tag{3-33}$$

式 (3-33) 也有非线性问题，忽略分母中的小量 ΔR_1，可得

$$U_{out0}=\frac{R_4\Delta R_1 I_0}{R_1+R_2+R_3+R_4} \tag{3-34}$$

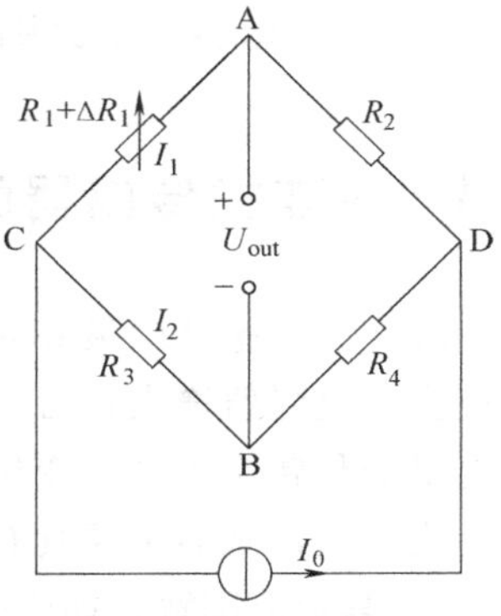

图 3-13　恒流源供电电桥电路

则非线性误差为

$$\xi_L=\frac{U_{out}-U_{out0}}{U_{out0}}=\frac{-\Delta R_1}{R_1+R_2+R_3+R_4+\Delta R_1} \tag{3-35}$$

与式（3-26）描述的恒压源供电方式相比，由于分母中多了 R_3+R_4，恒流源供电方式有效减小了非线性误差。

3.3.4 四臂受感差动电桥电路的温度补偿

如图 3-14 所示，每个臂的电阻初始值均为 R，被测量引起的电阻变化值为 ΔR，其中两个臂的电阻值增加 ΔR，另两个臂的电阻值减小 ΔR。同时，四个臂的电阻由于温度变化引起电阻值的增加量均为 ΔR_t，则电桥电路输出电压为

$$U_{out}=\left(\frac{R+\Delta R+\Delta R_t}{2R+2\Delta R_t}-\frac{R-\Delta R+\Delta R_t}{2R+2\Delta R_t}\right)U_{in}=\frac{\Delta RU_{in}}{R+\Delta R_t} \tag{3-36}$$

不采用差动时，若考虑单臂受感情况（见图 3-11），电桥电路输出电压为

$$U_{out}=U_{AB}=\left(\frac{R+\Delta R+\Delta R_t}{2R+\Delta R+\Delta R_t}-\frac{1}{2}\right)U_{in}=\frac{(\Delta R+\Delta R_t)U_{in}}{2(2R+\Delta R+\Delta R_t)} \tag{3-37}$$

比较式（3-36）与式（3-37）可知，差动电桥电路检测具有补偿温度误差的效果。

若采用如图 3-15 所示的恒流源供电方式，则电桥电路输出电压为

$$U_{out}=U_{AB}=0.5I_0(R+\Delta R+\Delta R_t)-0.5I_0(R-\Delta R+\Delta R_t)=\Delta RI_0 \tag{3-38}$$

则从原理上完全消除了温度引起的误差。

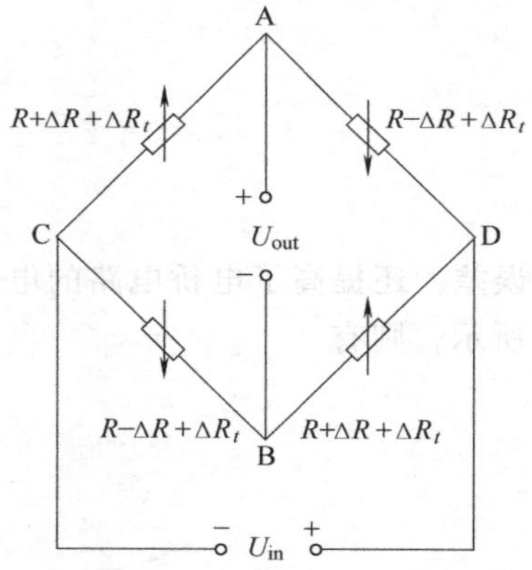

图 3-14　差动检测方式时的温度误差补偿

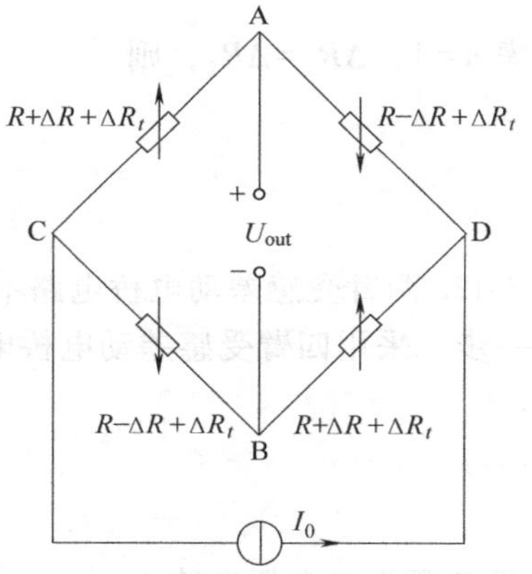

图 3-15　恒流源供电四臂受感差动电桥电路

3.4 应变式传感器的典型实例

应变式传感器中最好使用四个相同的应变片。当被测量变化时，其中两个应变片感受拉伸应变，电阻值增大；另外两个应变片感受压缩应变，电阻值减小。通过四臂受感电桥电路将电阻变化转换为电压变化。

应变式传感器主要具有以下应用特点：

1）测量范围宽，如应变式力传感器可以实现对 $10^{-2}\sim10^{7}$N 力的测量，应变式压力传感

器可以实现对 $10^{-1} \sim 10^{6}$Pa 压力的测量。

2）精度较高，测量误差可小于 0.1%或更小。

3）输出特性的线性度好。

4）性能稳定，工作可靠，能在恶劣环境、大加速度和振动、高温或低温、强腐蚀条件下工作。

5）应考虑横向效应引起的干扰问题和环境温度变化引起的误差问题。

6）性能价格比高。

3.4.1 应变式力传感器

应变式力传感器是一种量程宽（$10^{-2} \sim 10^{7}$N）、用途广的力传感器，在电子秤、材料试验机、飞机和航空发动机地面测试、桥梁大坝健康诊断等应用中发挥着重要作用。应变式力传感器常用的弹性敏感元件有圆柱式、悬臂梁式、环式和框式等。

1. 圆柱式力传感器

圆柱式力传感器的弹性敏感元件为可承受较大载荷的圆柱体，如图 3-16 所示。

当圆柱体的轴向受压缩力 F 作用时，沿圆柱体轴向和环向的应变分别为

$$\varepsilon_x = \frac{-F}{EA} \tag{3-39}$$

$$\varepsilon_\theta = -\mu\varepsilon_x = \frac{\mu F}{EA} \tag{3-40}$$

式中，A 为圆柱体的横截面积（m^2）；E、μ 为材料的弹性模量（Pa）和泊松比。若无特别说明，本书中 E 均代表材料的弹性模量。

若设置的四个相同电阻应变片 $R_1 \sim R_4$ 的电阻初始值和灵敏系数分别为 R、K，则感受圆柱体轴向应变的电阻的减小量和感受圆柱体环向应变的电阻的增加量分别为

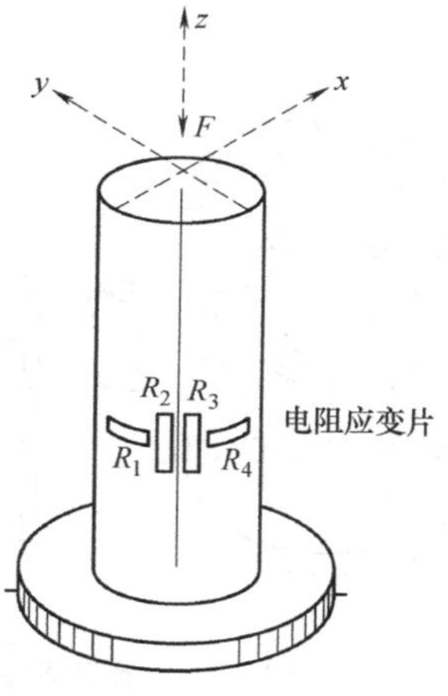

图 3-16 圆柱式力传感器

$$\Delta R_2 = -KR\varepsilon_x = \frac{KRF}{EA} \tag{3-41}$$

$$\Delta R_1 = KR\varepsilon_\theta = -KR\mu\varepsilon_x = \frac{K\mu RF}{EA} \tag{3-42}$$

当采用图 3-12b 四臂受感差动电桥电路时，输出电压为

$$U_{out} = \left(\frac{R+\Delta R_1}{2R+\Delta R_1-\Delta R_2} - \frac{R-\Delta R_2}{2R+\Delta R_1-\Delta R_2}\right) U_{in} = \frac{K(1+\mu)U_{in}F}{2EA-K(1-\mu)F} \tag{3-43}$$

式中，U_{in}、U_{out} 分别为电桥电路工作电压（V）和输出电压（V）。

可见，只有 $2EA \gg KF(1-\mu)$ 时，输出电压才近似与被测力成正比。由非线性引起的相对误差为

$$\xi_L=\frac{U_{out}-U_{out0}}{U_{out0}}=\frac{\dfrac{K(1+\mu)U_{in}F}{2EA-K(1-\mu)F}}{\dfrac{K(1+\mu)U_{in}F}{2EA}}-1=\frac{K(1-\mu)F}{2EA-K(1-\mu)F}\approx\frac{K(1-\mu)F}{2EA} \tag{3-44}$$

式中，U_{out0} 为输出电压的线性描述，即式（3-44）中分母忽略 $KF(1-\mu)$ 的情况。

实际测量中，被测力不可能刚好沿着柱体的轴线方向，而是与轴线之间呈一微小的角度或微小的偏心，即弹性柱体会受到横向力和弯矩的干扰作用，从而产生测量误差、影响测量性能。为了减小或消除横向力的影响，可以采用以下两个措施：

1）采用承弯膜片结构，即在传感器刚性外壳上端加一片或两片极薄的膜片，如图 3-17 所示。由于膜片在其平面方向刚度很大，可承受绝大部分横向力和弯矩作用，并将它们传至外壳和底座；同时，膜片厚度方向的刚度相对于柱体轴向刚度非常小，所以膜片对轴向被测力作用效果的影响非常小。因此，采用承弯膜片结构既有效减小了横向力和弯矩作用对测量过程的影响，又使测量灵敏度的下降有限，通常不超过 5%。

2）增加应变敏感元件，如图 3-18 所示，共采用八个相同的应变片，其中四个设置在柱体的环向，四个设置在轴向。图 3-18a 为圆柱面展开图，图 3-18b 为电路连接图。

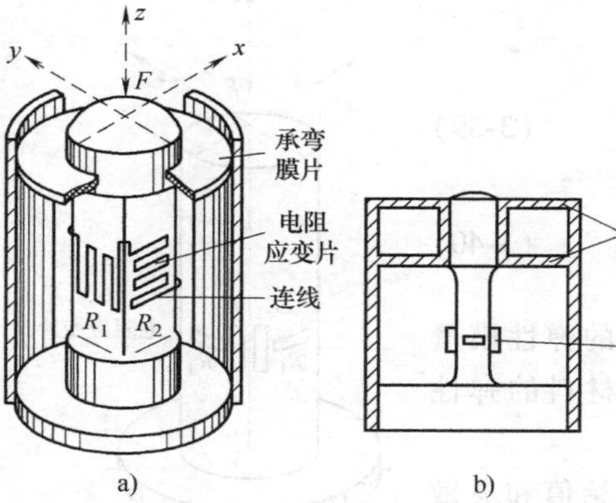

图 3-17　承弯圆柱式力传感器

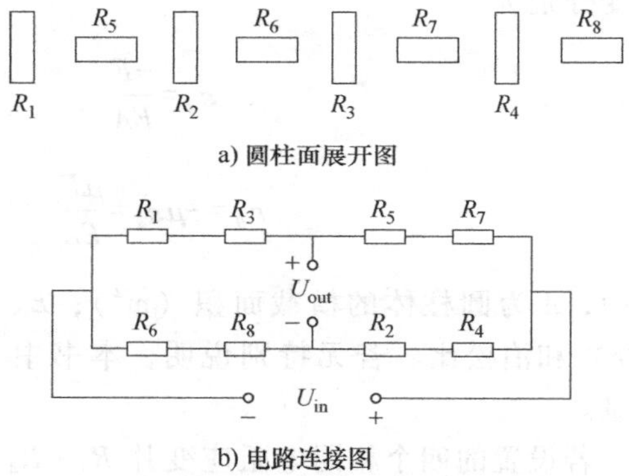

图 3-18　增加应变敏感元件的圆柱式力传感器

2. 环式力传感器

环式力传感器（又称测力环）一般用于测量 500N 以上的载荷。常见的环式弹性敏感元件结构形式有等截面和变截面两种，如图 3-19 所示。等截面环用于测量较小的力，变截面环用于测量较大的力。

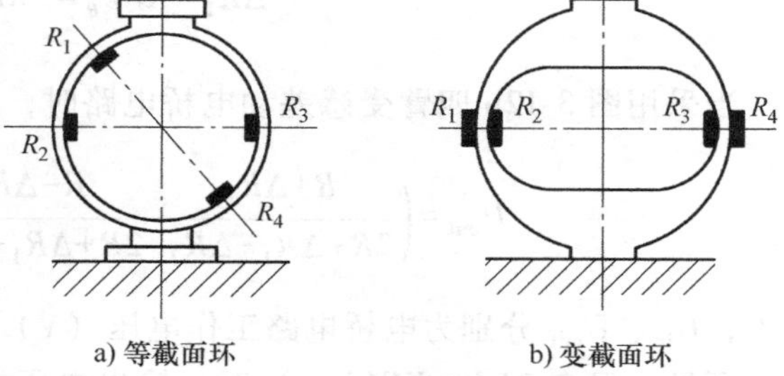

图 3-19　测力环

测力环的特点是其上各点应变分布不均匀，有正应变区和负应变区，还有应变为零的点。对于等截面环，应变片尽可能贴在环内侧正、负应变最大的区域，但要避开刚性支点，如图 3-19a 所示。对于变截面环，应变片应设置在环水平轴的内外两侧，如图 3-19b 所示。环式力传感器结构简单，测力范围较大，固有频率较高。

此外，图 3-20 给出了一种同时测量两个方向力的环形敏感结构，由 $R_1 \sim R_4$ 组成测量力 F_y 的电桥电路，由 $R_5 \sim R_8$ 组成测量力 F_x 的电桥电路。

随着力 F_y 的增加，R_1、R_3 感受的应变增大，R_2、R_4 感受的应变减小，因此利用 $R_1 \sim R_4$ 构成差动电桥电路可实现对力 F_y 的测量，如图 3-21a 所示。

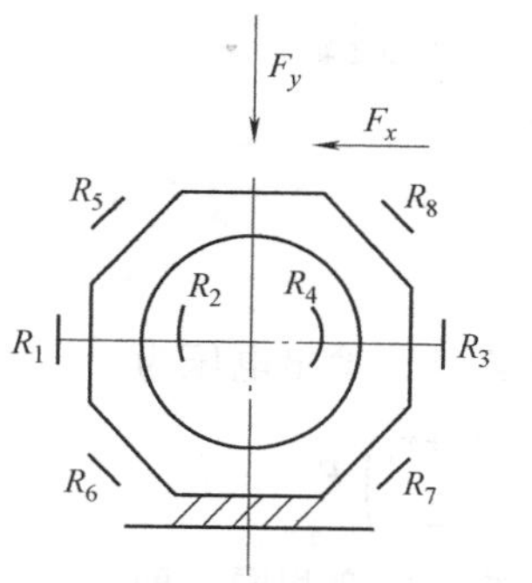

图 3-20　一种同时测量两个方向力的环形敏感结构

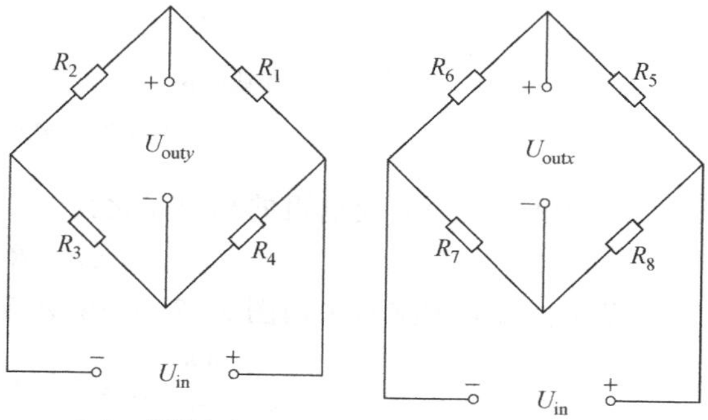

a) 力F_x测量电路　　b) 力F_y测量电路

图 3-21　环形敏感结构测量电路

随着力 F_x 的增加，R_5、R_7 感受的应变减小，R_6、R_8 感受的应变增大，因此利用 $R_5 \sim R_8$ 构成差动电桥电路可实现对力 F_x 的测量，如图 3-21b 所示。

需要说明的是，测量力 F_y 与测量力 F_x 能够实现互不干扰。由于应变片 $R_1 \sim R_4$ 贴在 F_x 引起应变的节点上，即 $R_1 \sim R_4$ 不会感受力 F_x 引起的应变，因此测量 F_y 时，输出 U_{outy} 不会受到力 F_x 的影响。类似地，由于应变片 $R_5 \sim R_8$ 贴在 F_y 引起应变的节点上，输出 U_{outx} 不会受到力 F_y 的影响。

3. 梁式力传感器

梁式力传感器一般用于测量较小的力，常见的结构形式有一端固定的悬臂梁、两端固定梁和剪切梁等。

（1）悬臂梁

悬臂梁的特点是结构简单，应变片易于粘贴、灵敏度高。其结构主要有等截面式和等强度式两种。

对于如图 3-22a 所示的等截面梁，梁上表面沿 x 方向的正应变为

$$\varepsilon_x(x)=\frac{h(L-x)F}{2EJ}=\frac{6(L-x)F}{Ebh^2} \tag{3-45}$$

式中，L、b、h 为梁的长度（m）、宽度（m）和厚度（m）。x 为梁的轴向坐标（m）。

设置灵敏系数为 K 的四个相同应变片 $R_1 \sim R_4$，梁上表面应变电阻的相对变化为

$$\frac{\Delta R_1}{R_1}=\frac{K}{x_2-x_1}\int_{x_1}^{x_2}\varepsilon_x(x)\,\mathrm{d}x=\frac{6F}{Ebh^2}\frac{K}{x_2-x_1}\int_{x_1}^{x_2}(L-x)\,\mathrm{d}x=K_F F \tag{3-46}$$

$$K_F=\frac{6K}{Ebh^2}\left(L-\frac{x_2+x_1}{2}\right)$$

式中，x_2、x_1 分别为应变片在梁上的位置（m）；K_F 为单位作用力引起的应变电阻 R_1 的相对变化（N^{-1}）。

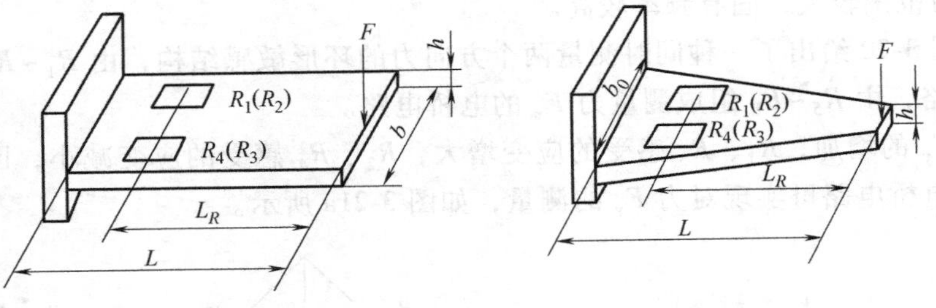

图 3-22　悬臂梁式力传感器

设置梁下表面应变电阻的相对变化为

$$\Delta R_2/R_2=-K_F F \tag{3-47}$$

因此，该力传感器采用图 3-12b 四臂受感差动电桥电路时，输出电压为

$$U_{\text{out}}=\frac{\Delta R_1}{R_1}U_{\text{in}}=K_F F U_{\text{in}}=\frac{6KU_{\text{in}}}{Ebh^2}\left(L-\frac{x_2+x_1}{2}\right)F \tag{3-48}$$

对于如图 3-22b 所示的等强度梁，梁上表面沿 x 方向的正应变相同，即

$$\varepsilon_x(x)=\frac{6LF}{Eb_0h^2} \tag{3-49}$$

因此，等强度梁结构便于设置应变片。采用与等截面梁相同的四臂受感差动电桥方案，输出电压为

$$U_{\text{out}}=\frac{6KLU_{\text{in}}}{Eb_0h^2}F \tag{3-50}$$

（2）剪切梁

为了克服力作用点变化对梁式力传感器输出的影响，可采用剪切梁。为了提高抗侧向力的能力，梁的截面通常采用工字形，如图 3-23 所示。

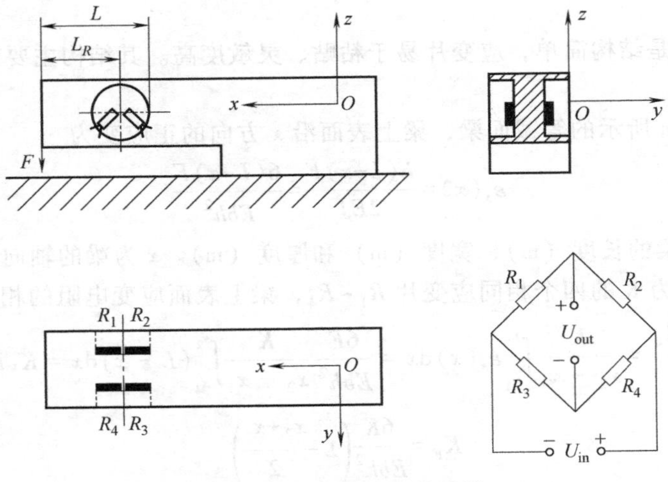

图 3-23　剪切梁式力传感器

由图 3-23 可知，剪切梁在自由端受力时，其切应变在梁长度方向处处相等，在形成切

应变的区域，不受力作用点变化的影响。但切应变不能直接测量，需要将应变片设置于与梁中心线（z 轴）呈±45°的方向上，这时正应变在数值上达到最大值。这样接成全桥的四个应变片贴在工字梁腹板的两侧面上。由于这样设置的应变片不受弯曲应力的影响，因而抗侧向力的能力很强。剪切梁式力传感器广泛用于电子衡器中。

（3）S 形弹性元件

S 形弹性元件一般用于称重或测量 $10 \sim 10^3$N 力，具体结构有如图 3-24a 所示的双连孔形、如图 3-24b 所示的圆孔形和如图 3-24c 所示的剪切梁形。

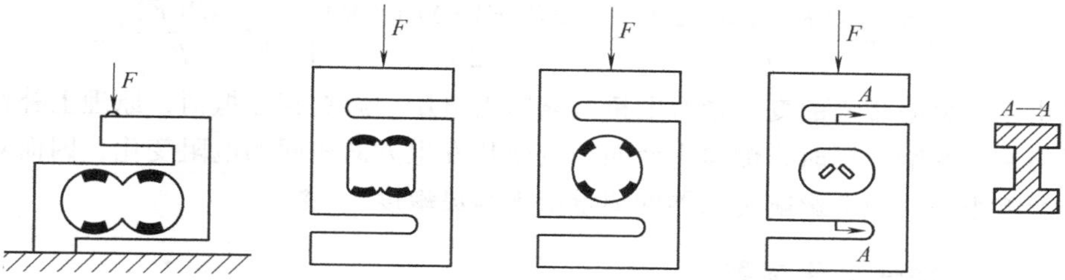

a) 双连孔形　　b) 圆孔形　　c) 剪切梁形

图 3-24　S 形力敏感弹性元件

以双连孔形弹性元件为例说明 S 形弹性元件的工作原理。四个应变片贴在开孔的中间梁上、下两侧最薄的地方，并接成全桥电路。当力 F 作用在上、下端时，其弯矩 M 和剪切力 Q 的分布如图 3-25 所示。应变片 R_1、R_4 因受拉伸而电阻值增大，R_2、R_3 因受压缩而电阻值减小，电桥电路输出与作用力成比例的电压 U_{out}。

如果力的作用点向左偏移 ΔL，则力 F 引起的电阻变化量为 $\Delta R(F)$，偏心引起的附加弯矩为 $\Delta M = F\Delta L$，此时弯矩分布如图 3-26 所示。应变片 R_1、R_3 感受的弯矩增加 ΔM，应变片 R_2、R_4 感受的弯矩减小 ΔM。所以 R_1、R_3 的电阻值因为 ΔM 增加 $\Delta R(\Delta M)$；R_2、R_4 的电阻值因为 $-\Delta M$ 而减小 $\Delta R(\Delta M)$，可以描述为

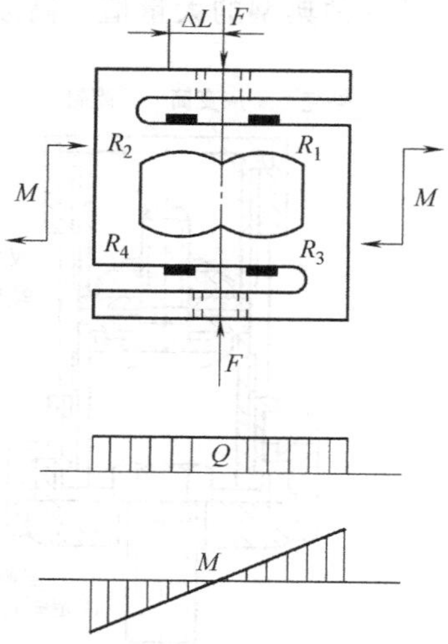

图 3-25　弯矩和剪切力分布示意图

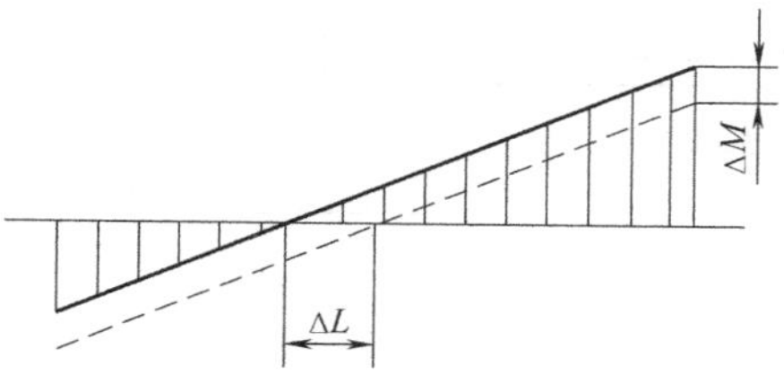

图 3-26　偏心力补偿原理

$$R_1=R+\Delta R(F)+\Delta R(\Delta M)$$
$$R_2=R-\Delta R(F)-\Delta R(\Delta M)$$
$$R_3=R-\Delta R(F)+\Delta R(\Delta M)$$
$$R_4=R+\Delta R(F)-\Delta R(\Delta M)$$

当采用图 3-12b 四臂受感差动电桥电路进行检测时，输出电压为

$$U_{\text{out}}=\left(\frac{R_1}{R_1+R_2}-\frac{R_3}{R_3+R_4}\right)U_{\text{in}}$$
$$=\left[\frac{R+\Delta R(F)+\Delta R(\Delta M)}{2R}-\frac{R-\Delta R(F)+\Delta R(\Delta M)}{2R}\right]U_{\text{in}}=\frac{\Delta R(F)}{R}U_{\text{in}} \tag{3-51}$$

可见由于力偏心带来的变化量对电桥电路输出电压的影响相互抵消，原理上补偿了力偏心对测量结果的影响。同时，侧向力使四个应变片发生方向相同的电阻变化，因而对电桥电路输出的影响很小，但会影响传感器的测量范围与灵敏度。

3.4.2 应变式加速度传感器

1. 悬臂梁式加速度传感器

如图 3-27 所示为悬臂梁式加速度传感器结构原理。悬臂梁固定安装在传感器的基座上，梁的自由端固定一质量块 m；加速度 a 作用于质量块产生惯性力，使悬臂梁形成弯曲变形。在梁的根部附近设置四个性能相同的应变片，上、下表面各两个，其中两个随着加速度的增加而增大，另外两个随着加速度的增加而减小。通过图 3-27b 电桥电路的输出电压就可以得到被测加速度。

2. 应变筒式加速度传感器

图 3-28 为一种应变筒式加速度传感器结构，主要由外壳、应变筒、应变片组以及螺母、螺钉等组成的敏感质量块构成。两应变筒总长度比外壳稍短，因此在拧紧连接螺钉时，应变筒壁就产生了预应力（该应力约为材料极限值的二分之一），使得传感器成为差动式。应变片组贴在应变筒的外表面上，测量应变筒的变形即可测得质量块所承受的加速度。这种类型的传感器可测 10^6m/s^2 的加速度，固有频率可达 16kHz，是一种典型的大量值、高频响的加速度传感器。

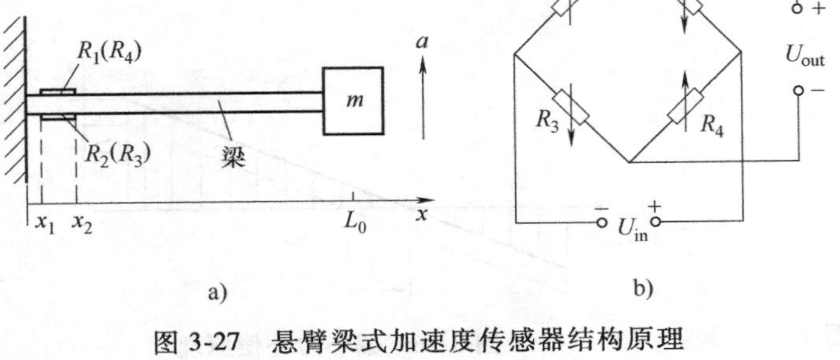

图 3-27　悬臂梁式加速度传感器结构原理

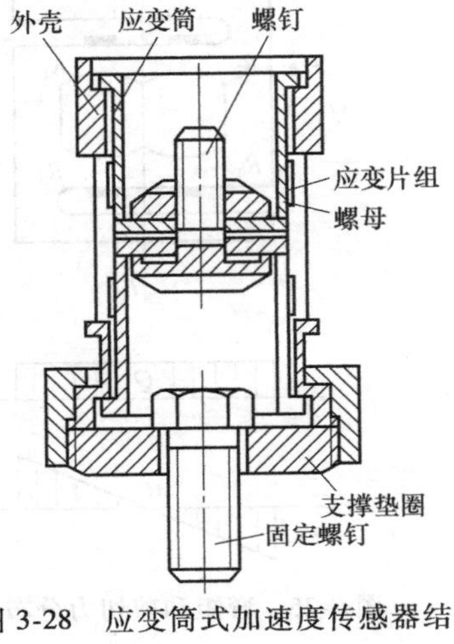

图 3-28　应变筒式加速度传感器结构

实际应用时，应变式加速度传感器还可以采用非粘贴方式，直接由应变电阻丝作为敏感电阻，如图 3-29 所示。质量块用弹簧片和上、下两组应变电阻丝支承。应变电阻丝加有一定的预紧力，并作为差动对称电桥的两桥臂。

图 3-30 为一种用非粘贴的悬挂式应变丝制成的应变式加速度传感器。它利用悬挂式应变丝测量敏感质量块的位移，在与支撑销钉接触处，很细的应变丝会引起很大的接触压力。为了减小支撑销钉的变形，销钉采用红宝石制造。应变丝与带有敏感质量块的平行片簧一起放在充满硅油的气密壳体中。

应变式加速度传感器的结构简单，设计灵活，具有良好的低频响应，可测量常值加速度。对于非粘贴应变式加速度传感器，其工作频率相对较高。

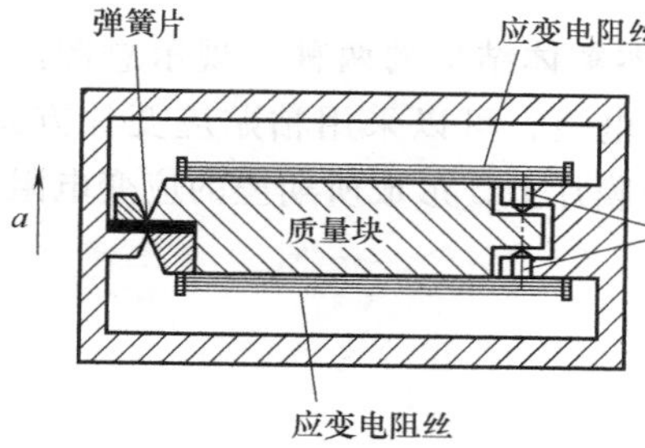

图 3-29　应变式加速度传感器结构

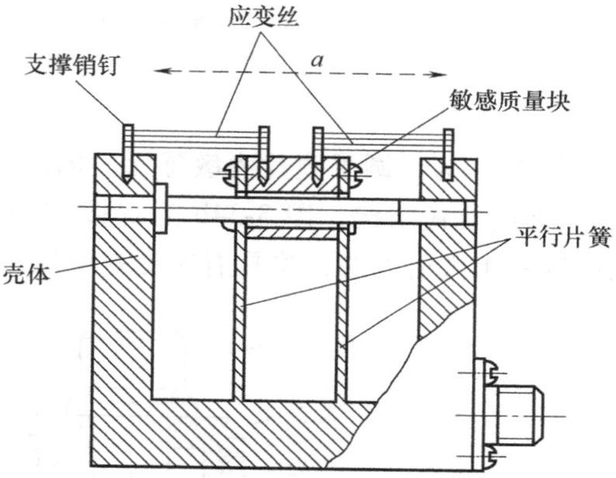

图 3-30　一种用非粘贴的悬挂式应变丝制成的应变式加速度传感器结构

3.4.3　应变式压力传感器

1. 圆平膜片式压力传感器

图 3-31 为圆平膜片结构示意图。膜片将两种压力不等的流体隔开，压力差使其产生一定的变形。在膜片最大应变处设置应变片可以实现对压力的测量。

周边固支的圆平膜片上表面在半径 r 处的径向应变 ε_r、切向应变 ε_θ 与所承受的压力 p 之间的关系为

$$\begin{cases} \varepsilon_r = \dfrac{3p(1-\mu^2)(R^2-3r^2)}{8EH^2} \\ \varepsilon_\theta = \dfrac{3p(1-\mu^2)(R^2-r^2)}{8EH^2} \end{cases} \tag{3-52}$$

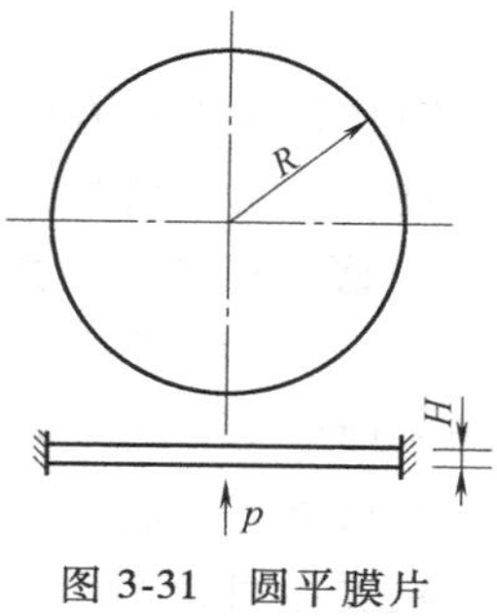

图 3-31　圆平膜片结构示意图

图 3-32 为周边固支圆平膜片的应变随半径 r 的变化规律。沿膜片半径方向设置四个应变电阻 $R_1 \sim R_4$，如图 3-33 所示，位于正应变较大区域的 R_1、R_4 的增加量与位于负应变较大区域的 R_2、R_3 的减少量在数值上相等。按图 3-12b 接成电桥电路，当传感器工作于线性范围时，电桥电路输出电压与压力成正比。

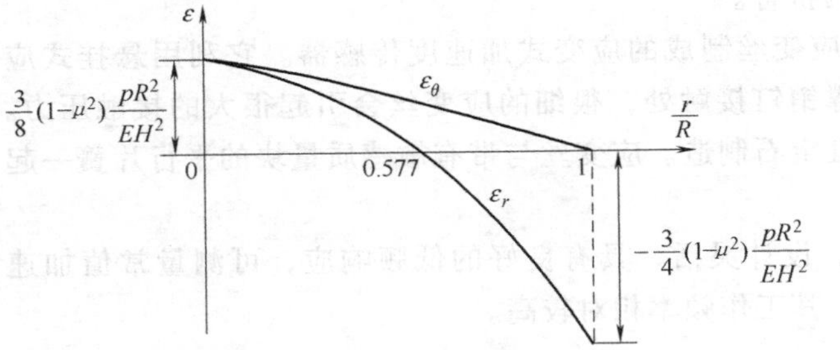

图 3-32 周边固支圆平膜片的应变随半径 r 的变化规律

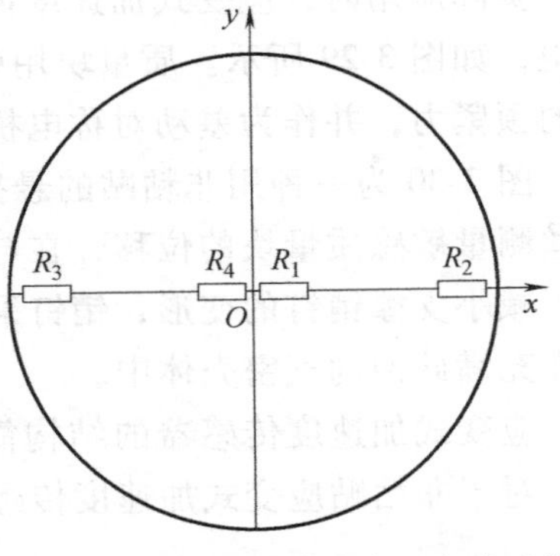

图 3-33 一种圆平膜片式压力传感器应变片的设置方案

图 3-34 为以圆平膜片为敏感元件的应变式压力传感器整体结构的两种实现示意图。图 3-34a 为组装式结构，图 3-34b 为焊接式结构。对于应变电阻，可以采用粘贴应变片方式，也可以采用溅射方法，将具有应变效应的材料溅射到圆平膜片上，形成所期望的应变电阻。

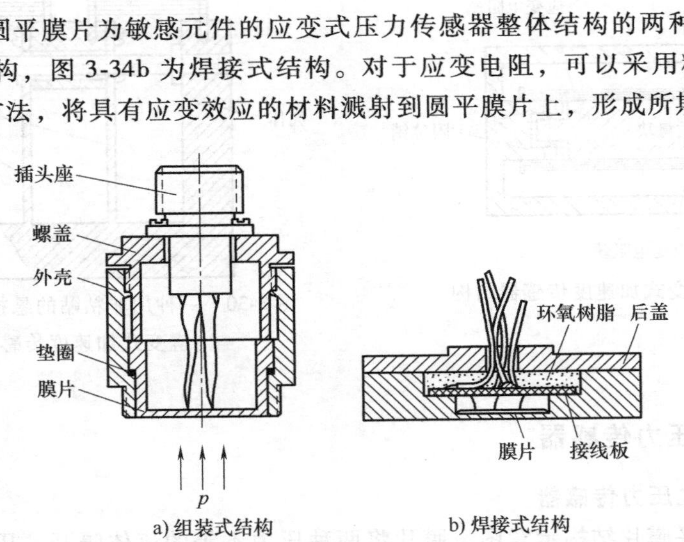

图 3-34 以圆平膜片为敏感元件的应变式压力传感器整体结构示意图

圆平膜片式压力传感器的优点是结构简单、体积小、性能价格比高等；缺点是输出信号小、抗干扰能力稍差、性能受工艺影响大等。

2. 圆柱形应变筒式压力传感器

图 1-1 给出了一种圆柱形应变筒式压力传感器结构示意图和电桥原理图，图 3-35 为其工作原理框图。其中 U_{out} 为电桥电路输出电压，u_o 为经过放大器放大后的输出电压信号。通常要求放大器的输入阻抗尽可能高，输出阻抗尽可能低，输出电压范围为 1~5V。这种圆柱形应变筒式压力传感器常用于较高压力的测量。

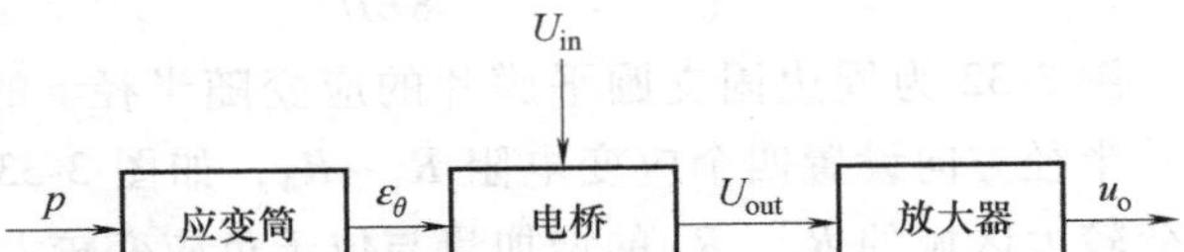

图 3-35 圆柱形应变筒式压力传感器工作原理框图

当压力 p 从开口端接入应变筒时，筒外壁的切向应变为

$$\varepsilon_{\theta}=\frac{pR(2-\mu)}{2Eh} \tag{3-53}$$

式中，R、h 为圆柱形应变筒的内半径（m）和壁厚（m）。

筒外表面设置四个相同的应变元件 $R_1 \sim R_4$，组成图 1-1b 电桥；R_1、R_4 随被测压力变化，灵敏系数为 K；R_2、R_3 不随被测压力变化。电桥电路输出电压为

$$U_{\text{out}}=\frac{KR(2-\mu)U_{\text{in}}p}{4Eh+KR(2-\mu)p} \tag{3-54}$$

由非线性引起的相对误差近似表述为

$$\xi_{\text{L}} \approx \frac{-KR(2-\mu)p}{4Eh} \tag{3-55}$$

应变式压力传感器体积小、重量轻、精度高、测量范围宽（从几十 Pa 到几百 MPa）、频率响应高，同时耐压、抗振，因而在实际中得到了广泛应用。

3.4.4 应变式转矩传感器

转矩是作用在转轴上的旋转力矩，又称扭矩。如图 3-36 所示为一种典型的应变式转矩传感器敏感结构与应变片设置示意图。

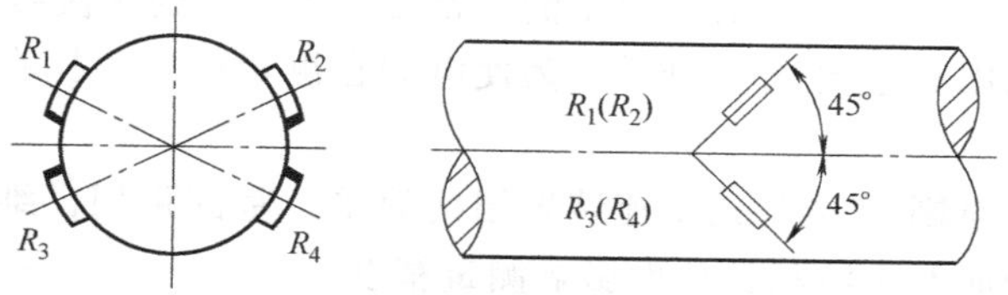

图 3-36 应变式转矩传感器敏感结构与应变片设置示意图

轴在受到纯扭矩 M 作用后，在轴的外表面与轴线方向呈 β 角的正应变为

$$\varepsilon_{\beta}=\frac{M\sin 2\beta}{\pi R^3 G} \tag{3-56}$$

式中，R 为轴的半径（m）；G 为轴材料的切变弹性模量（Pa），$G=\dfrac{E}{2(1+\mu)}$。若无特别说明，本书中 G 均代表材料的切变弹性模量。

由式（3-56）可知，最大正应变为 $M/(\pi R^3 G)$，发生在 $\beta=\pi/4$ 处；最小正应变为 $-M/(\pi R^3 G)$，发生在 $\beta=3\pi/4$（或 $-\pi/4$）处。沿轴向 $\pm\pi/4$ 方向设置灵敏系数为 K 的四个相同的应变片，感受轴的最大正、负应变，并组成图 3-12b 电桥电路，则输出电压为

$$U_{\text{out}}=\frac{KM}{\pi R^3 G}U_{\text{in}} \tag{3-57}$$

图 3-37 为应变式扭矩传感器结构简图。四个应变片接成全桥电路，除了可提高灵敏度外，还可消除轴向力和弯曲力的影响。集流环是将转动中轴体上的电信号与固定测量电路装置相联系的专用部件。四个集流环中的两个用于接入激励电压，两个用于输出电信号。

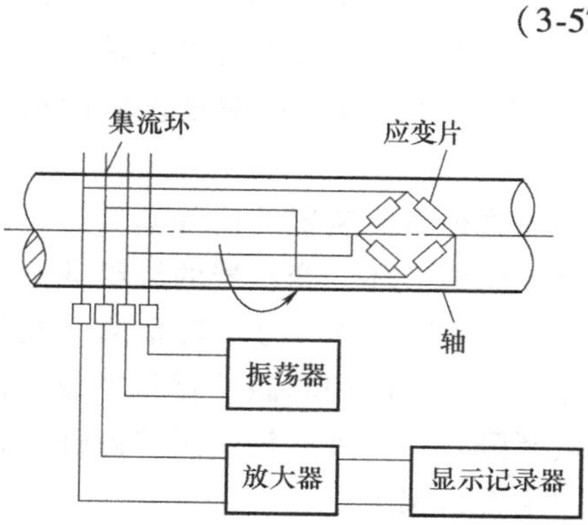

图 3-37 应变式扭矩传感器结构简图

下面介绍两种典型的集流装置：电刷-集电环式集流装置和感应式集流装置。

（1）电刷-集电环式集流装置

电刷-集电环式集流装置分径向和端面两种，其结构形式虽然不同，但信号传输的原理一样。图 3-38 为端面电刷-集电环式集流装置结构，由套筒、绝缘环、集电环构成集流环。套筒套在被测轴上或专用的弹性轴上。应变片通过导线接到集电环上，集电环的端面有与之相接触的电刷，电刷靠簧片压紧在端面上，并与外壳相连。为了防止电刷在振动的影响下离开集电环，电刷要有一定的预紧力。应变所产生的电信号通过电刷和端面接触传递出去。套筒与外壳在测量过程中做相对运动，所以中间装有轴承。

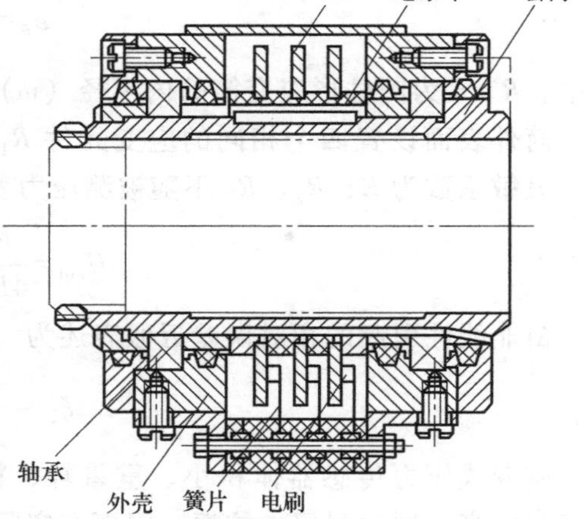

图 3-38 端面电刷-集电环式集流装置结构

对于半桥测量，电刷和集电环有三对，如图 3-38 所示；对于全桥测量，电刷和集电环有四对。

集流装置的关键零件是电刷和集电环。一般用途的集流装置，集电环用紫铜制成，电刷用石墨-铜合金制成。对于测量精度要求较高的集流装置，集电环用纯银或蒙乃尔合金制成，电刷用石墨-银合金制成。为使电刷在测量中始终压在集流环上，簧片采用弹性好的铍青铜制成。

电刷-集电环式集流装置结构简单，坚固耐用，维修方便，但是它的接触电阻易受振动影响而产生波动，从而影响测量精度。

（2）感应式集流装置

感应式集流装置是利用电磁感应原理将旋转部分的电信号耦合到固定部分上，去掉了各种接触点，因而称为无接触集流装置，也称为变压器式集流装置。

图 3-39 为一种感应式集流装置。其中图 3-39a 为电路，图 3-39b 为结构原理。贴在被测轴上的四个应变片接成全桥，四个接点分别接到两个变压器 T_1 和 T_2 上。T_1 为供桥变压器，它的一次绕组 W_1 接到测量仪器的振荡电路上，二次绕组 W_2 将交流载波电压供给电桥。T_2 为输出变压器，它的一次绕组 W_3 接到电桥的输出端，二次绕组 W_4 与应变仪或其他测量仪器的放大电路相连。

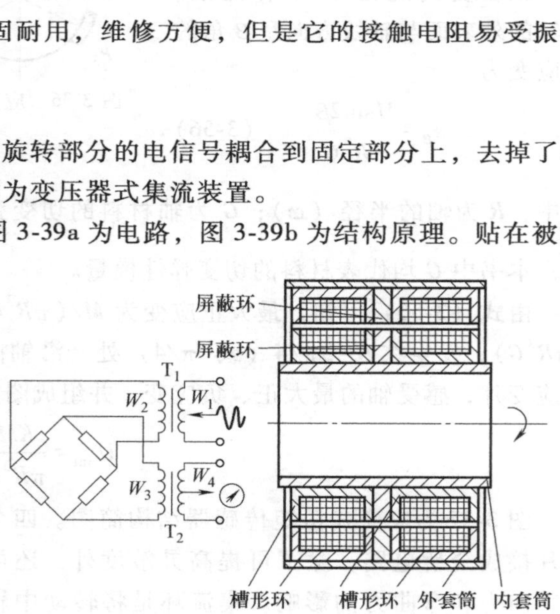

a) 电路 b) 结构原理

图 3-39 感应式集流装置

在这种集流装置的内外套筒上，装有四个纯铁槽形环，变压器的绕组 W_1、W_2、W_3、W_4 绕在其中。为了防止两个变压器相互干扰，中间用非磁性材料制成的两组屏蔽环隔开。内外套筒也用非磁性材料制成。内套筒固定在被测轴上，随轴一起转动，外套筒固定在台架上。

感应式集流装置无接触电阻的影响，体积小、惯性小，但易受外界电磁场的干扰。

事实上，随着无线发射技术和接收技术在测试中的应用，近年来越来越多地利用近程遥测装置进行扭矩测量。被测轴上固定信号发射装置，应变片接到发射装置上，应变信号通过发射装置天线发射出去，由接收装置接收、放大并显示（或记录）。

应变式转矩传感器结构简单，精度较高。

习题与思考题

3-1　讨论金属电阻丝的应变效应。

3-2　简述金属电阻丝的应变灵敏系数与由其构成的金属应变片应变灵敏系数的关系。

3-3　电阻应变片常用的种类有哪些？简要说明各自的应用特点。

3-4　简要说明半导体应变片和金属应变片的差异。

3-5　在使用应变片时，为什么会出现温度误差？

3-6　简要说明应变片温度误差的自补偿法的应用特点。

3-7　简述图 3-9 温度误差补偿的工作原理及应用特点。

3-8　简述图 3-10 温度误差补偿的工作原理及应用特点。

3-9　说明电桥电路的基本工作原理。

3-10　如何提高应变片电桥电路输出电压的灵敏度及线性度？

3-11　借助公式推导，说明四臂受感电桥电路对温度误差补偿的工作原理，分恒压源和恒流源两种不同的供电方式进行讨论。

3-12　如何从电路上采取措施来改善应变式传感器的温度漂移问题？

3-13　简要说明图 3-17 承弯圆柱式力传感器的应用特点。

3-14　简要说明图 3-20 环形力传感器的工作原理与应用特点。

3-15　什么是等强度梁？说明它在测力传感器中使用的特点。

3-16　某等强度悬臂梁应变式力传感器采用四个相同的应变片。试给出一种设置应变片的实现方式和相应的电桥电路连接方式原理图。

3-17　简要说明图 3-23 剪切梁式力传感器的工作原理。

3-18　简要说明图 3-24S 形弹性元件力传感器的应用特点。

3-19　图 3-25 力传感器在解决力作用点偏心带来的问题的同时，会给应用带来哪些新的问题，为什么？

3-20　给出一种应变式加速度传感器的原理结构图，并说明其工作过程及特点。

3-21　简要说明图 3-28 应变筒式加速度传感器可以实现较大加速度值的原因。

3-22　简述图 3-29 应变式加速度传感器的应用特点。

3-23　利用 3. 4. 1 节介绍的应变式力传感器的基本结构形式，除了 3. 4. 2 介绍的加速度传感器外，还有哪些可以实现加速度测量？并简要说明其应用特点。

3-24　给出一种应变式压力传感器的结构原理图，并说明其工作过程与特点。

3-25　图 3-36 应变式转矩传感器能否测量出转矩的方向？说明理由。

3-26　原长 $l=1\text{m}$ 的弹性杆，弹性模量 $E=2.06\times10^{11}\text{Pa}$，使用箔式应变片的阻值 $R=120\Omega$，灵敏系数 $K=2.1$，测出拉伸应变为 300×10^{-6}。求弹性杆伸长 Δl，应力 σ，$\Delta R/R$ 及 ΔR。如果需要测出 1×10^{-6} 的应变，则相应的 $\Delta R/R$ 是多少？

3-27　用一电阻应变片测量一结构上某点的应力。应变片电阻值 $R=120\Omega$，应变灵敏系数 $K=2$，接入电桥的一臂，其余桥臂为标准电阻 $R_0=120\Omega$。若电桥电路由 10V 直流电源供电，测得输出电压为5mV。求该点沿应变片敏感方向的应变和应力。构件材料的弹性模量 $E=2\times10^{11}$Pa。

3-28　图3-40为一等截面悬臂梁式力传感器示意图，在悬臂梁中部上、下两面各设置两个应变片组成全桥电路。

1）画出由这四个应变电阻构成恒压源供电的四臂受感电桥电路。

2）若该梁悬臂端受一向下力 $F=15$N，长 $L=0.2$m，宽 $W=0.03$m（图中未给出），厚 $h=0.003$m，$E=76\times10^{9}$Pa，$x=0.4L$；应变片灵敏系数 $K=2.1$，应变片初始电阻 $R_0=120\Omega$。试求此时这四个应变片的电阻值。

3）若该电桥电路的工作电压 $U_{in}=5$V，试计算输出电压 U_{out}。

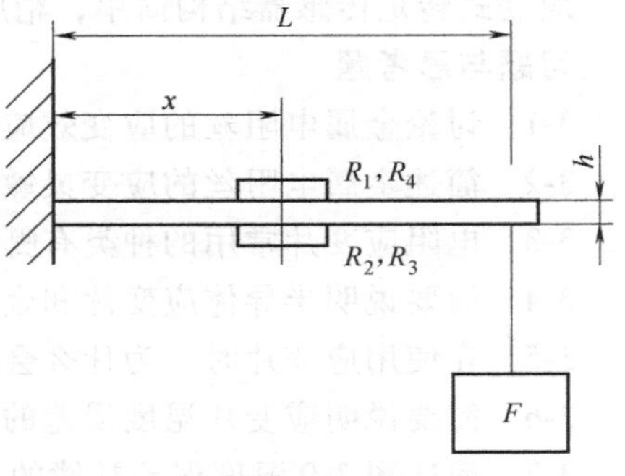

图3-40　题3-28图

3-29　题3-28中，若力传感器的输出电压 $U_{out}=8.75$mV，试计算电阻的相对变化和悬臂梁受到的应变。

3-30　图3-27悬臂梁式加速度传感器，若加速度向下时，给出这时由四个应变电阻构成的四臂受感电桥的电路示意图，并进行简要说明。

3-31　利用图1-1，导出圆柱形应变筒式压力传感器的输出电压的表达式（3-54）以及由非线性引起的相对误差近似表达式（3-55）。

3-32　分析图3-36转矩传感器敏感结构的设计特点，简述根据轴的直径确定被测转矩范围的基本原则。

3-33　简要说明图3-37应变式扭矩传感器的工作过程与应用特点，并说明集流环的作用。

第4章 硅压阻式传感器

4.1 硅压阻式变换原理

4.1.1 半导体材料的压阻效应

半导体材料的压阻效应通常有两种应用方式：一种是利用半导体材料的体电阻制成粘贴式应变片；另一种是在半导体材料的基片上，用集成电路工艺制成扩散型压敏电阻或离子注入型压敏电阻。

对于电阻率 ρ、长度 L、横截面半径 r 的电阻，其变化率可以写为

$$\frac{\mathrm{d}R}{R}=\frac{\mathrm{d}\rho}{\rho}+\frac{\mathrm{d}L}{L}-2\frac{\mathrm{d}r}{r}$$

对于金属电阻，电阻的相对变化与其所受的轴向应变 $\mathrm{d}L/L$ 成正比，即形成式（3-4）表述的应变效应。

对于半导体材料，其电阻主要取决于有限数目的载流子、空穴和电子的迁移。其电阻率可表示为

$$\rho\propto\frac{1}{eN_i\mu_{\mathrm{av}}} \tag{4-1}$$

式中，N_i、μ_{av} 为载流子的浓度和平均迁移率；e 为电子电荷量，$e=1.602\times10^{-19}\mathrm{C}$。

当半导体材料受到外力作用产生应力时，应力将引起载流子浓度 N_i、平均迁移率 μ_{av} 发生变化，从而使电阻率 ρ 发生变化，这就是半导体材料压阻效应的本质。研究表明，半导体材料电阻率的相对变化可写为

$$\mathrm{d}\rho/\rho=\pi_L\sigma_L \tag{4-2}$$

式中，π_L 为压阻系数（Pa^{-1}），表示单位应力引起的电阻率的相对变化量；σ_L 为应力（Pa）。

对于单向受力的半导体晶体，$\sigma_L=E\varepsilon_L$；式（4-2）可以写为

$$\mathrm{d}\rho/\rho=\pi_LE\varepsilon_L \tag{4-3}$$

电阻变化率可写为

$$\frac{\mathrm{d}R}{R}=\frac{\mathrm{d}\rho}{\rho}+\frac{\mathrm{d}L}{L}+2\mu\frac{\mathrm{d}L}{L}=(\pi_LE+2\mu+1)\varepsilon_L=K\varepsilon_L \tag{4-4}$$

常用半导体材料的弹性模量 E 的量值范围为 $1.3\times10^{11}\sim1.9\times10^{11}\mathrm{Pa}$，压阻系数 π_L 的量值范围为 $50\times10^{-11}\sim138\times10^{-11}\mathrm{Pa}^{-1}$，故 π_LE 的量值范围为 65～262。因此，半导体材料压阻效应的等效应变灵敏系数远大于金属的应变灵敏系数。基于上述分析，有

$$K=\pi_LE+2\mu+1\approx\pi_LE \tag{4-5}$$

$$\mathrm{d}R/R\approx\pi_L\sigma_L \tag{4-6}$$

利用半导体材料的压阻效应可以制成硅压阻式传感器，主要优点是压阻系数高、灵敏度高、分辨率高、动态响应好，易于集成化、智能化、批量生产；主要缺点是压阻效应的温度应用范围相对较窄，温度系数大，存在较大的温度误差。

温度变化时，硅压阻式传感器压阻系数的变化比较明显。如温度升高时，一方面载流子浓度 N_i 增加，电阻率 ρ 降低；另一方面杂散运动增大，使平均迁移率 μ_{av} 减小，电阻率 ρ 升高。与此同时，半导体材料受到应力作用后，电阻率的变化量（$\Delta\rho$）更小。综合考虑这些因素，电阻率的变化率（$d\rho/\rho$）减小，即压阻系数随着温度的升高而减小。因此，采取可能的措施减小半导体材料压阻效应的温度系数，是压阻式传感器需要解决的关键问题。

4.1.2 单晶硅的晶向、晶面的表示

1. 基本表述

在硅压阻式传感器中，主要采用单晶硅基片。由于单晶硅材料是各向异性的，晶体不同取向决定了该方向压阻效应的大小。因此，需要研究单晶硅的晶向、晶面。

晶面的法线方向就是晶向。如图 4-1 所示，ABC 平面的法线方向为 $\boldsymbol{N}$，与 x、y、z 轴的方向余弦分别为 $\cos\alpha$、$\cos\beta$、$\cos\gamma$，在 x、y、z 轴的截距分别为 r、s、t，它们之间满足

$$\cos\alpha : \cos\beta : \cos\gamma = \frac{1}{r} : \frac{1}{s} : \frac{1}{t} = h : k : l \tag{4-7}$$

式中，h、k、l 为米勒指数，它们为无公约数的最大整数。

这样，ABC 晶面表示为（hkl），相应的方向表示为<hkl>。

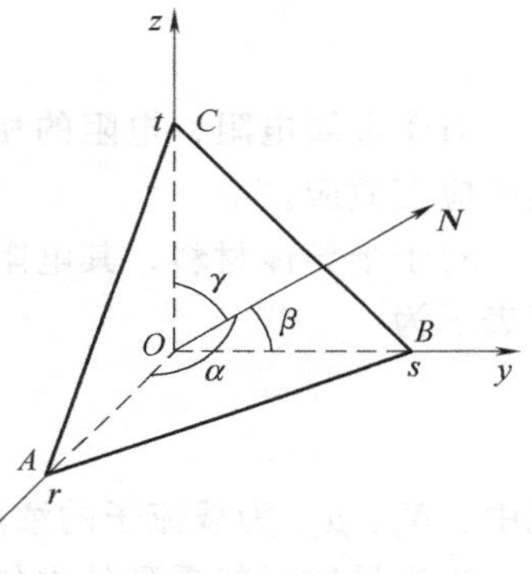

图 4-1 平面的截距表示法

2. 计算实例

单晶硅具有立方晶格，下面讨论如图 4-2 所示的正立方体。

（1）$ABCD$ 面

$ABCD$ 面在 x、y、z 轴的截距分别为 1、∞、∞，故有 $h:k:l=1:0:0$，于是 $ABCD$ 晶面表述为（100），相应的晶向为<100>。

（2）$ADGF$ 面

$ADGF$ 面在 x、y、z 轴的截距分别为 1、1、∞，故有 $h:k:l=1:1:0$，于是 $ADGF$ 晶面表述为（110），相应的晶向为<110>。

（3）$BCHE$ 面

由于 $BCHE$ 面通过 z 轴，为了便于说明问题，将 $BCHE$ 面向 y 轴的负方向平移一个单元后，在 x、y、z 轴的截距分别为 1、−1、∞，故有 $h:k:l=1:-1:0$，于是 $BCHE$ 晶面表述为（1−10）=（$1\bar{1}0$），相应的晶向为<$1\bar{1}0$>。

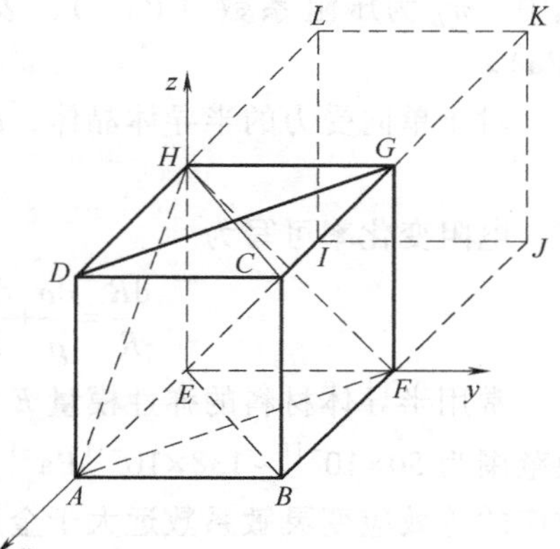

图 4-2 正立方体示意图

（4）$ABKL$ 面

假设正立方体向 x 轴的负方向平移一个单元，*EFGH* 移到 *IJKL*，相应的 *ABCD* 移到 *EFGH*。考虑 *ABKL* 面，它在 x、y、z 轴的截距分别为 1、∞、0.5，故有 $h:k:l=1:0:2$，于是 *ABKL* 晶面表述为（102），相应的晶向为<102>。

4.1.3 压阻系数

通常，半导体电阻的压阻效应可以描述为

$$\Delta R/R=\pi_a\sigma_a+\pi_n\sigma_n \tag{4-8}$$

式中，π_a、π_n 为纵向压阻系数和横向压阻系数（Pa^{-1}）；σ_a、σ_n 为纵向（主方向）应力和横向（副方向）应力（Pa）。

1. 压阻系数矩阵

讨论一个标准的单元微立方体，如图 4-3 所示，它沿着单晶硅晶粒的三个标准晶轴 1、2、3（即 x、y、z 轴）。该微立方体上有三个正应力 σ_{11}、σ_{22}、σ_{33}，记为 σ_1、σ_2、σ_3；另外有三个独立的切应力 σ_{23}、σ_{31}、σ_{12}，记为 σ_4、σ_5、σ_6。

六个独立的应力 σ_1、σ_2、σ_3、σ_4、σ_5、σ_6 将引起六个独立的电阻率的相对变化量 δ_1、δ_2、δ_3、δ_4、δ_5、δ_6，有如下关系：

$$\boldsymbol{\delta}=\boldsymbol{\pi\sigma} \tag{4-9}$$

$$\boldsymbol{\sigma}=[\sigma_1\quad \sigma_2\quad \sigma_3\quad \sigma_4\quad \sigma_5\quad \sigma_6]^{\mathrm{T}}$$

$$\boldsymbol{\delta}=[\delta_1\quad \delta_2\quad \delta_3\quad \delta_4\quad \delta_5\quad \delta_6]^{\mathrm{T}}$$

$$\boldsymbol{\pi}=\begin{bmatrix}\pi_{11} & \pi_{12} & \cdots \\ \pi_{21} & \pi_{22} & \cdots \\ \vdots & \vdots & & \pi_{66}\end{bmatrix}$$

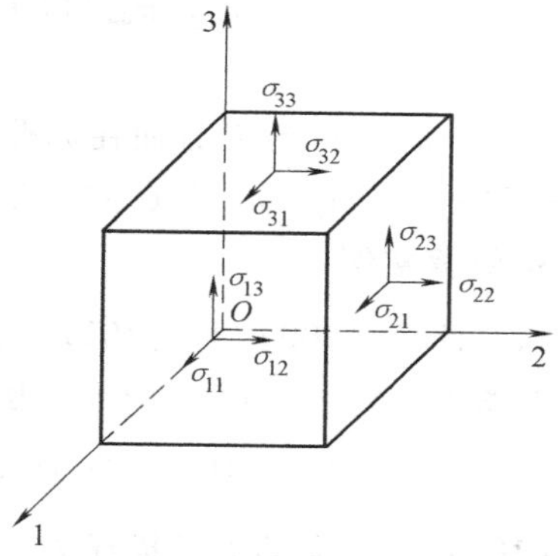

图 4-3 单晶硅微立方体上的应力分布

式中，$\boldsymbol{\pi}$ 称为压阻系数矩阵，具有以下特点：

1）切应力不引起正向压阻效应。

2）正应力不引起剪切压阻效应。

3）切应力只在自己的剪切平面内产生压阻效应，无交叉影响。

4）具有一定对称性，即 $\pi_{11}=\pi_{22}=\pi_{33}$，表示三个主轴方向上的轴向压阻效应相同；$\pi_{12}=\pi_{21}=\pi_{13}=\pi_{31}=\pi_{23}=\pi_{32}$，表示横向压阻效应相同；$\pi_{44}=\pi_{55}=\pi_{66}$，表示剪切压阻效应相同。

故压阻系数矩阵为

$$\boldsymbol{\pi}=\begin{bmatrix}\pi_{11} & \pi_{12} & \pi_{12} & & & \\ \pi_{12} & \pi_{11} & \pi_{12} & & & \\ \pi_{12} & \pi_{12} & \pi_{11} & & & \\ & & & \pi_{44} & & \\ & & & & \pi_{44} & \\ & & & & & \pi_{44}\end{bmatrix}_{6\times 6} \tag{4-10}$$

式（4-10）只有三个独立的压阻系数，且定义：π_{11} 为单晶硅的纵向压阻系数（Pa^{-1}）；

π_{12} 为单晶硅的横向压阻系数（Pa^{-1}）；π_{44} 为单晶硅的剪切压阻系数（Pa^{-1}）。

常温下，P 型硅（空穴导电）的 π_{11}、π_{12} 可以忽略，$\pi_{44}=138.1\times10^{-11}Pa^{-1}$；N 型硅（电子导电）的 π_{44} 可以忽略，π_{11}、π_{12} 较大，且有 $\pi_{12}\approx-0.5\pi_{11}$、$\pi_{11}=-102.2\times10^{-11}Pa^{-1}$。

2. 任意晶向的压阻系数

如图 4-4 所示，1、2、3 为单晶硅立方晶格的主轴方向；在任意方向形成压敏电阻条，P 为压敏电阻条的主方向，又称纵向，即其长度方向，也是工作时电流的方向；Q 为压敏电阻条的副方向，又称横向。P 方向与 Q 方向均在晶向为 3′方向的晶面内。P 方向记为 1′方向；Q 方向记为 2′方向。

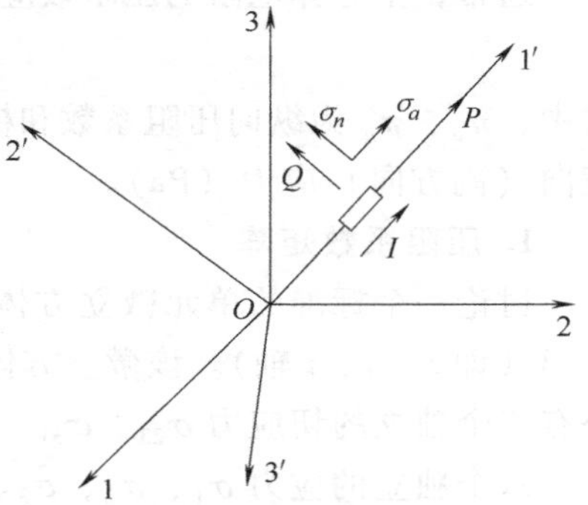

图 4-4　单晶硅任意方向的压阻系数计算图

定义 π_a、π_n 分别为纵向压阻系数（P 方向）和横向压阻系数（Q 方向），有

$$\pi_a=\pi_{11}-2(\pi_{11}-\pi_{12}-\pi_{44})(l_1^2m_1^2+m_1^2n_1^2+n_1^2l_1^2) \tag{4-11}$$

$$\pi_n=\pi_{12}+(\pi_{11}-\pi_{12}-\pi_{44})(l_1^2l_2^2+m_1^2m_2^2+n_1^2n_2^2) \tag{4-12}$$

式中，l_1、m_1、n_1 为 P 方向在标准立方晶格坐标系中的方向余弦；l_2、m_2、n_2 为 Q 方向在标准立方晶格坐标系中的方向余弦。

3. 计算实例

（1）计算（100）面上$<01\bar{1}>$晶向的纵向、横向压阻系数

如图 4-5 所示，$ABCDEFGH$ 为一单位立方体。$ABCD$ 为（100）面，其上$<01\bar{1}>$晶向为 BD；相应的横向为 AC。

（100）面方向的矢量描述为 $\boldsymbol{i}$；$<01\bar{1}>$晶向的矢量描述为 $\boldsymbol{j}-\boldsymbol{k}$；由于

$$\boldsymbol{i}\times(\boldsymbol{j}-\boldsymbol{k})=\boldsymbol{i}\times\boldsymbol{j}-\boldsymbol{i}\times\boldsymbol{k}=\boldsymbol{k}+\boldsymbol{j} \tag{4-13}$$

故（100）面内，$<01\bar{1}>$晶向的横向为$<011>$。

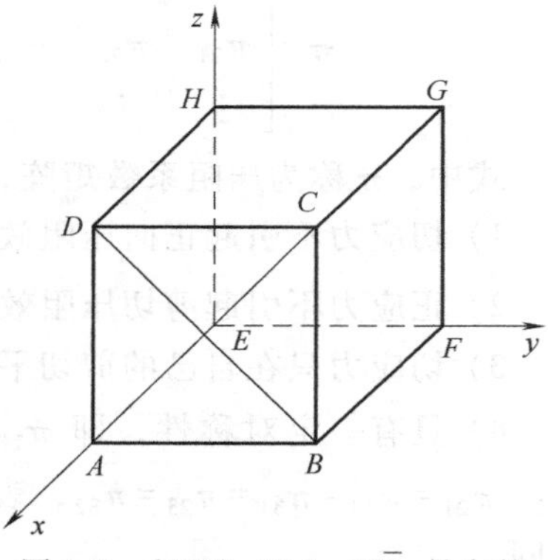

图 4-5　（100）面上$<01\bar{1}>$晶向的纵向、横向示意图

$<01\bar{1}>$的方向余弦为 $l_1=0$，$m_1=1/\sqrt{2}$，$n_1=-1/\sqrt{2}$；$<011>$的方向余弦为 $l_2=0$，$m_2=1/\sqrt{2}$，$n_2=1/\sqrt{2}$。则

$$\pi_a=\pi_{11}-2(\pi_{11}-\pi_{12}-\pi_{44})\frac{1}{2}\times\frac{1}{2}=\frac{1}{2}(\pi_{11}+\pi_{12}+\pi_{44}) \tag{4-14}$$

$$\pi_n=\pi_{12}+(\pi_{11}-\pi_{12}-\pi_{44})\left(\frac{1}{2}\times\frac{1}{2}+\frac{1}{2}\times\frac{1}{2}\right)=\frac{1}{2}(\pi_{11}+\pi_{12}-\pi_{44}) \tag{4-15}$$

对于 P 型硅，$\pi_a=0.5\pi_{44}$；$\pi_n=-0.5\pi_{44}$；对于 N 型硅，$\pi_a=0.25\pi_{11}$；$\pi_n=0.25\pi_{11}$。

（2）绘出 P 型硅（001）面内纵向和横向压阻系数的分布图

如图 4-6a 所示，（001）面内，假设所考虑的纵向 P 与 1 轴的夹角为 α，与 P 方向垂直的 Q 方向为所考虑的横向。

在（001）面内，方向 P 与方向 Q 的方向余弦分别为 l_1、m_1、n_1 和 l_2、m_2、n_2，有 $l_1=$

cosα，$m_1=\sin\alpha$，$n_1=0$；$l_2=\sin\alpha$，$m_2=-\cos\alpha$，$n_2=0$，则

$$\pi_a=\pi_{11}-2(\pi_{11}-\pi_{12}-\pi_{44})\sin^2\alpha\cos^2\alpha\approx0.5\pi_{44}\sin^2 2\alpha \tag{4-16}$$

$$\pi_n=\pi_{12}+(\pi_{11}-\pi_{12}-\pi_{44})2\sin^2\alpha\cos^2\alpha\approx-0.5\pi_{44}\sin^2 2\alpha \tag{4-17}$$

因此，本算例中 $\pi_n=-\pi_a$。图 4-6b 为纵向压阻系数 π_a 的分布图。图形关于 1 轴（<100>）和 2 轴（<010>）对称，同时关于 45°直线（<110>）和 135°直线（<$1\bar{1}0$>）对称。

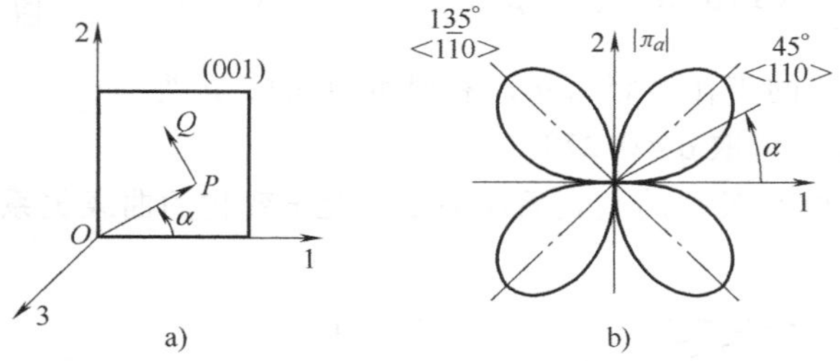

图 4-6　P 型硅（001）面内纵向和横向压阻系数的分布图

4.2　硅压阻式传感器的典型实例

4.2.1　硅压阻式压力传感器

图 4-7 为一种典型的硅压阻式压力传感器结构示意图。敏感元件为单晶硅圆平膜片。基于单晶硅的压阻效应，利用扩散或离子注入工艺在硅膜片上制作所期望的压敏电阻。

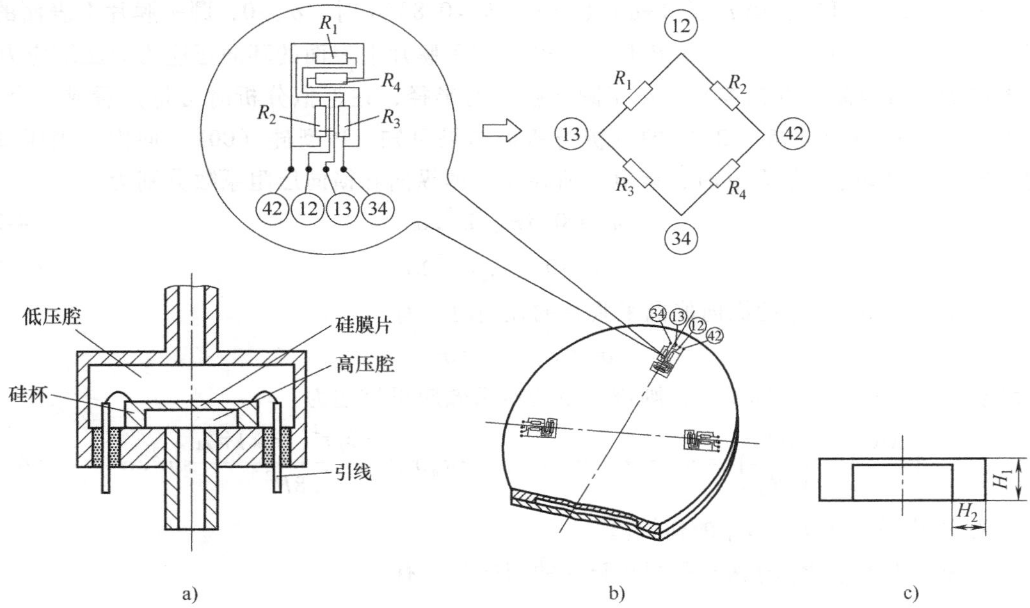

图 4-7　硅压阻式压力传感器结构示意图

1. 压敏电阻的位置

假设单晶硅圆平膜片的晶向为<001>，如图 4-8 所示。

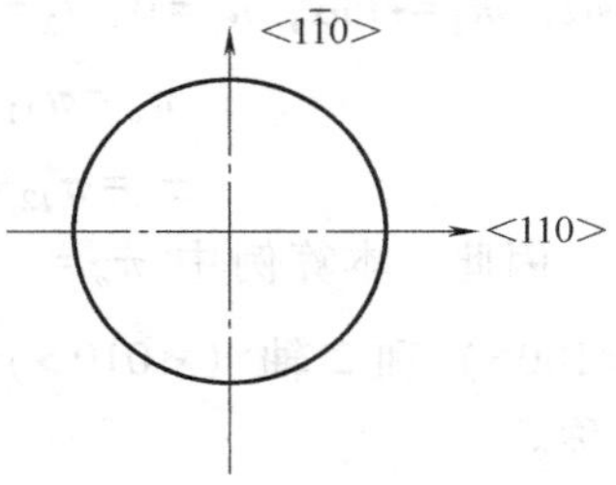

图 4-8　<001>晶向的单晶硅圆平膜片

对于周边固支的圆平膜片，在其上表面的半径 r 处，径向应力 σ_r、切向应力 σ_θ 与所承受的压力 p 之间的关系为

$$\sigma_r = \frac{3p}{8H^2}[(1+\mu)R^2-(3+\mu)r^2] \tag{4-18}$$

$$\sigma_\theta = \frac{3p}{8H^2}[(1+\mu)R^2-(1+3\mu)r^2] \tag{4-19}$$

式中，R、H 为圆平膜片的工作半径（m）和厚度（m）；μ 为圆平膜片材料的泊松比，可取 $\mu=0.278$。

图 4-9 为周边固支圆平膜片的上表面应力随半径 r 变化的曲线关系。

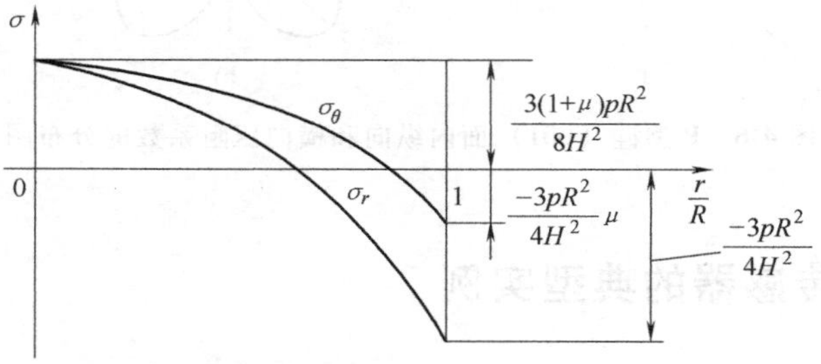

图 4-9　周边固支圆平膜片的上表面应力随半径 r 变化的曲线关系

由式（4-18）可知，当 $r<\sqrt{(1+\mu)/(3+\mu)}R\approx0.624R$ 时，$\sigma_r>0$，圆平膜片上表面的径向正应力为拉伸应力；当 $r>0.624R$ 时，$\sigma_r<0$，圆平膜片上表面的径向正应力为压缩应力。

由式（4-19）可知，当 $r<\sqrt{(1+\mu)/(1+3\mu)}R\approx0.835R$ 时，$\sigma_\theta>0$，圆平膜片上表面的环向正应力为拉伸应力；当 $r>0.835R$ 时，$\sigma_\theta<0$，圆平膜片上表面的环向正应力为压缩应力。

考虑到压敏电阻的几何参数远小于圆平膜片的半径，在近似分析时可将其看成一个点。由 4.1.3 节“3. 计算实例（2）”的分析与所得结果可知，P 型硅（001）面内，当压敏电阻的纵向与<100>的夹角为 α 时，该电阻所在位置的纵向和横向压阻系数分别为

$$\pi_a \approx 0.5\pi_{44}\sin^2 2\alpha \tag{4-20}$$

$$\pi_n \approx -0.5\pi_{44}\sin^2 2\alpha \tag{4-21}$$

当压敏电阻 R_1、R_4 的纵向取圆平膜片的径向时，有

$$\sigma_a=\sigma_r;\ \sigma_n=\sigma_\theta$$

结合式（4-18）~式（4-21），则该电阻的压阻效应可描述为

$$\left(\frac{\Delta R_1}{R_1}\right)_r=\left(\frac{\Delta R_1}{R_0}\right)_r=\pi_a\sigma_a+\pi_n\sigma_n=\pi_a\sigma_r+\pi_n\sigma_\theta=\frac{-3pr^2(1-\mu)\pi_{44}}{8H^2}\sin^2 2\alpha \tag{4-22}$$

式中，R_0 为压敏电阻 R_1、R_4 的初始值。

当压敏电阻 R_2、R_3 的纵向取圆平膜片的切向时，有

$$\sigma_a=\sigma_\theta;\ \sigma_n=\sigma_r$$

结合式（4-18）~式（4-21），则该电阻的压阻效应可描述为

$$\left(\frac{\Delta R_2}{R_2}\right)_\theta=\left(\frac{\Delta R_2}{R_0}\right)_\theta=\pi_a\sigma_a+\pi_n\sigma_n=\pi_a\sigma_\theta+\pi_n\sigma_r=\frac{3pr^2(1-\mu)\pi_{44}}{8H^2}\sin^2 2\alpha \tag{4-23}$$

式中，R_0 为压敏电阻 R_2、R_3 的初始值。

对比式（4-22）和式（4-23）可知，在单晶硅的（001）面内，如果将 P 型压敏电阻分别设置在圆平膜片的径向和切向时，它们的变化是互为反向的，即径向电阻的电阻值随压力单调减小，切向电阻的电阻值随压力单调增加，而且减小量与增加量相等。这一规律为设计压敏电阻提供了条件。

另一方面，上述压阻效应也是电阻的纵向与<100>方向夹角 α 的函数，显然，当 α 取 45°（<110>）、135°（$<\bar{1}10>$）、225°（<110>）、315°（$<1\bar{1}0>$）时，压阻效应最显著，即压敏电阻应该设置在上述位置的径向与切向。这时，在圆平膜片的径向和切向，P 型压敏电阻的压阻效应可描述为

$$\left(\frac{\Delta R_1}{R_0}\right)_r=\left(\frac{\Delta R_1}{R_0}\right)_{<110>}=\frac{-3pr^2(1-\mu)\pi_{44}}{8H^2} \tag{4-24}$$

$$\left(\frac{\Delta R_2}{R_0}\right)_\theta=\left(\frac{\Delta R_2}{R_0}\right)_{<1\bar{1}0>}=\frac{3pr^2(1-\mu)\pi_{44}}{8H^2} \tag{4-25}$$

图 4-10 为压敏电阻相对变化的规律。按此规律应将压敏电阻设置于圆平膜片的边缘处（$r=R$），沿径向和切向各设置两个 P 型压敏电阻。

应当指出，上述讨论是关于压敏电阻的初步设计，没有考虑电阻的长度、宽度。事实上，压敏电阻的压阻效应是整个压敏电阻的综合效应，实际设计与应用时，应当考虑压敏电阻长度、宽度对其压阻效应的影响。

2. 电桥电路的输出

采用如图 4-11 所示的恒压源供电电桥电路，四个受感电阻的初始值均为 R_0。基于上述讨论，当被测压力增大时，R_2、R_3 的增加量为 $\Delta R_2=\Delta R(p)$；相应地，R_1、R_4 的减小量为 $-\Delta R_1=\Delta R(p)$。同时考虑温度的影响，四个压敏电阻都有 $\Delta R(T)$ 的增加量。电桥电路输出电压为

$$U_{out}=U_{BD}=\frac{\Delta R(p)U_{in}}{R_0+\Delta R(T)} \tag{4-26}$$

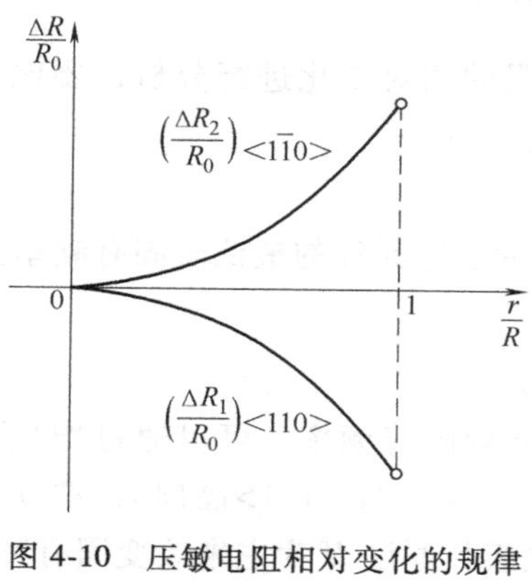

图 4-10　压敏电阻相对变化的规律

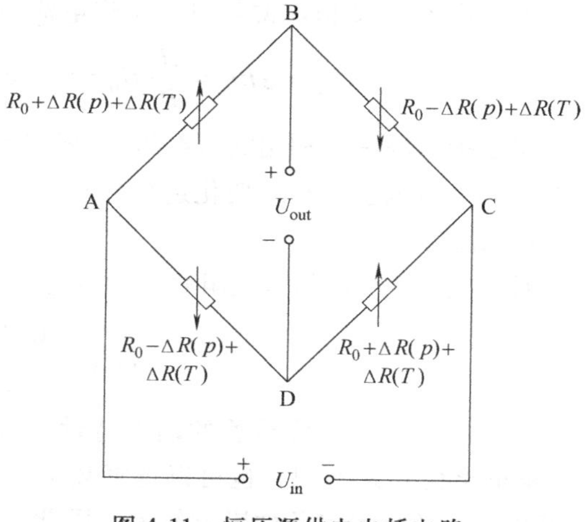

图 4-11　恒压源供电电桥电路

采用如图 4-12 所示的恒流源供电电桥电路，输出电压为

$$U_{\mathrm{out}}=U_{\mathrm{BD}}=I_0\Delta R(p) \tag{4-27}$$

电桥电路输出电压与压敏电阻的变化量 $\Delta R(p)$ 成正比，即与被测量成正比。电桥电路输出也与恒流源供电电流 I_0 成正比，但与温度无关，这是恒流源供电的最大优点。通常恒流源供电要比恒压源供电的稳定性高，故在硅压阻式传感器中多采用恒流源供电的工作方式。

事实上，恒流源两端的电压为

$$U_{\mathrm{AC}}=I_0R_{\mathrm{ABC}}R_{\mathrm{ADC}}/(R_{\mathrm{ABC}}+R_{\mathrm{ADC}})=I_0[R_0+\Delta R(T)] \tag{4-28}$$

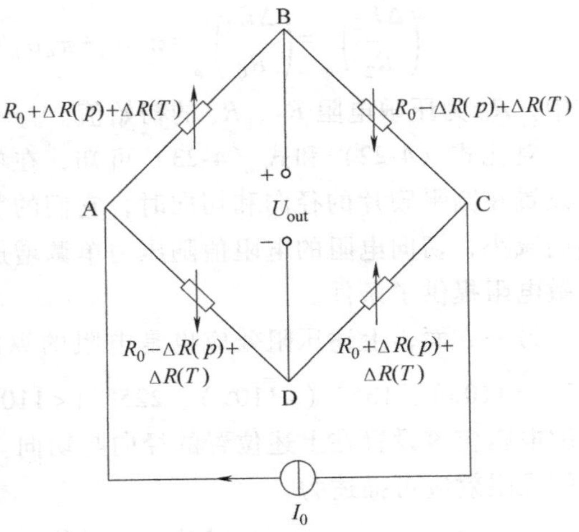

图 4-12 恒流源供电电桥电路

式（4-28）或许提供了一种温度测量的方法。

3. 计算实例

一硅压阻式压力传感器，在硅圆平膜片的边缘处设置初始电阻为 500Ω 的四个相同的 P 型压敏电阻，两个在径向，两个在切向；若圆平膜片半径 $R=1\mathrm{mm}$，厚度 $H=50\mu\mathrm{m}$，材料泊松比 $\mu=0.278$；当被测压力 $p=10^5\mathrm{Pa}$ 时，利用式（4-22）、式（4-23）对电阻的相对变化进行分析评估，则有

$$\left(\frac{\Delta R_1}{R_0}\right)_r=\frac{-3\times10^5\times(10^{-3})^2(1-0.278)\times138.1\times10^{-11}}{8\times(5\times10^{-5})^2}\approx-1.496\times10^{-2} \tag{4-29}$$

$$\left(\frac{\Delta R_2}{R_0}\right)_\theta\approx1.496\times10^{-2} \tag{4-30}$$

若采用图 4-11 恒压源供电，工作电压为 5V，不考虑温度影响，输出电压为

$$U_{\mathrm{out}}=\frac{\Delta R(p)}{R_0}U_{\mathrm{in}}=1.496\times10^{-2}\times5\mathrm{V}=74.8\mathrm{mV} \tag{4-31}$$

若采用图 4-12 恒流源供电，工作电流为 20mA，输出电压为

$$U_{\mathrm{out}}=\Delta RI_0=\frac{\Delta R}{R}RI_0=1.496\times10^{-2}\times500\Omega\times20\mathrm{mA}=149.6\mathrm{mV} \tag{4-32}$$

需要指出的是，利用式（4-29）、式（4-30）对电阻的相对变化进行分析，要比考虑压敏电阻长度对电阻的相对变化进行分析评估，计算值大一些。

4. 动态特性

对于图 4-7 所示的硅压阻式压力传感器，其圆平膜片敏感元件的最低阶固有频率为

$$f_{R,\mathrm{B1}}\approx\frac{0.469H}{R^2}\sqrt{\frac{E}{\rho(1-\mu^2)}} \tag{4-33}$$

若要提高该压力传感器的动态特性，应提高其最低阶固有频率，可以通过增加其厚度 H、减小半径 R 来实现，也可以选择较大的弹性模量的方向（即<111>晶向）。事实上，圆平膜片的半径受工艺条件影响较大，因此，通常以调整膜片厚度 H 为主来改变固有频率。

结合式（4-22）、式（4-23）可知，增加厚度 H，势必会降低传感器的灵敏度。因此应综合考虑传感器的静态特性与动态特性，优化设计选择合适的结构参数。

硅压阻式压力传感器频响宽、动态响应快、测量范围从几帕到几百兆帕，特别适用于工业自动化领域爆炸、冲击压力的测量；但不宜用于温度变化较大的场合。

4.2.2 硅压阻式加速度传感器

硅压阻式加速度传感器多利用单晶硅材料制作悬臂梁，如图 4-13 所示，在其根部制作四个相同的压敏电阻，沿着梁长度方向设置的压敏电阻 R_2、R_3 的端点紧贴着梁的根部，沿着梁宽度方向设置的压敏电阻 R_1、R_4 处于 R_2、R_3 的中间位置。当悬臂梁自由端的质量块受加速度作用时，悬臂梁受到弯矩作用产生应力，使压敏电阻发生变化。

选择<001>晶向为悬臂梁的单晶硅衬底，梁长度方向为<110>晶向，宽度方向为<1$\bar{1}$0>晶向。即两个 P 型压敏电阻 R_1、R_4 沿<1$\bar{1}$0>晶向设置，两个 P 型压敏电阻 R_2、R_3 沿<110>晶向设置。

悬臂梁上表面设置的压敏电阻 R_1、R_4 处，沿 x 方向的正应力为

$$\sigma_x = \frac{6m(L_0 - 0.5l)}{bh^2}a \tag{4-34}$$

式中，a 为被测加速度（$\mathrm{m/s^2}$）；m 为敏感质量块的质量（kg）；b、h 为梁的宽度（m）和厚度（m）；L_0 为质量块中心至悬臂梁根部的距离（m）；l 为压敏电阻的长度（m）。

事实上，若敏感质量块的长度为 l_m，则悬臂梁的有效长度为

$$L = L_0 - 0.5l_m \tag{4-35}$$

于是，沿着悬臂梁长度，即<110>晶向设置的 P 型压敏电阻的压阻效应为

$$\left(\frac{\Delta R_2}{R_0}\right)_{\langle 110\rangle} = \pi_a\sigma_a + \pi_n\sigma_n = \pi_a\sigma_x \tag{4-36}$$

式中，R_0 为压敏电阻 R_2、R_3 的初始值。

借助式（4-16），式（4-36）中的纵向压阻系数为

$$\pi_a = 0.5\pi_{44} \tag{4-37}$$

而沿着悬臂梁宽度，即<1$\bar{1}$0>晶向设置的 P 型压敏电阻的压阻效应为

$$\left(\frac{\Delta R_1}{R_0}\right)_{\langle 1\bar{1}0\rangle} = \pi_a\sigma_a + \pi_n\sigma_n = \pi_n\sigma_x \tag{4-38}$$

式中，R_0 为压敏电阻 R_1、R_4 的初始值。

借助式（4-17），式（4-38）中的横向压阻系数为

$$\pi_n = -0.5\pi_{44} \tag{4-39}$$

借助式（4-34），将式（4-37）、式（4-39）分别代入式（4-36）和式（4-38）中，可得

$$\left(\frac{\Delta R_2}{R_0}\right)_{\langle 110\rangle} = \frac{3m(L_0 - 0.5l)}{bh^2}\pi_{44}a \tag{4-40}$$

$$\left(\frac{\Delta R_1}{R_0}\right)_{\langle 1\bar{1}0\rangle} = \frac{-3m(L_0 - 0.5l)}{bh^2}\pi_{44}a = -\left(\frac{\Delta R_2}{R_0}\right)_{\langle 110\rangle} \tag{4-41}$$

可见，按上述原则在悬臂梁根部设置的压敏电阻符合构成四臂受感差动电桥电路的原

则，因此输出电路与 4.2.1 节讨论的硅压阻式压力传感器完全相同。

图 4-14 为一种整体式结构的冲击加速度传感器结构示意图。在传感器的长方形钢制外壳中，设置有硅悬臂梁式整体敏感元件，即在 $1mm^2$ 的硅片上加工成整体弹簧、硅敏感质量块及四个臂的压敏电阻电桥系统的悬臂梁。它利用各向异性刻蚀技术和微电子加工技术由单晶硅刻蚀而成，加速度量程为 10^5g，谐振频率为兆赫级。

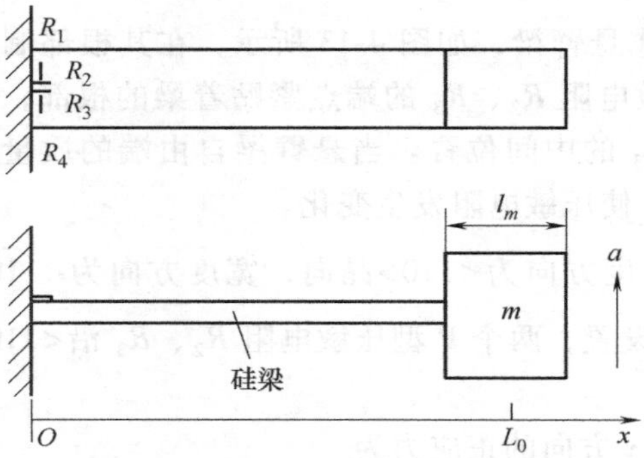

图 4-13　硅压阻式加速度传感器结构示意图

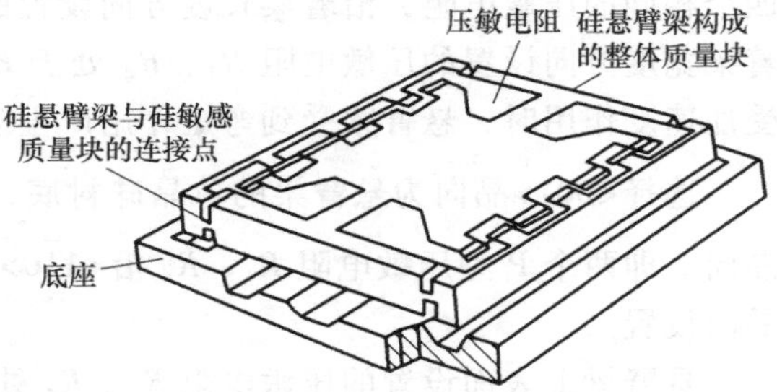

图 4-14　一种整体式结构的冲击加速度传感器结构示意图

在平面硅片上按照图形渗入一定的杂质就形成了压敏电阻，继而刻蚀沟槽，从而分离出压敏电阻，同时确定了具有原来厚度的单独的硅片作为惯性敏感质量块。这种整体式结构和特别小的结构参数保证了传感器具有大的强度-质量比，而且单独分离的压敏电阻使传感器的线性度和灵敏度达到了最佳值。

图 4-15 为一种用于心脏测量、质量小于 0.02g 的微型悬臂梁压阻式加速度传感器结构示意图，封装结构参数为 2mm × 3mm × 0.6mm，加速度测量范围为 0.001～50g，频率上限达 100Hz，精度为 1%。

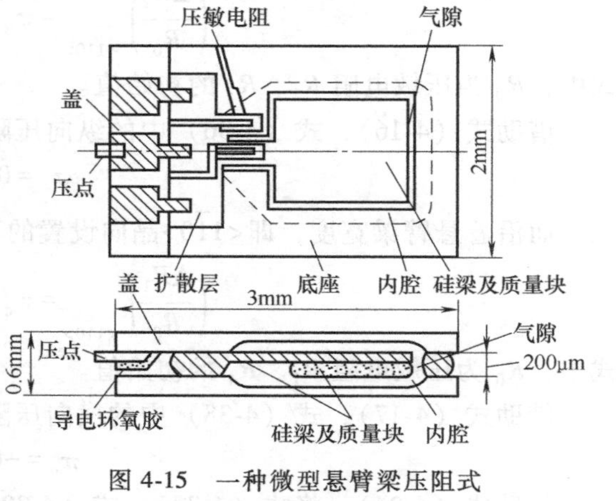

图 4-15　一种微型悬臂梁压阻式加速度传感器结构示意图

图 4-15 同时为开环压阻式加速度传感器，其结构简单、体积小、重量轻、成本低、应用广泛。但在某些要求精度较高的场合，如量程较大、阈值较小、非线性误差又要求较高时，需要采用闭环加速度传感器。在开环压阻式加速度传感器的基础上，对敏感质量块进行力反馈，使得在工作范围内，敏感质量块所感受的由外界加速度引起的惯性力与反馈力始终处于大小相等、方向相反的状态，构成闭环压阻式加速度传感器。闭环传感器可以提高精度、扩大量程。图 4-16 为一种闭环压阻式加速度传感器结构示意图。图中作为弹性元件的单晶硅条形梁（简称硅梁），一端与底座刚性连接，紧靠这一端制作有压敏电阻电桥（简称压阻电桥）；另一端是自由端，上、下对称地连接着两个力矩器线圈，这两个线圈分别空套在上、下磁钢与轭铁形成的环形工作气隙中。图 4-17 为其工作过程原

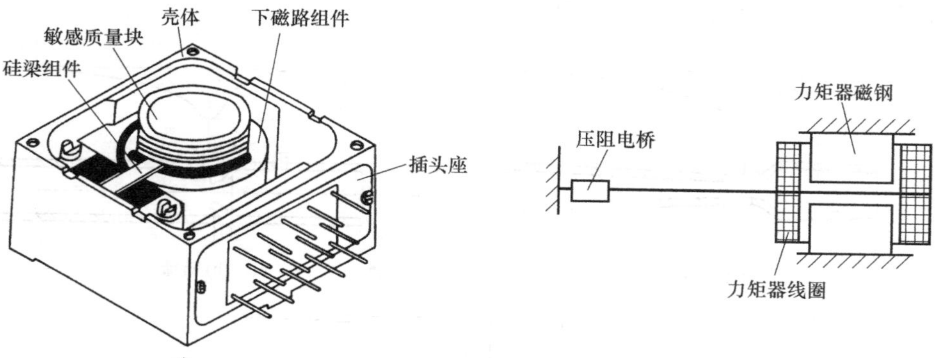

图 4-16　一种闭环压阻式加速度传感器结构示意图

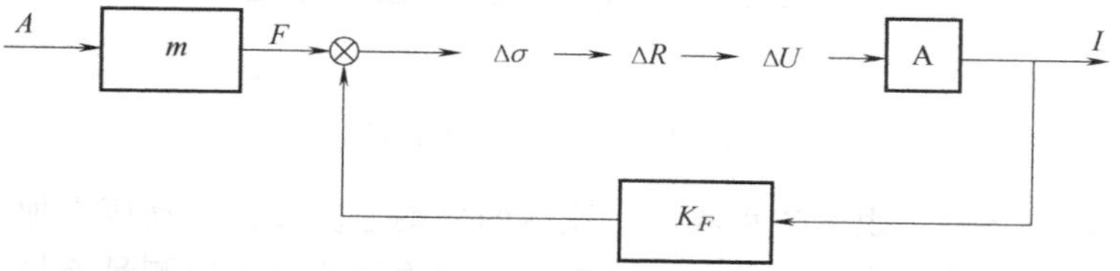

图 4-17　闭环压阻式加速度传感器工作过程原理框图

理框图。图中 A 为被测加速度，m 为敏感质量，F 为惯性力，$\Delta\sigma$ 为硅梁应力增量，ΔR 为压敏电阻增量，ΔU 为电桥输出电压增量，A 为放大器，I 为输出电流，K_F 为反馈力系数。

当闭环压阻式加速度传感器感受外界加速度时，与硅梁自由端连接的力矩器线圈受到惯性力作用，使得硅梁产生应力变化，硅梁根部的压阻电桥因此失去平衡，并有电压信号输出，这个信号经过放大器放大、整流以后，在输出与外界加速度成比例的电流（或电压）信号的同时，把这个电流信号反馈到力矩器线圈中，经与永磁体磁场相互作用，产生一个与惯性力大小相等、方向相反的力作用于硅梁自由端。这种闭环加速度传感器的特点是单晶硅条形悬臂梁既是弹性支承元件，又是力-电信号变换器；力矩器线圈作为敏感质量块和电磁阻尼器使用，没有采用单独的动组件和液体阻尼器；力矩器采用对称对顶磁路，提高了力矩器的力矩系数，降低了非线性误差。

利用压阻效应构成的半导体加速度敏感元件如图 4-18 所示。悬臂梁式敏感质量部分由于加速度而产生位移、变形，进而引起扩散压阻层区域的应力变化，导致压阻层电阻变化，检测其电阻变化即可检测出加速度。在约 100Hz 带宽内，可以检测（0.001~50）g 的加速度。

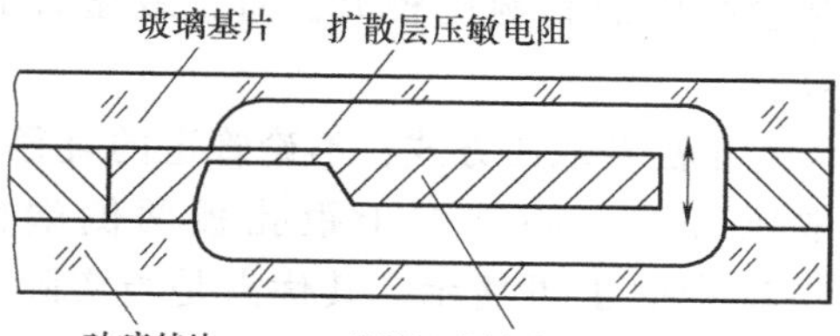

图 4-18　半导体加速度敏感元件截面

4.3　基于硅压阻式压力传感器的节流式流量计

节流式流量计主要由两部分组成：节流装置和测量静压差的差压传感器。节流装置安装在流体管道中，工作时它使流体的流通截面发生变化，引起流体静压变化。常用的节流装置有文丘里管、喷嘴和孔板，如图 4-19 所示。

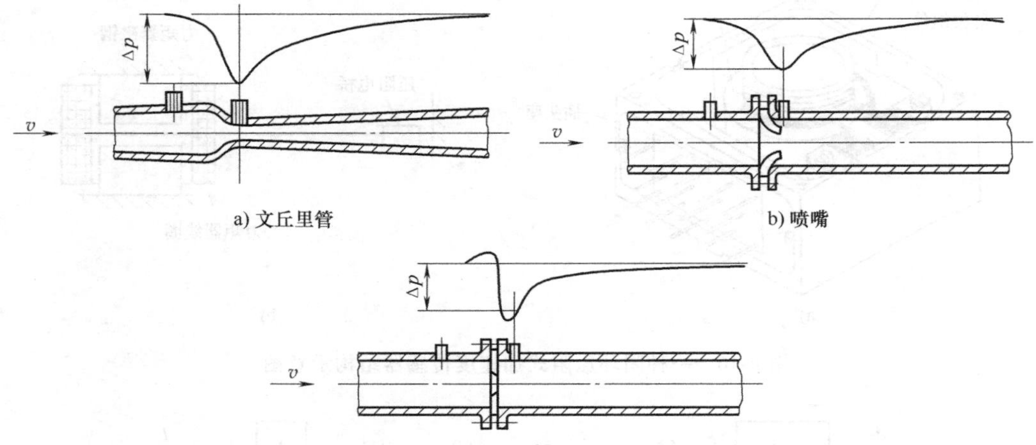

a) 文丘里管

b) 喷嘴

c) 孔板

图 4-19　常用的节流装置

流体流过节流装置时，由于流束收缩，流体的平均速度加大，动压力加大，而静压力下降，在截面最小处，流速最大，测量节流装置前后的静压差就可以测量流量。由于在节流装置前后形成涡流以及流体的沿程摩擦变成了热能，散失在流体内，故最后流体的速度虽已恢复如初，但静压恢复不到收缩前的数值，这就是压力损失。由于节流式流量计利用节流装置前后的静压差来测量流量，故又称差压式流量传感器或变压降流量传感器。

对同一结构形式的节流装置，采用不同的取压方式，即取压孔在节流装置前、后的位置不同，它们的流量系数不同。通常有两种取压方式：角接取压和法兰取压。

对于角接取压方式，上、下游取压管位于喷嘴或孔板的前后端面处，如图 4-20 中的Ⅰ-Ⅰ所示，其主要优点是易于采用环室取压，使压力均衡，从而提高差压的测量精度，同时缩短所需的直管段；主要缺点是由于取压点位于压力分布曲线最陡峭的部分，取压点位置的选择和安装不精确时对流量测量精度的影响比较大，而且取压管的脏污和堵塞不易排除。

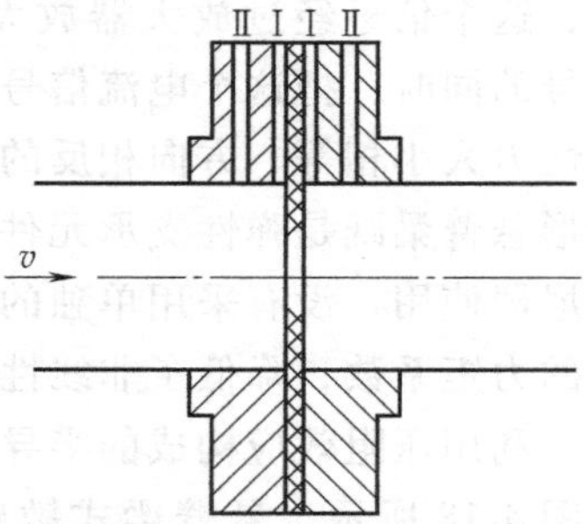

图 4-20　节流装置的取压方式

对于法兰取压方式，不论管道的直径大小如何，上、下游取压管的中心都位于距孔板两侧端面 25.4mm 处，如图 4-20 中的Ⅱ-Ⅱ所示，其优点是当实际雷诺数大于临界雷诺数时，流量系数 α 为恒值，且安装方便、不易泄漏；主要缺点是因取压孔之间距离较大，故管壁粗糙度改变而产生的摩擦损失变化对流量测量影响大。

为了提高流量测量的精度，国家标准规定在节流装置的前、后均应装有长度分别为 $10D$（D 为管道的内径）和 $5D$ 的直管段，以消除管道内安装的其他部件对流速造成的扰动，即起整流作用。

节流式流量计结构简单、价格低廉、使用方便，但是当流量小于仪表满量程的 20%时，测量误差较大，同时测量结果易受被测流体密度变化的影响，由于管道中安装了节流装置，故有压力损失。其主要用于洁净流体的流量测量，在一般工业生产中应用广泛。

4.4 硅压阻式传感器温度漂移的补偿

当环境温度发生变化时，硅压阻式传感器会产生零位温度漂移和灵敏度温度漂移。

1. 零位温度漂移的补偿

零位温度漂移是由扩散电阻值随温度变化引起的。扩散电阻值及温度系数随薄层电阻值而变化。图 4-21 为硼扩散电阻不同方块电阻值及温度系数的关系。随着表面杂质浓度的升高，薄层电阻减小，温度系数减小。温度变化时，扩散电阻变化，如果电桥的四个桥臂扩散电阻值尽可能做得一致，温度系数也一样，则电桥电路的零位温漂就可以很小，但由于工艺难度较大，必然会引起传感器的零位漂移。

硅压阻式传感器的零位温漂一般可以采用串、并联电阻的方法进行补偿。图 4-22 给出了一种补偿方案。R_S 为串联电阻，R_P 为并联电阻，串联电阻主要用于调零，并联电阻主要用于补偿，其补偿作用的原理分析如下。

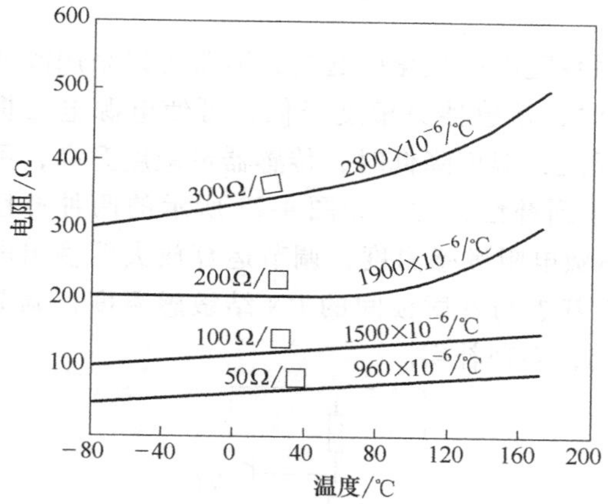

图 4-21 硼扩散电阻不同方块电阻值及温度系数的关系

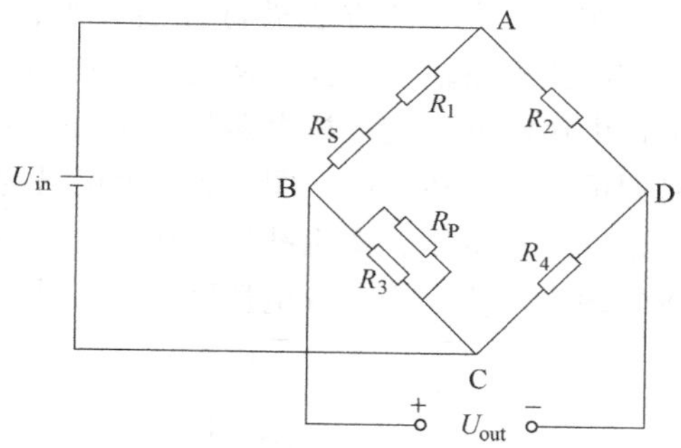

图 4-22 零位温度漂移的补偿

假设温度升高时，R_3 的阻值增加比较大，则 D 点电位低于 B 点电位，于是输出产生零位温漂。要消除由于温度引起的 B、D 两点的电位差，一个简单办法是在 R_3 上并联一个阻值较大、具有负温度系数的电阻 R_P，用它约束 R_3 的变化，从而达到补偿目的。当然，如果在 R_4 上并联一个阻值较大、具有正温度系数的电阻，也能达到补偿目的。

设 R_1'、R_2'、R_3'、R_4'与 R_1''、R_2''、R_3''、R_4''为四个桥臂电阻在低温与高温下的实际值；R_S'、R_P'与 R_S''、R_P''为 R_S、R_P 在低温与高温下的期望值。根据低温与高温下 B、D 两点的电位相等的条件，可得

$$\frac{R_1'+R_S'}{R_3'R_P'/(R_3'+R_P')}=\frac{R_2'}{R_4'} \tag{4-42}$$

$$\frac{R_1''+R_S''}{R_3''R_P''/(R_3''+R_P'')}=\frac{R_2''}{R_4''} \tag{4-43}$$

根据 R_S、R_P 自身的温度特性，低温到高温有 Δt 的温度变化值时，有

$$R''_S = R'_S(1+\alpha\Delta t) \tag{4-44}$$

$$R''_P = R'_P(1+\beta\Delta t) \tag{4-45}$$

式中，α、β 分别为 R_S、R_P 的电阻温度系数（1/℃）。

根据式（4-42）~式（4-45）可以计算出 R'_S、R'_P 与 R''_S、R''_P 四个未知数，进一步可计算出常温下 R_S、R_P 的电阻值的大小。

当选择温度系数很小（可认为是零）的电阻进行补偿时，式（4-42）与式（4-43）可写为

$$\frac{R'_1+R_S}{R'_3R_P/(R'_3+R_P)} = \frac{R'_2}{R'_4} \tag{4-46}$$

$$\frac{R''_1+R_S}{R''_3R_P/(R''_3+R_P)} = \frac{R''_2}{R''_4} \tag{4-47}$$

由式（4-46）与式（4-47）可以计算出 R_S 与 R_P。

一般薄膜电阻的温度系数可以做到 10^{-6} 数量级，近似认为等于零，且其阻值可以修正，能得到所需要的数值。因此，用薄膜电阻进行补偿可以取得较好的补偿效果。

2. 灵敏度温度漂移的补偿

硅压阻式传感器的灵敏度温度漂移是由压阻系数随温度变化引起的，通常可以采用改变电源工作电压大小的方法进行补偿。如温度升高时，传感器灵敏度降低，可使电源电压提高，使电桥电路输出增大，从而达到补偿目的；反之，温度降低时，传感器灵敏度升高，可使工作电压降低，使电桥电路输出减小，也一样达到补偿目的。如图 4-23 所示的两种补偿电路即可实现上述目的。图 4-23a 用正温度系数热敏电阻敏感温度，调节运算放大器输出电压，改变工作电压，实现补偿；图 4-23b 用晶体管基极与发射极间的 PN 结敏感温度，调节晶体管输出电流，改变管电压降，使工作电压变化，实现补偿。

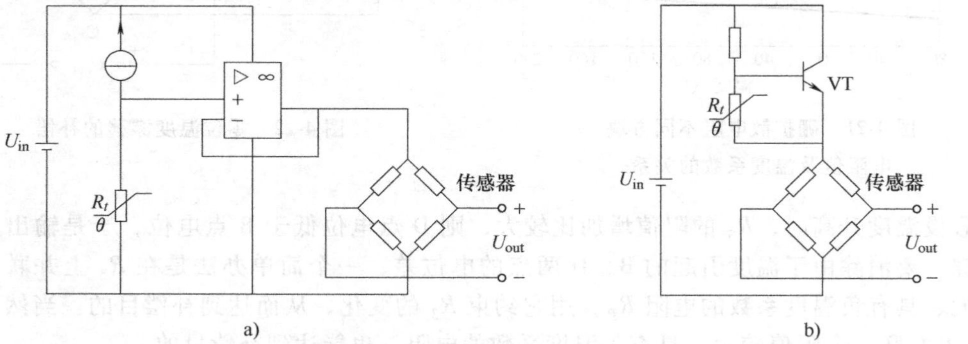

图 4-23　灵敏度温度漂移的补偿

习题与思考题

4-1　比较应变效应与压阻效应。

4-2　简述硅压阻式传感器的主要优点和缺点。

4-3　硅压阻效应的温度特性为什么较差？

4-4　简要说明单晶硅压阻系数矩阵的特点。

4-5　计算半导体压敏电阻的纵向压阻系数和横向压阻系数时，如何确定压敏电阻的纵向（主方向）和横向（副方向）？

4-6　若在某一晶面内设置一对相互垂直的压敏电阻 R_A、R_B，说明它们压阻系数的关系。

4-7　绘出 N 型硅（001）晶面内的纵向压阻系数和横向压阻系数。

4-8　给出一种以圆平膜片为敏感元件的硅压阻式压力传感器的结构原理图，说明设计其几何结构参数、压敏电阻位置时应考虑的主要因素。

4-9　比较图 3-27 应变式加速度传感器与图 4-13 硅压阻式加速度传感器的异同。

4-10　对于图 4-7 硅压阻式压力传感器，影响其动态测量品质的因素有哪些？如何提高其工作频带？对所提出措施的实用性进行简要分析。

4-11　依图 4-12 推导式（4-27）、式（4-28）。

4-12　简要说明图 4-16 闭环压阻式加速度传感器的工作过程。

4-13　简要说明图 4-19a 节流装置的工作原理与应用特点。

4-14　节流式流量计常用的取压方式有几种？各有什么特点？

4-15　如何从电路上采取措施来改善硅压阻式传感器的温度漂移问题？

4-16　简要说明图 4-23 补偿硅压阻式传感器灵敏度温度漂移的原理。

4-17　画出（111）晶面和<110>晶向，并计算（111）晶面内$<1\bar{1}0>$晶向的纵向压阻系数和横向压阻系数。

4-18　计算（100）晶面内<011>晶向的纵向压阻系数和横向压阻系数。

4-19　图 4-7 硅压阻式压力传感器的几何结构参数为 $R=1000\mu m$，$H=50\mu m$；硅材料的弹性模量、泊松比分别为 $E=1.3\times10^{11}Pa$，$\mu=0.278$。当最大应变 $\varepsilon_{r,max}$ 取 3×10^{-4} 时，试利用 $\varepsilon_{r,max}$ 估算该压力传感器的最大测量范围。

4-20　基于题 4-19 提供的条件，以式（4-24）、式（4-25）估算压敏电阻的相对变化，进一步回答以下问题：

1）若采用图 4-11 恒压源供电，电桥工作电压为 5V，计算输出电压范围。

2）若采用图 4-12 恒流源供电，初始电阻为 300Ω，恒流源工作电流为 25mA，计算输出电压范围。

4-21　一硅压阻式压力传感器，四个初始值为 600Ω 的压敏电阻中，R_1、R_4 与 R_2、R_3 随被测压力的相对变化率分别为 0.06/MPa 和−0.06/MPa，回答以下问题：

1）设计恒压源供电的最优电桥电路形式，并说明理由。

2）若上述电桥工作电压为 5V，计算被测压力 0.25MPa 时的输出电压值。

3）若采用工作电流 15mA 的恒流源供电，给出电桥电路形式，计算被测压力为 0.25MPa 时的输出电压值。

4-22　图 4-13 硅压阻式加速度传感器的几何结构参数为 $L_0=1600\mu m$，$b=120\mu m$，$h=20\mu m$；硅材料的弹性模量 $E=1.3\times10^{11}Pa$；敏感质量块是一个边长为 $l_m=500\mu m$ 的正方体。试利用悬臂梁承受的最大应变 $\varepsilon_{max}=5\times10^{-4}$，估算该加速度传感器能够实现的最大测量范围。

4-23　基于题 4-22 提供的条件，试利用式（4-40）、式（4-41）计算压敏电阻 R_1、R_2 相对变化值的范围。

第5章 电容式传感器

5.1 电容式敏感元件及特性

5.1.1 电容式敏感元件

物体间的电容量与构成电容元件的两个极板的形状、大小、相互位置以及极板间介质的介电常数有关，可以描述为

$$C=f(\delta,S,\varepsilon) \tag{5-1}$$

式中，C 为电容元件的电容量（F）；δ、S 为极板间的距离（m）和相互覆盖的面积（m^2）；ε 为极板间介质的介电常数（F/m）。

电容式敏感元件通过改变 δ、S、ε 来改变电容量 C，因此有变间隙、变面积和变介电常数三类电容式敏感元件。但敏感结构基本上是两种：平行板式和圆柱同轴式。

变间隙电容式敏感元件可以用来测量微小的线位移（如小至 0.01μm）；变面积电容式敏感元件可以用来测量角位移（如小至 1″）或较大的线位移；变介电常数电容式敏感元件常用于测量介质的某些物理特性，如温度、湿度、密度等。

电容式敏感元件的主要特点是非接触式测量、结构简单、灵敏度高、分辨率高、动态响应好、可在恶劣环境下工作等；主要缺点是受干扰影响大、易受电磁干扰、特性稳定性稍差、高阻输出状态、介电常数受温度影响大、有静电吸力等。

5.1.2 变间隙电容式敏感元件

图 5-1 为平行极板变间隙电容式敏感元件结构示意图。不考虑边缘效应的特性方程为

$$C=\frac{\varepsilon S}{\delta}=\frac{\varepsilon_r\varepsilon_0 S}{\delta} \tag{5-2}$$

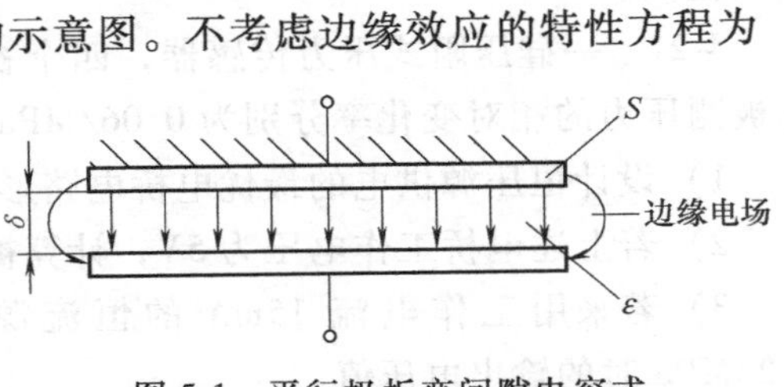

图 5-1 平行极板变间隙电容式敏感元件结构示意图

式中，ε_0 为真空中的介电常数（F/m），$\varepsilon_0\approx 8.854\times10^{-12}$F/m；$\varepsilon_r$ 为极板间介质的相对介电常数，$\varepsilon_r=\varepsilon/\varepsilon_0$，对于空气约为 1。

由式（5-2）可知，电容量 C 与极板间的间隙 δ 成反比，具有较大的非线性。因此在工作时，动极板一般只能在较小的范围内工作。

当间隙 δ 减小 $\Delta\delta$，变为 $\delta-\Delta\delta$ 时，电容量 C 的增量 ΔC 和相对增量分别为

$$\Delta C=\frac{\varepsilon S}{\delta-\Delta\delta}-\frac{\varepsilon S}{\delta} \tag{5-3}$$

$$\frac{\Delta C}{C}=\frac{\Delta\delta/\delta}{1-\Delta\delta/\delta} \tag{5-4}$$

当 $|\Delta\delta/\delta| \ll 1$ 时，将式（5-4）展开为级数形式，有

$$\frac{\Delta C}{C}=\frac{\Delta\delta}{\delta}\left[1+\frac{\Delta\delta}{\delta}+\left(\frac{\Delta\delta}{\delta}\right)^2+\cdots\right] \tag{5-5}$$

为改善非线性，可以采用差动方式，如图 5-2 所示。一个电容增加，另一个电容减小。结合适当的信号变换电路形式，可得到非常好的特性（详见 5.2.3 节）。

5.1.3 变面积电容式敏感元件

图 5-3 为平行极板变面积电容式敏感元件结构示意图。不考虑边缘效应的特性方程为

$$C=\frac{\varepsilon b(a-\Delta x)}{\delta}=C_0-\frac{\varepsilon b\Delta x}{\delta} \tag{5-6}$$

$$\Delta C=\frac{\varepsilon b}{\delta}\Delta x \tag{5-7}$$

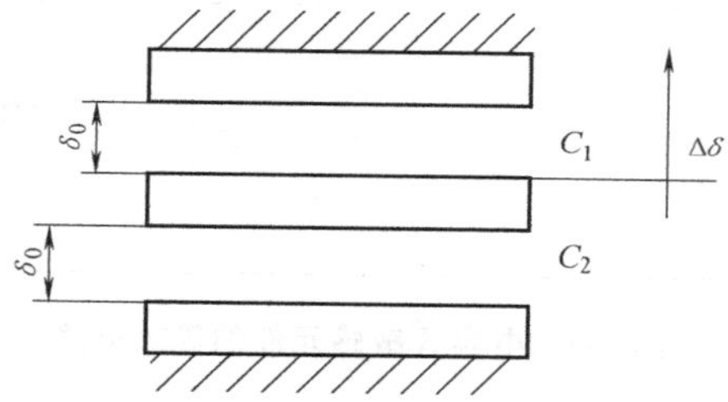

图 5-2 变间隙差动电容式敏感元件结构示意图

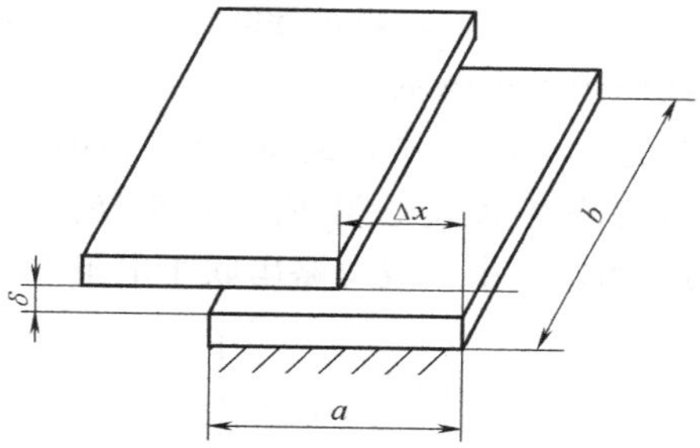

图 5-3 平行极板变面积电容式敏感元件结构示意图

变面积电容式敏感元件的电容变化量与位移变化量为线性关系，增大 b 或减小 δ 时，灵敏度增大；极板参数 a 不影响灵敏度，但影响边缘效应。

图 5-4 为圆筒形变面积电容式敏感元件结构示意图。不考虑边缘效应的特性方程为

$$C=\frac{2\pi\varepsilon_0(h-x)}{\ln R_2-\ln R_1}+\frac{2\pi\varepsilon_1 x}{\ln R_2-\ln R_1}=C_0+\Delta C \tag{5-8}$$

$$C_0=\frac{2\pi\varepsilon_0 h}{\ln R_2-\ln R_1} \tag{5-9}$$

$$\Delta C=\frac{2\pi(\varepsilon_1-\varepsilon_0)x}{\ln R_2-\ln R_1} \tag{5-10}$$

式中，ε_1 为某一种介质（如液体）的介电常数（F/m）；ε_0 为空气的介电常数（F/m）；h 为极板的总高度（m）；R_1、R_2 为内电极的外半径（m）和外电极的内半径（m）；x 为介质 ε_1 的物位高度（m）。

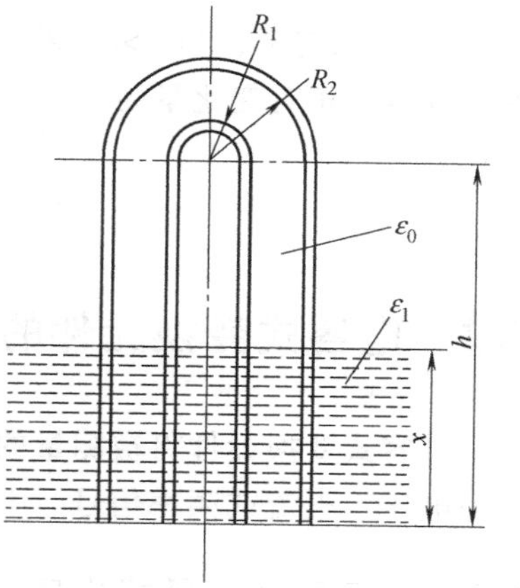

图 5-4 圆筒形变面积电容式敏感元件结构示意图

由上述模型可知，圆筒形电容式敏感元件介电常数为 ε_1 部分的高度为被测量 x，介电常数为 ε_0 的空气部分的高度为 $h-x$。被测量物位 x 变化时，对应于介电常数为 ε_1 部分的面积是变化的。此外，由式（5-10）可知，电容变化量 ΔC 与 x 成正比，通过对 ΔC 的测量可

以实现对介电常数 ε_1 介质的物位高度 x 的测量，这就是实现电容式液位传感器的基本原理。

5.1.4　变介电常数电容式敏感元件

一些高分子陶瓷材料，其介电常数与环境温度、绝对湿度等有确定的函数关系。图 5-5 为一种变介电常数电容式敏感元件结构示意图。介质厚度 d 保持不变，而相对介电常数 ε_r 受温度或湿度影响，导致电容变化。依此原理可以制成电容式温度传感器或电容式湿度传感器。

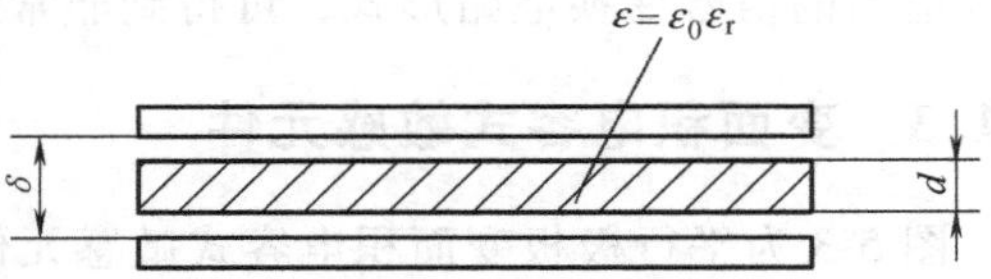

图 5-5　变介电常数电容式敏感元件结构示意图

5.1.5　电容式敏感元件的等效电路

图 5-6 为电容式敏感元件的等效电路。其中 R_P 为低频参数，表示在电容上的低频耗损；R_C、L 为高频参数，表示导线电阻、极板电阻以及导线间的动态电感。

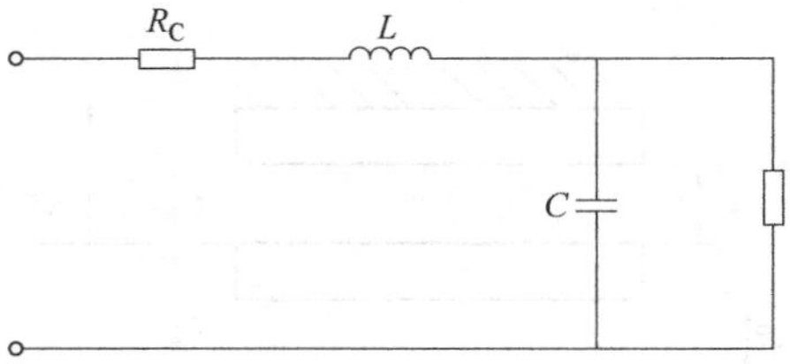

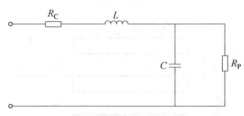

图 5-6　电容式敏感元件的等效电路

考虑到 R_P 与并联的 $X_C=1/(\omega C)$ 相比很大，故忽略并联大电阻 R_P；同时 R_C 与串联的 $X_L=\omega L$ 相比很小，故忽略串联小电阻 R_C，则

$$\mathrm{j}\omega L+\frac{1}{\mathrm{j}\omega C}=\frac{1}{\mathrm{j}\omega C_{eq}} \tag{5-11}$$

$$C_{eq}=\frac{C}{1-\omega^2 LC} \tag{5-12}$$

L、C 确定后，当 $1>\omega^2 LC$ 时，$C_{eq}\geqslant C$，等效电容是角频率 ω 的单调增加函数；同时，等效电容的相对变化量为

$$\frac{\mathrm{d}C_{eq}}{C_{eq}}=\frac{\mathrm{d}C}{C}\frac{1}{1-\omega^2 LC}>\frac{\mathrm{d}C}{C} \tag{5-13}$$

5.2　电容式变换元件的信号转换电路

电容式变换元件将被测量的变化转换为电容变化后，需要采用一定信号转换电路将其转换为电压、电流或频率信号。下面介绍几种典型的信号转换电路。

5.2.1　运算放大器式电路

图 5-7 为运算放大器式电路。假设运算放大器是理想的，其开环增益足够大，输入阻抗足够高，则输出电压为

$$u_{out}=(-C_f/C_x)u_{in} \tag{5-14}$$

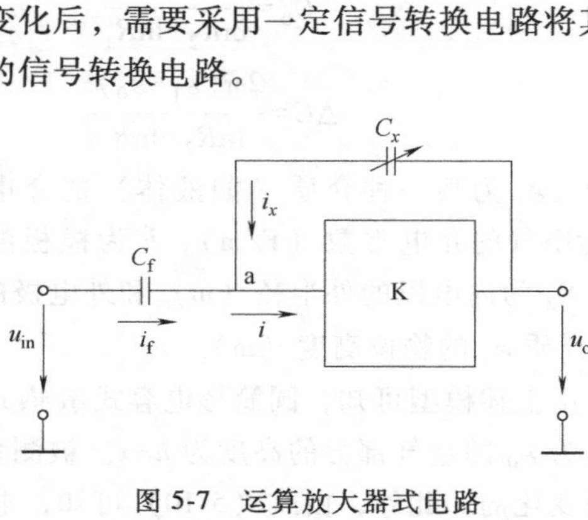

图 5-7　运算放大器式电路

对于变间隙电容式敏感元件，$C_x=\varepsilon S/\delta$，则

$$u_{out}=-\frac{C_f}{\varepsilon S}u_{in}\delta=K\delta \tag{5-15}$$

$$K=-\frac{C_f u_{in}}{\varepsilon S}$$

输出电压 u_{out} 与电极板的间隙成正比，很好地解决了单个变间隙电容式敏感元件的非线性问题。运算放大器式电路特别适合于微结构传感器。

5.2.2 交流不平衡电桥电路

图 5-8 为交流电桥电路。该电桥电路的平衡条件为

$$Z_1/Z_2=Z_3/Z_4 \tag{5-16}$$

引入复阻抗 $Z_i=r_i+jX_i=z_i e^{j\varphi_i}$（$i=1,2,3,4$），j 为虚数单位；$r_i$、$X_i$ 分别为桥臂的电阻和电抗；z_i、φ_i 分别为 Z_i 的复阻抗的模值和辐角。

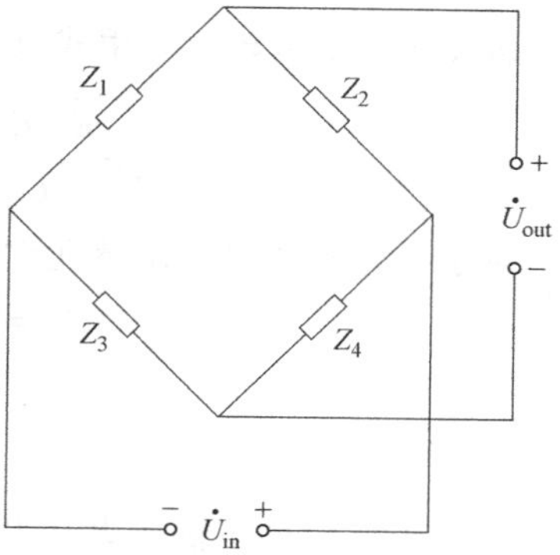

图 5-8 交流电桥电路

由式（5-16）可得

$$\begin{cases}z_1/z_2=z_3/z_4\\ \varphi_1+\varphi_4=\varphi_2+\varphi_3\end{cases} \tag{5-17}$$

$$\begin{cases}r_1r_4-r_2r_3=X_1X_4-X_2X_3\\ r_1X_4+r_4X_1=r_2X_3+r_3X_2\end{cases} \tag{5-18}$$

交流电桥电路的平衡条件远比直流电桥电路复杂，既有幅值要求，又有相角要求。

当交流电桥桥臂的阻抗有 ΔZ_i（$i=1,2,3,4$）的增量，且 $|\Delta Z_i/Z_i|\ll 1$，则有

$$\dot{U}_{out}\approx\dot{U}_{in}\frac{Z_1Z_2}{(Z_1+Z_2)^2}\left(\frac{\Delta Z_1}{Z_1}+\frac{\Delta Z_4}{Z_4}-\frac{\Delta Z_2}{Z_2}-\frac{\Delta Z_3}{Z_3}\right) \tag{5-19}$$

5.2.3 变压器式电桥电路

图 5-9 为变压器式电桥电路，图 5-10 为相应的等效电路。电容 C_1、C_2 可以是差动组合方式，即被测量变化时，C_1、C_2 中的一个增大、另一个减小；也可以一个是固定电容，另一个是受感电容；Z_f 为放大器输入阻抗，电桥电路输出电压可以表述为

$$\dot{U}_{out}=\dot{I}_f Z_f=\frac{(\dot{E}_1C_1-\dot{E}_2C_2)j\omega}{1+Z_f(C_1+C_2)j\omega}Z_f \tag{5-20}$$

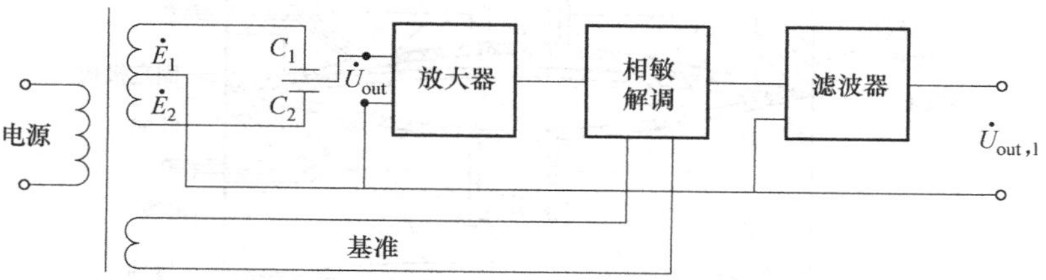

图 5-9 变压器式电桥电路

由式（5-20）可知，平衡条件为

$$\dot{E}_1C_1=\dot{E}_2C_2 \tag{5-21}$$

$$\dot{E}_1/\dot{E}_2=C_2/C_1 \tag{5-22}$$

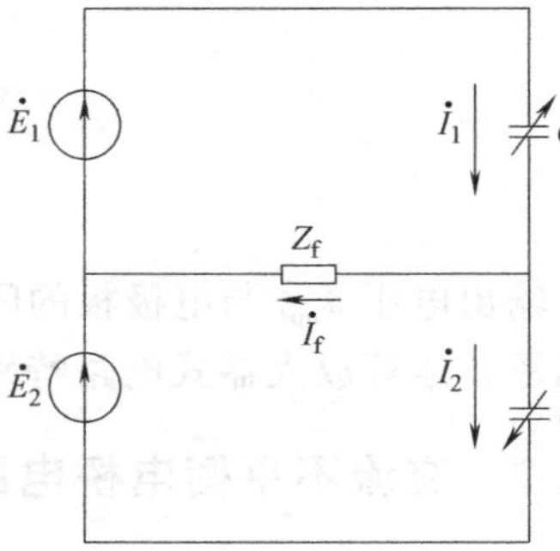

图 5-10　变压器式电桥等效电路

讨论一种典型的应用情况，即 $\dot{E}_1=\dot{E}_2=\dot{E}$，电容 C_1、C_2 为图 5-2 差动电容。显然，初始平衡时，$C_1=C_2=C$，输出电压为零。

假设 $Z_f=R_f\to\infty$，利用式（5-20），可得

$$\dot{U}_{out}=\frac{\dot{E}(C_1-C_2)}{C_1+C_2} \tag{5-23}$$

对于平行板式电容敏感元件，有

$$C_1=\varepsilon S/(\delta_0-\Delta\delta),\quad C_2=\varepsilon S/(\delta_0+\Delta\delta)$$

则

$$\dot{U}_{out}=\dot{E}\Delta\delta/\delta_0 \tag{5-24}$$

式（5-24）表明输出电压与 $\Delta\delta/\delta_0$ 成正比。即图 5-9 变压器式电桥电路输出电压信号 $\dot{U}_{out}$，经放大、相敏解调、滤波后得到输出信号 $\dot{U}_{out,1}$，既可得 $\Delta\delta$ 的大小，又可得其方向。

5.3　电容式传感器的典型实例

5.3.1　电容式压力传感器

图 5-11 为一种典型的电容式压力传感器结构示意图。图中上、下两端的隔离膜片与弹性敏感元件（圆平膜片）之间充满硅油。圆平膜片是差动电容变换元件的活动极板。差动电容变换元件的固定极板是在石英玻璃上镀有金属的球面电极。压力差作用下圆平膜片产生位移，使差动电容式变换器的电容发生变化。通过检测电容变换元件的电容（变化量）实现对压力的测量。

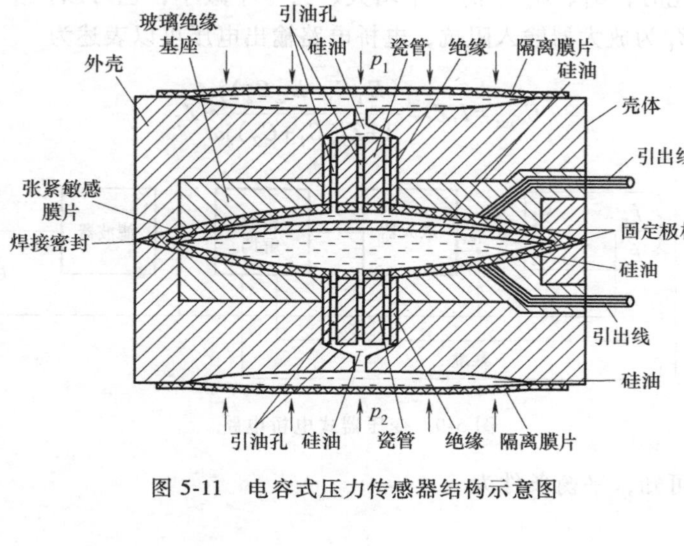

图 5-11　电容式压力传感器结构示意图

作为周边固支的圆平膜片敏感元件，压力差 $p=p_2-p_1$ 作用下的法向位移为

$$w(r)=\frac{3p}{16EH^3}(1-\mu^2)(R^2-r^2)^2 \tag{5-25}$$

式中，R、H 为圆平膜片的半径（m）和厚度（m）；r 为圆平膜片的径向坐标（m）。

考虑上、下球面电极完全对称，则它们与圆平膜片活动电极之间的电容量分别为

$$C_{上}=\int_0^{R_0}\frac{2\pi r\varepsilon}{\delta_0(r)-w(r)}\mathrm{d}r \tag{5-26}$$

$$C_{下}=\int_0^{R_0}\frac{2\pi r\varepsilon}{\delta_0(r)+w(r)}\mathrm{d}r \tag{5-27}$$

式中，$\delta_0(r)$ 为压力差为零时，半径 r 处固定极板与活动极板之间的距离（m）；R_0 为固定极板与活动极板对应的最大有效半径（m），满足 $R_0 \leqslant R$；ε 为极板间介质的介电常数（F/m）。

$C_{上}$ 与 $C_{下}$ 构成了差动电容组合形式，可以选用 5.2 节中的相关测量电路。

为提高电容式压力传感器的灵敏度，可适当增大单位压力引起的圆平膜片的法向位移；但为了保证传感器工作特性的稳定性、重复性和可靠性，应适当限制法向位移。

电容式压力传感器的特点是灵敏度高，适合测量微小压力，频率响应好，抗干扰能力较强。

5.3.2 硅电容式集成压力传感器

1. 结构与模型

图 5-12 为差动输出的硅电容式集成压力传感器结构示意图。核心部件是两个电容：一个是敏感压力的电容 C_p，位于感压硅膜片上；一个是固定参考电容 C_{ref}，位于压力敏感区之外。感压的方形硅膜片采用化学腐蚀法制作在硅芯片上，硅芯片的上、下两侧用静电键合技术分别与硼硅酸玻璃固接在一起，形成 C_p 和 C_{ref}。

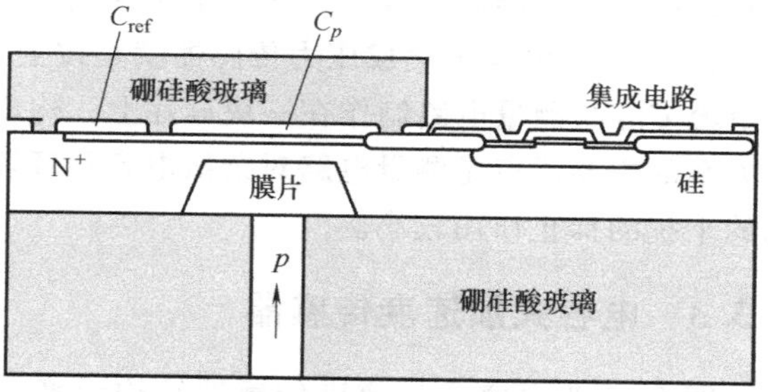

图 5-12　差动输出的硅电容式集成压力传感器结构示意图

当硅膜片感受压力 p 的作用变形时，导致 C_p 变化，可表述为

$$C_p=\iint\limits_{S_0}\frac{\varepsilon}{\delta_0-w(p,x,y)}\mathrm{d}S=\varepsilon_r\varepsilon_0\iint\limits_{S_0}\frac{\mathrm{d}x\mathrm{d}y}{\delta_0-w(p,x,y)} \tag{5-28}$$

$$w(p,x,y)=\overline{W}_{S,\max}H(x^2/A^2-1)^2(y^2/A^2-1)^2 \tag{5-29}$$

$$\overline{W}_{S,\max}=\frac{49p(1-\mu^2)}{192E}\left(\frac{A}{H}\right)^4 \tag{5-30}$$

式中，$w(p,x,y)$ 为方形硅膜片在压力作用下的法向位移（m）；$\overline{W}_{S,\max}$ 为在压力 p 的作用下，膜片的最大法向位移与其厚度之比；A、H 为膜片的半边长（m）和厚度（m）；S_0 为感压硅膜片活动极板与固定极板形成的电容电极覆盖的面积（m^2）；δ_0 为压力为零时，固定极板与活动极板间的距离（m）；ε、ε_r 为固定极板与活动极板间介质的介电常数（F/m）

和相对介电系数。

2. 计算实例

某硅电容式集成压力传感器，方形硅膜片敏感结构半边长 $A=0.6\times10^{-3}$m，厚度 $H=20\times10^{-6}$m；硅材料的弹性模量和泊松比分别为 $E=1.3\times10^{11}$Pa，$\mu=0.278$；电容电极处于方形硅膜片的正中央，为边长 1×10^{-3}m 的正方形，初始间隙 $\delta_0=10\times10^{-6}$m。考虑电极间为空气介质，则其初始电容量为

$$C_{p0}=\frac{\varepsilon S_0}{\delta_0}=8.854\times10^{-12}\times\frac{1\times10^{-6}}{10\times10^{-6}}\text{pF}=0.8854\text{pF} \tag{5-31}$$

考虑被测压力范围为 $0\sim1\times10^5$Pa，则由式（5-30）可计算出方形硅膜片的最大法向位移（压力为 1×10^5Pa）与其厚度的比值为

$$\overline{W}_{\text{S,max}}=\frac{49p(1-\mu^2)}{192E}\left(\frac{A}{H}\right)^4=\frac{49\times10^5\times(1-0.278^2)}{192\times1.3\times10^{11}}\left(\frac{0.6}{0.02}\right)^4\approx0.1467 \tag{5-32}$$

由式（5-28）~式（5-32），可以计算出最大电容量约为

$$C_{p,\max}=C_p(p=1\times10^5\text{Pa})\approx1.0128\text{pF} \tag{5-33}$$

相对于零压力下的电容量，变化量和相对变化量分别约为 0.1274pF 和 14.39%。可见，对于该类压力传感器，电容值小，变化量更小。因此，必须将敏感电容、参考电容与后续信号处理电路尽可能靠近或制作在一个芯片上。

图 5-12 硅电容式集成压力传感器就是按上述思路设计、制作的。压力敏感电容 C_p、参考电容 C_{ref} 与测量电路制作在一块硅片上，构成硅电容式集成压力传感器。该传感器采用差动方案的主要优点是测量电路对杂散电容和环境温度的变化不敏感，缺点是对过载、随机振动的干扰的抑止作用较小。

5.3.3 电容式加速度传感器

图 5-13 为电容式加速度传感器结构示意图。弹簧片所支承的敏感质量块为差动电容器的活动极板，以空气为阻尼。

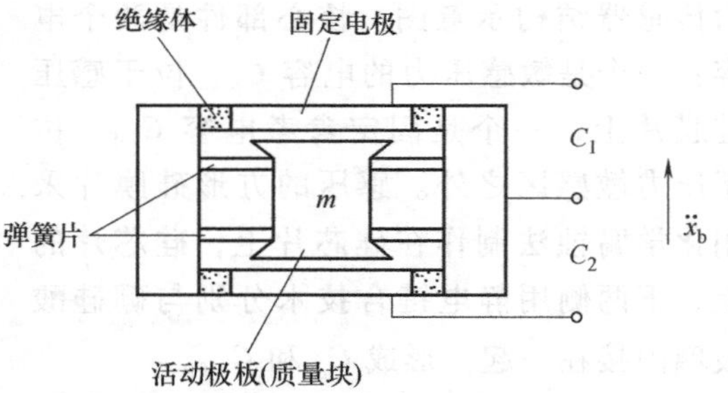

图 5-13 电容式加速度传感器结构示意图

电容式加速度传感器的特点是频率响应范围、测量范围较宽，灵敏度较低。若想提高灵敏度，应采用基于测量由惯性力产生的应变、应力的加速度传感器，如应变式、压阻式和压电式加速度传感器，可参见 3.4.2 节、4.2.2 节和 7.4.2 节有关内容。

5.3.4 硅电容式微机械加速度传感器

1. 单轴加速度传感器

图 5-14 为一种差动输出的硅电容式单轴加速度传感器结构示意图。该传感器的活动电极固连在连接单元上；两个固定电极设置在活动电极初始位置对称的两端。连接单元将两组梁框架结构的一端连在一起，梁框架结构的另一端通过锚固定。

图 5-14 硅电容式单轴加速度传感器可以敏感沿着连接单元主轴方向的加速度。基于惯

性原理，被测加速度 a 使连接单元产生与加速度方向相反的惯性力 F_a；惯性力 F_a 使敏感结构产生位移，引起活动电极移动，与两个固定电极形成一对差动电容 C_1、C_2。将 C_1、C_2 组成适当的检测电路便可以计算出被测加速度 a。该结构只敏感沿连接单元主轴方向的加速度。对于其正交方向的加速度，由于它们引起的惯性力作用于梁的横向（宽度与长度方向），而梁的横向相对于其厚度方向具有非常大的刚度，因此这样的结构只敏感所测加速度，而对与之垂直的加速度分量的灵敏度非常低。

将两个或三个图 5-14 敏感结构组合在一起，就可以构成微机械双轴或三轴加速度传感器。

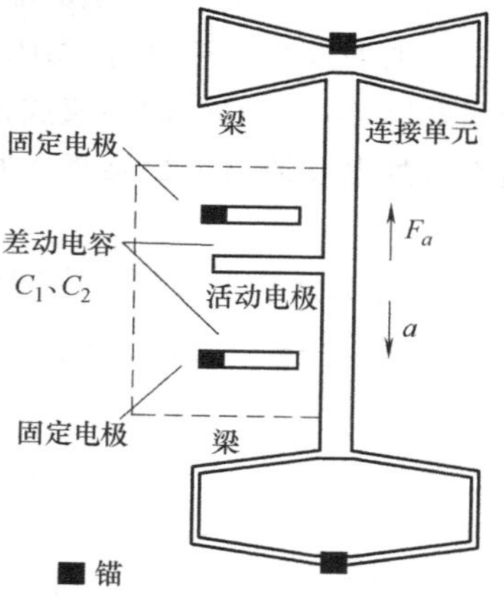

图 5-14　硅电容式单轴加速度传感器结构示意图

2. 微机械平衡式伺服加速度传感器

微机械平衡式伺服加速度传感器采用集成电路加工技术，将敏感元件及信号调理电路集成在一块硅片上。如图 5-15 所示，它由敏感质量块、力或力矩发生器、位移传感器、伺服电路（信号的处理与放大）和输出电路等五部分组成。图 5-16 为一种典型的具有差动输出的硅电容式单轴加速度传感器结构示意图，其质量块为 H 形，由 4 根 2μm 宽的细梁通过支点（又称锚点）将质量杆固定在基片上，使质量块可自由地沿垂直于细梁的方向运动。实际结构是由中心质量杆向外侧伸出几十个叉指，每个叉指为可变电容的一个活动电极，固定电极与活动电极交叉配置，器件由 2μm 厚的多晶硅经表面加工而成，电容电极的间隙约为 1.3μm。当有加速度作用时，质量杆将反方向运动。如图 5-16a 所示，设质量杆位移为 x，差动电容单元采用交流电桥方案，传感器的输出与两个检测电容的差值（CS_1-CS_2）成正比，该信号经缓冲放大和同步解调，反馈给加力电极，产生静电反馈力，使得质量杆返回零位（中间位置）。

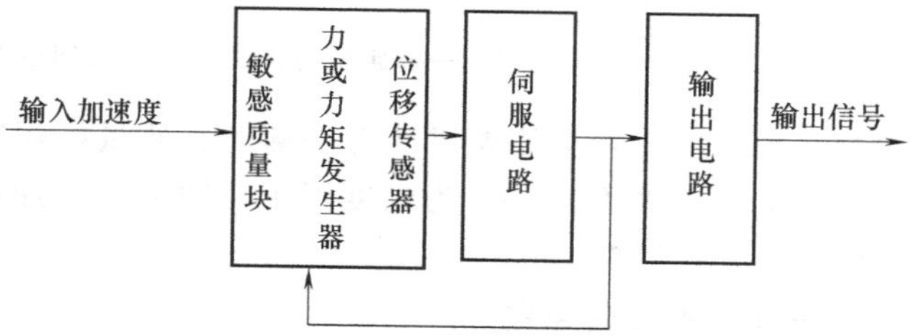

图 5-15　微机械平衡式伺服加速度传感器系统框图

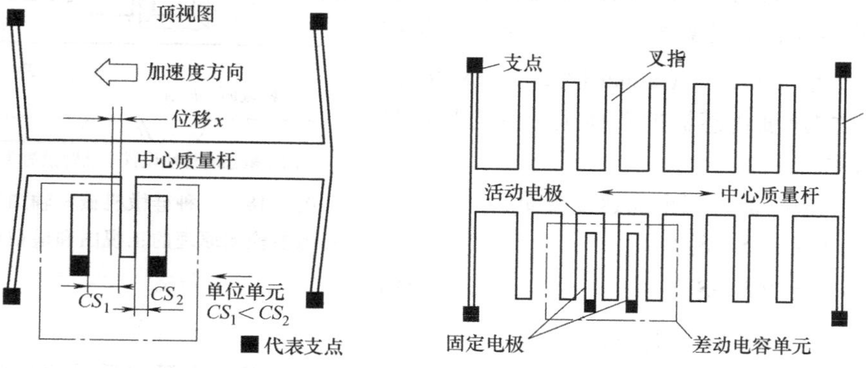

a) 传感器结构示意图　　b) 质量杆在加速度作用时的运动

图 5-16　一种典型的具有差动输出的硅电容式单轴加速度传感器结构示意图

图 5-17 为一种典型的微机械平衡式加速度传感器的伺服电路。差动电容器的两个固定电极分别加入两个频率为 1MHz、幅值为 U_{REF}、极性相反的方波电压，则传感器输出与两个检测电容 CS_1 与 CS_2 的差值成正比的信号，该信号经处理后反馈给加力电极（力平衡电极）而产生静电反馈力。如果两个加力电极的预载电压为 U_s，则静电反馈力为

$$F_{fb}=(2C_0U_s/d_0)U_{PR}=K_{fb}U_{PR} \tag{5-34}$$

式中，C_0 为活动电极处于中间位置时的电容量（F）；d_0 为活动电极处于中间位置时与固定电极之间的间隙（m）；U_{PR} 为传感器内部的输出电压（V）；$K_{fb}=2C_0U_s/d_0$（N/V）。

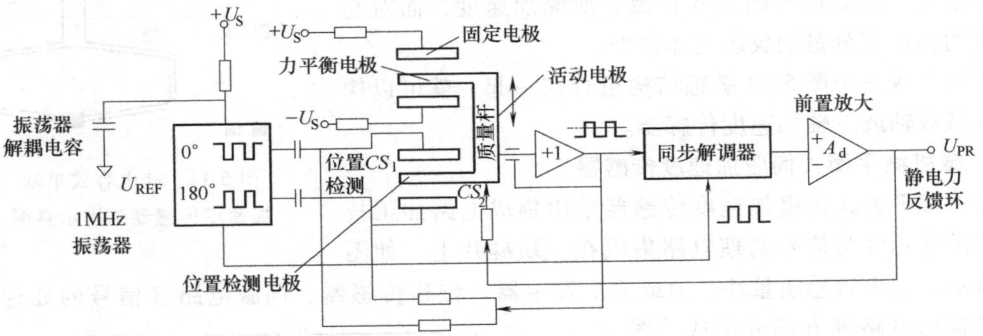

图 5-17　一种典型的微机械平衡式加速度传感器的伺服电路

当此静电反馈力与外界惯性力平衡时，质量杆保持在中间位置，即 $F_{fb}=-ma$，则 $a=-(F_{fb}/m)U_{PR}=-K_aU_{PR}$，$K_a$ 为刻度因子，即把被测加速度 a 转换为电压 U_{PR}。这就是该传感器的基本工作原理。

3. 三轴加速度传感器

图 5-18 为一种硅微机械三轴加速度传感器检测原理的顶视图和横截面视图。它有四个敏感质量块、四个独立信号读出电极和四个参考电极。该传感器敏感结构巧妙地利用了敏感梁在其厚度方向具有非常小的刚度而能够感受梁厚度方向的加速度，在其他方向刚度相对很大而不能敏感加速度的结构特征。图 5-19 为该加速度传感器的横截面示意图，由于各向异性腐蚀的结果，敏感梁厚度方向与传感器法线方向（z 轴）呈 35.26°（$\arctan 1/\sqrt{2}\approx 35.26°$）。图 5-20 为单轴加速度传感器的总体坐标系与局部坐标系之间的关系。

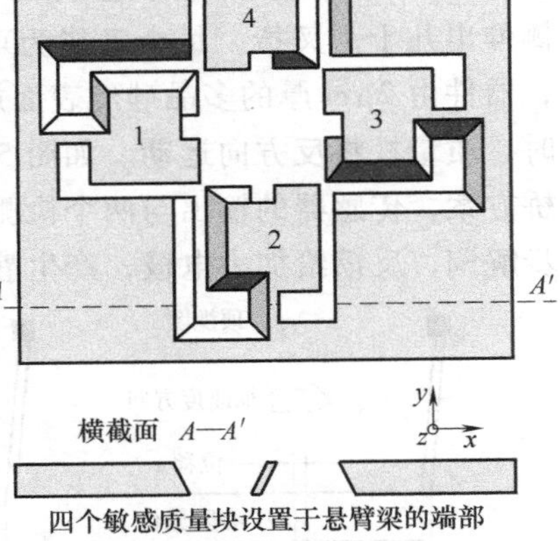

图 5-18　一种硅微机械三轴加速度传感器检测原理的顶视图和横截面视图

基于敏感结构特征，三个加速度分量为

$$\begin{cases} a_x=C(S_2-S_4) \\ a_y=C(S_3-S_1) \\ a_z=C(S_1+S_2+S_3+S_4)/\sqrt{2} \end{cases} \tag{5-35}$$

式中，C 为由几何结构参数决定的系数 [$m/(s^2\cdot V)$]；S_i 为第 i 个梁和质量块之间的电信号（V），$i=1\sim4$。

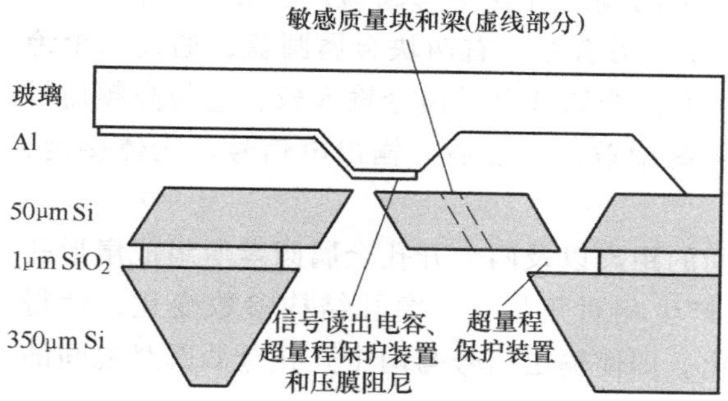

图 5-19　图 5-18 加速度传感器的横截面示意图

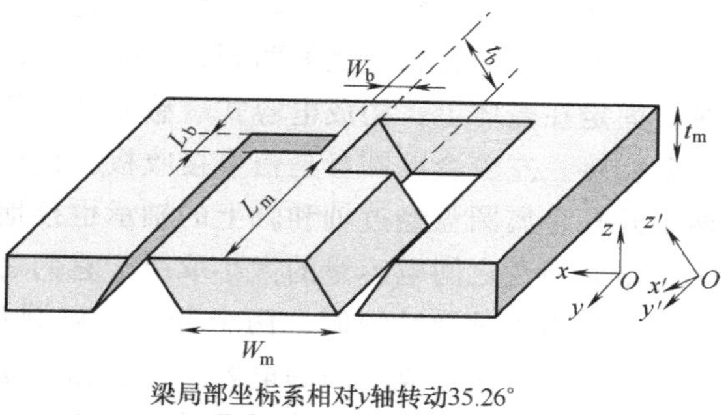

图 5-20　单轴加速度传感器的总体坐标系与局部坐标系之间的关系

L_b、t_b、W_b—悬臂梁的长度、宽度和厚度

5.3.5　硅电容式微机械角速度传感器

图 5-21 为一种结构对称并具有解耦特性的硅电容式微机械陀螺结构示意图。该敏感结构在其最外边的四个角设置了支点锚，通过梁将驱动电极和检测电极有机连接在一起。由于两个振动模态的固有振动互不影响，故该连接方式避免了机械耦合。

微机械陀螺的工作原理基于科氏效应。工作时，在敏感质量块上施加一直流偏置电压，在活动驱动叉指和固定检测叉指间施加一适当的交流激励电压，使敏感质量块产生沿 y 轴方向的固有振动。当陀螺感受到绕 z 轴的角速度时，将引起科氏效应，使敏感质量块产生沿 x 轴、与角速度成比例的附加振动。通过测量该附加振动幅值解算出被测角速度。

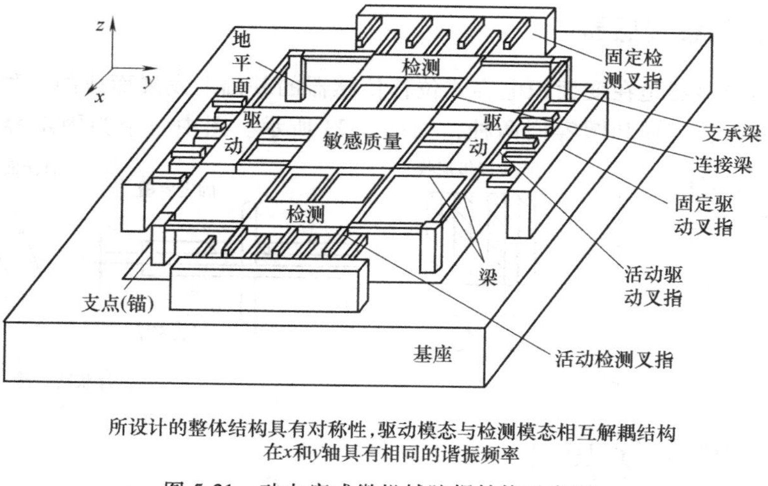

图 5-21　硅电容式微机械陀螺结构示意图

5.3.6　电容式转矩传感器

电容式转矩传感器是利用机械结构将轴受转矩作用后的两端面相对转角变化变换成电容元件两极板之间的相对有效面积的变化，引起电容量的变化来测量转矩。图 5-22 为电容式转矩传感器结构示意图。

当弹性轴传递转矩时，靠轴套、套管固定在轴两端的开孔金属圆盘产生相对转角变化。在靠近两个开孔金属圆盘的两侧，如图 5-22a 所示，另有左、右两块金属圆盘，通过两个绝缘板固定在壳体上，构成电容式敏感元件。其中右侧金属圆盘是信号输入板，它与高频信号电源相接，左侧金属圆盘是信号接收板，信号经高增益放大器后，输出电信号。壳体接地，两个开孔金属圆盘经过轴和轴上的轴承也接地。

金属圆盘之间电容量的大小取决于它们之间的距离以及两个开孔金属圆盘所组成扇形孔的大小。当轴承受转矩时，两个开孔金属圆盘产生相对角位移，窗孔结构参数变化，使得左、右两个金属圆盘之间的电容量发生相应变化。即使输出信号与两个开孔金属圆盘之间的角位移成比例，角位移与轴所承受的转矩成比例。

电容式转矩传感器的主要优点是灵敏度高。测量时它需要集流装置传输信号。

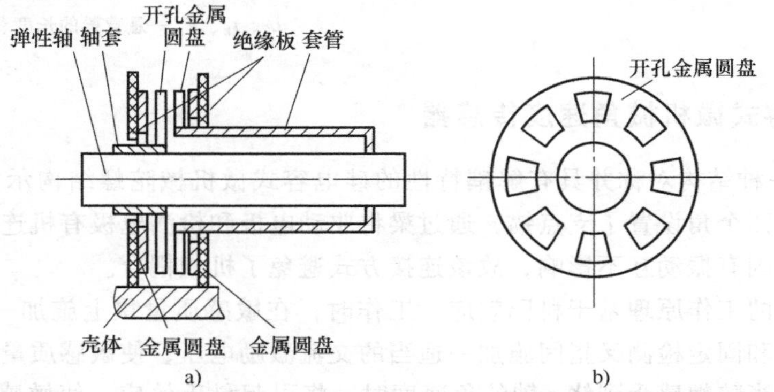

图 5-22　电容式转矩传感器结构示意图

5.3.7　容栅式位移传感器

容栅式位移传感器是在变面积电容式位移传感器的基础上发展而成的一种新型电容式位移传感器。可分为长容栅和圆容栅两种，如图 5-23 所示。图中一个为固定容栅，一个为可

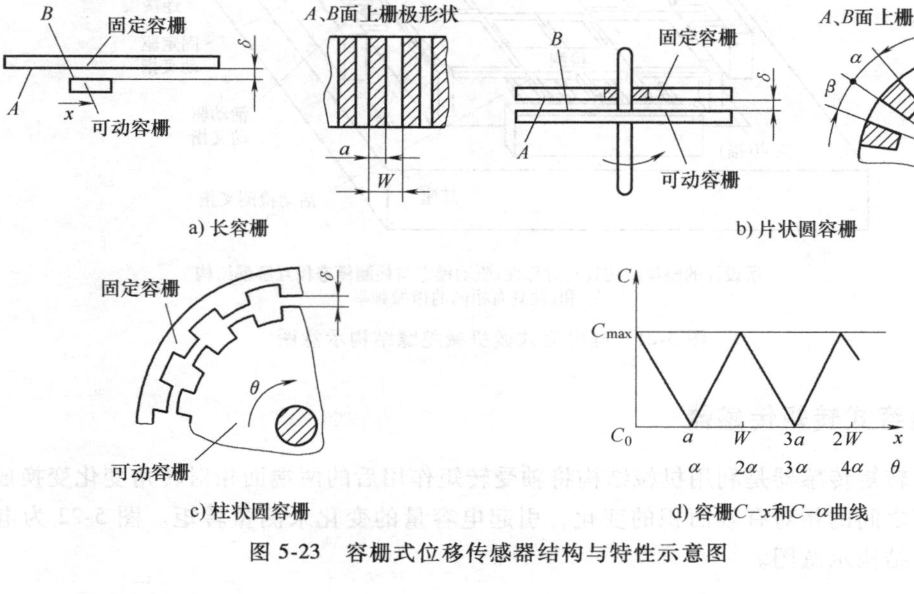

图 5-23　容栅式位移传感器结构与特性示意图

动容栅，在 A、B 面上分别印制（或刻划）一系列均匀分布并互相绝缘的金属（如铜箔）栅极。固定容栅与可动容栅栅极面相对，中间留有间隙 δ，形成一对对电容。当可动容栅相对固定容栅产生位移时，每对电容面积发生变化，因而电容值随之变化，可测出线位移或角位移。

忽略电容边缘效应，长容栅最大电容量为

$$C_{\max}=n\frac{\varepsilon ab}{\delta} \tag{5-36}$$

式中，n 为可动容栅的栅极数；a、b 分别为栅极的宽度和长度（m）。

测量位移时，可动容栅和固定容栅相覆盖的宽度发生变化，其电容量随之变化，所以根据所测电容量的变化可知位移的变化量。

图 5-23b 中，片状圆容栅的两圆盘同轴安装，栅极呈辐射状，可动容栅随被测对象一起转动，忽略电容边缘效应，最大电容量为

$$C_{\max}=n\frac{\varepsilon\alpha(R^2-r^2)}{2\delta} \tag{5-37}$$

式中，R、r 为栅极外半径和内半径（m）；α 为每条栅极所对应的圆心角（rad）。

可动容栅转动时使两栅之间的覆盖角由 α 变为 α_x，电容 C 随之变化。

柱状圆容栅如图 5-23c 所示，由同轴安装的定子和转子组成，其电容量与转角 α 之间的关系曲线如图 5-23d 所示。

容栅式位移传感器因多极电容及平均效应，所以分辨力高、量程大（测量范围宽）、精度高，对刻划精度和安装精度要求可有所降低。

5.4 电容式传感器的抗干扰问题

5.4.1 温度变化对结构稳定性的影响

温度变化能引起电容式传感器各组成零件几何参数的变化，从而导致电容极板间隙或面积发生改变，产生附加电容变化。下面以如图 5-24 所示的一种电容式压力传感器的结构为例进行简要讨论。

假设温度 t_0 时，固定极板厚为 h_0，绝缘件厚为 b_0，膜片至绝缘底部之间的壳体长度为 a_0；它们的线膨胀系数分别为 α_h、α_b、α_a；则极板间隙 δ_0 和温度改变 Δt 时引起的变化量分别为

$$\delta_0=a_0-b_0-h_0 \tag{5-38}$$

$$\Delta\delta_t=\delta_t-\delta_0=(a_0\alpha_a-b_0\alpha_b-h_0\alpha_h)\Delta t \tag{5-39}$$

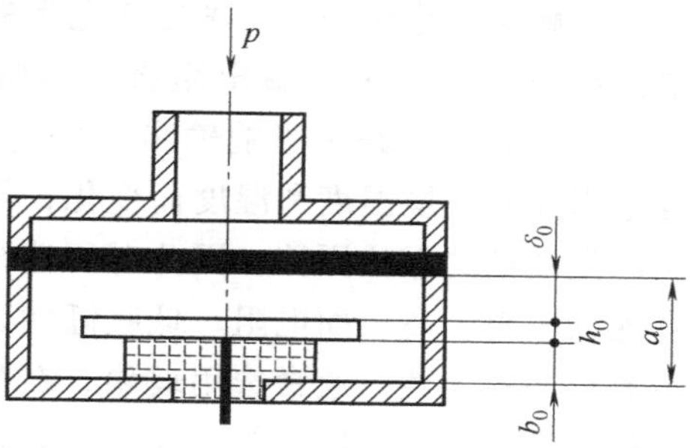

图 5-24　电容式压力传感器结构示意图

式中，δ_t 为温度改变 Δt 时电容极板的间隙。

因此，温度变化导致间隙改变引起的电容相对变化为

$$\xi_t=\frac{C_t-C_0}{C_0}=\frac{\varepsilon S/\delta_t-\varepsilon S/\delta_0}{\varepsilon S/\delta_0}=\frac{\delta_0-\delta_t}{\delta_t}=\frac{-(a_0\alpha_a-b_0\alpha_b-h_0\alpha_h)\Delta t}{\delta_0+(a_0\alpha_a-b_0\alpha_b-h_0\alpha_h)\Delta t} \tag{5-40}$$

式中，ε、S 为电容极板间的介电常数和极板间的相对面积（m^2）。

可见，温度引起的电容相对变化与组成零件的几何参数、零件材料的线膨胀系数有关。因此，在设计结构时，应尽量减少热膨胀尺寸链的组成环节数目及其几何参数，选用膨胀系数小、几何参数稳定的材料。高质量电容式传感器的绝缘材料多采用石英、陶瓷和玻璃等；而金属材料则选用低膨胀系数的镍铁合金。极板可直接在陶瓷、石英等绝缘材料上蒸镀一层金属薄膜来实现，这样既可消除或减小极板几何参数的影响，又可减小电容的边缘效应。此外，尽可能采用差动对称结构，并在测量电路中引入温度补偿机制。

5.4.2 温度变化对介质介电常数的影响

温度变化还能引起电容极板间介质介电常数的变化，使敏感结构电容量改变，带来温度误差。温度对介电常数的影响随介质不同而异。对于以空气或云母为介质的传感器，这项误差很小，一般不考虑。但电容式液位传感器用于燃油测量时，煤油介电常数的温度系数可达约 0.07%/℃，因此若环境温度变化 100℃（-40～+60℃），将带来约 7%的变化，必须进行补偿。燃油的介电常数 ε_t 随温度升高而近似线性地减小，可描述为

$$\varepsilon_t=\varepsilon_{t0}(1+\alpha_\varepsilon\Delta t) \tag{5-41}$$

式中，ε_{t0}、ε_t 为初始温度和温度改变 Δt 时燃油的介电常数；α_ε 为燃油介电常数的温度系数，如对于煤油，$\alpha_\varepsilon\approx-0.000684/℃$。

对于圆筒形电容式传感器，液面高度为 x 时，由式（5-10）、式（5-41）可知，温度变化导致 ε_t 改变引起电容量的变化为

$$\Delta C_t=\frac{2\pi(\varepsilon_t-\varepsilon_0)x}{\ln R_2-\ln R_1}-\frac{2\pi(\varepsilon_{t0}-\varepsilon_0)x}{\ln R_2-\ln R_1}=\frac{2\pi\varepsilon_{t0}\alpha_\varepsilon x\Delta t}{\ln R_2-\ln R_1} \tag{5-42}$$

可见，ΔC_t 与 ε_{t0}、α_ε、x、Δt 等成正比，与 $\ln R_2-\ln R_1$ 成反比。

5.4.3 绝缘问题

电容式敏感元件的电容量一般都很小，通常为几皮法至几百皮法。如果电源频率较低，则电容式传感器本身的容抗就高达几兆欧至几百兆欧，因此，必须解决好绝缘问题。考虑漏电阻的电容式传感器的等效电路如图 5-25 所示，漏电阻将与传感器电容构成一复阻抗而加入到测量电路中影响输出。当绝缘材料性能不好时，绝缘电阻随着环境温度和湿度而变化，导致电容式传感器的输出产生缓慢的零位漂移。因此对所选绝缘材料，要求其具有高绝缘电阻、高表面电阻、低吸潮性、低膨胀系数、高几何参数长期稳定性，通常选用玻璃、石英、陶瓷和尼龙等绝缘材料。为防止水汽进入使绝缘电阻降低，可将表壳密封。此外，采用高的电源频率（约几兆赫），以降低传感器的内阻抗。

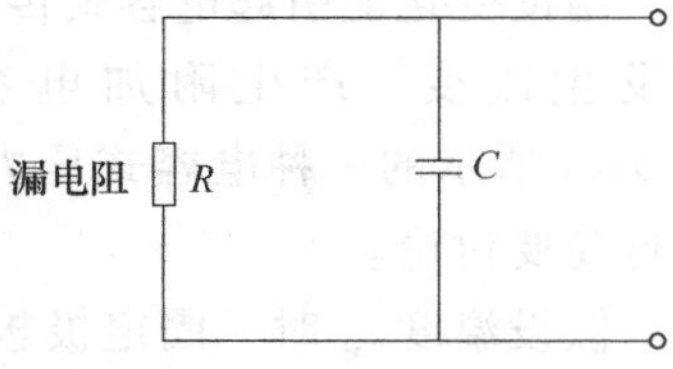

图 5-25 考虑漏电阻的电容式传感器的等效电路

5.4.4 寄生电容的干扰与防止

电容式传感器的工作电极会与仪器中各种元件甚至人体之间产生电容联系，形成寄生电容，引起传感器电容量的变化。由于传感器自身电容量很小，加之寄生电容极不稳定，从而

对传感器产生严重干扰，导致传感器特性不稳定，甚至无法正常工作。

为了克服寄生电容的影响，必须对传感器及其引出导线采取屏蔽措施，即将传感器放在金属壳体内，并将壳体接地。传感器的引出线应采用屏蔽线，与壳体相连，无断开的不屏蔽间隙；屏蔽线外套也应良好接地。

习题与思考题

5-1 电容式敏感元件有哪几种？各自的主要用途是什么？

5-2 电容式敏感元件的特点是什么？

5-3 变间隙电容式敏感元件如何实现差动检测方案？

5-4 图 5-4 圆筒形电容式敏感元件在本教材中归于变面积电容式敏感元件，在有些教材中归于变介电常数电容式敏感元件，简述你的理解。

5-5 图 5-6 电容式敏感元件的等效电路，给出考虑 R_P、R_C 时的等效电阻与等效电容。

5-6 说明运算放大器式电路的工作过程和特点。

5-7 交流电桥电路的特点是什么？在使用时应注意哪些问题？

5-8 说明变压器式电桥电路的工作过程和特点。

5-9 对于图 5-9 变压器式电桥电路，若电容 C_1、C_2 一个变化一个不变，导出电桥电路的输出电压。

5-10 图 5-11 电容式压力传感器中的两个固定电极设计成球面，简要说明这样设计的优点以及需要考虑的主要问题。

5-11 试从原理上解释图 5-12 硅电容式集成压力传感器能够对环境温度变化带来的影响进行补偿，而对随机振动的干扰没有补偿作用。另外，如果要使硅电容式集成压力传感器具有对随机振动干扰的补偿功能，可采取哪些措施？

5-12 简述图 5-13 电容式加速度传感器的工作原理与应用特点，若要提高其动态品质，可以采取哪些措施？

5-13 说明图 5-14 硅电容式单轴加速度传感器的工作原理。

5-14 对于图 5-14 加速度传感器，简要说明提高其灵敏度的措施。

5-15 简述图 5-16 具有差动输出的硅电容式单轴加速度传感器的工作原理与应用特点。

5-16 简述图 5-18 三轴加速度传感器的设计思路，并说明可能的测量误差。

5-17 简要说明图 5-21 硅电容式微机械陀螺的工作原理。

5-18 简述干扰加速度对图 5-21 硅电容式微机械陀螺的影响。

5-19 简述图 5-22 电容式转矩传感器的工作原理，说明其提高灵敏度的方法。

5-20 简述容栅式位移传感器的工作原理与应用特点。

5-21 有观点认为：电容式测量原理既可以用于小位移的测量，又可以用于相对较大位移的测量，你认为对吗？为什么？

5-22 利用电容式变换原理可以构成角位移传感器，给出一个原理示意图，简述其工作原理，说明其应用特点。

5-23 简述电容式温度传感器的工作原理。

5-24 简要说明电容式湿度传感器必须进行温度误差补偿的原因。

5-25 设计一种电容式液位传感器，说明其测量原理与应用特点。

5-26 对于图 5-2 变间隙差动电容式敏感元件结构，讨论温度变化对结构稳定性的影响，并给出应采取的措施。

5-27　简要说明电容式传感器需要解决的绝缘问题。

5-28　简述电容式传感器中解决寄生电容干扰问题的方案。

5-29　基于图 5-23b 片状圆容栅式位移传感器的结构，导出式（5-37）。

5-30　试推导电容式位移传感器的特性方程 $C=f(x)$。设真空的介电系数为 ε_0，$\varepsilon_2>\varepsilon_1$，极板宽度为 W（图中未给出），其他参数如图 5-26 所示。

5-31　为防止平行极板电容传感器击穿，在两极之间加入厚度为 a 的两片云母片，如图 5-27 所示，其相对介电常数为 ε_r，空气介电常数为 ε_0（空气介电常数近似于真空介电常数），求传感器总电容（设圆形极板直径为 D，两云母片之间距离为 δ_0）。

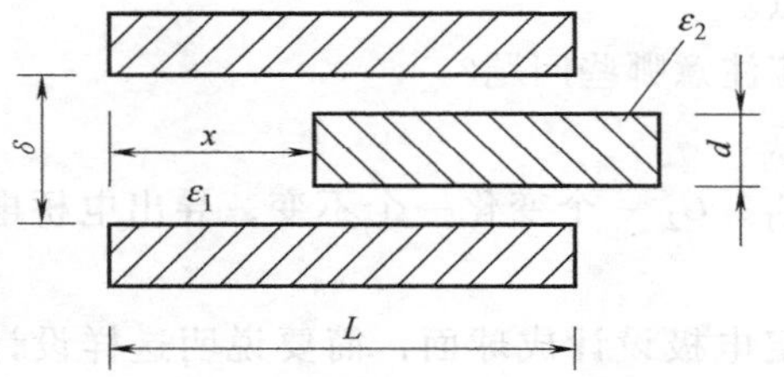

图 5-26　题 5-30 图

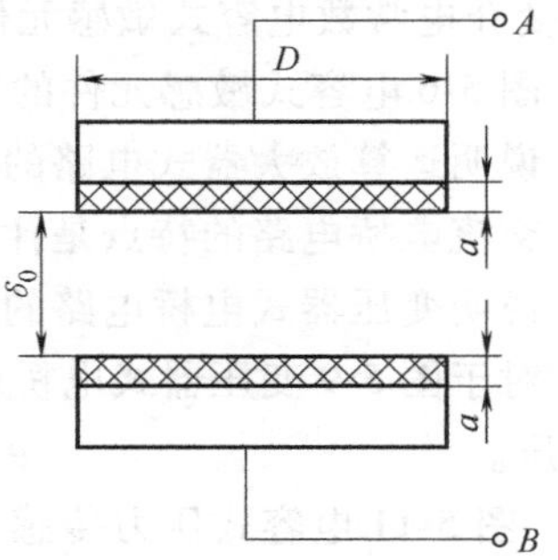

图 5-27　题 5-31 图

5-32　题 5-30 中，设 $\delta=d=1$mm，极板为正方形（边长 40mm）；$\varepsilon_1=1$，$\varepsilon_2=10$。试在 x 为 0~40mm 范围内，给出此位移传感器的特性曲线，并进行简要说明。

5-33　某变极距电容式位移传感器的有关参数为：初始极距 $\delta=0.5$mm，$\varepsilon_r=2$，$S=200\text{mm}^2$。当极板极距减小 10μm、30μm、50μm、70μm、100μm、150μm、200μm 时，试计算该电容式位移传感器的电容变化量及相应的电容相对变化量。

5-34　对于图 5-12 硅电容式集成压力传感器，硅材料弹性模量和泊松比分别为 $E=1.9\times10^{11}$Pa，$\mu=0.18$；若其敏感结构的有关参数为：半边长 $A=0.8\times10^{-3}$m，厚 $H=30\times10^{-6}$m；电容电极处于方形硅膜片的正中央，为边长 1.5×10^{-3}m 的正方形，初始间隙 $\delta_0=12\times10^{-6}$m，压力测量范围为 $0\sim2\times10^5$Pa，利用式（5-28）计算 p-C_p 关系（等间隔计算 11 个点），画简图表示，并进行简要分析。

5-35　对于图 5-24 电容式压力传感器结构，若固定极板厚 h_0、绝缘件厚 b_0、膜片至绝缘底部之间的壳体长度 a_0 分别为 1mm、0.8mm、2.8mm，它们的膨胀系数 α_h、α_b、α_a 均为 5×10^{-6}/℃；当环境温度从 $t_0=15$℃变化到 60℃时，试计算该电容式传感器由于温度变化引起的电容相对变化量。

第 6 章　电磁式传感器

6.1　电感式变换原理及其元件

6.1.1　简单电感式变换元件

1. 基本特性

电感式变换元件主要由线圈、铁心和活动衔铁三部分组成，主要有 Π 形、E 形和螺管形三种实现方式。图 6-1 为一种简单电感式变换元件结构示意图。其中铁心和活动衔铁均由导磁性材料如硅钢片或坡莫合金制成，衔铁和铁心之间有空气隙。当衔铁移动时，磁路发生变化，即气隙磁阻发生变化，从而引起线圈电感的变化。

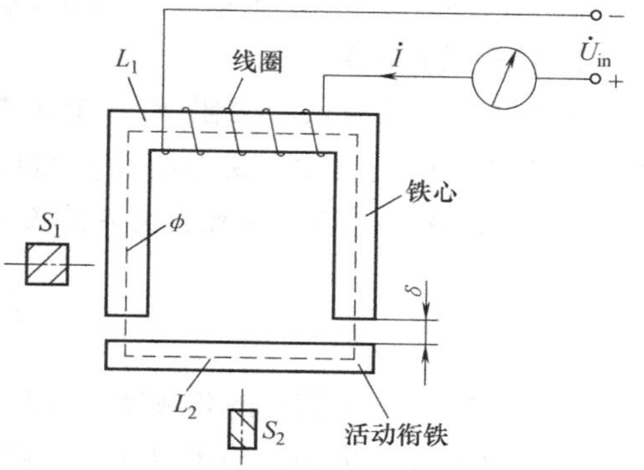

图 6-1　电感式变换元件结构示意图

线圈匝数为 W 的电感量为

$$L=W^2/R_M \tag{6-1}$$

$$R_M=R_F+R_\delta \tag{6-2}$$

$$R_F=\frac{L_1}{\mu_1 S_1}+\frac{L_2}{\mu_2 S_2} \tag{6-3}$$

$$R_\delta=\frac{2\delta}{\mu_0 S} \tag{6-4}$$

式中，R_M 为电感元件的总磁阻（H^{-1}），为铁心部分磁阻 R_F（H^{-1}）与空气隙部分磁阻 R_δ（H^{-1}）之和；L_1、L_2 为磁通通过铁心的长度（m）和通过衔铁的长度（m）；S_1、S_2 为铁心的横截面积（m^2）和衔铁的横截面积（m^2）；μ_1、μ_2 为铁心的磁导率（H/m）和衔铁的磁导率（H/m）；δ、S 为空气隙的长度（m）和横截面积（m^2）；μ_0 为空气的磁导率（H/m），$\mu_0=4\pi\times10^{-7}$H/m。

由于铁心的磁导率 μ_1 与衔铁的磁导率 μ_2 远远大于空气的磁导率 μ_0，因此 $R_F\ll R_\delta$，则

$$L\approx\frac{W^2}{R_\delta}=\frac{W^2\mu_0 S}{2\delta} \tag{6-5}$$

假设电感式变换元件气隙长度的初始值为 δ_0，由式（6-5）可得初始电感为

$$L_0=\frac{W^2\mu_0 S}{2\delta_0} \tag{6-6}$$

衔铁产生位移，气隙长度减少 $\Delta\delta$ 时，电感量、电感变化量和相对变化量分别为

$$L=\frac{W^2\mu_0 S}{2(\delta_0-\Delta\delta)} \tag{6-7}$$

$$\Delta L = L - L_0 = \left(\frac{\Delta\delta}{\delta_0 - \Delta\delta}\right) L_0 \tag{6-8}$$

$$\frac{\Delta L}{L_0} = \frac{\Delta\delta}{\delta_0 - \Delta\delta} = \frac{\Delta\delta}{\delta_0}\left(\frac{1}{1 - \Delta\delta/\delta_0}\right) \tag{6-9}$$

当 $|\Delta\delta/\delta_0| \ll 1$，将式（6-9）展开为级数形式，即

$$\frac{\Delta L}{L_0} = \frac{\Delta\delta}{\delta_0} + \left(\frac{\Delta\delta}{\delta_0}\right)^2 + \left(\frac{\Delta\delta}{\delta_0}\right)^3 + \cdots \tag{6-10}$$

2. 等效电路

理想情况下，电感式变换元件是一个电感 L，其阻抗为

$$X_L = \omega L \tag{6-11}$$

电感式变换元件不可能是纯电感，还包括铜损电阻 R_C、铁心的涡流损耗电阻 R_e、磁滞损耗电阻 R_h 和线圈的寄生电容 C。电感式变换元件的等效电路如图 6-2 所示。

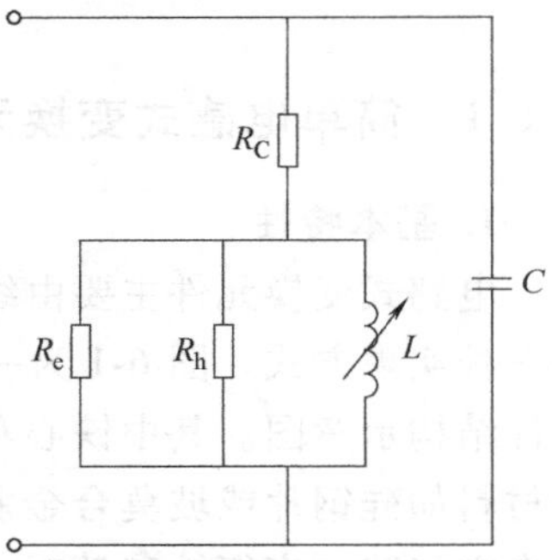

图 6-2　电感式变换元件的等效电路

3. 信号转换电路

图 6-2 中，忽略铁心磁阻 R_F、电感线圈的铜损电阻 R_C、电感线圈的寄生电容 C、铁心的涡流损耗电阻 R_e、磁滞损耗电阻 R_h 时，输出电流与气隙长度 δ 的关系为

$$\dot{I}_{out} = \frac{2\dot{U}_{in}\delta}{\mu_0 \omega W^2 S} \tag{6-12}$$

式中，ω 为交流电压信号的角频率（rad/s）。

由式（6-12）可知，输出电流与气隙长度成正比，如图 6-3 所示。图中的虚直线是理想特性，实际特性是一条不过零点的曲线。这是由于气隙长度为零时仍存在起始电流 I_n。同时，简单电感式变换元件与交流电磁铁一样，有电磁力作用在活动衔铁上，力图将衔铁吸向铁心，从而引起一定的测量误差。另外，简单电感式变换元件易受电源电压和频率的波动、温度变化等外界干扰因素的影响。

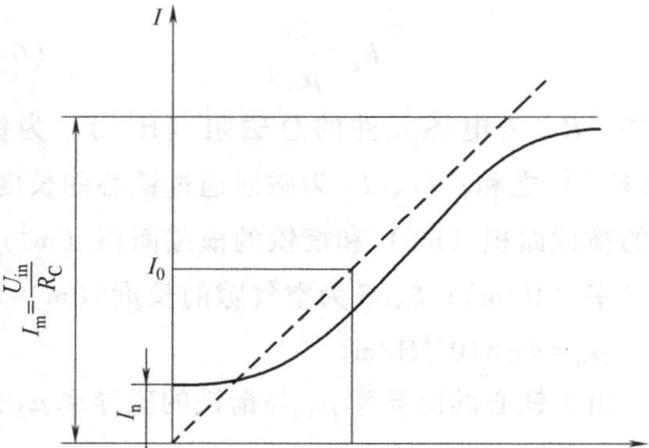

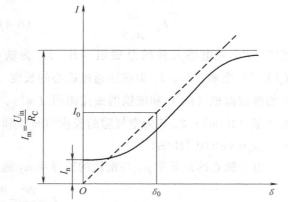

图 6-3　简单电感式变换元件测量电路的特性

6.1.2　差动电感式变换元件

1. 结构特点

两个完全对称的简单电感式变换元件共用一个活动衔铁便构成了差动电感式变换元件。图 6-4a、b 分别为 E 形和螺管形差动电感式变换元件结构原理图。其特点是上、下两个导磁体的几何参数、材料参数完全相同，上、下两个线圈的铜损电阻、匝数也完全一致。

图 6-4c 为差动电感式变换元件接线图。变换元件的两个电感线圈接成交流电桥电路的相邻两个桥臂，另外两个桥臂是相同的常值电阻。

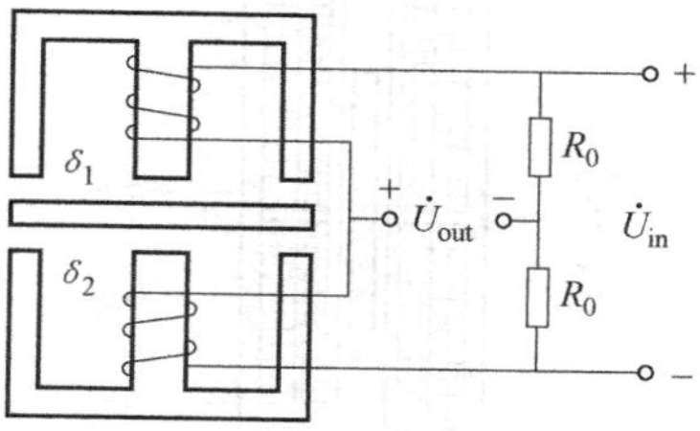

a) E形

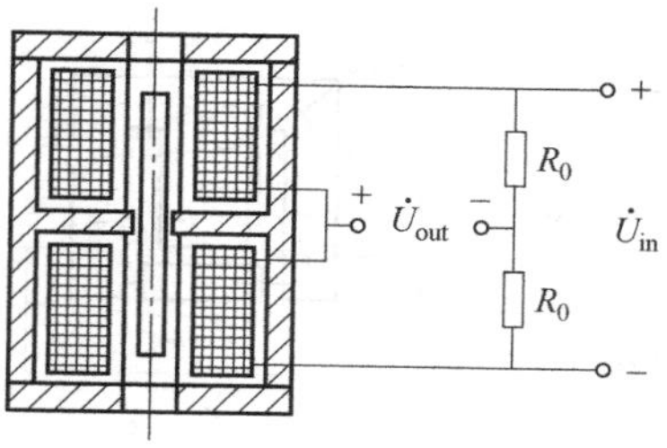

b) 螺管形

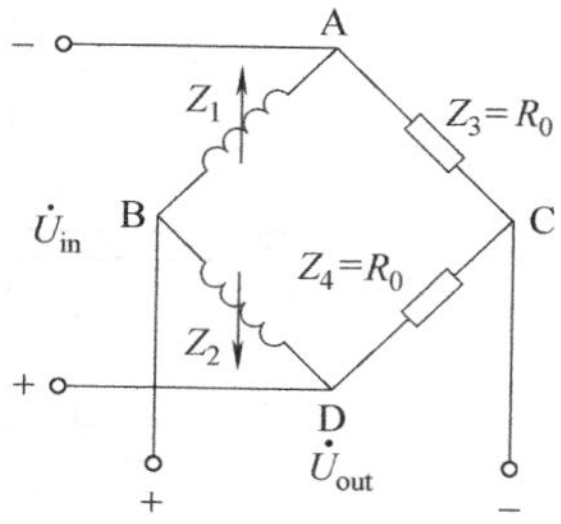

c) 接线图

图 6-4　差动电感式变换元件的结构原理图和接线图

2. 变换原理

初始位置时，衔铁处于中间位置，两边气隙长度相等，$\delta_1=\delta_2=\delta_0$，即

$$L_1=L_2=L_0=\frac{W^2\mu_0 S}{2\delta_0} \tag{6-13}$$

式中，L_1、L_2 为差动电感式变换元件上、下部分的电感（H）。

这时，差动电感式变换元件上、下部分的阻抗相等，$Z_1=Z_2$；电桥电路输出电压为零。当衔铁偏离中间位置向上移动 $\Delta\delta$，差动电感式变换元件上、下部分的阻抗分别为

$$\begin{cases} Z_1=\mathrm{j}\omega L_1=\mathrm{j}\omega\dfrac{W^2\mu_0 S}{2(\delta_0-\Delta\delta)} \\ Z_2=\mathrm{j}\omega L_2=\mathrm{j}\omega\dfrac{W^2\mu_0 S}{2(\delta_0+\Delta\delta)} \end{cases} \tag{6-14}$$

于是，电桥电路输出电压为

$$\dot{U}_{\mathrm{out}}=\dot{U}_{\mathrm{B}}-\dot{U}_{\mathrm{C}}=\left(\frac{Z_1}{Z_1+Z_2}-\frac{1}{2}\right)\dot{U}_{\mathrm{in}}=\left[\frac{1/(\delta_0-\Delta\delta)}{1/(\delta_0-\Delta\delta)+1/(\delta_0+\Delta\delta)}-\frac{1}{2}\right]\dot{U}_{\mathrm{in}}=\frac{\Delta\delta}{2\delta_0}\dot{U}_{\mathrm{in}} \tag{6-15}$$

可见，电桥电路输出电压的幅值与衔铁相对移动量的大小成正比，当 $\Delta\delta>0$ 时，$\dot{U}_{\mathrm{out}}$ 与 $\dot{U}_{\mathrm{in}}$ 同相；当 $\Delta\delta<0$ 时，$\dot{U}_{\mathrm{out}}$ 与 $\dot{U}_{\mathrm{in}}$ 反相。所以本方案可以测量位移的大小和方向。

6.1.3　差动变压器式变换元件

差动变压器式变换元件简称差动变压器。其结构与上述差动电感式变换元件完全一样，也是由铁心、衔铁和线圈三个主要部分组成。不同处在于，差动变压器上、下两个铁心均有一个一次绕组 1（又称励磁线圈）和一个二次绕组 2（也称输出线圈）。衔铁置于两铁心的中间，上、下两个一次绕组串联后接励磁电压 $\dot{U}_{\mathrm{in}}$，两个二次绕组则按电动势反相串联。图 6-5 为差动变压器的几种典型结构形式。图 6-5a、b 的衔铁为平板形，灵敏度高，用于测量几微米至几百微米的位移；图 6-5c、d 的衔铁为圆柱形螺线管，用于测量 1 毫米至上百毫米的位移；图 6-5e、f 用于测量转角位移，通常可测几角秒的微小角位移，输出线性范围在 ±10°。

下面以图 6-5aΠ 形差动变压器为例进行讨论。

1. 磁路分析

假设变压器一次绕组的匝数为 W_1，衔铁与 Π 形铁心 1（上部）和 Π 形铁心 2（下部）

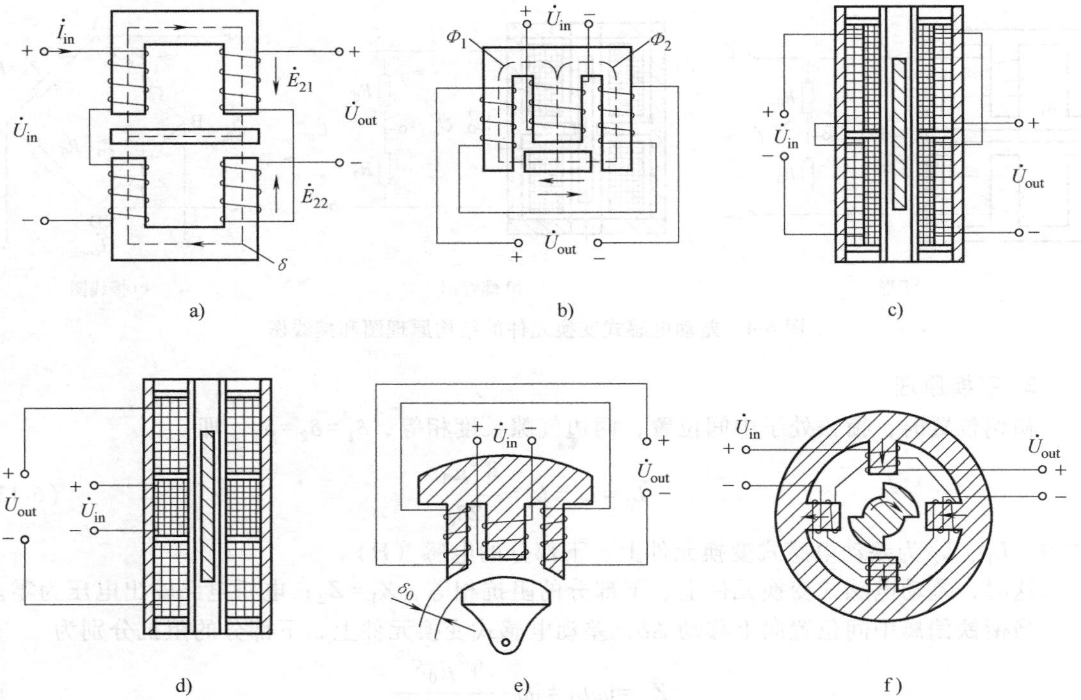

图 6-5　几种差动变压器结构示意图

的气隙长度分别为 δ_{11} 和 δ_{21}，均为 δ_1，励磁输入电压 $\dot{U}_{\text{in}}$，对应的工作电流为 $\dot{I}_{\text{in}}$；变压器二次绕组的匝数为 W_2，衔铁与 Π 形铁心 1 与 Π 形铁心 2 的间隙分别为 δ_{12} 和 δ_{22}，均为 δ_2，输出电压为 $\dot{U}_{\text{out}}$。需要指出的是该变压器的一次侧同向串接，二次侧反向串接。

考虑理想情况，忽略铁损，忽略漏磁，空载输出。衔铁初始处于中间位置，两边气隙长度相等，$\delta_1=\delta_2=\delta_0$。因此两个电感线圈的阻抗相等，电路输出电压为零。

当衔铁偏离中间位置，向上（铁心 1）移动 $\Delta\delta$，即

$$\begin{cases}\delta_1=\delta_0-\Delta\delta\\ \delta_2=\delta_0+\Delta\delta\end{cases}\tag{6-16}$$

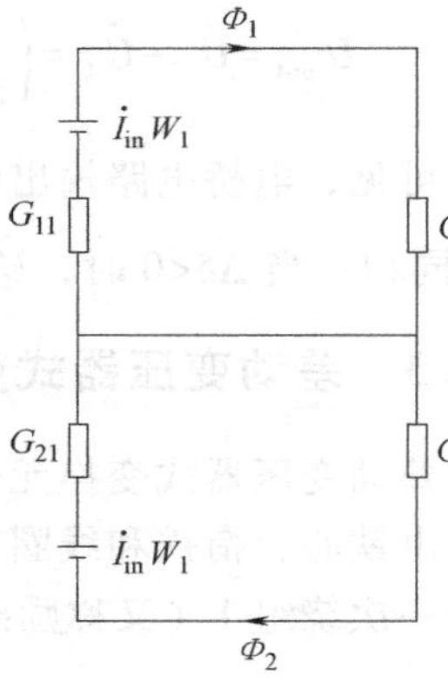

图 6-6　Π 形差动变压器的等效磁路图

图 6-6 为等效磁路图。G_{11}、G_{12}、G_{21}、G_{22} 为气隙长度 δ_{11}、δ_{12}、δ_{21}、δ_{22} 引起的磁导（磁阻的倒数），则

$$G_{11}=G_{12}=\mu_0 S/\delta_{11}=\mu_0 S/\delta_1\tag{6-17}$$

$$G_{21}=G_{22}=\mu_0 S/\delta_{21}=\mu_0 S/\delta_2\tag{6-18}$$

Π 形铁心 1、Π 形铁心 2 的一次侧与二次侧之间的互感（H）分别为

$$M_1=W_1W_2\frac{G_{11}G_{12}}{G_{11}+G_{12}}\tag{6-19}$$

$$M_2=W_1W_2\frac{G_{21}G_{22}}{G_{21}+G_{22}}\tag{6-20}$$

于是，输出电压为

$$\dot{U}_{out}=\dot{E}_{21}-\dot{E}_{22}=-j\omega\dot{I}_{in}(M_1-M_2) \tag{6-21}$$

式中，$\dot{E}_{21}$，$\dot{E}_{22}$ 为Π形铁心1二次绕组、Π形铁心2二次绕组感应出的电动势（V）。

利用式（6-16）~式（6-21），可得

$$\dot{U}_{out}=\frac{-j\omega W_2}{\sqrt{2}}(\Phi_{1m}-\Phi_{2m})=-j\omega W_1W_2\dot{I}_{in}\frac{\mu_0 S}{2}\frac{2\Delta\delta}{\delta_0^2-\Delta\delta^2} \tag{6-22}$$

2. 电路分析

根据图6-6，Π形差动变压器的一次绕组上、下部分的自感（H）分别为

$$L_{11}=W_1^2G_{11}=\frac{W_1^2\mu_0 S}{2\delta_1}=\frac{W_1^2\mu_0 S}{2(\delta_0-\Delta\delta)} \tag{6-23}$$

$$L_{21}=W_1^2G_{21}=\frac{W_1^2\mu_0 S}{2\delta_2}=\frac{W_1^2\mu_0 S}{2(\delta_0+\Delta\delta)} \tag{6-24}$$

一次绕组上、下部分的阻抗（Ω）分别为

$$\begin{cases}Z_{11}=R_{11}+j\omega L_{11}\\ Z_{21}=R_{21}+j\omega L_{21}\end{cases} \tag{6-25}$$

则一次绕组中的输入电压与励磁电流的关系为

$$\dot{U}_{in}=\dot{I}_{in}(Z_{11}+Z_{21})=\dot{I}_{in}\left[R_{11}+R_{21}+j\omega W_1^2\frac{\mu_0 S}{2}\left(\frac{2\delta_0}{\delta_0^2-\Delta\delta^2}\right)\right] \tag{6-26}$$

式中，R_{11}、R_{21} 为一次绕组上部分的等效电阻（Ω）和下部分的等效电阻（Ω）。

选择 $R_{11}=R_{21}=R_0$，而且考虑到 $\delta_0^2\gg\Delta\delta^2$，由式（6-22）、式（6-26）可得

$$\dot{U}_{out}=-j\omega\frac{W_2}{W_1}L_0\left(\frac{\Delta\delta}{\delta_0}\right)\frac{\dot{U}_{in}}{R_0+j\omega L_0} \tag{6-27}$$

式中，L_0 为衔铁处于中间位置时一次绕组上（下）部分的自感（H），$L_0=\frac{W_1^2\mu_0 S}{2\delta_0}$。

通常线圈的 Q 值（$\omega L_0/R_0$）比较大，则式（6-27）可以改写为

$$\dot{U}_{out}=-\frac{W_2}{W_1}\left(\frac{\Delta\delta}{\delta_0}\right)\dot{U}_{in} \tag{6-28}$$

可见，二次输出电压与气隙长度的相对变化成正比，与变压器二次绕组和一次绕组的匝数比成正比。当 $\Delta\delta>0$ 时，输出电压 $\dot{U}_{out}$ 与输入电压 $\dot{U}_{in}$ 反相；当 $\Delta\delta<0$ 时，输出电压 $\dot{U}_{out}$ 与输入电压 $\dot{U}_{in}$ 同相。

6.2 磁电感应式变换原理

当金属导体和磁场相对运动时，在导体中将产生感应电动势。如一个 W 匝的线圈，通过该线圈的磁通 Φ(Wb) 发生变化时，线圈中产生的感应电动势为

$$e=-W\frac{d\Phi}{dt} \tag{6-29}$$

即线圈产生的感应电动势的大小与匝数和穿过线圈的磁通对时间的变化率成正比。通常，可以通过改变磁场强度、磁路电阻、线圈运动速度等来实现磁通的变化。

若线圈在恒定磁场中做直线运动切割磁力线时，线圈中产生的感应电动势为

$$e=WBLv\sin\theta \tag{6-30}$$

式中，B 为磁场的磁感应强度（T）；L 为单匝线圈的有效长度（m）；v 为线圈与磁场的相对运动速度（m/s）；θ 为线圈平面与磁场方向之间的夹角。

若线圈相对磁场做旋转运动并切割磁力线时，则线圈中产生的感应电动势为

$$e=WBS\omega\sin\theta \tag{6-31}$$

式中，S 为每匝线圈的横截面积（m^2）；ω 为线圈旋转运动的相对角速度（rad/s）。

可见，磁电感应式变换原理是一种基于磁场，将机械能转换为电能的非接触式转换方式。该工作方式能够直接输出电信号，不需要供电电源，电路简单、输出阻抗小、输出信号强、工作可靠、性价比较高；但体积相对较大。

6.3 电涡流式变换原理

6.3.1 电涡流效应

一块导磁性金属导体放置于一个扁平线圈附近，相互不接触，如图 6-7 所示。当线圈中通有高频电流 i_1 时，在线圈周围产生交变磁场 Φ_1；交变磁场 Φ_1 将通过金属导体产生电涡流 i_2，同时产生交变磁场 Φ_2，且 Φ_2 与 Φ_1 方向相反。Φ_2 对 Φ_1 有反作用，使线圈中的电流 i_1 的大小和相位均发生变化，即线圈的等效阻抗发生变化。这就是电涡流效应。线圈阻抗的变化与电涡流效应密切相关，即与线圈半径 r、励磁电流 i_1 的幅值 I_{1m}、角频率 ω、金属导体的电阻率 ρ、磁导率 μ 以及线圈到导体的距离 x 有关，可以写为

$$Z=f(r,I_{1m},\omega,\rho,\mu,x) \tag{6-32}$$

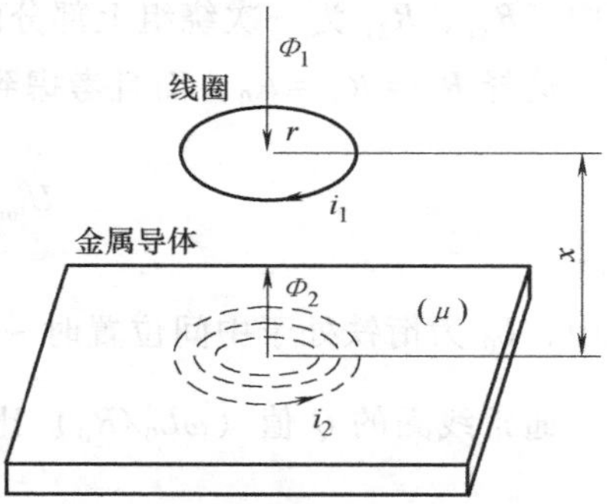

图 6-7 电涡流效应示意图

实际应用中，改变上述其中一个参数，控制其他参数，则线圈阻抗的变化就成为这个参数的单值函数，从而实现测量。

利用电涡流效应制成的变换元件的主要优点是非接触式测量、结构简单、灵敏度高、抗干扰能力强、不受油污等介质的影响等。这类元件常用于测量位移、振幅、厚度、工件表面粗糙度、导体温度、材质的鉴别以及金属表面裂纹等无损检测中。

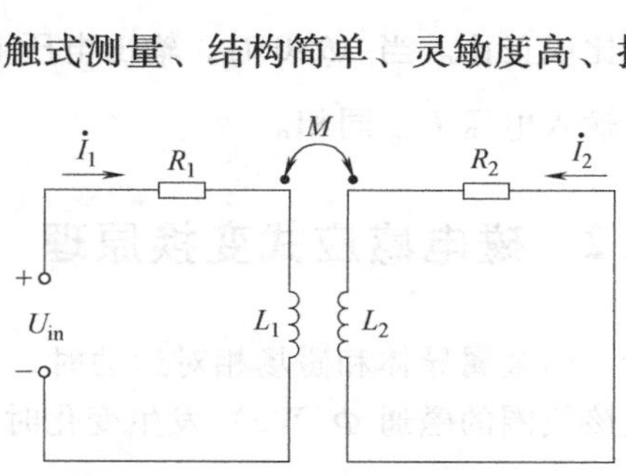

图 6-8 电涡流式变换元件的等效电路

6.3.2 等效电路分析

电涡流式变换元件的等效电路如图 6-8 所示。图中 R_1 和 L_1 分别为通电线圈的电阻和电感，R_2 和 L_2 分别为金属导体的电阻和电感，M 为线圈与金属导体

之间的互感系数，$\dot{U}_{in}$ 为高频励磁电压。由基尔霍夫定律可写出方程为

$$\begin{cases}(R_1+\mathrm{j}\omega L_1)\dot{I}_1-\mathrm{j}\omega M\dot{I}_2=\dot{U}_{in}\\-\mathrm{j}\omega M\dot{I}_1+(R_2+\mathrm{j}\omega L_2)\dot{I}_2=0\end{cases} \tag{6-33}$$

由式（6-33）可得线圈的等效阻抗（Ω）为

$$Z_{eq}=\frac{\dot{U}_{in}}{\dot{I}_1}=R_1+R_2\frac{\omega^2M^2}{R_2^2+\omega^2L_2^2}+\mathrm{j}\omega\left(L_1-L_2\frac{\omega^2M^2}{R_2^2+\omega^2L_2^2}\right)=R_{eq}+\mathrm{j}\omega L_{eq} \tag{6-34}$$

$$R_{eq}=R_1+R_2\frac{\omega^2M^2}{R_2^2+\omega^2L_2^2} \tag{6-35}$$

$$L_{eq}=L_1-L_2\frac{\omega^2M^2}{R_2^2+\omega^2L_2^2} \tag{6-36}$$

式中，R_{eq}、L_{eq} 为考虑电涡流效应时线圈的等效电阻（Ω）和等效电感（H）。

可见，电涡流效应使线圈等效阻抗的实部（等效电阻）增大，虚部减小，也即电涡流效应将消耗电能，在导体上产生热量。

6.3.3 信号转换电路

1. 调频信号转换电路

调频电路相对简单，电路中将 LC 回路和放大器结合构成 LC 振荡器，其频率等于谐振频率，输出电压幅值为谐振曲线的峰值，即

$$f_0=\frac{1}{2\pi\sqrt{L_{eq}C}} \tag{6-37}$$

$$\dot{U}_{out}=\dot{I}_{in}\frac{L_{eq}}{R_{eq}C} \tag{6-38}$$

电涡流效应增大时，等效电感 L_{eq} 减小，相应的谐振频率 f_0 升高，输出电压幅值变小。

解算时可采用两种方式。一种是调频鉴幅式，利用频率与幅值同时变化的特点，测出图 6-9a 的峰点值。其特性如图中谐振曲线的包络线所示；另一种是直接输出频率，如图 6-9b 所示，信号转换电路中的鉴频器将调频信号转换为电压输出。

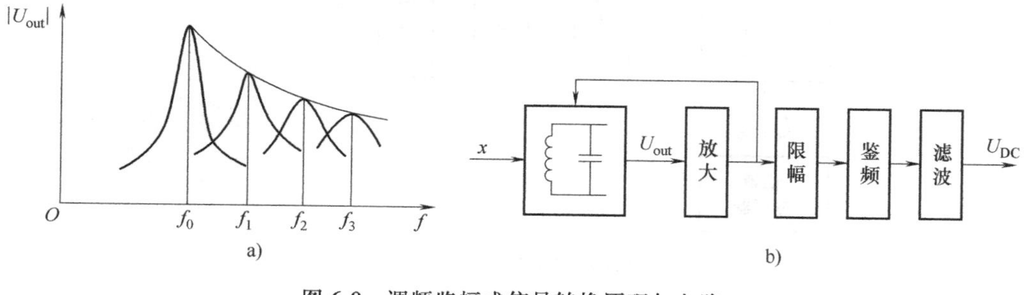

图 6-9　调频鉴幅式信号转换原理与电路

2. 定频调幅信号转换电路

如图 6-10a 所示，由高频励磁电流对一并联的 LC 电路供电。图中 L_1 表示电涡流式变换

元件的励磁线圈，它是等效电感 L_{eq} 与等效电阻 R_{eq} 的串联。在确定角频率 ω_0、恒定电流 $\dot{I}_{in}$ 激励下，输出电压为

$$\dot{U}_{out}=\dot{I}_{in}Z=\dot{I}_{in}\left[\frac{(R_{eq}+j\omega_0L_{eq})(1/(j\omega_0C))}{(R_{eq}+j\omega_0L_{eq})+1/(j\omega_0C)}\right] \tag{6-39}$$

假设励磁电流频率 $f_0=\dfrac{\omega_0}{2\pi}$ 足够高，满足 $R_{eq}\ll\omega_0L_{eq}$，则由式（6-39）可得

$$U_{out,max}\approx I_{in,max}\frac{L_{eq}/(R_{eq}C)}{\sqrt{1+[(L_{eq}/R_{eq})(\omega_0{}^2-\omega^2)/\omega_0]^2}} \tag{6-40}$$

式中，ω 为励磁线圈自身的谐振角频率（rad/s），$\omega=1/\sqrt{L_{eq}C}$；$U_{out,max}$、$I_{in,max}$ 为 $\dot{U}_{out}$ 与 $\dot{I}_{in}$ 的幅值。

基于上面的讨论，可知：

1）当 $\omega_0\approx\omega$ 时，输出达到最大，为

$$U_{out,max}=I_{in,max}L_{eq}/(R_{eq}C) \tag{6-41}$$

2）电涡流效应增大时，L_{eq} 减小、R_{eq} 增大，谐振频率及谐振曲线向高频方向移动，如图 6-10b 所示。

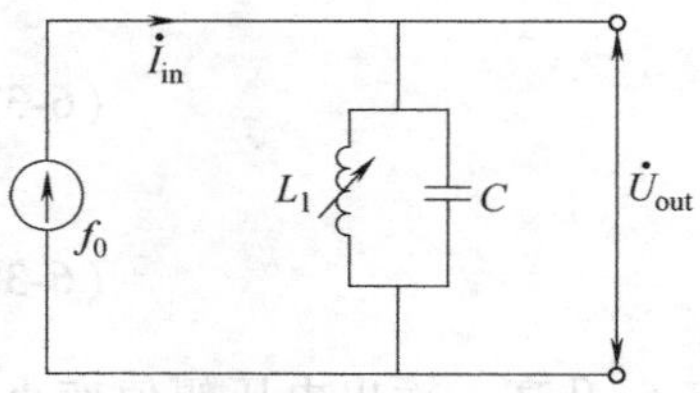

a) 转换电路

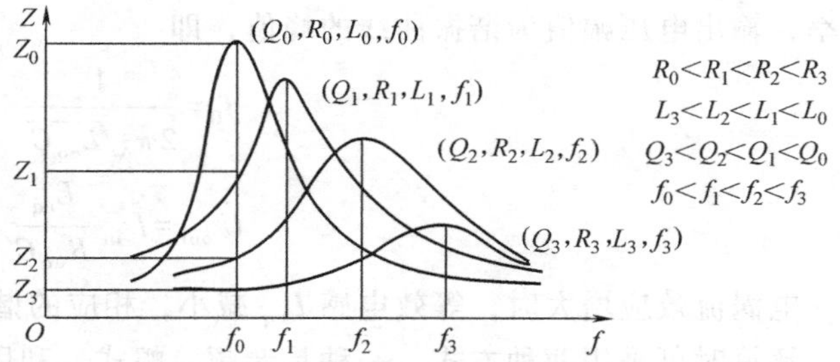

b) 谐振曲线

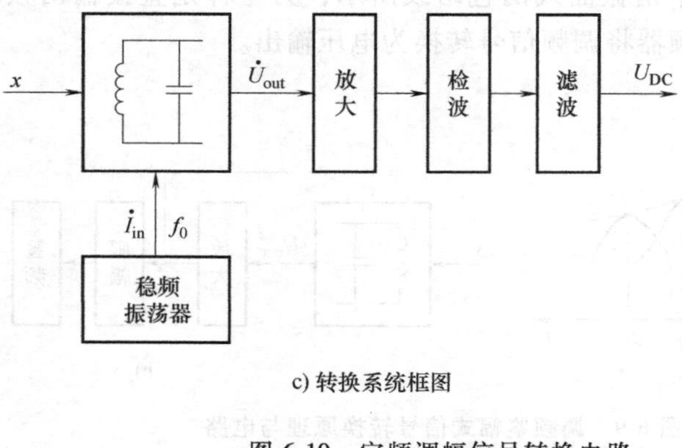

c) 转换系统框图

图 6-10　定频调幅信号转换电路

这种方式多用于测量位移，图 6-10c 给出了信号转换系统框图。

6.4 霍尔效应及元件

6.4.1 霍尔效应

图 6-11 为霍尔效应示意图。若在图 6-11 中所示的金属或半导体薄片两端通以控制电流 I，并在薄片的垂直方向上施加磁感应强度 B 的磁场，则在垂直于电流和磁场的方向上产生电动势 U_H，称为霍尔电动势。这种现象称为霍尔效应。

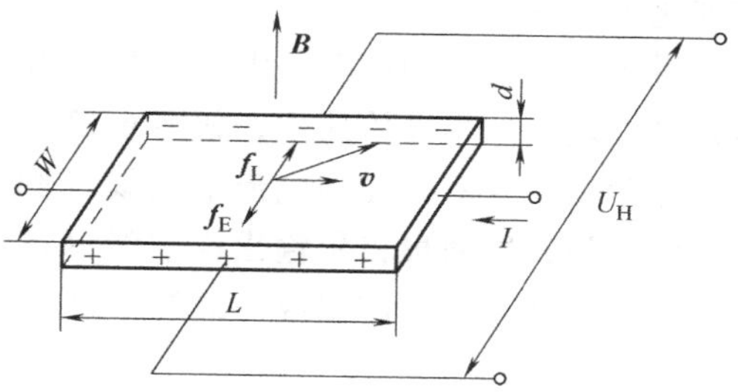

图 6-11　霍尔效应示意图

霍尔效应的产生是由于运动电荷在磁场中受洛伦兹力作用的结果。当运动电荷为正电粒子时，其受到的洛伦兹力为

$$\boldsymbol{f}_L = e\boldsymbol{v}\times\boldsymbol{B} \tag{6-42}$$

式中，$\boldsymbol{f}_L$ 为洛伦兹力矢量（N）；$\boldsymbol{v}$ 为运动电荷速度矢量（m/s）；$\boldsymbol{B}$ 为磁感应强度矢量（T）；e 为单位电荷电量（C），$e=1.602\times10^{-19}$C。

当运动电荷为负电粒子时，其受到的洛伦兹力为

$$\boldsymbol{f}_L = -e\boldsymbol{v}\times\boldsymbol{B} \tag{6-43}$$

假设在 N 型半导体薄片的控制电流端通以电流 I，半导体中的载流子（电子）将沿着和电流相反的方向运动。在垂直于半导体薄片平面方向磁场 $\boldsymbol{B}$ 的作用下，产生洛伦兹力 $\boldsymbol{f}_L$，使电子向由式（6-43）确定的一边偏转，形成电子积累；而另一边则积累正电荷，于是产生电场。该电场阻止运动电子继续偏转。当电场作用在运动电子上的力 $\boldsymbol{f}_E$ 与洛仑兹力 $\boldsymbol{f}_L$ 相等时，电子积累便达到动态平衡。在薄片两横端面之间建立霍尔电场 E_H，形成霍尔电动势，即

$$U_H = \frac{R_H IB}{d} = K_H IB \tag{6-44}$$

$$K_H = R_H/d \tag{6-45}$$

式中，R_H 为霍尔常数（$m^3 \cdot C^{-1}$）；I 为控制电流（A）；B 为磁感应强度（T）；d 为霍尔元件的厚度（m）；K_H 为霍尔元件的灵敏度（$m^2 \cdot C^{-1}$）。

可见，霍尔电动势的大小与霍尔元件的灵敏度 K_H、控制电流 I 和磁感应强度 B 成正比。灵敏度 K_H 是一个表征在单位磁感应强度和单位控制电流时输出霍尔电动势大小的参数，是与元件材料性质和几何参数有关的重要参数。N 型半导体材料制作的霍尔元件的霍尔常数 R_H 相对较大，元件厚度 d 越薄，灵敏度越高；所以实际应用中，多采用 N 型半导体材料制作薄片形霍尔元件。

事实上，自然界还存在着反常霍尔效应，即不加外磁场也有霍尔效应。反常霍尔效应与普通霍尔效应在本质上完全不同，不存在外磁场对电子的洛伦兹力而产生的运动轨道偏转，它是由于材料本身的自发磁化而产生的，是另一类重要的物理效应。最新研究表明，反常霍尔效应还具有量子化，即存在着量子反常霍尔效应。这或许为新型传感技术的实现提供了新的理论基础。

6.4.2 霍尔元件

霍尔元件一般用 N 型的锗、锑化铟和砷化铟等半导体单晶材料制成。锗元件的输出较小，温度性能和线性度较好；锑化铟元件的输出较大，但受温度的影响也较大；砷化铟元件的输出信号没有锑化铟元件大，但是受温度的影响却比锑化铟要小，而且线性度也较好。在高精度测量中，大多采用锗和砷化铟元件。

霍尔元件的结构简单，由霍尔片、引线和壳体组成。霍尔片是一块矩形半导体薄片，如图 6-12 所示。在元件长边的两个端面上设置两根控制电流端引线（图中 1、1），在元件短边的中间设置两根霍尔输出端引线（图中 2、2）。霍尔片一般用非磁性金属、陶瓷或环氧树脂封装。

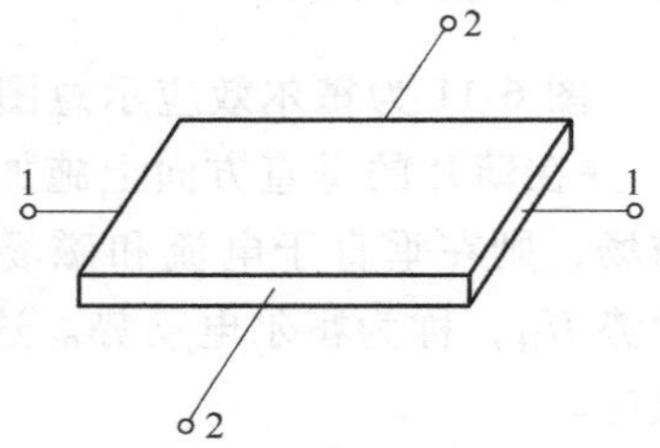

图 6-12　霍尔元件示意图

6.5 压磁效应及元件

在机械力作用下，铁磁材料内部产生应力变化，使磁导率发生变化，磁阻相应也发生变化的现象称为压磁效应。外力为拉力时，在作用力方向铁磁材料磁导率提高，垂直作用力方向磁导率降低；作用力为压力时，则反之。常用的铁磁材料有硅钢片和坡莫合金。用铁磁材料制成的弹性体称为铁磁体或压磁元件。

压磁元件的整体结构如图 6-13 所示。它把若干片形状相同的硅钢片叠合在一起，并用环氧树脂将片与片之间黏合起来。在压磁元件上开四个对称的孔，并分别绕制两个绕组。1、2 孔的绕组作为一次绕组，3、4 孔的绕组作为二次绕组。

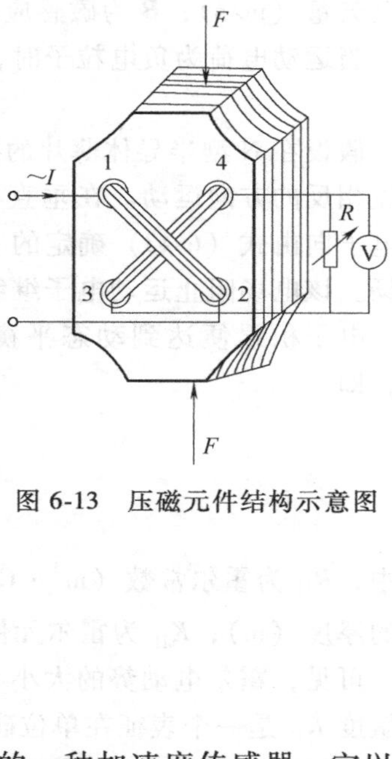

图 6-13　压磁元件结构示意图

6.6 电磁式传感器的典型实例

6.6.1 差动变压器式加速度传感器

图 6-14 为利用类似于图 6-5a 差动变压器式变换元件实现的一种加速度传感器。它以通过弹簧片与壳体相连的质量块 m 作为差动变压器的衔铁。当质量块感受加速度 a 产生惯性力而引起相对位移时，差动变压器就输出与位移（也即与加速度）呈近似线性关系的电压。

借助 6.1.3 节的磁路分析与电路分析，输出电压为

$$\dot{U}_{\text{out}} = -\frac{W_2}{W_1}\left(\frac{\Delta\delta}{\delta_0}\right)\dot{U}_{\text{in}} \tag{6-46}$$

式中，W_1 为输入激励回路线圈的匝数；W_2 为输出响应回路线圈的匝数。

对于准静态测量，质量块产生的位移为

$$\Delta\delta = -ma/k \tag{6-47}$$

式中，k 为系统的等效弹性刚度（N/m）。

由式（6-46）、式（6-47）可得

$$a = \frac{W_1}{W_2}\frac{k}{m}\frac{\dot{U}_{out}}{\dot{U}_{in}}\delta_0 \tag{6-48}$$

考虑动态测量时，位移 $\Delta\delta$ 是下面二阶方程的解，即

$$m\ddot{x} + c\dot{x} + kx = -ma \tag{6-49}$$

式中，c 为系统的等效阻尼系数（N·s/m）。

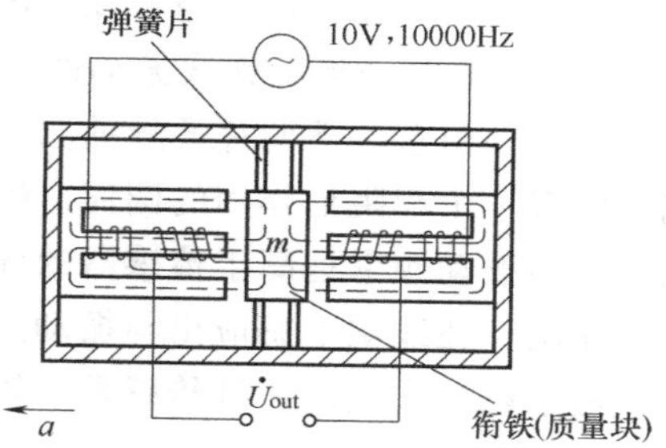

图 6-14　差动变压器式加速度传感器

如果被测加速度的最高阶频率远远低于 m-c-k 系统的固有频率，与上述准静态测量的结果相同；但如果被测加速度的最高阶频率接近甚至高于 m-c-k 系统的固有频率，传感器将会产生较大的动态误差。因此，应该使 m-c-k 系统的固有频率高于被测信号频率的 3~5 倍。

6.6.2　电磁式振动速度传感器

图 6-15 为典型的电磁式振动速度传感器结构示意图。

图 6-15a 是一种动圈式振动速度传感器，包括两个线圈。它们按感应电动势的极性反向串接，线圈骨架与传感器壳体固定在一起。永久磁铁用上、下两个软弹簧支承，装在永久磁铁制成的套筒内，套筒安装于线圈骨架内腔中并与壳体相固定。线圈骨架和永久磁铁套筒还起着电磁阻尼作用。传感器壳体用铬钢磁性材料制成，既是磁路的一部分，又起磁屏蔽作用。永久磁铁的磁力线从一端出来，穿过工作气隙、永久磁铁套筒、线圈骨架和螺线管线圈，再由传感器壳体回到磁铁的另一端，构成一个完整的闭合回路。这样就实现了质量-阻尼-弹簧系统组成的传感器敏感结构。线圈和传感器壳体随被测振动体一起振动时，如果振动频率 f 远高于传感器的固有频率 f_n，则永久磁铁相对于惯性空间接近于静止不动，因此它与壳体之间的相对运动速度就近似等于振动体的振动速度。振动过程中，线圈在恒定磁场中

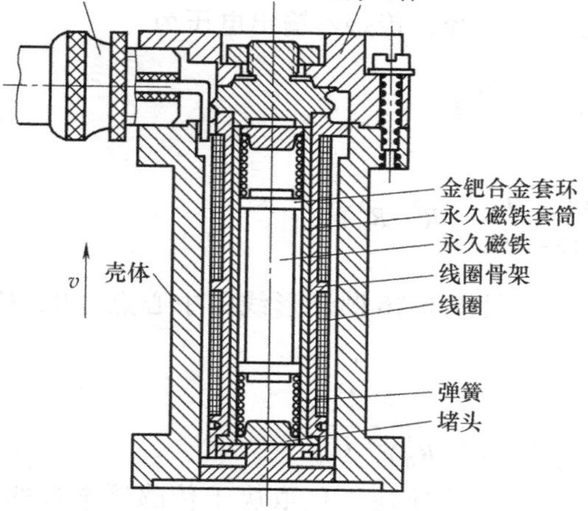

a) 动圈式

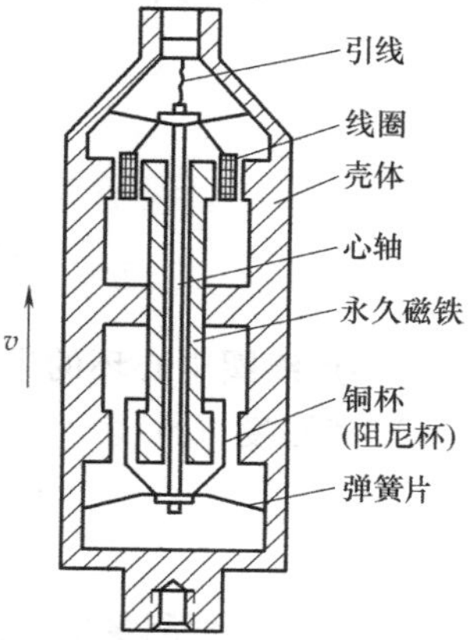

b) 动铁式

图 6-15　典型的电磁式振动速度传感器结构示意图

往复运动，就在其上产生与振动速度成正比的感应电动势，从而实现对振动速度的测量。

图 6-15b 是一种动铁式振动速度传感器。磁铁与传感器壳体固定在一起。心轴穿过磁铁中心孔，并由上、下两片柔软的圆形弹簧片支承在壳体上。心轴一端固定着一个线圈，另一端固定着一个起阻尼作用的圆筒形铜杯（阻尼杯）。线圈组件、阻尼杯和心轴构成活动质量块 m。当振动频率远高于传感器的固有频率时，线圈组件接近于静止状态，而磁铁随振动体一起振动，在线圈上感应出与振动速度成正比的感应电动势。

由于电磁式振动速度传感器不需要另设参考基准，因此特别适用于飞机、车辆等运动体振动速度的测量。

6.6.3 差动电感式压力传感器

图 6-16 为采用图 6-4 差动电感式变换元件原理制作的测量差压用的变气隙差动电感式压力传感器。它由在结构上和电气参数上完全对称的两部分组成。平膜片感受压力差，并作为衔铁使用。采用差动接法具有非线性误差小、零位输出小、电磁吸力小以及温度和其他外界干扰影响较小等优点。

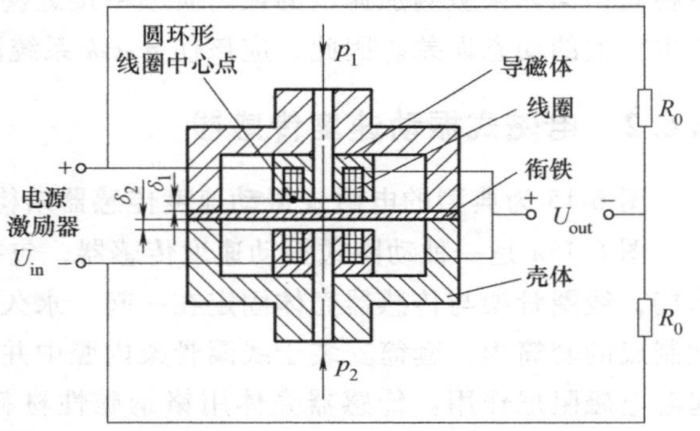

图 6-16 变气隙差动电感式压力传感器

当所测压力差 $\Delta p=0$ 时，两边电感起始气隙长度相等，即 $\delta_1=\delta_2=\delta_0$，因而两个电感的磁阻相等、阻抗相等，即 $Z_1=Z_2=Z_0$；此时电桥电路处于平衡状态，输出电压为零。当所测压力差 $\Delta p\neq 0$ 时，$\delta_1\neq\delta_2$，则两个电感的磁阻不等、阻抗不等，即 $Z_1\neq Z_2$；电桥电路输出电压的大小反映了被测压力差的大小。若在设计时保证在所测压力差范围内电感气隙长度的变化量很小，那么电桥电路输出电压将与被测压力差成正比，电压的正、反相位代表压力差的正、负。

借助 6.1.2 节的讨论，考虑到圆环形的外半径与内半径之差远小于圆平膜片的半径，线圈气隙的计算可以近似用圆环形线圈中心环的半径，传感器输出电压为

$$U_{out}=\frac{\Delta\delta}{2\delta_0}U_{in} \tag{6-50}$$

$$\Delta\delta=\frac{3\Delta p(1-\mu^2)}{16EH^3}(R^2-R_0^2)^2 \tag{6-51}$$

式中，R_0 为圆环形线圈中心环的半径（m），见图 6-16 圆环形线圈中心点；R、H 为圆平膜片的半径（m）和厚度（m）。

$$\Delta p=\frac{32EH^3\delta_0}{3(1-\mu^2)(R^2-R_0^2)^2}\frac{U_{out}}{U_{in}} \tag{6-52}$$

应该注意的是，这种测量电路的传感器的频率响应不仅取决于传感器本身的结构参数，还取决于电源振荡器的频率、滤波器及放大器的频带宽度。一般情况下，电源振荡器的频率选择为 10~20kHz。

电感式压力传感器类型较多，其特点是频率响应低，适用于静态或变化缓慢压力的测试。

6.6.4 电涡流式位移传感器

电涡流式位移传感器是利用电涡流效应将被测量变换为线圈阻抗 Z 变化的一种测量装置。由于在金属体上产生的涡流的渗透深度与传感器线圈的激励电流的频率有关，所以电涡流式位移传感器主要分为高频反射和低频透射两类，前者应用较广泛。

1. 高频反射电涡流式位移传感器

图 6-17 为高频反射电涡流式位移传感器的两种典型结构。高频反射电涡流式位移传感器的主要结构是安装在框架上的线圈。线圈可绕成扁平圆形粘贴于框架上，也可以在框架上开一条槽，导线绕制于槽内形成一个线圈。信号转换电路见图 6-9 或图 6-10。

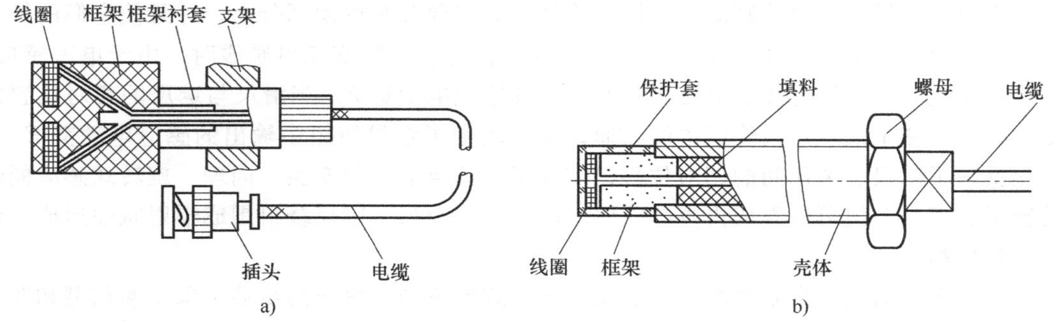

图 6-17　高频反射电涡流式位移传感器的两种典型结构

2. 低频透射电涡流式位移传感器

图 6-18 为低频透射电涡流式位移传感器原理示意图。图中发射线圈 L_1 和接收线圈 L_2 是两个绕于胶木棒上的线圈，分别位于被测物体的上、下方。线圈 L_1 加音频电压 u_i，线圈中便有同频交流电流，并在周围空间产生交变磁场。这一磁场穿过金属片后作用于线圈 L_2，并感应出电压 u_o。当磁场穿过金属片时，在金属片中产生涡流，消耗部分磁场能量，使输出电压 u_o 有所降低。因此，输出电压 u_o 间接反映了金属片 M 的厚度（t）。

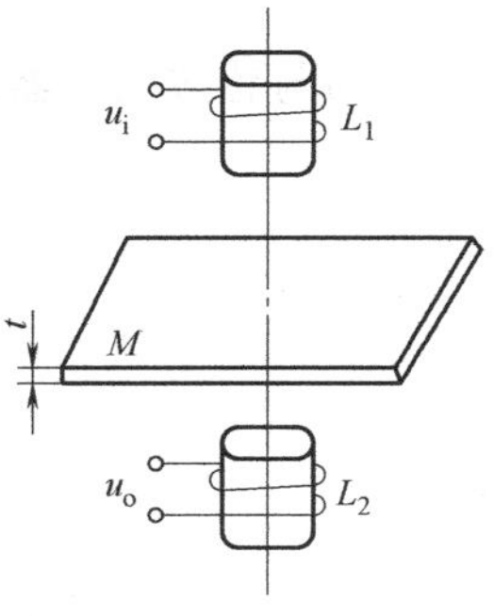

图 6-18　低频透射电涡流式位移传感器原理示意图

3. 电涡流式位移传感器的特点

电涡流式位移传感器结构简单，易于进行非接触式测量，灵敏度高，广泛用于位移、厚度、振动等参数的测量。

6.6.5 感应同步器

1. 感应同步器的结构和原理

感应同步器是利用电磁感应原理将线位移或角位移转换成电信号的一种装置。根据用途，可将感应同步器分为直线式和旋转式两种，分别用于测量线位移和角位移。其结构示意图如图 6-19 所示。

感应同步器有一个固定绕组和一个可动绕组。绕组采用蚀刻方法在印制电路板上制成，

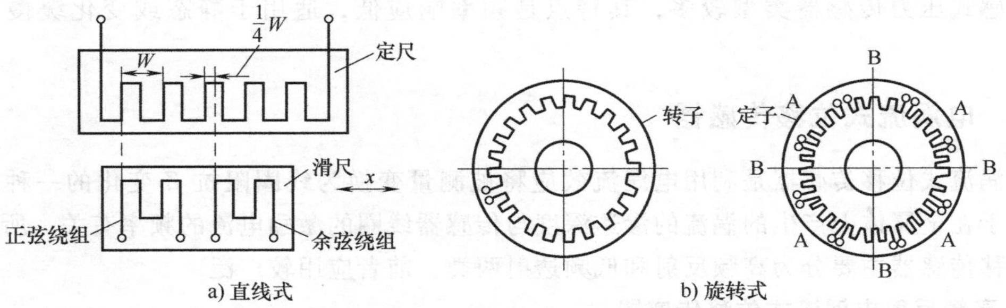

图 6-19 感应同步器结构示意图

故称印制电路绕组。在直线式感应同步器中，固定绕组为定尺，绕组是连续的；可动绕组为滑尺，绕组是分段的，且分两组，在空间相差 90°相位角（即 1/4 节距），称正、余弦绕组。

工作时，定尺和滑尺分别固定在被测物体的固定部分和运动部分上，并且使它们的绕组平面平行相对，间距为 0.05~0.25mm。当滑尺的两相绕组用交流电励磁时，由于电磁感应，在定尺的绕组中会产生与励磁电压同频率的交变感应电动势 E。当滑尺与定尺的相对位置发生变化时，改变了通过定尺绕组中的磁通，从而改变了定尺绕组中输出的感应电动势 E。E 的变化反映了定尺、滑尺间的相对位移，实现了位移至电量的变换。同理，旋转式感应同步器的转子、定子绕组可以看成由直线式感应同步器的滑尺、定尺绕组围成辐射状而形成，因此可测角位移。

根据对滑尺的正、余弦绕组供给励磁电压方式的不同，感应同步器可采用鉴相型和鉴幅型测量电路。

鉴相型测量电路框图如图 6-20 所示。它根据感应电动势 E 的相位来鉴别位移量。此时正、余弦两绕组通入同频、等幅、相位相差 90°的激励电压。当正、余弦绕组分别通入激励电压 $U_i\sin\omega t$ 和 $U_i\cos\omega t$ 时，定尺上的感应电动势可以表述为

$$e=U_i k\sin(\omega t+\theta_x) \tag{6-53}$$

式中，k 为与感应同步器结构有关的电磁耦合系数；θ_x 为相位，$\theta_x=(2\pi/W)x$；W 为定尺节距（m）。

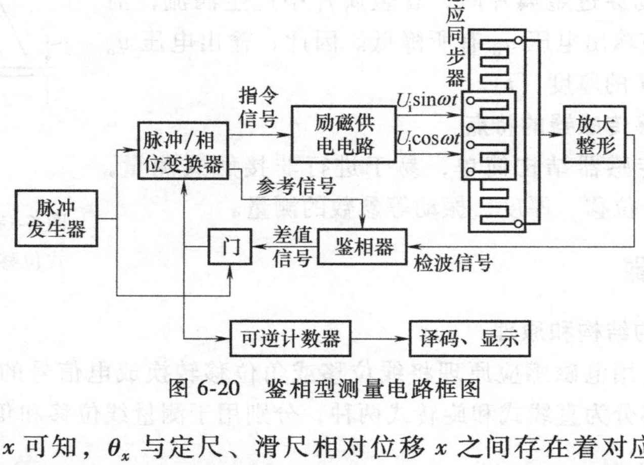

图 6-20 鉴相型测量电路框图

由 $\theta_x=(2\pi/W)x$ 可知，θ_x 与定尺、滑尺相对位移 x 之间存在着对应关系。只要检测出 θ_x，就可知 x 的大小和方向。通过鉴相型测量电路，将代表位移量的感应电动势相位的变化

转换成数字量，然后显示出来。

鉴相型测量电路的工作原理为脉冲发生器发出频率一定的脉冲序列，经脉冲/相位变换器进行分频，输出参考信号方波和指令信号方波。指令信号方波使励磁供电电路产生振幅、频率相同而相位差 90°的正弦信号电压 $U_i\sin\omega t$ 和余弦信号电压 $U_i\cos\omega t$，供给感应同步器滑尺或定尺的 A、B 绕组。定尺上产生感应电动势 E，经放大整形后变为方波，并与参考信号方波送入鉴相器。鉴相器的输出是感应电动势信号与参考信号的相位差，即相位 θ_x，且反映出它的正、负。相位信号和高频脉冲信号一起进入门电路，当相位信号 θ_x 为零时，门关闭；当相位信号 θ_x 不为零时，门打开，允许高频时间脉冲信号通过。这样，门输出的信号脉冲数与相位 θ_x 成正比。通过可逆计数器计数，给出显示。通过门电路的信号脉冲还送到脉冲相位变换器中，使参考信号跟随感应电动势的相位。

鉴幅型测量电路是根据感应电动势 E 的幅值鉴别位移量 Δx。滑尺上正、余弦绕组施加同频、同相但幅值不同的激励电压信号 $U_{iA}\sin\omega t$ 和 $U_{iB}\cos\omega t$ 时，定尺上的感应电动势为 E。在滑尺偏离初始位置 Δx 位移后，其感应电动势为

$$E = kU_m \frac{2\pi\Delta x}{W}\cos\omega t = A\cos\omega t \tag{6-54}$$

式中，U_m 为与 U_{iA}、U_{iB} 相关的常数；A 为感应电动势的幅值，$A = kU_m \frac{2\pi\Delta x}{W}$（V）；$k$ 为感应系数。

由此可见，测出幅值 A 即可求出位移量 Δx。

旋转式感应同步器的测量原理及测量电路与直线式完全相同，不再复述。

2. 感应同步器测量位移的特点

用感应同步器检测位移的特点是精度较高、测量范围宽、对环境要求较低；同时感应同步器工作可靠、抗干扰能力强、维护简单、寿命长。在数控机床与大型测量仪器中常用它测量位移。

6.6.6 测速发电机

测速发电机是工业自动化系统中用于测量和自动调节电动机转速的一种传感器。它由带有绕组的定子和转子构成。根据电磁感应原理，当转子绕组供给励磁电压并随被测电动机转动时，定子绕组则产生与转速成正比的感应电动势。根据励磁电流的种类，测速发电机可分为直流测速发电机和交流测速发电机两大类。

实际应用中，工业自动化系统对测速发电机的主要要求有：①精确的线性输出；②转动惯量要小；③灵敏度要高。由于测速发电机比较容易满足上述要求，且性能稳定，故被广泛用于工业自动化系统中电动机转速的测量和自动调节，一般测量范围为 20~400r/min。

1. 直流测速发电机

直流测速发电机是一种微型直流发电机。按定子磁极的励磁方式不同，可分为电磁式和永磁式两大类；按电枢的结构形式不同，可分为无槽电枢、有槽电枢、空心杯电枢和圆盘印制绕组等几种。

（1）直流测速发电机的输出特性

如图 6-21 所示为直流测速发电机工作原理示意图。在恒定磁场中，旋转的电枢绕组切

割磁通，并产生感应电动势 E_s，可以表述为

$$E_s=K_e\Phi n=C_e n \tag{6-55}$$

式中，K_e 为感应系数；Φ 为磁通；n 为转速；C_e 为感应电动势与转速的比例系数。

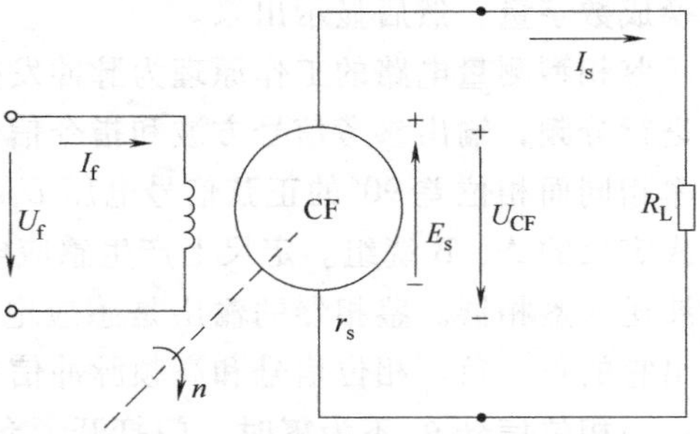

图 6-21 直流测速发电机工作原理示意图

空载（即电枢电流 $I_s=0$）时，直流测速发电机的输出电压和电枢感应电动势相等，因而输出电压与转速成正比。

有负载（即电枢电流 $I_s\neq0$）时，直流测速发电机的输出电压为

$$U_{CF}=E_s-I_s r_s \tag{6-56}$$

式中，r_s 为电枢回路的总电阻（包括电刷和换向器之间的接触电阻等）。理想情况下，若不计电刷和换向器之间的接触电阻，r_s 为电枢绕组电阻（Ω）。

显然，有负载时，直流测速发电机的输出电压应比空载时小，这是电阻 r_s 的电压降造成的。这时，电枢电流为

$$I_s=U_{CF}/R_L \tag{6-57}$$

式中，R_L 为直流测速发电机的负载电阻（Ω）。

将式（6-55）、式（6-57）代入式（6-56），可得

$$U_{CF}=\frac{C_e}{1+r_s/R_L}n=Cn \tag{6-58}$$

$$C=\frac{C_e}{1+r_s/R_L} \tag{6-59}$$

在理想情况下，r_s、R_L 和 $C_e(=K_e\Phi)$ 均为常数，系数 C 亦为一常数。根据式（6-59）绘制的直流测速发电机有负载时的输出特性如图 6-22 所示。这是一组直线，负载电阻不同，直测速发电机的输出特性的斜率亦不同。

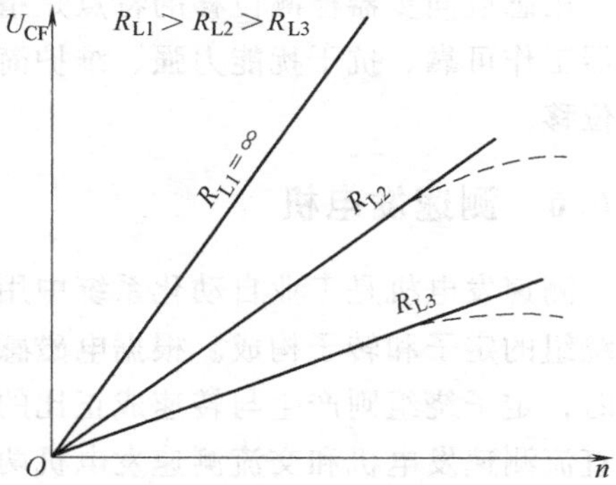

图 6-22 直流测速发电机有负载时的输出特性

（2）产生误差的原因和改进方法

直流测速发电机在工作中，其输出电压与转速之间不能保持比例关系，主要有以下三个原因：一是有负载时，电枢反映去磁作用的影响，使输出电压不再与转速成正比，遇到这种情况可以在定子磁极上安装补偿绕组，或使负载电阻大于规定值；二是电刷接触电压降的影响，因为电刷接触电阻是非线性的，即当电动机转速较低、相应的电枢电流较小时，接触电阻较大，从而使输出电压很小。只有当转速较高、电枢电流较大时，电刷电压降才可以认为是常数。为了减小电刷接触电压降的影响，即缩小不灵敏区，应采用接触电压降较小的铜-石墨电极或铜电极，并在它与换向器相接触的表面上镀银；三是温度的影响，因为励磁绕组中长期流过电流易发热，其电阻值也相应增大，从而使励磁电流减小。在实际使用时，可在直流测速发电机的绕组回路中串联一个电阻值较大的附加电阻，再接到励磁电源上。这样当励磁绕组温度升高时，其电

阻虽有增加，但励磁回路总电阻的变化却较小，故可保持励磁电流几乎不变。

2. 交流测速发电机

交流测速发电机可分为永磁式、感应式和脉冲式三种。

永磁式交流测速发电机定子绕组感应的交变电动势的大小和频率都随输入信号（转速）而变化，即

$$\begin{cases} f=\dfrac{pn}{60} \\ E=4.44fNK_{w}\Phi_{m}=4.44\,\dfrac{p}{60}NK_{w}\Phi_{m}n=Kn \end{cases} \tag{6-60}$$

式中，K 为常系数，$K=4.44\,\dfrac{p}{60}NK_{w}\Phi_{m}$；$p$ 为电动机极对数；N 为定子绕组每相匝数；K_{w} 为定子绕组基波绕组系数；Φ_{m} 为电动机每极基波磁通的幅值。

永磁式交流测速发电机尽管结构简单，也没有滑动接触，但由于感应电动势的频率随转速而改变，致使电动机本身的阻抗和负载阻抗均随转速而变化，故其输出电压不与转速成正比关系。通常这种测速发电机只作为指示式转速计使用。

感应式交流测速发电机与脉冲式交流测速发电机的工作原理基本相同，都是利用定子、转子齿槽相互位置的变化，使输出绕组中的磁通产生脉动，从而感应出电动势。这种工作原理称为感应子式测速发电机原理。图 6-23 为感应子式测速发电机原理性结构。定子、转子铁心均由高硅薄钢片冲制叠成，定子内圆周和转子外圆周上都有均布的齿槽。在定子槽中放置节距为一个齿距的输出绕组，通常组成三相绕组，定子、转子的齿数应符合一定的配合关系。

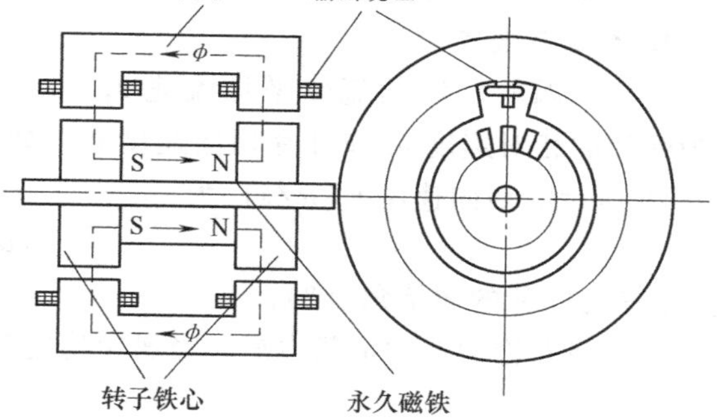

图 6-23　感应子式测速发电机原理性结构

当转子不转时，永久磁铁在电动机气隙中产生的磁通不变，所以定子输出绕组中没有感应电动势。当转子以一定速度旋转时，定子、转子齿之间的相对位置发生了周期性变化，定子绕组中有交变电动势产生。如转子一个齿的中线与定子某一齿的中线位置一致时，该定子齿对应的气隙磁导最大，当转子转过 1/2 齿距时，转子槽的中线与定子齿的中线位置一致，该定子齿对应的气隙磁导最小，以后的过程重复进行。在上述过程中，该定子齿上的输出绕组的磁通大小相应发生周期性变化，输出绕组中就有交流的感应电动势产生。每当转子转过一个齿距，输出绕组的感应电动势也变化一个周期，因此，输出电动势的频率应为

$$f=\frac{Z_{r}n}{60} \tag{6-61}$$

式中，Z_{r} 为转子齿数；n 为电动机转速（r/min）。

由于感应电动势频率和转速之间有严格的关系，相应感应电动势的大小也与转速成正比，故可作为测速发电机用。它和永磁式交流测速发电机一样，由于电动势的频率随转速而

变化，致使负载阻抗和电动机本身的内阻抗大小均随转速而改变。但是，采用二极管对这种测速发电机的三相输出电压进行桥式整流后，可取其直流输出电压作为速度信号用于工业自动化系统的自动控制。感应子式测速发电机和整流电路结合后，可以作为性能良好的直流测速发电机使用。

脉冲式交流测速发电机以脉冲频率作为输出信号。由于输出电压的脉冲频率和转速保持严格的正比关系，所以也属于同步发电机类型。其特点是输出信号的频率相当高，即使在较低转速下（如每分钟几转或几十转），也能输出较多的脉冲数，因而以脉冲个数解算（显示）的转速分辨力比较高，适用于转速较低的测控系统，特别适用于鉴频锁相的转速（速度）控制系统。

6.6.7 磁电式涡轮流量传感器

1. 工作原理

图 6-24 为磁电式涡轮流量传感器原理结构，主要由三部分组成：导流器、涡轮和磁电式转换器。

流体从传感器入口经过导流器，使流束平行于轴线方向流入涡轮，推动螺旋形叶片的涡轮转动，磁电式转换器输出与流量成比例的脉冲数，从而实现流量的测量。

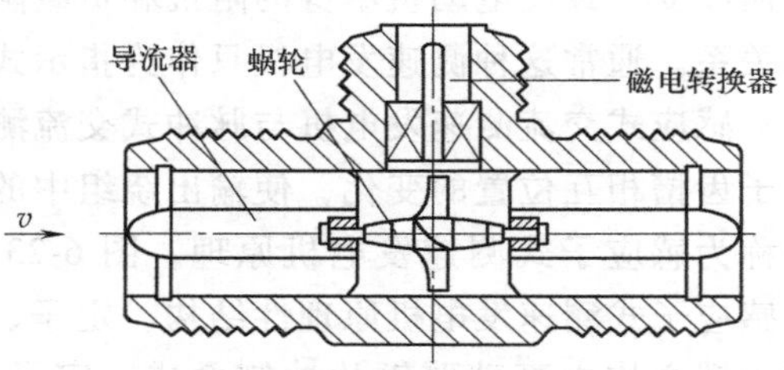

图 6-24 磁电式涡轮流量传感器原理结构

2. 流量方程式

平行于涡轮轴线的流体平均流速 v，可分解为叶片的相对速度 v_r 和叶片切向速度 v_s，如图 6-25 所示。切向速度 v_s(m/s) 为

$$v_s = v\tan\theta \tag{6-62}$$

式中，θ 为叶片的螺旋角（°）。

若忽略涡轮轴上的负载力矩，当涡轮稳定旋转时，叶片的切向速度为

$$v_s = R\omega \tag{6-63}$$

则涡轮转速 n(rad/s) 为

$$n = \frac{\omega}{2\pi} = \frac{\tan\theta}{2\pi R}v \tag{6-64}$$

式中，R 为叶片的平均半径（m）。

由此可见，在理想状态下，涡轮转速 n 与流速 v 成比例。

磁电式转换器所产生的脉冲频率 f(Hz) 为

$$f = nZ = \frac{Z\tan\theta}{2\pi R}v \tag{6-65}$$

式中，Z 为涡轮的叶片数目。

流体的体积流量 Q_V(m^3/s) 为

$$Q_V = \frac{2\pi RS}{Z\tan\theta}f = \frac{1}{\zeta_F}f \tag{6-66}$$

式中，S 为涡轮的通道横截面积（m^2）；ζ_F 为流量转换系数，$\zeta_F = \dfrac{Z\tan\theta}{2\pi RS}$（$m^{-3}$）。

由式（6-66）可知，对于一定结构的涡轮，流量转换系数是一个常数，流过涡轮的体积流量 Q_V 与磁电式转换器的脉冲频率 f 成正比。但是在小流量时，由于各种阻力力矩之和与叶轮的转矩相比较大，因此流量转换系数下降；在大流量时，由于叶轮的转矩大大超过各种阻力力矩之和，流量转换系数几乎保持常数，如图 6-26 所示。

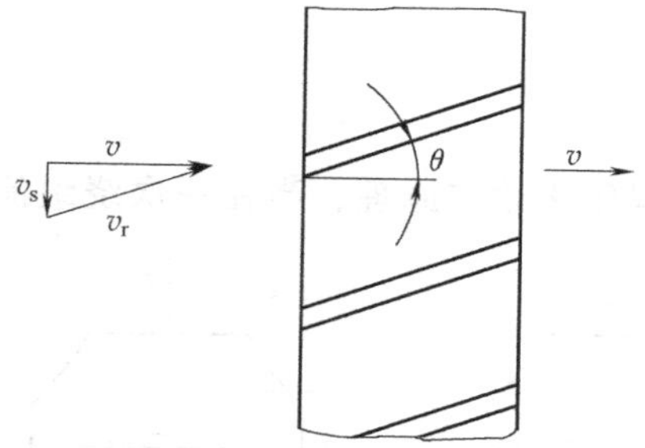

图 6-25　涡轮叶片速度分解

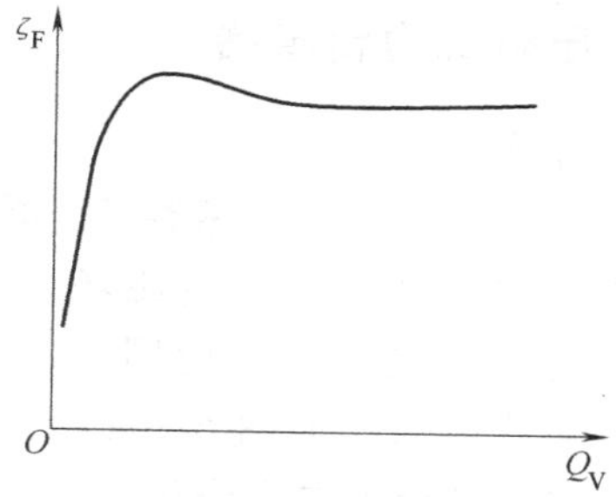

图 6-26　流量转换系数与体积流量的关系曲线

磁电式涡轮流量传感器线性特性输出，测量精度高，为 0.2% 以上；测量范围宽，Q_{Vmax}/Q_{Vmin} 为 10~30；抗干扰能力强，适于测量脉动流，便于数字化和远距离传输；压力损失小；但受流体密度和黏度变化的影响较大。该传感器主要用于清洁液体或气体流量的测量，成功用于航空机载，测量发动机的燃油体积流量，也称燃油耗量传感器。

6.6.8　电磁式流量传感器

电磁式流量传感器是根据法拉第电磁感应原理制成的一种流量传感器，用来测量导电液体的流量。其原理示意图如图 6-27 所示，由产生均匀磁场的系统、不导磁材料的管道及在管道横截面上的导电电极组成。磁场方向、电极连线及管道轴线三者在空间互相垂直。当被测导电液体流过管道时，切割磁力线，于是在和磁场及流动方向垂直的方向上产生感应电动势，其值和被测液体的流速成比例。被测导电液体的体积流量为

$$Q_V=\frac{\pi D^2}{4}v=\frac{\pi DE}{4B} \tag{6-67}$$

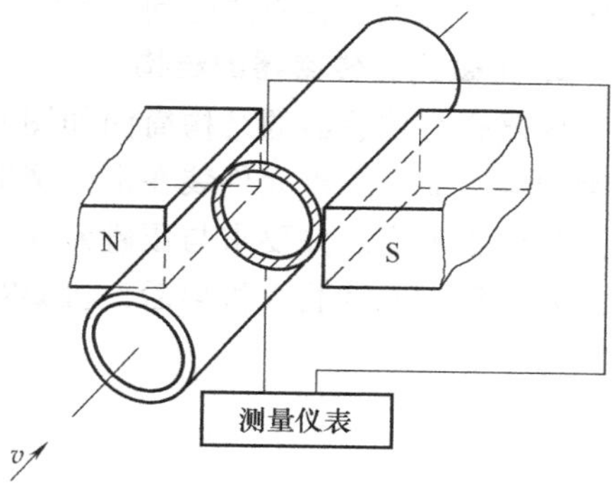

图 6-27　电磁式流量传感器原理示意图

式中，E 为感应电动势（V）；B 为磁感应强度（T）；D 为切割磁力线的导电液体长度（为管道内径 D）（m）；v 为导电液体在管道内的平均流速（m/s）。

因此，测量感应电动势就可以测出被测导电液体的流量。

若磁感应强度 B 是常量，即直流磁场，则电磁式流量传感器适用于非电解性液体，如液体金属纳、汞等的流量测量。而对电解性液体的流量测量则采用市电（50Hz）交流电励磁的交流磁场，还可以消除由于电源电压及频率波动所引起的测量误差。为了避免测量管道引起磁分流，通常用非导磁材料制成；为了隔离外界磁场的干扰，电磁式流量传感器的外壳用铁磁材料制成。

电磁式流量传感器要求测量介质的电导率大于 0.005Ω/m，因此不能测量气体及石油制

品的流量；由于测量管道内没有任何突出的和可动的部件，因此适用于有悬浮颗粒的浆液、各种腐蚀性液体等的流量测量，而且压力损失极小；同时被测液体温度、压力、黏度等对测量结果的影响很小，因此电磁式流量传感器使用范围广，是工业中测量导电液体常用的流量传感器。

6.6.9 压磁式力传感器

1. 基本原理

图 6-28 为压磁式力传感器工作原理示意图。根据压磁效应原理，当在一次绕组流过交变励磁电流时，铁心中产生磁场，由于压磁元件在未受力时各向同性，磁力线呈轴对称分布，如图 6-28a 所示。此时合成磁场平行于二次绕组的平面，磁力线不与二次绕组交链，故二次绕组不会感应出电动势。当压磁元件受外力作用时，由于压磁元件内部引起各向磁导率的变化，磁力线分布呈椭圆形，如图 6-28b 所示。合成磁场有部分与二次绕组交链，在二次绕组中感应出电动势。而且，所加外力 *F* 越大，压磁元件中的应力越大，磁力线交链越多，二次绕组中感应的电动势越大。

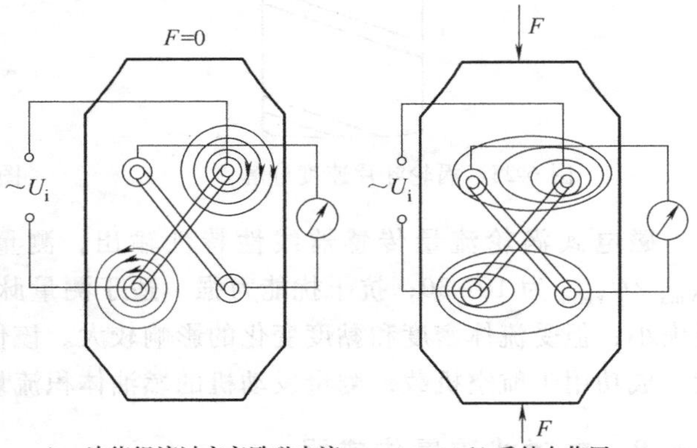

a) 一次绕组流过交变励磁电流　　b) 受外力作用

图 6-28　压磁式力传感器工作原理示意图

2. 压磁式力传感器的结构

压磁式力传感器的结构简图如图 6-29 所示。它主要由压磁元件、弹性机架、基座和传力钢球等组成。压磁元件装在由弹簧钢制成的弹性机架内，传力钢球的作用是为了保持作用力点的位置不变。并要求与压磁元件接触的弹性机架表面研磨平，以保持接触良好，受力均匀。要求压磁元件装入机架后，机架对压磁元件有一定的预压力，一般预压力为额定压力的 5%~15%。

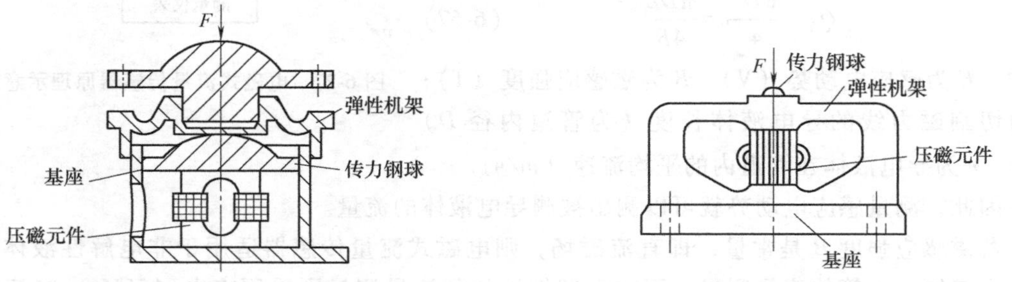

a) 阻流圈式(只有一个线圈)　　b) 变压器式(有激励线圈和输出线圈)

图 6-29　压磁式力传感器的结构简图

弹性机架的上部是弹性梁，当压磁元件与弹性机架采用压配合时，弹性梁的弹性变形对压磁元件产生预压力。梁式结构的侧向刚度较大，可减小侧向力对传感器的影响。

6.6.10 压磁式转矩传感器

压磁式转矩传感器又称磁弹式转矩传感器，图 6-30 为磁弹式转矩传感器结构示意图。转轴由铁磁材料制成，通过联轴节与动力机构和负载相连，联轴节由非磁性材料制造，具有隔磁作用。将转轴置于线圈绕组中，线圈所形成的磁通路经转轴，靠铁心封闭。测量时线圈通入励磁电流，转轴在轴向被线圈磁化。根据磁弹效应，受转矩作用的轴的导磁性也要发生相应变化，即磁导率发生变化，从而引起线圈的感抗变化，通过电路测量感抗的变化可确定转矩。

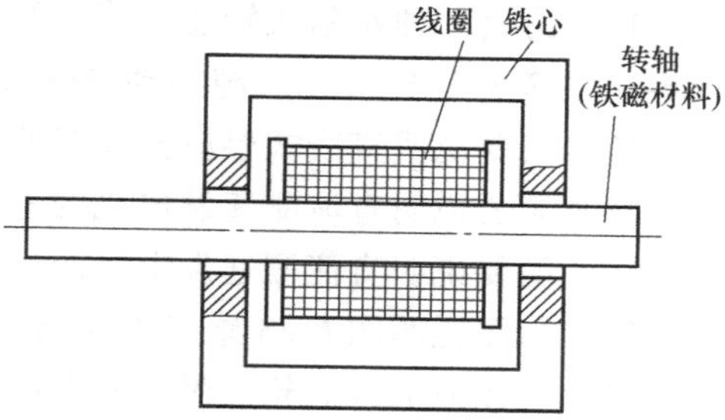

图 6-30 磁弹式转矩传感器结构示意图

6.6.11 基于电涡流式振动位移传感器的振动场测量

图 6-31 为利用电涡流式振动位移传感器实现对振动轴振型及其频率测量的原理示意图。图 6-31a 中，沿轴线方向并排放置若干个电涡流式传感器，分别测量所在点轴的振动位移，以获取轴的振型，同时对振动信号频率进行分析获取轴的振动频率。图 6-31b 为利用电涡流式振动位移传感器测量涡轮叶片的振幅。叶片振动时周期性地改变其与电涡流式振动位移传感器之间的距离，电涡流式振动位移传感器输出电压信号的幅值与叶片振动幅度成比例、频率与叶片振动频率相同。因此，通过电涡流式振动位移传感器的输出电压可以解算出叶片的振动幅度和频率。

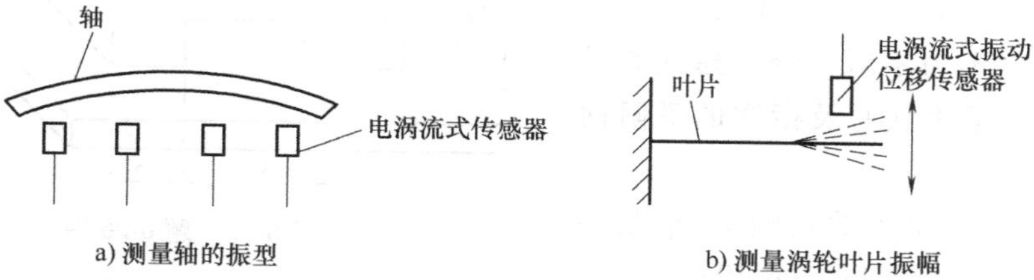

图 6-31 利用电涡流式振动位移传感器实现对振动轴振型及其频率测量的原理示意图

习题与思考题

6-1 电感式变换元件主要由哪几部分组成？电感式变换元件主要有几种形式？

6-2 电磁测量原理的特点是什么？

6-3 说明简单电感式变换元件的基本工作原理及应用特点。

6-4 简要说明差动电感式变换元件的特点。

6-5 简述图 6-5e 差动变压器式变换元件的工作过程及应用特点。

6-6 建立图 6-5bE 形差动变压器式变换元件的输入-输出关系。

6-7 简述电涡流效应，并说明其可能的应用。

6-8 电涡流效应与哪些参数有关？电涡流式变换元件的主要特点有哪些？

6-9 分析电涡流效应的等效电路。

6-10 简述电涡流式变换元件采用的调频信号转换电路的工作原理。

6-11 简述霍尔效应，设计一个霍尔式压力传感器的原理结构。

6-12　简述压磁效应，说明压磁元件的应用特点。

6-13　简述图 6-14 差动变压器式加速度传感器的工作原理。

6-14　给出一种电涡流式转速传感器的原理结构图，并说明其工作过程。

6-15　给出一种霍尔式转速传感器的原理结构图，并说明其工作过程。

6-16　简述图 6-16 变气隙差动电感式压力传感器的工作原理。

6-17　简要说明直线式感应同步器的基本结构。

6-18　简要说明直流测速发电机的基本工作原理。

6-19　简要说明直流测速发电机产生误差的原因和改进方法。

6-20　简要说明图 6-23 感应子式测速发电机的工作原理与应用特点。

6-21　简述磁电式涡轮流量传感器的工作原理。该传感器的关键部件是什么？

6-22　图 6-24 磁电式涡轮流量传感器，从原理上考虑，用于计脉冲数的元件可以采用哪些敏感原理？

6-23　简述电磁式流量传感器的工作原理和特点。

6-24　简要说明图 6-28 压磁式力传感器的基本工作原理。

6-25　简述图 6-30 磁弹式转矩传感器的工作原理和应用特点。

6-26　图 6-32 为某简单电感式变换元件，有关参数示于图中，单位均为 mm；磁路取为中心磁路，不计漏磁。设铁心及衔铁的相对磁导率为 1.2×10^4，空气的相对磁导率为 1，真空的磁导率为 $4\pi\times10^{-7}\text{H}\cdot\text{m}^{-1}$，线圈匝数为 300；试计算气隙长度为 0mm、0.25mm、0.5mm、0.75mm 和 1mm 时的电感量（气隙长度不为零时，分考虑铁心及衔铁的磁阻与不考虑铁心及衔铁的磁阻两种情况）。

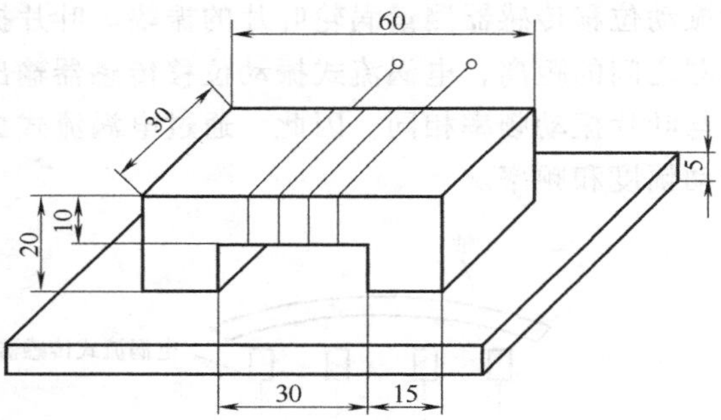

图 6-32　题 6-26 图

6-27　假设励磁电流的角频率 ω_0 足够高，试由式（6-39）证明式（6-40）。

6-28　某电涡流式振动位移传感器，其输出为频率特性方程为 $f=e^{(bx+a)}+f_\infty$，已知 $f_\infty=4.438\text{MHz}$ 及表 6-1 所列的一组标定数据。试利用曲线化直线的拟合方法，用最小二乘法进行直线拟合，求该传感器的工作特性方程，并评估其误差。

表 6-1　某电涡流式振动位移传感器的一组标定数据

位移 x/mm	1.0	2.0	3.0	4.0	5.0	6.0	7.0	8.0	9.0	10.0
输出 f/MHz	5.558	5.085	4.811	4.654	4.563	4.511	4.480	4.462	4.451	4.445

6-29　图 6-16 变气隙差动电感式压力传感器圆平膜片敏感元件的厚度为 H、半径为 R；线圈匝数为 W，其圆环形线圈中心环的半径为 R_0，初始气隙长度为 $\delta_1=\delta_2=\delta_0$；当励磁电压为 $u_{\text{in}}=U_{\text{m}}\sin\omega t$ 时，试导出该传感器的输出信号 u_{out} 的表达式。

6-30　如图 6-21 所示，已知电枢绕组电阻为 1Ω，测速发电机的负载电阻为 25Ω，在 300r/min 转速下，测得空载时测速发电机的输出电压为 3V，试求在理想情况下的系数 C_{e} 和 C。

6-31　某感应同步器采用鉴相型测量电路解算被测位移，当定尺节距为 0. 5mm、激励电压为 $5\sin500t$V 和 $5\cos500t$V 时，定尺上的感应电动势为 $2.5\times10^{-2}\sin\left(500t+\frac{\pi}{5}\right)$ V，试计算此时的位移。

6-32　某感应同步器采用鉴相型测量电路解算被测位移，当定尺节距为 0. 8mm，激励电压为 $5\sin1500t$V 和 $5\cos1500t$V 时，定尺上的感应电动势为 $2\times10^{-2}\cos\left(1500t+\frac{\pi}{5}\right)$ V，试计算此时的位移。

6-33　某电涡流式转速传感器用于测量在圆周方向开有 24 个均布小槽的转轴的转速。当电涡流式转速传感器的输出为 $u_{out}=U_m\cos(2\pi\times1200t+\pi/3)$ 时，试求该转轴的转速为每分钟多少转？若考虑在 20min 测量过程中有 ±1 个计数误差，那么实际测量可能产生的转速误差为每分钟多少转？

第7章　压电式传感器

7.1　主要压电材料及其特性

某些电介质，当沿一定方向对其施加外力导致材料发生变形时，其内部会发生极化现象，同时在其某些表面产生电荷，实现机械能到电能的转换；当外力去掉后，又重新回到不带电状态。这种将机械能转换成电能的现象称为正压电效应。反过来，在电介质极化方向施加电场，它会产生机械变形，实现电能到机械能的转换；当外加电场去掉后，电介质的变形随之消失。这种将电能转成换机械能的现象称为逆压电效应。电介质的正压电效应与逆压电效应统称压电效应。从传感器输出可用电信号角度考虑，对于压电式传感器而言，重点讨论正压电效应。

具有压电特性的材料称为压电材料，分为天然的压电晶体材料和人工合成的压电材料。自然界中，压电晶体材料的种类很多，石英晶体是一种最具实用价值的天然压电晶体材料。人工合成的压电材料主要有压电陶瓷和压电膜。

7.1.1　石英晶体

1. 压电机理

图 7-1 为右旋石英晶体的理想外形，具有规则的几何形状。石英晶体有三个晶轴，如图 7-2 所示。其中 z 为光轴，利用光学方法确定，没有压电特性；经过晶体的棱线，并垂直于光轴的 x 轴称为电轴；垂直于 zx 平面的 y 轴称为机械轴。

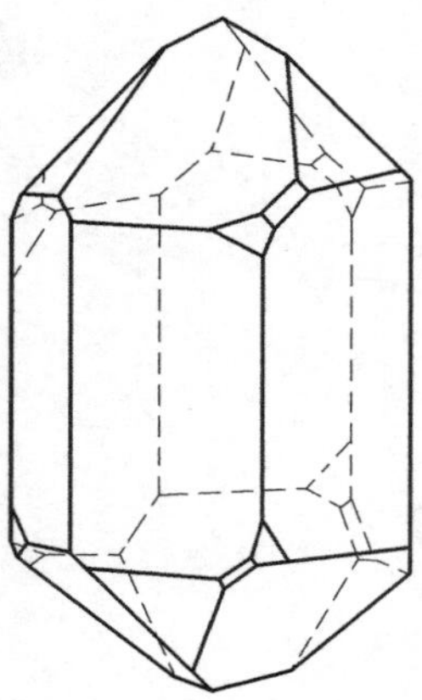

图 7-1　石英晶体的理想外形

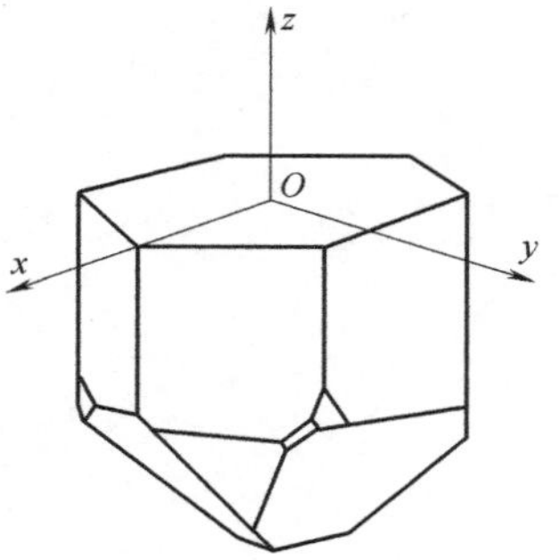

图 7-2　石英晶体的直角坐标系

石英晶体的压电特性与其内部结构有关。为了直观地了解其压电特性，将组成石英（SiO_2）晶体的硅离子和氧离子排列在垂直于晶体 z 轴的 xy 平面（z 面）上的投影，等效为图 7-3a 中的正六边形排列。图中“⊕”代表 Si^{+4}，“⊖”代表 $2O^{-2}$。

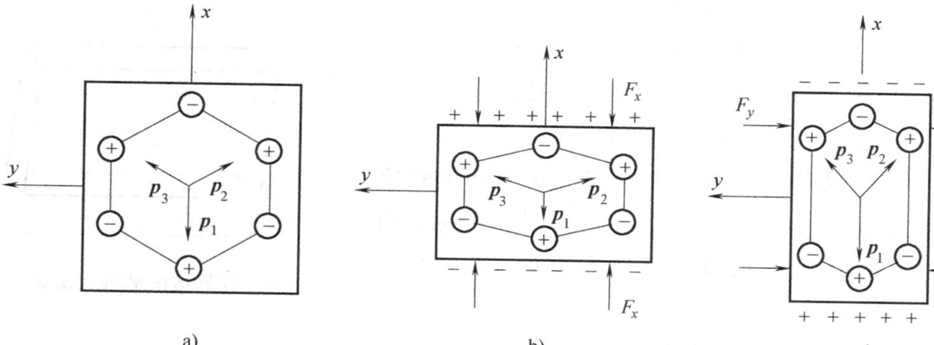

图 7-3　石英晶体压电效应机理示意图

石英晶体未受外力作用时，如图 7-3a 所示，Si^{+4} 和 $2O^{-2}$ 正好分布在正六边形的顶角上，形成三个大小相等、互呈 120°夹角的电偶极矩 $\boldsymbol{p}_1$、$\boldsymbol{p}_2$ 和 $\boldsymbol{p}_3$。电偶极矩的大小为 $p=ql$，q 为电荷量，l 为正、负电荷之间的距离；电偶极矩的方向由负电荷指向正电荷。因此，石英晶体未受外力作用时，电偶极矩的矢量和 $\boldsymbol{p}_1+\boldsymbol{p}_2+\boldsymbol{p}_3=0$，晶体表面不产生电荷，石英晶体呈电中性。

当石英晶体受到沿 x 轴方向的压缩力作用时，如图 7-3b 所示，晶体沿 x 轴方向产生压缩变形，正、负离子的相对位置随之变动。电偶极矩在三个坐标轴上的分量分别为

$$p_x=(\boldsymbol{p}_1+\boldsymbol{p}_2+\boldsymbol{p}_3)_x>0$$
$$p_y=(\boldsymbol{p}_1+\boldsymbol{p}_2+\boldsymbol{p}_3)_y=0$$
$$p_z=(\boldsymbol{p}_1+\boldsymbol{p}_2+\boldsymbol{p}_3)_z=0$$

于是，在 x 轴正方向的晶面上出现正电荷，在垂直于 y 轴和 z 轴晶面上不出现电荷。这种沿 x 轴方向施加作用力，在垂直于此轴晶面上产生电荷的现象，称为纵向压电效应。

当石英晶体受到沿 y 轴方向的压缩力作用时，如图 7-3c 所示，晶体沿 x 轴方向产生拉伸变形，正、负电荷的相对位置随之变动。电偶极矩在三个坐标轴上的分量分别为

$$p_x=(\boldsymbol{p}_1+\boldsymbol{p}_2+\boldsymbol{p}_3)_x<0$$
$$p_y=(\boldsymbol{p}_1+\boldsymbol{p}_2+\boldsymbol{p}_3)_y=0$$
$$p_z=(\boldsymbol{p}_1+\boldsymbol{p}_2+\boldsymbol{p}_3)_z=0$$

于是，在 x 轴正方向的晶面上出现负电荷，在垂直于 y 轴和 z 轴晶面上不出现电荷。这种沿 y 轴方向施加作用力，而在垂直于 x 轴晶面上产生电荷的现象，称为横向压电效应。

当石英晶体受到沿 z 轴方向的力时，由于晶体在 x 轴方向和 y 轴方向的变形相同，电偶极矩在 x 轴方向和 y 轴方向的分量等于零，所以沿 z 轴（光轴）方向施加作用力，石英晶体不会产生压电效应。

当石英晶体各个方向同时受到均等的作用力（如液体压力）时，石英晶体将保持电中性，即石英晶体没有体积变形的压电效应。

2. 压电常数

从石英晶体上取出一平行六面体切片，其晶面方向分别沿着 x 轴、y 轴和 z 轴，几何参数分别为 h、L 和 W，如图 7-4 所示。

石英晶体的正压电效应可以表述为

$$\boldsymbol{\sigma}=\boldsymbol{D}_Q\boldsymbol{T} \tag{7-1}$$

$$\boldsymbol{D}_Q=\begin{bmatrix} d_{11} & -d_{11} & 0 & d_{14} & 0 & 0 \\ 0 & 0 & 0 & 0 & -d_{14} & -2d_{11} \\ 0 & 0 & 0 & 0 & 0 & 0 \end{bmatrix}$$

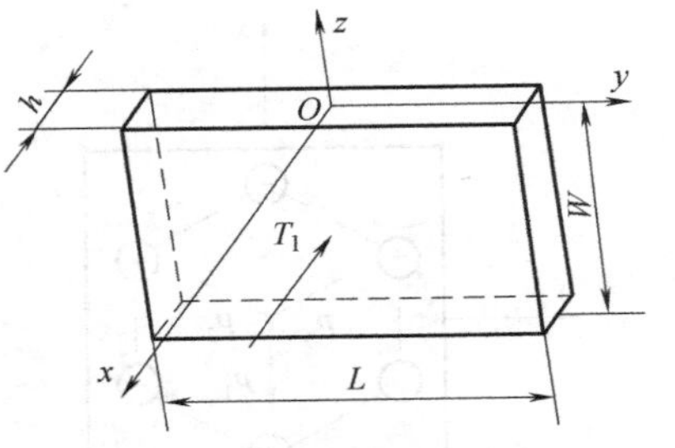

图 7-4　石英晶体平行六面体切片

式中，$\boldsymbol{D}_Q$ 为石英晶片的压电常数矩阵；$\boldsymbol{\sigma}$ 为压电效应引起的电荷密度矢量，$\boldsymbol{\sigma}=[\sigma_1\quad\sigma_2\quad\sigma_3]^T$；$\boldsymbol{T}$ 为作用于石英晶体上的应力矢量，$\boldsymbol{T}=[T_1\quad T_2\quad T_3\quad T_4\quad T_5\quad T_6]^T$。

石英晶体只有两个独立的压电常数，即

$$d_{11}=\pm 2.31\times 10^{-12}\text{C/N}$$

$$d_{14}=\pm 0.73\times 10^{-12}\text{C/N}$$

其中，左旋石英晶体的 d_{11}、d_{14} 取正号；右旋石英晶体的 d_{11}、d_{14} 取负号。

压电常数 d_{11} 表示晶片在 x 方向承受正应力时，单位压缩正应力在垂直于 x 轴晶面上所产生的电荷密度；压电常数 d_{14} 表示晶片在 x 面承受切应力时，单位切应力在垂直于 x 轴晶面上所产生的电荷密度。

基于式（7-1），对于石英晶体来说，选择恰当的石英晶片形状（又称晶片的切型）、受力状态和变形方式很重要，它们直接影响着石英晶体元件的压电效应和机电能量的转换效率。如在 x 晶面上，能引起压电效应产生电荷的应力分量为作用于 x 轴的正应力 T_1、作用于 y 轴的正应力 T_2、作用于 x 面上的切应力 T_4；在 y 晶面上，能引起压电效应产生电荷的应力分量为作用于 y 面上的切应力 T_5、作用于 z 面上的切应力 T_6；而在 z 晶面上，没有压电效应。

可见，石英晶体的压电效应有四种基本应用方式：

1）厚度变形：通过 d_{11} 产生 x 方向的纵向压电效应。

2）长度变形：通过 $-d_{11}$ 产生 y 方向的横向压电效应。

3）面剪切变形：晶体受剪切力的面与产生电荷的面相同。如对于 x 切晶片，通过 d_{14} 将 x 面上的剪切应力转换成 x 面上的电荷；对于 y 切晶片，通过 $-d_{14}$ 将垂直于 y 面上的剪切应力转换成 y 面上的电荷。

4）厚度剪切变形：晶体受剪切力的面与产生电荷的面不共面。如对于 y 切晶片，在 z 面上作用剪切应力时，通过 $-2d_{11}$ 在 y 面上产生电荷。

对于第 1）种厚度变形，基于式（7-1）可得在 x 面上产生的电荷为

$$q_{11}=\sigma_{11}LW=d_{11}T_1LW=d_{11}F_1 \tag{7-2}$$

式中，F_1 为沿晶轴 x 方向的作用力（N）。这表明石英晶片在 x 晶面上所产生的电荷量 q_{11} 正比于作用于该晶面上的力 F_1，所产生的电荷极性如图 7-5a 所示。当石英晶片在 x 轴方向受到拉伸力时，在 x 晶面上产生的电荷极性与受压缩的情况相反，如图 7-5b 所示。

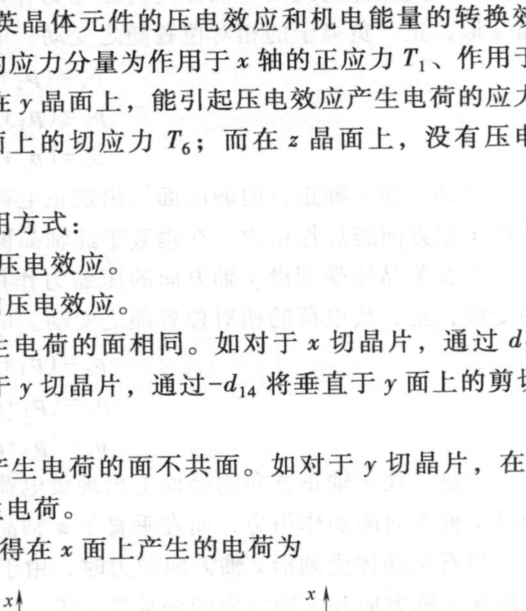

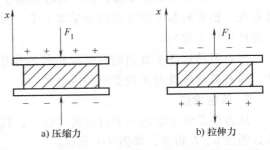

图 7-5　石英晶片厚度变形电荷生成机理示意图

类似地，可以分析其他变形工作模式。

3. 主要特性

石英晶体是一种天然的、性能优良的压电晶体。介电常数和压电常数的温度稳定性非常好。在20~200℃范围内，温度升高1℃，压电常数仅减小0.016%；温度上升到400℃，压电常数 d_{11} 仅减小5%；温度上升到500℃，d_{11} 急剧下降；当温度达到573℃时，石英晶体失去压电特性，这时的温度称为居里温度点。

此外，石英晶体压电特性较弱，但长期稳定性非常好、机械强度高、绝缘性能好。石英晶体元件的迟滞小、重复性好、固有频率高、动态响应好。

4. 石英压电谐振器的热敏感性

由于材料的各向异性，石英晶体的某些切型具有热敏感性，即石英压电谐振器的谐振频率随温度而变化的特性。研究表明，在-200~+200℃温度范围内，石英谐振器的温度-频率特性可表示为

$$\begin{aligned} f(t) &= f_0\left[1+\sum_{n=1}^{3}\frac{1}{n!}\frac{\partial^n f}{f_0\partial t^n}\bigg|_{t=t_0}(t-t_0)^n\right] \\ &= f_0\left[1+T_f^{(1)}(t-t_0)+T_f^{(2)}(t-t_0)^2+T_f^{(3)}(t-t_0)^3\right] \end{aligned} \tag{7-3}$$

式中，f_0 为温度为 t_0（一般取 $t_0=25℃$）时的谐振频率（Hz）；$T_f^{(1)}$ 为一阶频率温度系数，$T_f^{(1)}=\dfrac{\partial f}{f_0\partial t}\bigg|_{t=t_0}$；$T_f^{(2)}$ 为二阶频率温度系数，$T_f^{(2)}=\dfrac{\partial^2 f}{2f_0\partial t^2}\bigg|_{t=t_0}$；$T_f^{(3)}$ 为三阶频率温度系数，$T_f^{(3)}=\dfrac{\partial^3 f}{6f_0\partial t^3}\bigg|_{t=t_0}$。

石英晶体材料的温度系数与压电元件的取向、振动模态密切相关。对于非敏感温度的石英压电元件，应选择适当的切型和工作模式，尽可能对被测量敏感，降低其频率温度系数；而对于敏感温度的石英压电元件，应选择恰当的频率温度系数。

7.1.2 压电陶瓷

1. 压电机理

压电陶瓷是人工合成的多晶压电材料，由无数细微的电畴组成。这些电畴实际上是自发极化的小区域。自发极化的方向任意排列，如图7-6a所示。无外电场作用时，从整体上看，这些电畴的极化效应相互抵消，使原始的压电陶瓷呈电中性，不具有压电性质。

为了使压电陶瓷具有压电效应，需进行极化处理，即在一定温度下对压电陶瓷施加强电场（如20~30kV/cm的直流电场），经过2~3h后，陶瓷内部电畴的极化方向都趋向于电场

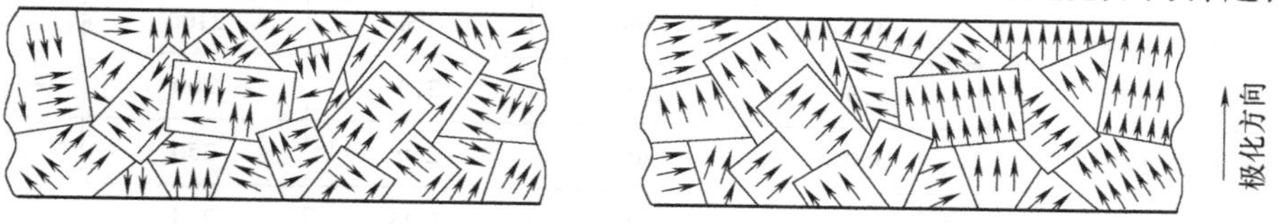

a) 自发极化　　b) 极化处理

图7-6　压电陶瓷的电畴示意图

方向，如图 7-6b 所示。经过极化处理的压电陶瓷就呈现出压电效应。

2. 压电常数

压电陶瓷的极化方向通常取 z 轴方向，在垂直于 z 轴平面上可以任意设定相互垂直的 x 轴和 y 轴。压电特性对于 x 轴和 y 轴是等效的。研究表明，压电陶瓷通常有三个独立的压电常数，即 d_{33}、d_{31} 和 d_{15}。如钛酸钡压电陶瓷的压电常数矩阵为

$$\boldsymbol{D}_{\mathrm{P}}=\begin{bmatrix} 0 & 0 & 0 & 0 & d_{15} & 0 \\ 0 & 0 & 0 & -d_{15} & 0 & 0 \\ d_{31} & d_{31} & d_{33} & 0 & 0 & 0 \end{bmatrix} \tag{7-4}$$

$$d_{33}=190\times10^{-12}\mathrm{C/N}$$

$$d_{31}=-0.41d_{33}\approx-78\times10^{-12}\mathrm{C/N}$$

$$d_{15}=250\times10^{-12}\mathrm{C/N}$$

由式（7-4）可知，钛酸钡压电陶瓷可以利用厚度变形、长度变形和剪切变形获得压电效应，也可以利用体积变形获得压电效应。

3. 常用压电陶瓷

（1）钛酸钡压电陶瓷

钛酸钡的压电常数 d_{33} 是石英晶体的压电常数 d_{11} 的几十倍，介电常数和体电阻率也都比较高；但温度稳定性、长期稳定性以及机械强度都不如石英晶体；而且工作温度较低，居里温度点为 115℃，最高使用温度约为 80℃。

（2）锆钛酸铅压电陶瓷

锆钛酸铅压电陶瓷（PZT）是由锆酸铅和钛酸铅组成的固溶体。它具有很高的介电常数，各项机电参数随温度和时间等外界因素的变化较小。根据不同用途，在锆钛酸铅材料中再添加一种或两种其他微量元素，如铌（Nb）、锑（Sb）、锡（Sn）、锰（Mn）、钨（W）等，可获得不同性能的 PZT。常见压电材料的性能参数见表 7-1。为便于比较，表中同时列出了石英晶体的有关参数。PZT 的居里温度点比钛酸钡要高，其最高使用温度可达 250℃。由于 PZT 的压电性能和温度稳定性等方面均优于钛酸钡压电陶瓷，故它是目前应用最普遍的一种压电陶瓷材料。

表 7-1　常用压电材料的性能参数

性能参数	石英	钛酸钡	锆钛酸铅 PZT-4	锆钛酸铅 PZT-5	锆钛酸铅 PZT-8
压电常数/(C/N)	$d_{11}=2.31$ $d_{14}=0.73$	$d_{33}=190$ $d_{31}=-78$ $d_{15}=250$	$d_{33}=200$ $d_{31}=-100$ $d_{15}=410$	$d_{33}=415$ $d_{31}=-185$ $d_{15}=670$	$d_{33}=200$ $d_{31}=-90$ $d_{15}=410$
相对介电常数(ε_r)	4.5	1200	1050	2100	1000
居里温度点/℃	573	115	310	260	300
最高使用温度/℃	550	80	250	250	250
密度/(10^3kg/m^3)	2.65	5.5	7.45	7.5	7.45
弹性模量/10^9Pa	80	110	83.3	117	123

（续）

性能参数	石英	钛酸钡	锆钛酸铅 PZT-4	锆钛酸铅 PZT-5	锆钛酸铅 PZT-8
机械品质因数	10^5～10^6		≥500	80	≥800
最大安全应力/10^6Pa	95～100	81	76	76	83
体积电阻率/Ω·m	>10^{12}	10^{10}(25℃)	>10^{10}	10^{11}(25℃)	
最高允许湿度(%RH)	100	100	100	100	

7.1.3 聚偏二氟乙烯

聚偏二氟乙烯（PVF2）是一种高分子半晶态聚合物。利用 PVF2 制成的压电薄膜具有较高的电压灵敏度，比 PZT 大 17 倍。其动态品质非常好，在 10^{-5}～5×10^8Hz 频率范围内具有平坦的响应特性，特别适合利用正压电效应输出电信号。此外，它还具有机械强度高、柔软、耐冲击、易于加工成大面积元件和阵列元件、价格低廉等优点。

PVF2 压电薄膜在拉伸方向的压电常数最大（$d_{31}=20\times10^{-12}$C/N），而垂直于拉伸方向的压电常数 d_{32} 最小（$d_{32}\approx0.2d_{31}$）。因此，在测量小于 1MHz 的动态量时，多利用 PVF2 压电薄膜受拉伸或弯曲产生的横向压电效应。

PVF2 压电薄膜在超声和水声探测方面有优势。其声阻抗与水的声阻抗非常接近，两者具有良好的声学匹配关系。因此，PVF2 压电薄膜在水中是一种透明的材料，可以用超声回波法直接检测信号；同时也可用于加速度和动态压力的测量。

7.1.4 压电元件的等效电路

当压电元件受到外力作用时，在压电元件一定方向的两个表面（即电极面）上会产生电荷，即在一个表面上聚集正电荷，在另一个表面上聚集负电荷。因此，可把用作正压电效应的压电元件看作一个电荷发生器，等效于一个电容器，其电容量为

$$C_a=\varepsilon_r\varepsilon_0 S/\delta \tag{7-5}$$

式中，S、δ 为压电元件电极面的面积（m^2）和厚度（m）；ε_0、ε_r 为真空中的介电常数（F/m）和极板电极间的相对介电常数。

图 7-7a 为考虑直流漏电阻（又称体电阻）时的等效电路，正常使用时 R_P 很大，可以忽略。因此，可以把压电元件理想地等效为一个电荷源与一个电容相并联的电荷等效电路，如图 7-7b 所示；或等效为一个电压源和一个串联电容表示的电压等效电路，如图 7-7c 所示。

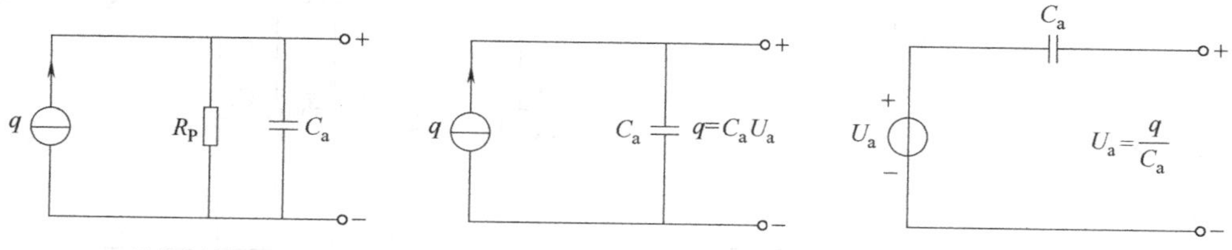

a) 考虑直流漏电阻　b) 电荷等效电路　c) 电压等效电路

图 7-7　压电元件的等效电路

7.2 压电元件的信号转换电路

7.2.1 电荷放大器与电压放大器

基于上述对压电元件等效电路的分析，压电元件相当于一个电容器，所产生的直接输出是电荷量，而且压电元件等效电容的电容量很小、输出阻抗高、易受引线等干扰影响。为此，通常可以采用如图 7-8 所示的电荷放大器。

考虑实际情况，电路的等效输入电容为

$$C=C_a+\Delta C \tag{7-6}$$

式中，C_a 为压电元件的电容量（F）；ΔC 为总的干扰电容量（F）。

由图 7-8 可得

$$U_{in}=q/C \tag{7-7}$$

$$Z_{in}=\frac{1}{Cs} \tag{7-8}$$

$$Z_f=\frac{1/(C_f s)R_f}{1/(C_f s)+R_f}=\frac{R_f}{1+R_f C_f s} \tag{7-9}$$

由式（7-7）~式（7-9），根据运算放大器的特性，可得

$$U_{out}=-\frac{Z_f}{Z_{in}}U_{in}=-\frac{R_f qs}{1+R_f C_f s} \tag{7-10}$$

可见，电荷放大器的输出只与压电元件产生的电荷不变量和反馈阻抗有关，而与电路的等效输入电容（含干扰电容）无关。这是电荷放大器的一个重要优点。

特别地，当反馈电阻足够大、工作频率足够高，在稳态测量时，放大器输出电压幅值 $U_{out,M}$ 与电荷量幅值 Q_M 的关系为

$$U_{out,M}=\frac{Q_M}{C_f} \tag{7-11}$$

压电元件的信号转换电路还可以采用如图 7-9 所示的电压放大器。图中 C_a、R_a 分别为压电元件的电容量和绝缘电阻；C_c、C_{in} 分别为电缆电容和前置放大器的输入电容；R_{in} 为前置放大器的输入电阻。显然这种电路易受电缆干扰电容影响。

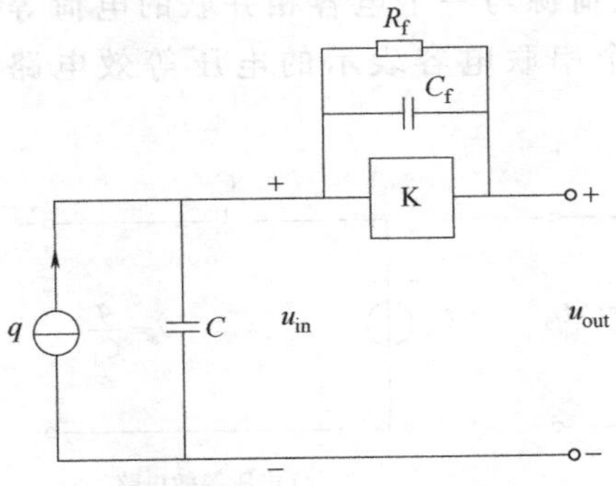

图 7-8　电荷放大器

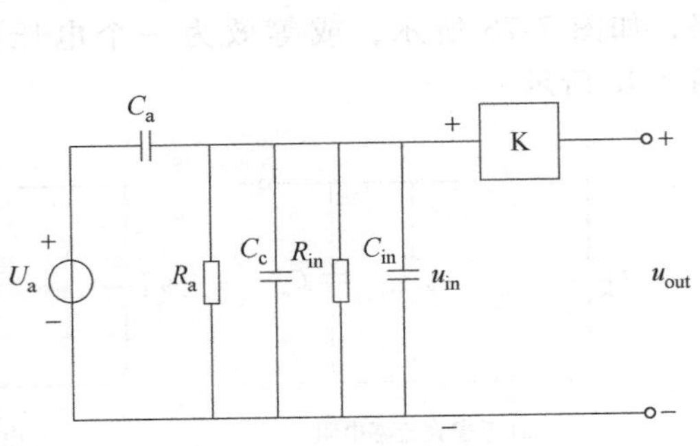

图 7-9　电压放大器

7.2.2 压电元件的并联与串联

为了提高灵敏度，可以把两片压电元件重叠放置并按并联（对应于电荷放大器）或串联（对应于电压放大器）方式连接，如图 7-10 所示。

对于如图 7-10a 所示的并联结构，有

$$\begin{cases} q_{p}=2q \\ u_{ap}=u_{a} \\ C_{ap}=2C_{a} \end{cases} \tag{7-12}$$

因此，当采用电荷放大器转换压电元件上的输出电荷 q_p 时，并联方式可以提高传感器的灵敏度。

对于如图 7-10b 所示的串联结构，有

$$\begin{cases} q_{s}=q \\ u_{as}=2u_{a} \\ C_{as}=0.5C_{a} \end{cases} \tag{7-13}$$

因此，当采用电压放大器转换压电元件上的输出电压 u_{as} 时，串联方式可以提高传感器的灵敏度。

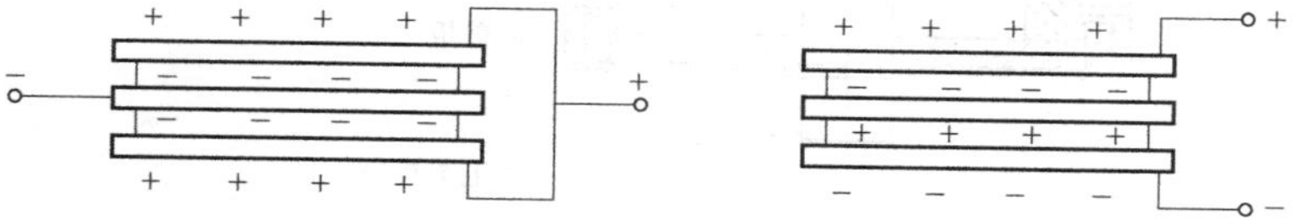

a) 并联　　b) 串联

图 7-10　压电元件的连接方式

7.3 压电式传感器的抗干扰问题

7.3.1 环境温度的影响

环境温度的变化会引起压电材料的压电常数、介电常数、体电阻和弹性模量等参数的变化。通常，温度升高时，压电元件的等效电容量增大，体电阻减小。电容量增大使传感器的电荷灵敏度增加、电压灵敏度降低；体电阻减小使传感器的时间常数减小、低频响应变差。

环境温度缓慢变化时，压电陶瓷内部的极化强度会随温度变化产生明显的热释电效应，从而导致采用压电陶瓷的传感器低频特性变差。而石英晶体对缓变温度不敏感，因此可应用于很低频率被测信号的测量。

环境温度瞬变时，对压电式传感器的影响比较大。瞬变温度在传感器壳体和基座等部件内产生温度梯度，引起热应力传递给压电元件，并产生干扰输出信号。此外，压电式传感器的线性度也会因预紧力受瞬变温度变化而变差。

瞬变温度引起的热电输出信号的频率较高，幅度较大，有时大到使放大器输出饱和。因此，在高温环境进行小信号测量时，热电干扰输出可能会淹没有用信号。为此，应设法补偿

瞬变温度引起的误差，通常可采用以下四种方法。

（1）采用剪切型结构

剪切型传感器由于压电元件与壳体隔离，壳体的热应力不会传递到压电元件上；而基座热应力通过中心柱隔离，温度梯度不会导致明显的热电输出。因此，剪切型传感器受瞬变温度的影响很小。

（2）采用隔热片

在测量爆炸冲击波压力时，冲击波前沿的瞬态温度很高。为了隔离和缓冲高温对压电元件的冲击，减小热梯度的影响，可在压电式压力传感器的膜片与压电元件之间放置氧化铝陶瓷片等热导率低的隔热片，如图 7-11 所示。

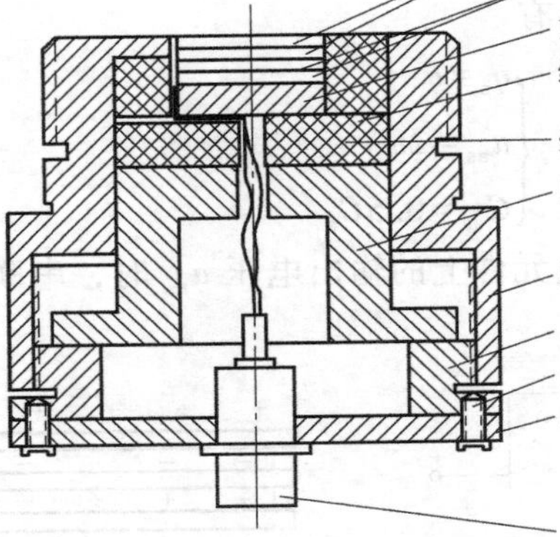

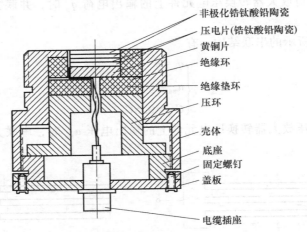

图 7-11　具有隔热片的压电式压力传感器

（3）采用温度补偿片

在压电元件与膜片之间放置适当材料及尺寸的温度补偿片，如由陶瓷及铁镍铍青铜两种材料组成的温度补偿片，如图 7-12 所示。温度补偿片的热膨胀系数比壳体等材料的热膨胀系数大。在高温环境中，温度补偿片的热膨胀变形可以抵消壳体等部件的热膨胀变形，使压电元件的预紧力不变，从而消除温度引起的传感器输出漂移。

（4）采用冷却措施

对于应用于高温介质动态压力测量的压电式压力传感器，可采用强制冷却的措施，即在传感器内部注入循环冷却水，以降低压电元件和传感器各部件的温度。也可以采取外冷却措施，将传感器装入冷却套中，冷却套内注入循环的冷却水。

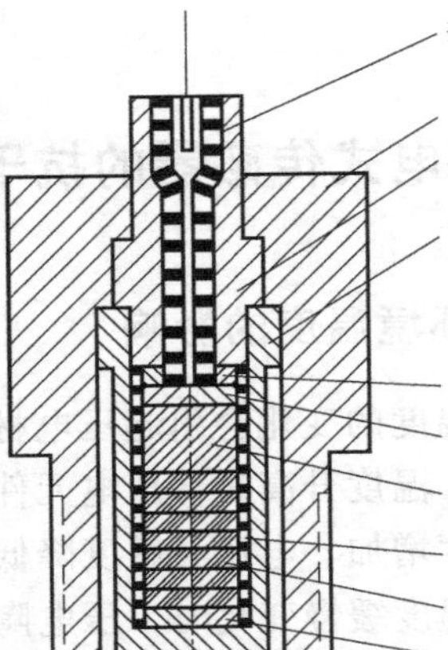

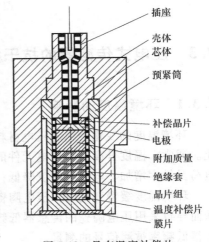

图 7-12　具有温度补偿片的压电式压力传感器

7.3.2　横向灵敏度

以压电式加速度传感器为例，理想的压电式加速度传感器，只感受主轴方向的加速度。

然而，实际的压电式加速度传感器在横向加速度的作用下都会有一定输出，通常将这一输出信号与横向加速度之比称为传感器的横向灵敏度。

产生横向灵敏度的主要原因是晶片切割时切角的定向误差、压电陶瓷极化方向的偏差；压电元件表面粗糙或两表面不平行；基座平面或安装表面与压电元件的最大灵敏度轴线不垂直；压电元件上作用的静态预压缩应力偏离极化方向等。这些原因使传感器最大灵敏度方向与主轴线方向不重合，横向作用的加速度在最大灵敏度方向上的分量不为零，引起传感器的输出误差，如图 7-13 所示。

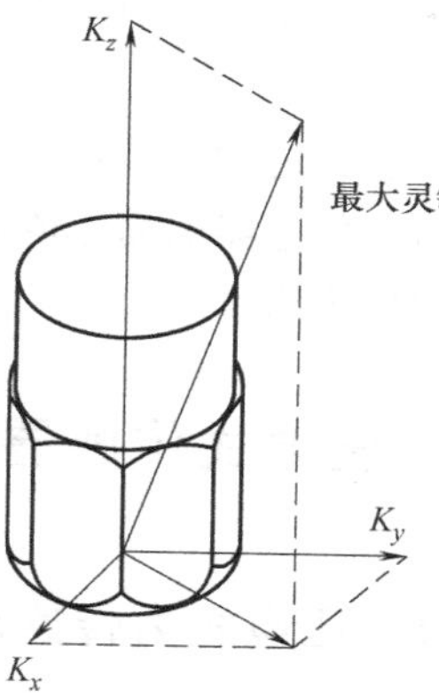

图 7-13　横向灵敏度的图解说明

横向灵敏度与加速度方向有关。图 7-14 为一种典型的横向灵敏度与加速度方向的关系曲线。假设沿 0°方向或 180°方向作用有横向加速度时，横向灵敏度最大，则沿 90°方向或 270°方向作用有横向加速度时，横向灵敏度最小。根据这一特点，在测量时需仔细调整传感器的位置，使传感器的最小横向灵敏度方向对准最大横向加速度方向，从而使横向加速度引起的输出误差为最小。

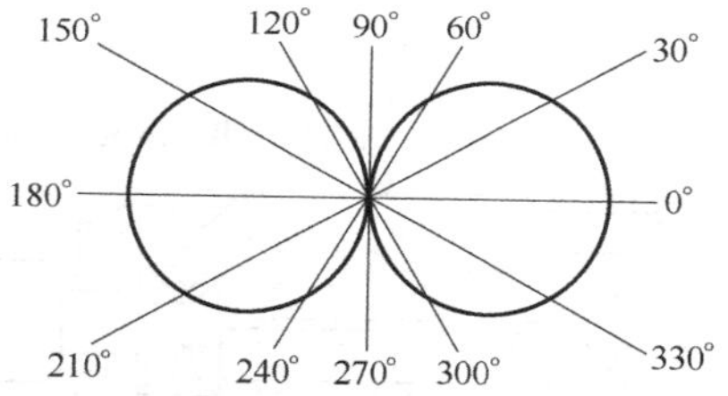

图 7-14　横向灵敏度与加速度方向的关系

7.3.3　电缆噪声的影响

电缆噪声由电缆自身产生。普通的同轴电缆由带挤压聚乙烯或聚四氟乙烯材料作绝缘保护层的多股绞线组成。外部屏蔽套是一个编织的多股的镀银金属网套，如图 7-15 所示。当电缆受到突然的弯曲或振动时，电缆芯线与绝缘体之间，以及绝缘体和金属屏蔽套之间就可能发生相对移动，在它们之间形成一个空隙。当相对移动很快时，在空隙中将因相互摩擦而产生静电感应电荷，此电荷直接叠加到压电元件的输出，并馈送到放大器中，从而在主信号中混杂有较大的电缆噪声。

为了减小电缆噪声，可选用特制的低噪声电缆，如电缆芯线与绝缘体之间以及绝缘体与屏蔽套之间加入石墨层，以减小相互摩擦；同时在测量过程中还应将电缆固紧，以避免引起相对运动，如图 7-16 所示。

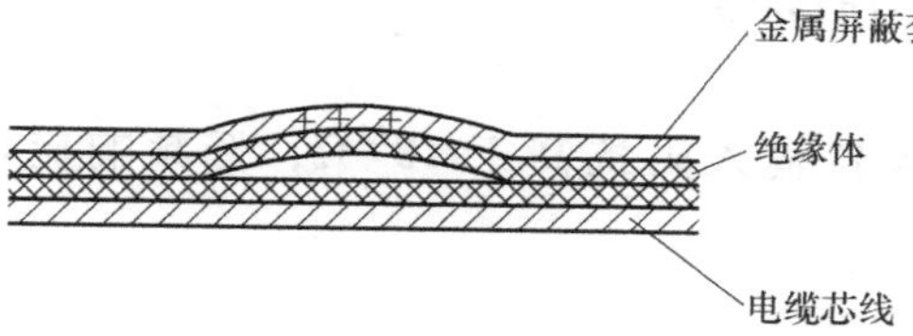

图 7-15　同轴电缆芯线和绝缘体分离现象示意图

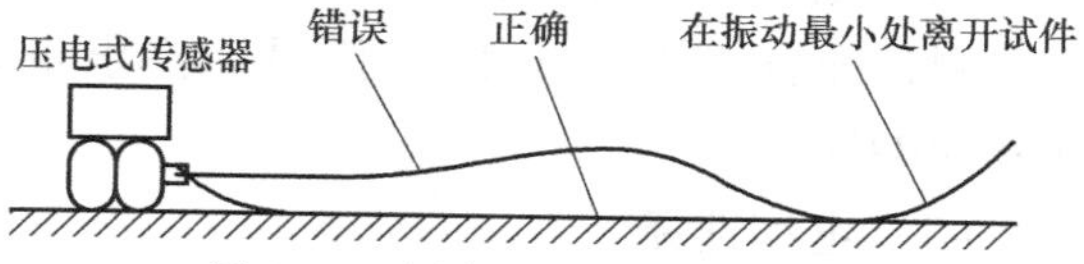

图 7-16　固定电缆避免相对运动

7.3.4　接地回路噪声的影响

在振动测量中，一般测量仪器比较多。如果各仪器和传感器各自接地，由于不同的接地点之间存在电位差，这样就会在接地回路中形成回路电流，导致在测量系统中产生噪声信号。防止接地回路中产生噪声信号的有效办法是使整个测试系统在一点接地，不形成接地回路。

一般合适的接地点在指示器的输入端。为此，要将传感器和放大器采取隔离措施实现对地隔离。传感器的简单隔离方法是电气绝缘，可以用绝缘螺栓和云母垫片将传感器与它所安装的构件绝缘。

7.4 压电式传感器的典型实例

7.4.1 压电式力传感器

1. 压电式力传感器的类型及结构

压电式力传感器利用压电晶体的纵向和剪切向压电效应，并以压电晶体作为敏感元件与转换元件。在工程中，根据测力的具体情况，压电式力传感器可分为单向（单分量）和多向（多分量）两大类，结构如图 7-17 所示。

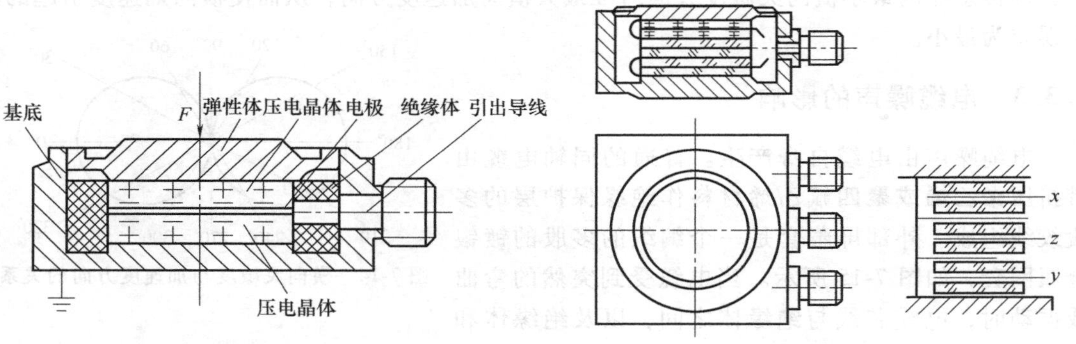

a) 单向(单分量)　　b) 多向(多分量)

图 7-17　压电式力传感器结构示意图

2. 压电式力传感器的选用

（1）量程和频带的选择

对被测力的大小加以估计，选择测量范围（量程）适宜的传感器，使所测力的大小不超过额定量程；所选传感器的工作频带能覆盖待测力的频带。

（2）电荷放大器的选择

测量准静态力（低频）信号，要求电荷放大器输入阻抗高于 $10^{12}\Omega$，低频响应可达 0.001Hz。

（3）电缆选择

选用受振动、压力变化等影响所产生噪声小的低噪声电缆。

3. 压电式力传感器的安装

安装前，传感器的上、下接触面应经过精细加工，以保证其平行度和平面度；安装时应保证传感器的敏感轴的方向与受力方向一致；安装必须牢固，否则会降低传感器的频率响应，还可能造成较大的测量误差。

4. 电缆的安装

电缆要固定，避免晃动，否则会产生电缆噪声，带来误差；电缆插头及插座要保持清洁，以保证绝缘处绝缘，导电处导电。

7.4.2 压电式加速度传感器

1. 原理结构

图 7-18 为一种压电式加速度传感器原理结构图。该传感器由质量块、弹簧、压电晶片和基座组成。质量块由密度较大的材料（如钨或重合金）制成。弹簧对质量块加载，产生预压力，以保证在作用力变化时晶片始终受到压缩作用。整个组件装在基座上。为防止干扰应变传到晶片上产生假信号，基座应制作得厚些。

为了提高灵敏度，可采用把两片晶片重叠放置并按并联（对应于电荷放大器）或串联（对应于电压放大器）的方式连接，见图 7-10。

图 7-19 为压电式加速度传感器常见的几种结构形式。其中图 7-19a 为外圆配合压缩式；图 7-19b 为中心配合压缩式；图 7-19c 为倒装中心配合压缩式；图 7-19d 为剪切式。

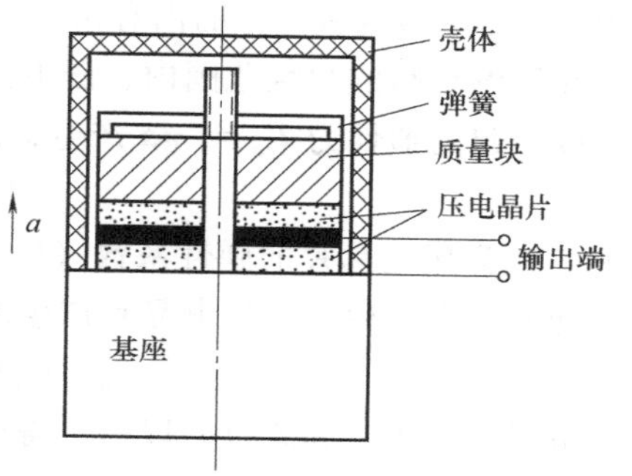

图 7-18 压电式加速度传感器原理结构图

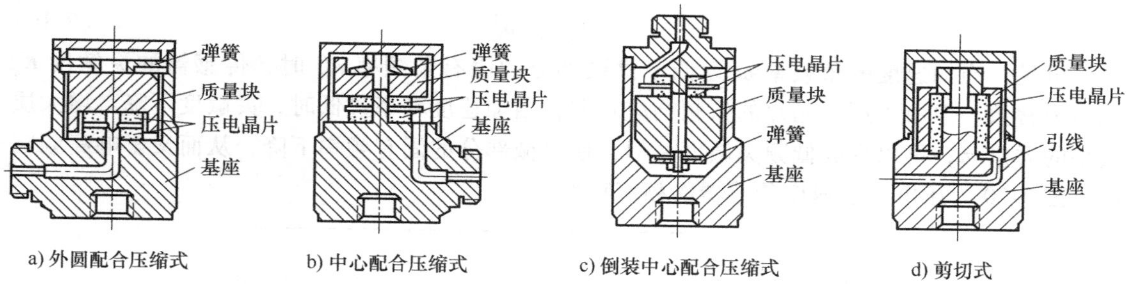

图 7-19 压电式加速度传感器常见的几种结构形式

2. 工作原理及灵敏度

当压电式加速度传感器基座随被测物体一起运动时，由于弹簧刚度很大，相对而言质量块的质量 m 很小，即惯性很小，可认为质量块感受与被测物体相同的加速度，并产生与加速度成正比的惯性力 F_a。压电晶片在惯性力作用下，产生与加速度成正比的电荷 q_a 或电压 u_a。这样就可以通过电荷量或电压来测量加速度 a。对于采用压电陶瓷元件实现的加速度传感器，其电荷灵敏度 K_q 和电压灵敏度 K_u 分别为

$$\begin{cases} K_q = \dfrac{q_a}{a} = \dfrac{d_{33}F_a}{a} = -d_{33}m \\ K_u = \dfrac{u_a}{a} = \dfrac{-d_{33}m}{C_a} \end{cases} \tag{7-14}$$

式中，d_{33} 为压电陶瓷的压电常数（N/m）。

3. 频率响应特性

压电晶片本身的高频响应特性好，低频响应特性差，故压电式加速度传感器的上限响应频率取决于机械部分的固有频率，下限响应频率取决于压电晶片和放大器。

压电式加速度传感器的机械部分是一个质量-阻尼-弹簧系统，感受加速度时质量块相对于传感器基座的位移幅频特性为

$$A_a(\omega)=\left|\frac{x-x_i}{a}\right|=\frac{1}{\sqrt{(\omega_n^2-\omega^2)^2+(2\zeta\omega_n\omega)^2}} \tag{7-15}$$

式中，ω_n、ζ 为机械部分的固有角频率（rad/s）和阻尼比。

在压电材料的弹性范围内，压电晶片产生的变形量，即质量块的相对位移 $y=x-x_i$ 是由加速度引起的惯性力 $\boldsymbol{F}_a=-m\boldsymbol{a}$ 产生，满足

$$F_a=k_y(x-x_i)=-ma \tag{7-16}$$

式中，k_y 为压电晶片的弹性系数（N/m）。

受惯性力作用时，压电晶片产生的电荷为

$$q_a=d_{33}F_a=d_{33}k_y(x-x_i)=-d_{33}ma \tag{7-17}$$

由式（7-15）和式（7-17）可得压电式加速度传感器的电荷灵敏度为

$$K_q=\frac{q_a}{a}=\left|\frac{d_{33}k_y(x-x_i)}{a}\right|=\frac{d_{33}k_y}{\sqrt{(\omega_n^2-\omega^2)^2+(2\zeta\omega_n\omega)^2}} \tag{7-18}$$

当 $\omega \ll \omega_n$ 时，则有

$$K_q=d_{33}k_y/\omega_n^2 \tag{7-19}$$

可见，当加速度的角频率 ω 远低于机械部分的固有角频率 ω_n 时，传感器的灵敏度 K_q 近似为常数。但由于压电晶片的低频响应较差，当加速度频率过低时，灵敏度下降。增大质量块的质量 m，可以提高低频灵敏度，但会使机械部分的固有频率下降，从而又影响高频响应。图 7-20 为压电式加速度传感器的频率特性。

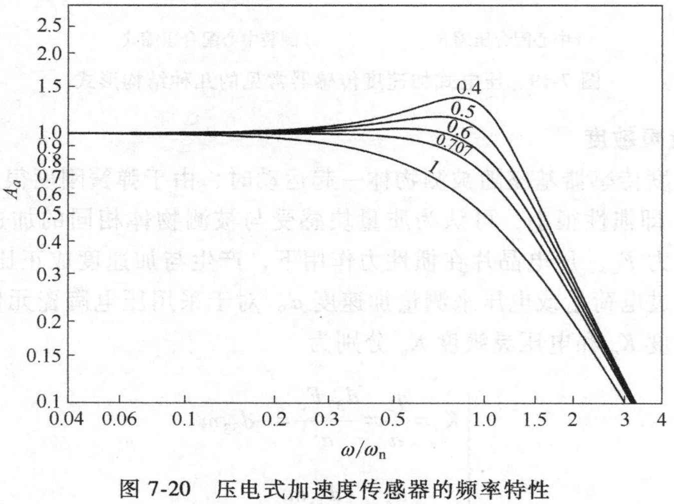

图 7-20 压电式加速度传感器的频率特性

压电式加速度传感器的下限响应频率与所配前置放大器有关。对于电压放大器，低频响应取决于电路的时间常数 $\tau=RC$（R、C 分别为电路的等效输入电阻、等效输入电容）。等效

输入电阻越大，时间常数越大，可测量的低频下限就越低；当时间常数一定时，测量信号的频率越低，误差越大。对于电荷放大器，传感器的频率响应下限受电荷放大器下限截止频率的限制。下限截止频率由反馈电容 C_f 和反馈电阻 R_f 决定，即

$$f_L=\frac{1}{2\pi R_f C_f} \tag{7-20}$$

一般电荷放大器的下限截止频率可低至 0.3Hz。

压电式加速度传感器由于体积小、质量小、频带宽（零点几赫兹至数十千赫兹），测量范围宽（$10^{-5}\sim10^{4}\text{m/s}^2$）、使用温度范围宽（高温可达 700℃），广泛用于加速度、振动和冲击测量。

7.4.3 压电式压力传感器

图 7-21 为一种以圆平膜片为敏感元件的压电式压力传感器结构示意图。为了保证传感器具有良好的线性度和长期稳定性，而且能在较高的环境温度下正常工作，压电元件采用两片石英晶片并联连接。作用在膜片上的压力通过传力块施加到石英晶片上，使晶片产生厚度变形。为了保证传感器的高性能，传感器的壳体及后座（即芯体）的刚度要大，传力块及导电片应采用高声速材料，如不锈钢等。

在压力 p(Pa) 作用下，两片石英晶片输出的总电荷量为

$$q=2d_{11}Sp \tag{7-21}$$

式中，d_{11} 为石英晶体的压电常数（C/N）；S 为膜片的有效面积（m^2）。

这种结构的压电式压力传感器用于测量动态压力，具有较高的灵敏度和分辨率、频带宽、体积小、质量小、工作可靠等优点。缺点是压电元件的预压缩应力是通过拧紧芯体施加的，会使膜片产生弯曲变形，影响传感器的线性度和动态性能。此外，当膜片受环境温度影响而发生变形时，会产生不稳定输出现象。

为了克服压电元件在预载过程中引起膜片的变形，采取了预紧筒加载结构，如图 7-22 所示。预紧筒是一个薄壁厚底的金属圆筒，通过拉紧预紧筒对石英晶片组施加预压缩应力。在加载状态下用电子束焊将预紧筒与芯体焊成一体。感受压力的圆平膜片是后来焊到壳体上的，不会在压电元件的预加载过程中发生变形。

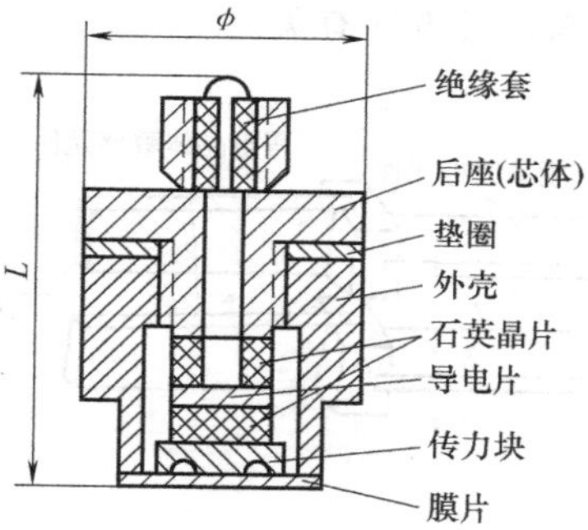

图 7-21 膜片压电式压力传感器结构示意图

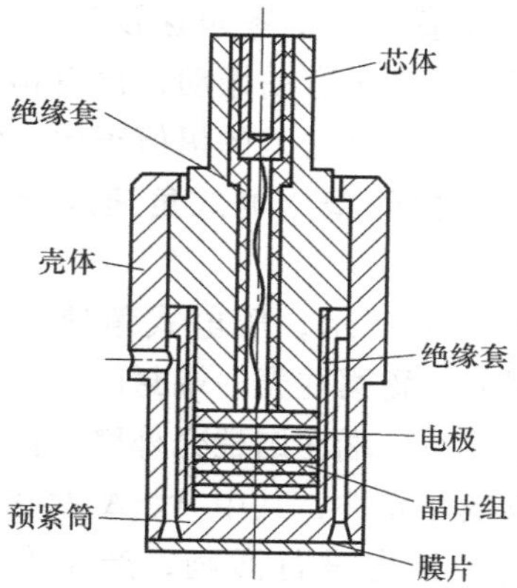

图 7-22 预紧筒加载的压电式压力传感器

采用预紧筒加载结构还有一个优点，即在预紧筒外围的空腔内可以注入冷却水，降低晶片温度，以保证传感器在较高的环境温度下正常工作。

图 7-23 为活塞压电式压力传感器结构示意图。它是利用活塞将压力转换为集中力后直接施加到压电晶体上，使之产生输出电荷。通过图 7-8 电荷放大器将电荷量转换为电压信号。

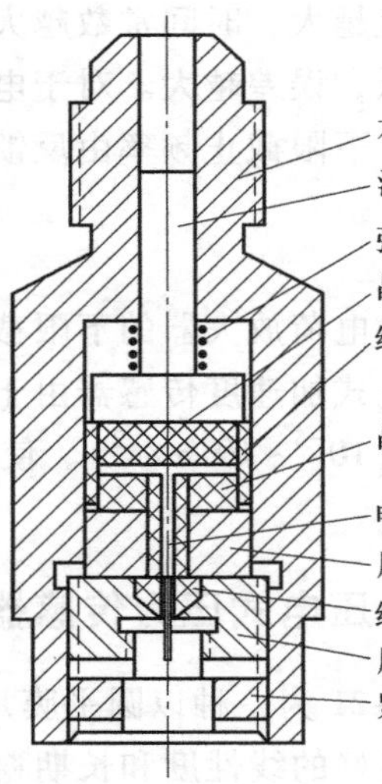

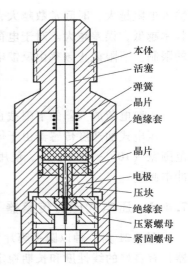

图 7-23 活塞压电式压力传感器结构示意图

7.4.4 压电式角速度传感器

压电式角速度传感器又称压电式陀螺，利用压电晶体的压电效应工作。压电式角速度传感器主要有振梁型、双晶片型和圆柱壳型三类。

（1）振梁型压电式角速度传感器工作原理

如图 7-24 所示，矩形振梁（材料为恒弹合金或石英等）的四个面上贴有（或设置有）两对压电元件。当其中一对驱动压电元件加上电信号时，由于逆压电效应，使梁在平面内产生基波弯曲振动，由正压电效应检测梁基波弯曲振动并反馈给驱动压电元件，以维持梁持续振动。当绕 z 轴输入被测角速度时，在读出平面内产生科氏惯性力，引起该平面内的一对压电元件产生正压电效应，该正压电效应输出与角速度成正比例的电压信号，实现角速度测量。

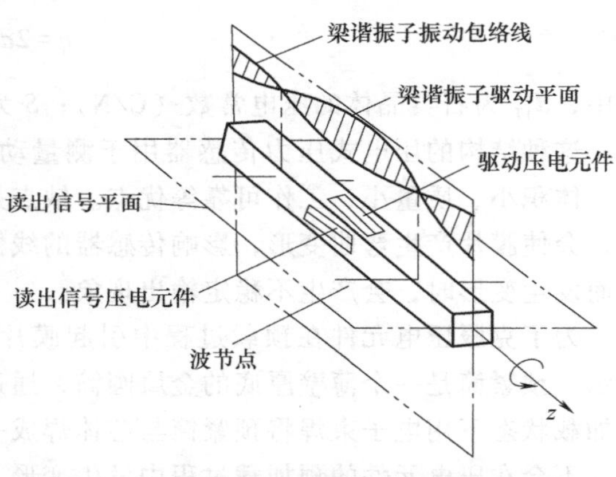

图 7-24 振梁型压电式角速度传感器结构原理图

（2）双晶片型压电式角速度传感器工作原理

如图 7-25 所示，双晶片型压电式角速度传感器采用四块弯曲振动模式的压电元件，两端呈 90°相接，固定在基座上的两个驱动压电元件以相反方向使其以基波频率振动。当敏感轴处于零角速度时，压电晶体敏感元件不产生弯曲振动，没有信号输出。当有角速度时，两敏感元件则以 180°相位差振动，输出电信号之差的幅值正比于角速度，而其极性与旋转方向有关。

（3）圆柱壳型压电式角速度传感器工作原理

如图 7-26 所示，压电式角速度传感器的金属或陶瓷圆柱壳一端封闭，并固定在基座上，另一端在圆柱壳外壁径向均布八片压电换能元件，其中 A、A′两片作为驱动，对圆柱壳进行激励，产生弯曲振动，垂直于驱动压电元件的两片压电元件

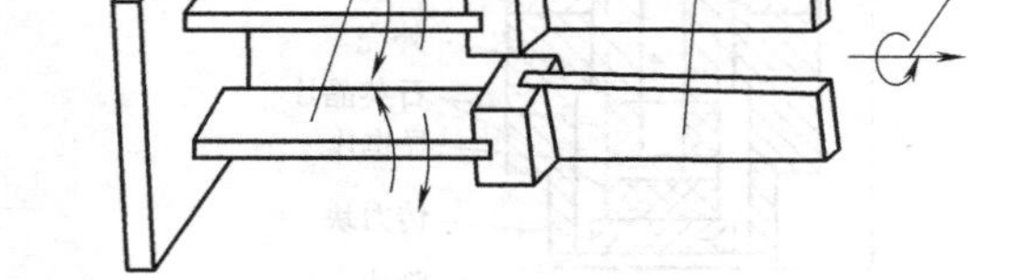

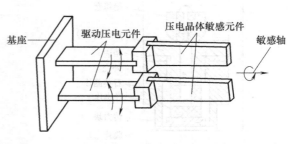

图 7-25 双晶片型压电式角速度传感器结构原理图

C、C′检测圆柱壳弯曲振动并反馈给驱动压电元件维持圆柱壳持续振动。当圆柱壳以角速度 ω 绕其中心轴转动时，与驱动压电元件呈 45°径向设置两片压电元件 B、B′，感受输入角速度 ω 引起的科氏效应，输出电信号实现角速度测量。C、C′压电元件检测到圆柱壳的振动频率通过锁相回路以提高驱动信号频率的稳定性。另外与 B、B′垂直的两片压电元件 D、D′用作阻尼，以提高传感器的动态品质。

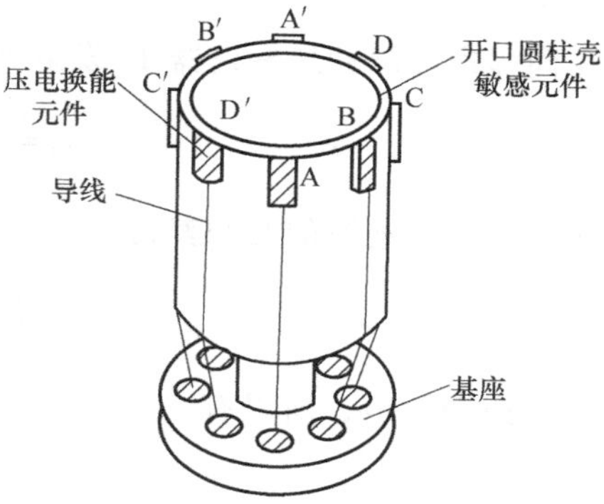

图 7-26　圆柱壳型压电式角速度传感器结构原理图

压电式角速度传感器无机械传动部件，结构简单，其中振梁型稳定性好、可靠性高；双晶片型体积小、响应快、功耗低、价格较低、抗振动干扰能力较强；圆柱壳型结构简单、可靠性好、测量范围较窄、易于批量生产。

7.4.5　漩涡式流量传感器

图 7-27 为一种卡门涡衔式漩涡流量传感器工作原理示意图。该流量传感器在垂直于流动方向上放置一个圆柱体，流体流过圆柱体时，在一定的雷诺数范围内，在圆柱体后面的两侧产生旋转方向相反、交替出现的漩涡列。卡门在理论上还证明，当两列漩涡的列距 l 与同列漩涡的间距 b 之比为 0.281 时，漩涡列是稳定的，其频率 f 与流体的流速 v 成比例，从而测出体积流量。

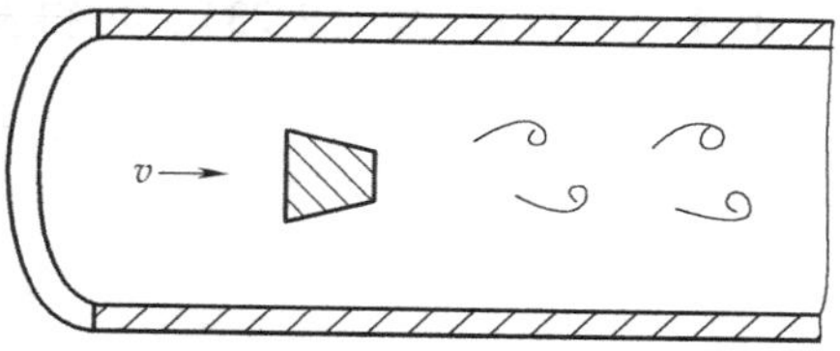

图 7-27　卡门涡衔式漩涡流量传感器工作原理示意图

为了测出漩涡频率，在中空圆柱体两侧开两排小孔，圆柱体中空腔由隔板分成两部分。当流体产生漩涡时，如在右侧产生漩涡，由于漩涡的作用使右侧的压力高于左侧的压力；如在左侧产生漩涡，则左侧的压力高于右侧的压力，因此产生交替的压力变化。利用压电式变换器，可以测量此交替变化的力或压力，从而获得与漩涡频率一致的脉冲信号，检测此脉冲信号，即可测量出流量值。

7.4.6　压电式超声波流量传感器

超声波具有方向性，可用来测量流体的流速。图 7-28 为压电式超声波流量传感器原理图。在管道上安装两套超声波发射器（T_1、T_2）和接收器（R_1、R_2）。发射器和接收器的声路与流体流动方向的夹角为 θ，流体自左向右以平均速度 v 流动。

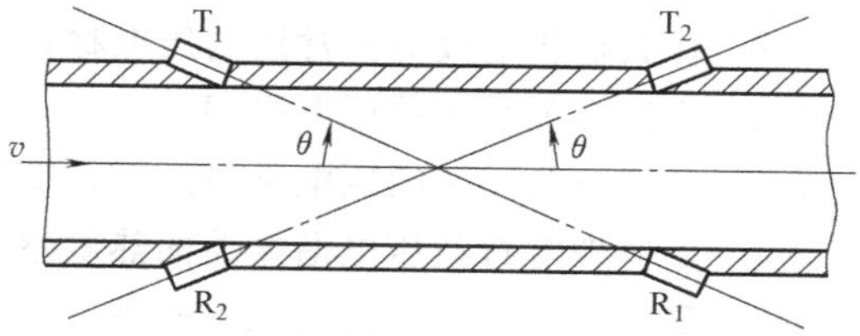

图 7-28　压电式超声波流量传感器原理图

声波脉冲从发射器 T_1 发射到接收器 R_1 接收到的时间 t_1(s) 为

$$t_1=\frac{L}{c+v\cos\theta}=\frac{D}{(c+v\cos\theta)\sin\theta} \tag{7-22}$$

式中，c 为声波的速度（m/s）；D 为管道内径（m）；L 为发射器 T_1 到接收器 R_1 的距离（m）。

同样声波脉冲从发射器 T_2 发射到接收器 R_2 接收到的时间 t_2(s) 为

$$t_2=\frac{L}{c-v\cos\theta}=\frac{D}{(c-v\cos\theta)\sin\theta} \tag{7-23}$$

则声波顺流和逆流的时间差为

$$\Delta t=t_2-t_1=\frac{2D\cot\theta}{c^2-v^2\cos^2\theta}v \tag{7-24}$$

考虑到 $c\gg v$，所以有

$$\Delta t\approx\frac{2vD\cot\theta}{c^2} \tag{7-25}$$

接收器 R_1 与 R_2 接收信号之间的相位差为

$$\Delta\varphi=\omega\Delta t=\frac{2\omega vD\cot\theta}{c^2} \tag{7-26}$$

式中，ω 为超声波的角频率（rad/s）。

由式（7-25）的时差法或式（7-26）的相差法测量流速 v，均与声波的速度有关，而声波的速度与流体温度有关。因此，为消除温度对声波速度的影响，应进行温度补偿。

由式（7-22）、式（7-23），可得发射器 T_1、T_2 超声脉冲的重复频率（Hz）为

$$f_1=\frac{1}{t_1}=\frac{(c+v\cos\theta)\sin\theta}{D} \tag{7-27}$$

$$f_2=\frac{1}{t_2}=\frac{(c-v\cos\theta)\sin\theta}{D} \tag{7-28}$$

频差 Δf、由频差解算的流速 v，以及体积流量 Q_V 分别为

$$\Delta f=f_1-f_2=\frac{v\sin2\theta}{D} \tag{7-29}$$

$$v=\frac{\Delta fD}{\sin2\theta} \tag{7-30}$$

$$Q_V=\frac{\pi vD^2}{4}=\frac{\pi\Delta fD^3}{4\sin2\theta} \tag{7-31}$$

由式（7-30）及式（7-31）可知，用频差法测量流速 v 和体积流量 Q_V 均与声波速度 c 无关，因此提高了测量精度。目前压电式超声波流量传感器均采用频差法。

压电式超声波流量传感器对流动流体无压力损失，且与流体黏度、温度等因素无关；流量与频差呈线性关系，特别适合大口径的液体流量测量。

习题与思考题

7-1 什么是压电效应？常用的压电材料有哪几种？

7-2 简述石英晶体的压电机理。

7-3 利用石英晶片的压电常数矩阵，简要说明其应用特点。

7-4 如何理解石英压电谐振器的热敏感性？在实际应用中如何考虑谐振器的热敏感性？

7-5 简述压电陶瓷材料的压电机理。

7-6 利用钛酸钡压电陶瓷的压电常数矩阵，简要说明钛酸钡压电陶瓷的应用特点。

7-7 试比较石英晶体和压电陶瓷的压电效应。

7-8 简述 PVF2 压电薄膜的使用特点。

7-9 比较压阻效应与压电效应。

7-10 压电效应能否用于静态测量？为什么？

7-11 简述压电元件在串联和并联使用时的特点。

7-12 压电元件应用正压电效应时，等效于一个电容器。简要说明其应用特点。

7-13 给出压电式传感器中应用的电荷放大器的原理电路图。

7-14 通过理论分析和公式推导，从负载效应说明压电元件信号转换电路的设计要点。

7-15 讨论环境温度变化对压电式传感器的影响过程，给出减小瞬变温度误差的方法。

7-16 简述电缆噪声对压电式传感器的影响及应采取的措施。

7-17 简要说明压电式力传感器安装时应考虑的问题。

7-18 以压电式加速度传感器为例，解释压电式传感器的横向灵敏度。

7-19 给出一种压电式加速度传感器的原理结构图，说明其工作过程及特点。

7-20 压电式加速度传感器的动态特性主要取决于哪些参数？简单说明其相位特性。

7-21 简述图 7-21 压电式压力传感器的工作原理及应用特点。

7-22 简述图 7-25 双晶片型压电式角速度传感器的工作原理。

7-23 说明卡门涡街式漩涡流量传感器的工作原理，除了采用压电式检测方式，还可以采用哪些检测方式？

7-24 说明图 7-28 压电式超声波流量传感器的工作原理与应用特点。

7-25 建立图 7-28 压电式超声波流量传感器的特性方程。

7-26 简要说明式（7-31）给出的压电式超声波流量传感器模型的应用特点。

7-27 简述石英压电式温度传感器的工作机理。

7-28 某压电式加速度传感器的电荷灵敏度为 $K_q=15\text{pC}\cdot\text{m}^{-1}\cdot\text{s}^2$，若电荷放大器的反馈部分只是一个电容 $C_f=1200\text{pF}$，当被测加速度为 $5\sin15000t\,\text{m/s}^2$ 时，求电荷放大器的稳态输出电压。

7-29 题 7-28 中，若电荷放大器的反馈部分除了上述反馈电容外，还有一个并联反馈电阻 $R_f=1\text{M}\Omega$，当被测加速度为 $5\sin15000t\,\text{m/s}^2$ 时，求电荷放大器的稳态输出电压。

第 8 章　谐振式传感器

8.1　谐振状态及其评估

8.1.1　谐振现象

谐振式传感器利用处于谐振状态的敏感元件（即谐振子）自身的振动特性受被测参数的影响规律实现测量。谐振敏感元件工作时，可以等效为一个单自由度振动系统，如图 8-1a 所示，其动力学方程为

$$m\ddot{x}+c\dot{x}+kx-F(t)=0 \tag{8-1}$$

式中，m、c、k 为振动系统的等效质量（kg）、等效阻尼系数（N·s/m）和等效刚度（N/m）；$F(t)$ 为激励外力（N）。

$m\ddot{x}$、$c\dot{x}$ 和 kx 分别反映了振动系统的惯性力、阻尼力和弹性力，如图 8-1b 所示。当上述振动系统处于谐振状态时，激励外力应与系统的阻尼力相平衡；惯性力应与弹性力相平衡，系统以其固有频率振动，即

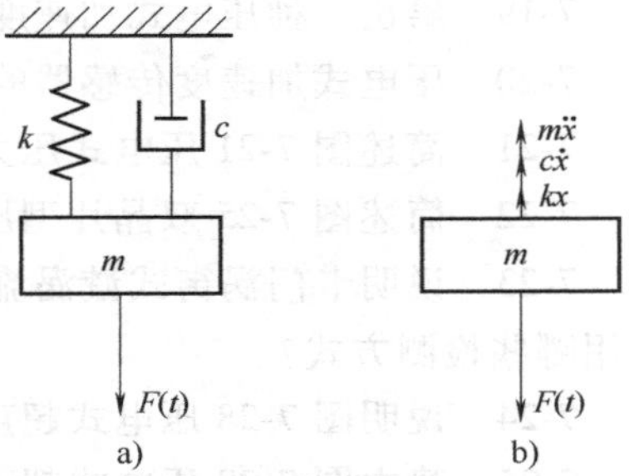

图 8-1　单自由度振动系统

$$\begin{cases} c\dot{x}-F(t)=0 \\ m\ddot{x}+kx=0 \end{cases} \tag{8-2}$$

这时振动系统的外力超前位移矢量 90°，与速度矢量同相位。弹性力与惯性力之和为零，利用这个条件可以得到系统的固有角频率 ω_n（rad/s）为

$$\omega_n=\sqrt{k/m} \tag{8-3}$$

实际的阻尼力很难确定，这是一个理想情况。

当式（8-1）中的外力 $F(t)$ 为周期信号时，有

$$F(t)=F_m\sin\omega t \tag{8-4}$$

则振动系统的归一化幅值响应和相位响应分别为

$$A(\omega)=\frac{1}{\sqrt{[1-(\omega/\omega_n)^2]^2+[2\zeta(\omega/\omega_n)]^2}} \tag{8-5}$$

$$\varphi(\omega)=\begin{cases} -\arctan\dfrac{2\zeta(\omega/\omega_n)}{1-(\omega/\omega_n)^2} & \omega/\omega_n\leqslant 1 \\ -\pi+\arctan\dfrac{2\zeta(\omega/\omega_n)}{(\omega/\omega_n)^2-1} & \omega/\omega_n>1 \end{cases} \tag{8-6}$$

式中，ζ 为系统的阻尼比，$\zeta=\dfrac{c}{2\sqrt{km}}$，对谐振子而言，$\zeta<1$，为弱阻尼系统。

图 8-2a、b 分别为系统的幅频特性曲线和相频特性曲线。

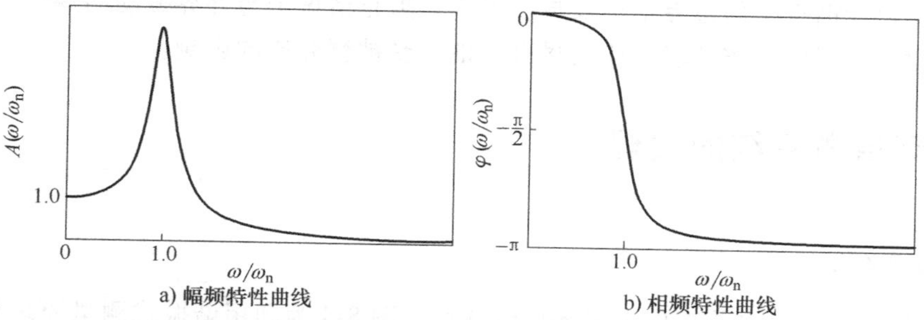

图 8-2 系统的幅频特性曲线和相频特性曲线

当 $\omega_r=\sqrt{1-2\zeta^2}\,\omega_n$ 时，$A(\omega)$ 达到最大值为

$$A_{max}=\frac{1}{2\zeta\sqrt{1-2\zeta^2}}\approx\frac{1}{2\zeta} \tag{8-7}$$

这时系统的相位为

$$\varphi=-\arctan\frac{2\zeta\sqrt{1-2\zeta^2}}{2\zeta^2}\approx-\arctan\frac{1}{\zeta}\approx-\frac{\pi}{2} \tag{8-8}$$

工程上将振动系统的幅值增益达到最大值时的工作情况定义为谐振状态，相应的激励角频率 ω_r 定义为系统的谐振角频率。

8.1.2 谐振子的机械品质因数 Q 值

根据上述分析，系统的固有角频率 $\omega_n=\sqrt{k/m}$ 只与系统固有的质量和刚度有关。系统的谐振角频率 $\omega_r=\sqrt{1-2\zeta^2}\,\omega_n$ 和固有角频率的差别，是 ω_r 与系统的阻尼比密切相关。从测量的角度出发，这个差别越小越好。为了描述谐振子谐振状态的优劣程度，常利用谐振子的机械品质因数 Q 值进行讨论。

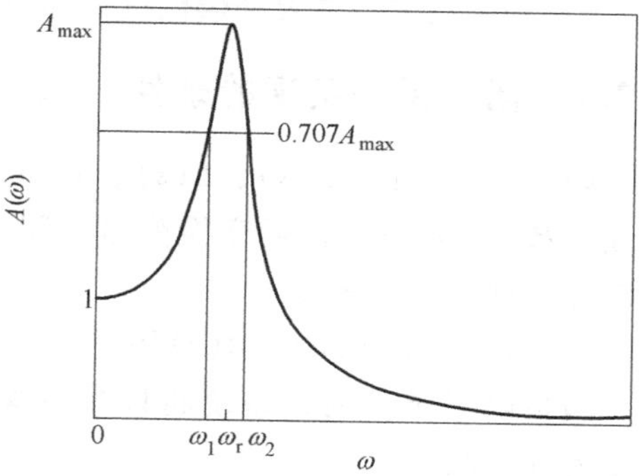

图 8-3 利用幅频特性获得谐振子的 Q 值

谐振子是弱阻尼系统，$1>\zeta>0$，利用如图 8-3 所示的谐振子幅频特性可得

$$Q\approx A_{max}\approx\frac{1}{2\zeta}\approx\frac{\omega_r}{\omega_2-\omega_1} \tag{8-9}$$

显然，Q 值反映了谐振子振动中阻尼比的大小及消耗能量快慢的程度，也反映了幅频特性曲线谐振峰陡峭的程度，即谐振敏感元件选频能力的强弱。Q 值越高，谐振角频率 ω_r 与固有角频率 ω_n 越接近，系统的选频特性就越好，越容易检测到系统的谐振角频率，同时系统的谐振角频率就越稳定，重复性就越好。因此，提高谐振子的品质因数至关重要，通常可以从以下四个方面考虑：

1）选择高 Q 值的材料，如石英晶体材料、单晶硅材料和精密合金材料等。

2）采用较好的加工手段，以减小由于加工过程引起的谐振子内部的残余应力。

3）优化设计谐振子的边界结构及封装形式，阻止谐振子与外界振动的耦合。

4）优化谐振子的工作环境，使其尽可能地不受被测介质的影响。

8.2 闭环自激系统的实现

8.2.1 基本结构

谐振式传感器绝大多数工作于闭环自激状态。图 8-4 为利用谐振式测量原理构成的谐振式传感器基本结构。

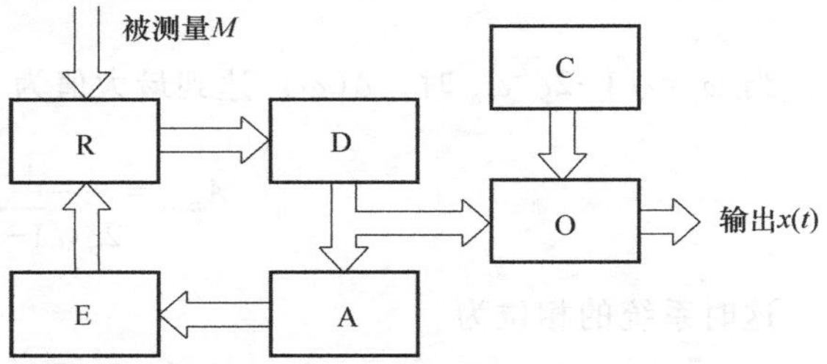

图 8-4 利用谐振式测量原理构成的谐振式传感器基本结构

R：谐振敏感元件，即谐振子。它是传感器的核心部件，工作时以其自身固有振动模态持续振动。谐振子有多种形式，如梁、复合音叉、圆平膜片、圆柱壳、半球壳和弹性管等。

E、D：信号激励器（或驱动器）和拾振器（或检测器），用于实现电-机、机-电转换，为组成谐振式传感器的闭环自激系统提供条件。常用激励方式有电磁效应、静电效应、逆压电效应、电热效应、光热效应等。常用拾振方式有应变效应、压阻效应、磁电效应、电容效应、正压电效应、光电效应等。

A：放大器，用于调节信号的相位和幅值，使系统能可靠、稳定工作于闭环自激状态，通常采用专用的多功能化集成电路实现。

O：系统检测输出装置。它是实现解算周期信号的特征量，用于获得被测量。

C：补偿装置，主要补偿温度等环境因素的影响。

8.2.2 闭环系统实现的条件

如图 8-5 所示，$R(s)$、$E(s)$、$A(s)$、$D(s)$ 分别为谐振子、激励器、放大器和拾振器的传递函数，s 为拉普拉斯变换变量。闭环系统的等效开环传递函数为

$$G(s)=R(s)E(s)A(s)D(s) \tag{8-10}$$

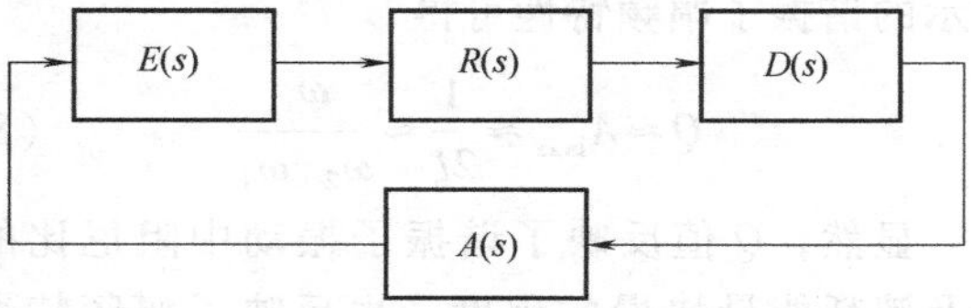

图 8-5 闭环自激条件的复频域分析

满足以下条件时，系统将以角频率 ω_V 产生闭环自激

$$|G(j\omega_V)|\geqslant 1 \tag{8-11}$$

$$\angle G(j\omega_V)=2n\pi \quad n=0,\pm1,\pm2,\cdots \tag{8-12}$$

式（8-11）和式（8-12）称为系统可自激的复频域幅值条件和相位条件。

以上考虑的是在某一频率点处的闭环自激条件。对于谐振式传感器，应在其整个工作频率范围内均满足闭环自激条件，这为设计传感器闭环系统提出了特殊要求。

8.3 测量原理及特点

8.3.1 测量原理

基于上述分析，对于谐振式传感器，从检测信号的角度，其输出可以写为

$$x(t)=Af(\omega t+\varphi) \tag{8-13}$$

式中，A、ω、φ 为输出信号的幅值、角频率（rad/s）和相位（°）。A、ω、φ 称为特征参数。

当被测量较显著地改变检测信号 $x(t)$ 的某一特征参数时，就能实现一种谐振式传感器，并通过检测该特征参数解算被测量。目前应用最多的是检测角频率 ω，如谐振筒式压力传感器。对于敏感幅值 A 或相位 φ 的谐振式传感器，应采用相对（参数）测量，即通过测量幅值比或相位差来实现，如谐振式直接质量流量传感器。

8.3.2 谐振式传感器的特点

谐振式传感器的敏感元件自身处于谐振状态，直接输出周期信号（准数字信号），通过简单数字电路（不是 A-D 或 V-F）即可转换为易与微处理器接口的数字信号。相对其他类型传感器，谐振式传感器的特点与独特优势如下：

1）输出周期信号，通过检测周期信号能解算出被测量。这一特征决定了谐振式传感器易与计算机连接，便于远距离传输。

2）谐振式传感器是一个闭环自激系统。这一特征决定了谐振式传感器的输出能够高精度地自动跟踪输入。

3）谐振式敏感元件处于自身固有的谐振状态，即利用谐振子的谐振特性进行测量。这一特征决定了谐振式传感器具有高的灵敏度和分辨率。

4）相对于谐振子的振动能量，系统的功耗是极小量。这一特征决定了谐振式传感器的抗干扰性强、稳定性好。

8.4 谐振式传感器的典型实例

8.4.1 谐振弦式压力传感器

1. 结构与原理

图 8-6 为谐振弦式压力传感器原理示意图。它由谐振弦、磁铁线圈组件和振弦夹紧机构等元部件组成。谐振弦是一根弦丝或弦带，两端用夹紧机构夹紧，并施加一固定预紧力。谐振弦上端与壳体固连，下端与膜片的硬中心固连。磁铁线圈组件用来产生激振力和检测振动频率。磁铁可以是永久磁铁和直流电磁铁。根据激振方式的不同，磁铁线圈组件可以是一个或两个。

若被测压力不同，则加在谐振弦上的张紧力不同，谐振弦的等效刚度不同，即谐振弦的固有频率不同。因此，测量谐振弦的固有频率，就可以测出被测压力的大小。

2. 特性方程

在压力 p 作用下，谐振弦的最低阶固有频率（Hz）为

$$f_{\mathrm{TR1}}(p)=\frac{1}{2L}\sqrt{\frac{T_0+A_{\mathrm{eq}}p}{\rho_0}} \tag{8-14}$$

式中，T_0 为谐振弦的初始张紧力（N）；L 为谐振弦工作段长度（m）；ρ_0 为谐振弦单位长度的质量（kg/m）；A_{eq} 为膜片的等效面积（m^2）。

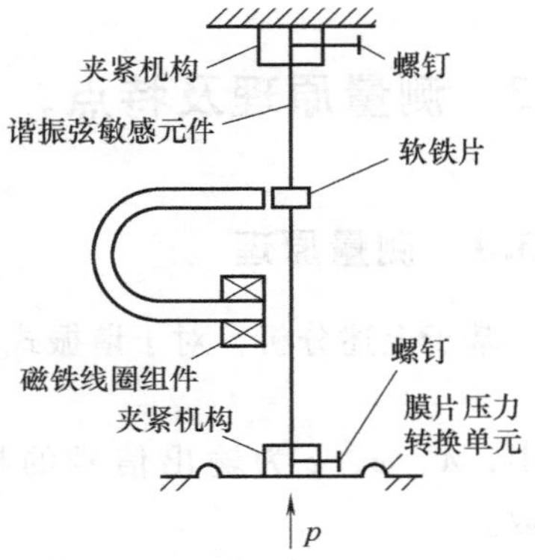

图 8-6　谐振弦式压力传感器原理示意图

3. 激励方式

图 8-7 为谐振弦式压力传感器的两种激励方式，其中图 8-7a 为间歇式激励方式，图 8-7b 为连续式激励方式。

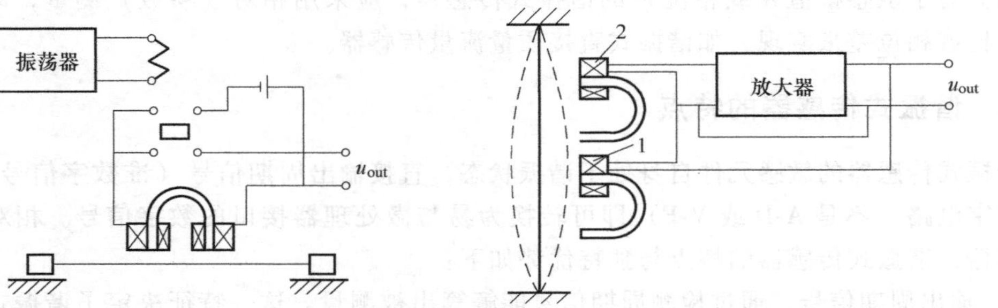

a) 间歇式　　b) 连续式

图 8-7　谐振弦的激励方式

对于静态或者被测量缓慢变化的情况，可以采用间歇式激励方式，这时敏感元件不是处于连续的等幅谐振状态，而是根据测量需要间歇式工作。这种工作方式可以采用单一线圈，既起激振作用，又起拾振作用。当线圈中通以脉冲电流时，固定在谐振弦上的软铁片被磁铁吸住，对谐振弦施加激励力。当不加脉冲电流时，软铁片被释放，振弦以某一频率自由振动，从而在磁铁线圈组件中感应出与谐振弦频率相同的电动势。由于空气阻尼的影响，谐振弦的自由振动逐渐衰减，故在激振线圈中加上与谐振弦固有频率相同的脉冲电流，以维持谐振弦持续振动。

在连续式激励方式中，有两个磁铁线圈组件：线圈 1 为激振线圈，线圈 2 为拾振线圈。线圈 2 的感应电动势经放大后，一方面作为输出信号，另一方面又反馈给激振线圈 1。只要放大后的信号满足所需的幅值条件和相位条件，谐振弦就会维持振动。

谐振弦式压力传感器是一种测量精度非常高的压力传感器，具有灵敏度高、结构简单、体积小、功耗低和惯性小等优点，广泛用于压力测量中。

8.4.2　谐振筒式压力传感器

1. 结构与原理

图 1-2 谐振筒式压力传感器主要由圆柱薄壁壳体（又称谐振筒）、激振线圈和拾振线圈组成。该传感器为绝压传感器，谐振筒与壳体间为真空。谐振筒由车削或旋压拉伸而成形，再经过严格的热处理工艺制成。其材料通常为恒弹合金 3J53。谐振筒的典型参数为中柱面

半径 9mm、有效长度 45~60mm、壁厚 0.08mm、其 Q 值大于 5000。

根据谐振筒的结构特点及参数范围，图 8-8 为其可能具有的振动振型。其中图 8-8a 为圆周方向的振型；图 8-8b 为母线方向的振型。n 为沿谐振筒圆周方向振型的整（周）波数，m 为沿谐振筒母线方向振型的半波数。

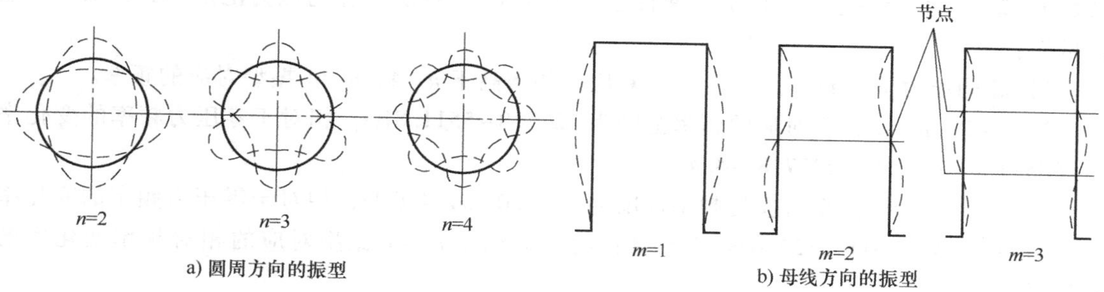

图 8-8　谐振筒可能具有的振动振型

图 8-9 为一典型的谐振筒在母线方向振型的半波数 $m=1$，其固有频率随圆周方向整波数 n 的变化情况。对于电磁激振、磁电拾振工作模式，谐振筒式压力传感器设计时一般选择 $n=4$，$m=1$。

当通入谐振筒的被测压力 p 不同时，谐振筒的等效刚度不同，因此谐振筒的固有频率不同，从而通过测量谐振筒的固有频率就可以测出被测压力的大小。

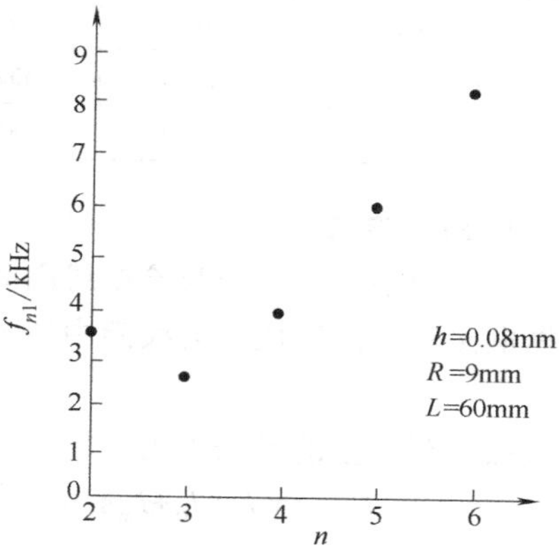

图 8-9　谐振筒固有频率随圆周方向整波数 n 的变化情况（$m=1$）

2. 特性方程

在被测压力 p(Pa) 作用下，谐振筒的固有频率 $f_{nm}(p)$ 可以近似描述为

$$f_{nm}(p)=f_{nm}(0)\sqrt{1+C_{nm}p} \tag{8-15}$$

$$f_{nm}(0)=\frac{1}{2\pi}\sqrt{\frac{E}{\rho R^2(1-\mu^2)}}\sqrt{\Omega_{nm}} \tag{8-16}$$

$$\Omega_{nm}=\frac{(1-\mu)^2\lambda^4}{(\lambda^2+n^2)^2}+\alpha(\lambda^2+n^2)^2$$

$$C_{nm}=\frac{0.5\lambda^2+n^2}{4\pi^2 f_{nm}^2(0)\rho Rh}$$

$$\lambda=\pi Rm/L$$

$$\alpha=h^2/(12R^2)$$

式中，$f_{nm}(0)$ 为压力为零时谐振筒的固有频率（Hz）；n、m 为振型沿圆周方向的整波数（$n\geqslant 2$）和沿母线方向的半波数（$m\geqslant 1$）；C_{nm} 为与谐振筒材料、物理参数和振动振型波数等有关的系数（Pa^{-1}）；ρ 为谐振筒材料的密度（$\mathrm{kg/m^3}$）；若无特别说明，本书中 ρ 均代表材料的密度；R、L、h 为谐振筒的中柱面半径（m）、有效长度（m）和壁厚（m）。

3. 计算实例

某谐振筒式压力敏感元件的加工材料为 3J53（$E=1.96\times10^{11}$Pa，$\mu=0.3$，$\rho=7.85\times10^3$kg/m^3），几何结构参数为 $R=9$mm，$L=48$mm，$h=0.08$mm；压力计算范围为 0～1.35×10^5Pa。由式（8-15）、式（8-16）可计算振型沿谐振筒母线方向半波数 $m=1$，圆周方向整波数 $n=2$、4 时，谐振筒的压力-频率特性，见表 8-1。在所计算的压力范围内，由表 8-1 数据可知：

1）相同压力下，$n=2$、$m=1$ 振型对应的频率高于 $n=4$、$m=1$ 振型对应的频率。

2）$n=2$、$m=1$ 振型对应的频率范围为 5277.8～5511.8Hz，相对于零压力频率的变化率为 $(5511.8-5277.8)/5277.8\approx4.43\%$。

3）$n=4$、$m=1$ 振型对应的频率范围为 4122.0～5174.6Hz；相对于零压力频率的变化率为 $(5174.6-4122.0)/4122.0\approx25.54\%$；约为 $n=2$、$m=1$ 振型对应的相对频率变化率的 5.77 倍。

表 8-1　某谐振筒式压力敏感元件的压力-频率特性　　（单位：Hz）

$p/\times10^5$Pa	0	0.27	0.54	0.81	1.08	1.35
$n=2$	5277.8	5325.4	5372.6	5419.4	5465.8	5511.8
$n=4$	4122.0	4353.0	4572.2	4781.5	4981.9	5174.6

4. 激励方式

为了减小激振线圈与拾振线圈间的电磁耦合，设置它们相互垂直且相距一定距离。同时根据电磁激励的特性，若线圈中通入叠加有直流的交变电流，即

$$i(t)=I_0+I_m\sin\omega t \tag{8-17}$$

则激振线圈产生的激振力为

$$f_B(t)=K_f(I_0+I_m\sin\omega t)^2=K_f(I_0{}^2+0.5I_m{}^2+2I_0I_m\sin\omega t-0.5I_m{}^2\cos2\omega t) \tag{8-18}$$

式中，K_f 为转换系数（N/A^2）。

当 $I_0\gg I_m$ 时，由式（8-18）可知，激振线圈产生的激振力中，交变力的主要成分与激振电流 $i(t)$ 的交变分量同频率。

对于电磁激励方式，还要防止外界磁场对传感器的干扰，通常采用高磁导率合金材料制成同轴外筒，把维持振荡的电磁装置套起来，实现屏蔽的目的。

除了电磁激励方式外，也可采用如图 8-10 所示的压电激励方式。利用压电元件的逆压电效应产生激振力，正压电效应检测谐振筒的振动，采用电荷放大器构成闭环自激电路。这种方式在结构、体积、功耗、抗干扰能力和生产成本等方面优于电磁激励方式，但传感器的迟滞可能稍高些。

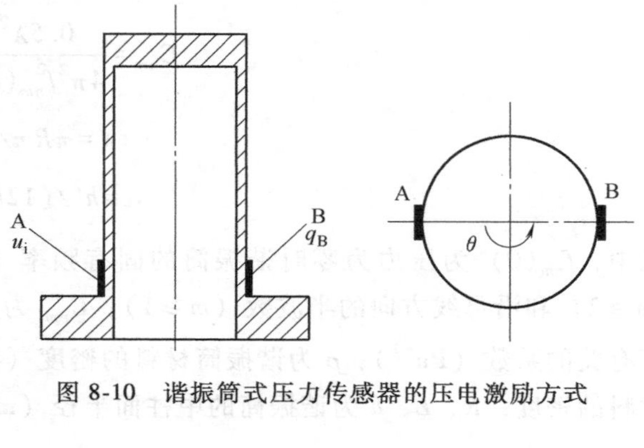

图 8-10　谐振筒式压力传感器的压电激励方式

5. 特性解算

谐振筒式压力传感器的输出频率与被测压力的关系具有如图 8-11 所示的特性。当压力为零时，有一较高的初始频

率；随着被测压力增加，频率增加，输出频率与被测压力之间有较为明显的非线性。因此，通过输出频率解算被测压力时，不同于一般的线性传感器。通常有两种方法：一种是利用测控系统已有的计算机，通过解算模型，直接把传感器输出频率转换为经修正的压力值及所需单位，由外部设备显示出被测值或记录下来；另一种是利用专用微处理器，通过可编程存储器把测试数据存储在内存中，通过插值公式给出被测压力值。

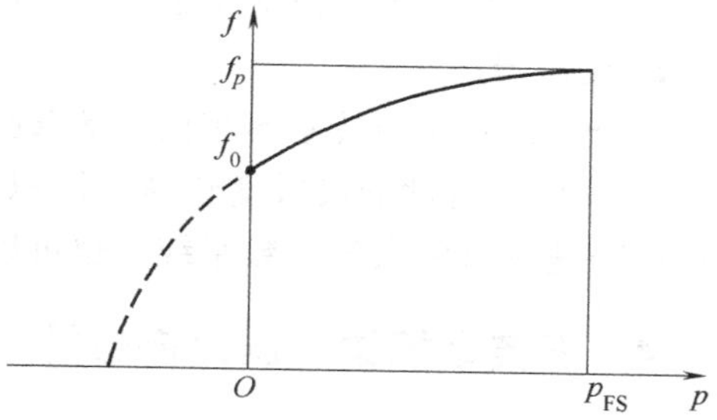

图 8-11　谐振筒式压力传感器的输出频率与被测压力的关系特性

6. 温度误差及其补偿

谐振筒式压力传感器存在一定的温度误差，主要有两种影响途径。一种是温度对谐振筒金属材料的影响，当采用恒弹合金材料时，该影响明显减小；第二种是温度对被测气体密度的影响，引起谐振系统等效质量的变化，从而引起测量误差。实测表明，在−55～125℃温度范围内，输出频率变化约2%，因此高精度测量时必须进行温度补偿。如将铂电阻、半导体二极管或石英晶体温度传感器安装在传感器底座上，与谐振筒感受相同环境温度。通过对谐振筒式压力传感器在不同温度和不同压力值下的测试，得到对应于不同压力下谐振筒式压力传感器的温度误差特性。利用这一特性修正温度误差，使压力传感器在−55～125℃温度范围内工作的综合误差不超过0.01%FS。

7. 应用特点

谐振筒式压力传感器的精度比一般模拟量输出的压力传感器高1～2个数量级，重复性高、工作可靠、长期稳定性好，适宜于在较恶劣的环境条件下工作。研究表明，该传感器在$10m/s^2$振动加速度作用下，误差仅为0.0045%FS；电源电压波动20%时，误差仅为0.0015%FS。由于这些优点，谐振筒式压力传感器已成功用于高性能超声速飞机的大气参数系统，通过解算可获得飞机的飞行高度和速度。同时，它还可以作为压力测试的标准仪器。

8.4.3　谐振膜式压力传感器

1. 结构与原理

图8-12为谐振膜式压力传感器原理示意图。周边固支的圆平膜片是谐振弹性敏感元件，在膜片中心处安装激振电磁线圈。膜片边缘贴有半导体应变片以拾取其振动。在传感器基座上装有引压管嘴。传感器的参考压力腔和被测压力腔用膜片分隔。被测压力变化时，引起圆平膜片刚度变化，导致固有频率发生相应变化，通过谐振膜的固有频率可以解算被测压力。

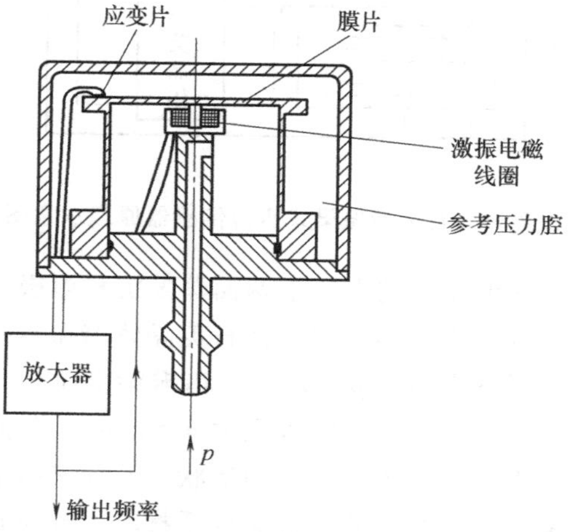

图 8-12　谐振膜式压力传感器原理示意图

激振电磁线圈使圆平膜片以其固有频率振动，在膜片边缘处通过半导体应变片检测其振动信号，经电桥电路输出送至放大电路。该信号一方面反馈到激振线圈，维持膜片振动，另一方面经整形后输出方波信号给后续测量电路，解算出被测压力。

2. 应用特点

与谐振筒式压力传感器相比，谐振膜式压力传感器同样具有高精度，而且谐振膜敏感元件的压力-频率特性的灵敏度较高、体积小、质量小、结构简单，可作为关键传感器用于高性能超声速飞机的大气参数系统，也可以作为压力测试的标准仪器。

8.4.4 石英谐振梁式压力传感器

上述三种谐振式压力传感器均采用金属材料制作谐振敏感元件，材料性能的长期稳定性、老化和蠕变都可能引起频率漂移，且易受电磁场的干扰和环境振动的影响，因此实现零点和灵敏度的长期稳定有一定困难。利用石英晶体优异的性能，可以制成不同几何参数和不同振动模式的几千赫至几百兆赫的石英谐振器，进而研制出多种石英谐振式传感器，包括综合性能非常优异的石英谐振梁式压力传感器。

1. 结构与原理

图 8-13 为由石英晶体谐振器构成的谐振梁式压力传感器。两个相对的波纹管用来接受输入压力 p_1、p_2，作用在波纹管有效面积上的压力差产生一个合力，形成一个绕支点的力矩。该力矩由石英晶体谐振梁的拉伸力或压缩力来平衡，从而改变石英晶体的谐振频率，达到测量目的。

图 8-14 为石英谐振梁及其隔离结构整体示意图。双端固支石英谐振梁是该压力传感器的二次敏感元件，横跨在结构的正中央。谐振梁两端的隔离结构用来防止反作用力和力矩造成基座上的能量损失，以保证品质因数 Q 值不降低；同时不让外界有害干扰传递进来，以防止降低稳定性，影响谐振器性能。梁的形状选择应使其以弯曲方式振动，以提高测量灵敏度。

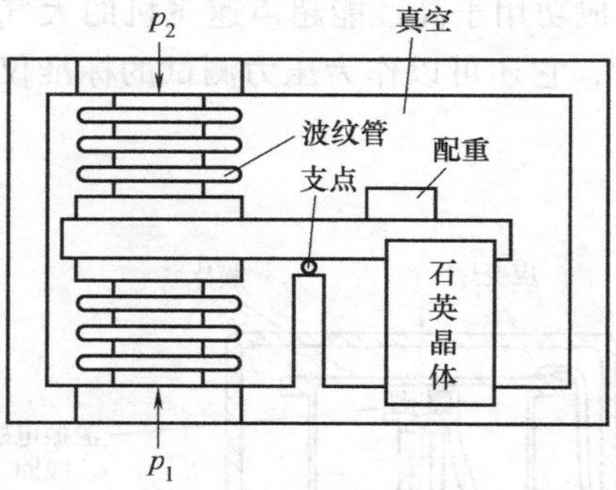

图 8-13 石英谐振梁式压力传感器原理示意图

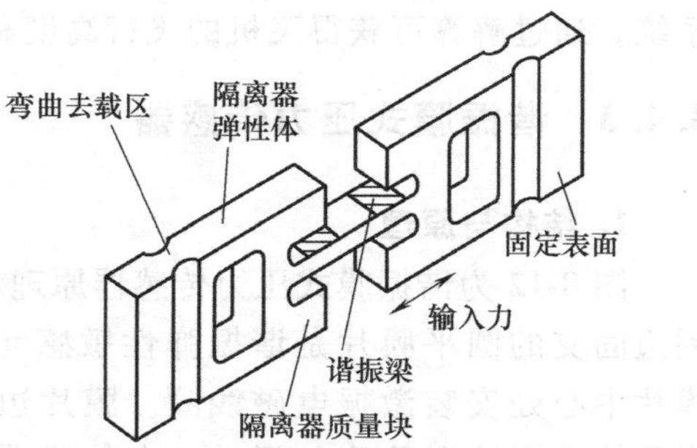

图 8-14 石英谐振梁及其隔离结构整体示意图

在谐振梁的上、下两面蒸发沉积电极。综合利用石英晶体自身的正压电效应和逆压电效应，结合恰当的电路维持石英晶体谐振器持续振荡。

当输入压力 $p_1<p_2$ 时，谐振梁受拉伸力（见图 8-13、图 8-14），梁的刚度增加，谐振频率上升；反之，当输入压力 $p_1>p_2$ 时，谐振梁受压缩力，谐振频率下降。

当石英晶体谐振器的形状、几何参数和位置决定后，配重可以调节运动组件的重心与支点重合。在受到外界加速度干扰时，配重还有补偿加速度的作用，因其力臂几乎是零，使得谐振器仅仅感受压力引起的力矩，而对其他外力不敏感。

2. 应用特点

石英晶体的机械品质因数非常高、固有振动频率非常稳定、频带窄、频率高，有利于抑制外界干扰和减少相位偏差引起的频率误差。因此，石英谐振梁式压力传感器精度高，长期稳定性好，对温度、振动和加速度等外界干扰不敏感。研究表明，其 Q 值高达 40000，灵敏度温漂为 $4\times10^{-5}\%/℃$，加速度灵敏度为 $8\times10^{-5}\%/(\text{m}\cdot\text{s}^{-2})$。石英谐振梁式压力传感器已成功用于大气数据系统、喷气发动机试验、压力标准仪表等。其主要缺点是加工困难，价格高。

8.4.5 硅微结构谐振式压力传感器

1. 硅微结构谐振式压力传感器

（1）敏感结构及数学模型

图 8-15 为图 1-3 硅微结构谐振式压力传感器的敏感结构，由方形平膜片、双端固支梁谐振子和边界隔离部分构成。方形平膜片作为一次敏感元件，直接感受被测压力 p，使膜片产生应变与应力；在膜片上表面制作浅槽和硅梁，硅梁为二次敏感元件，感受膜片上的应力，即间接感受被测压力。被测压力使梁谐振子的等效刚度发生变化，从而引起梁的固有频率变化。通过检测梁谐振子固有频率的变化，即可间接测量外部压力的变化。

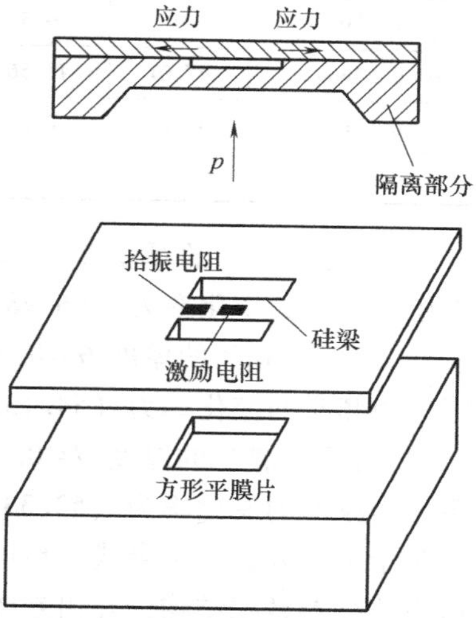

图 8-15　硅微结构谐振式压力传感器的敏感结构

在膜片的中心建立直角坐标系，如图 8-16 所示。xOy 平面与膜片的中平面重合，z 轴向上。被测压力 p 引起方形平膜片的法向位移为

$$w(p,x,y)=\overline{W}_{\mathrm{S,max}}H(x^2/A^2-1)^2(y^2/A^2-1)^2 \tag{8-19}$$

$$\overline{W}_{\mathrm{S,max}}=\frac{49p(1-\mu^2)}{192E}\left(\frac{A}{H}\right)^4 \tag{8-20}$$

根据敏感结构及工作机理，当梁谐振子沿 x 轴设置在 $x\in[X_1,\ X_2]$（$X_2>X_1$）时，梁谐振子的一阶固有频率与压力 p 的关系为

$$f_{\mathrm{B1}}(p)=f_{\mathrm{B1}}(0)\sqrt{1+0.2949\frac{KL^2p}{h^2}}\quad(\mathrm{Hz}) \tag{8-21}$$

$$f_{\mathrm{B1}}(0)=\frac{4.730^2h}{2\pi L^2}\sqrt{\frac{E}{12\rho}}$$

$$K=\frac{49(1-\mu^2)}{96EH^2}(-L^2-3X_2^2+3X_2L+A^2)$$

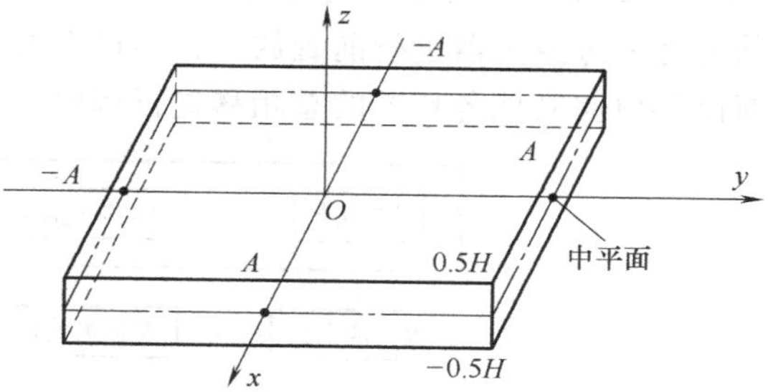

图 8-16　方形平膜片直角坐标系

式中，$f_{\mathrm{B1}}(0)$ 为压力为零时双端固支梁的一阶固有频率（Hz）。

（2）计算实例

某硅微结构谐振式压力传感器敏感结构参数：方形平膜片边长 5mm；梁谐振子沿 x 轴

设置于方形平膜片正中间，长 1.4mm，宽 0.14mm，厚 0.012mm；硅材料的 $E=1.3\times10^{11}$Pa，$\rho=2.33\times10^{3}$kg/m^{3}，$\mu=0.278$；被测压力范围为 0～3.5×10^{5}Pa；当方形平膜片的厚度分别为 0.25mm、0.30mm 和 0.35mm 时，利用上述模型计算出梁谐振子的频率见表 8-2。在所计算的压力范围，由表 8-2 数据可知：

表 8-2　某硅微结构谐振式压力传感器的压力-频率特性　（单位：kHz）

$p/\times10^{5}$Pa	0	0.5	1.0	1.5	2.0	2.5	3.0	3.5
$H=0.25$mm	47.01	48.56	50.06	51.52	52.93	54.31	55.66	56.98
$H=0.30$mm	47.01	48.09	49.15	50.18	51.20	52.19	53.17	54.13
$H=0.35$mm	47.01	47.80	48.59	49.36	50.12	50.87	51.60	52.33

1）方形平膜片的厚度 $H=0.25$mm 时，梁谐振子的频率范围为 47.01～56.98kHz，相对于零压力频率的变化率为（56.98−47.01）/47.01≈21.21%。

2）方形平膜片的厚度 $H=0.30$mm 时，梁谐振子的频率范围为 47.01～54.13kHz，相对于零压力频率的变化率为（54.13−47.01）/47.01≈15.15%。

3）方形平膜片的厚度 $H=0.35$mm 时，梁谐振子的频率范围为 47.01～52.33kHz，相对于零压力频率的变化率为（52.33−47.01）/47.01≈11.32%。

基于上述分析，结合式（8-19）以及加工工艺的约束条件，在设计选择该硅微结构谐振式压力传感器敏感结构的几何参数时，尽可能固定梁谐振子的几何结构参数以及在方形平膜片上的位置，通过适当调节方形平膜片的厚度 H，可以较灵活地改变传感器的灵敏度，即针对不同的压力测量范围，选择合适的厚度，控制传感器的灵敏度。这是该压力传感器的一个重要优点。

（3）硅微结构谐振式压力传感器的闭环系统

基于图 8-15 硅微结构谐振式压力传感器敏感结构中梁谐振子激励、拾振方式以及相关的信号转换规律，当采用激励电阻上加载正弦电压 $U_{ac}\cos\omega t$ 和直流偏压 U_{dc} 时，为解决二倍频交变分量带来的信号干扰问题，应满足 $U_{dc}\gg U_{ac}$，或在调理电路中进行滤波处理。图 8-17 为硅微结构传感器闭环自激振荡系统电路实现原理框图。由拾振电桥电路测得的交变信号经差分放大器进行前置放大，通过带通滤波器滤除掉通带范围以外的信号，再由移相器对闭环电路其他各环节的总相移进行调整。

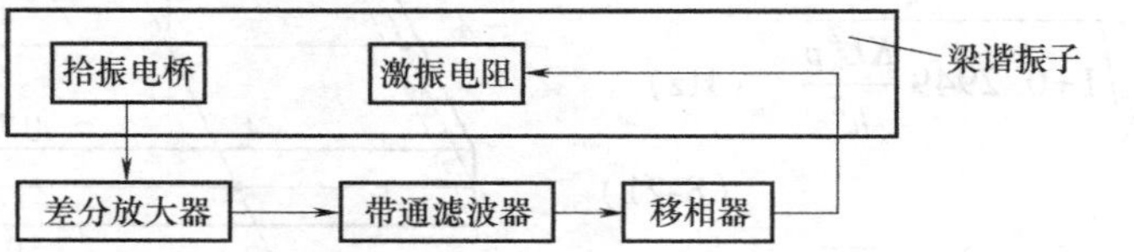

图 8-17　谐振式压力传感器闭环自激振荡系统电路实现原理框图

利用幅值、相位条件可以设计放大器的参数，以保证传感器在整个工作频率范围内稳定的自激振荡，使压力传感器可靠工作。

2. 差动输出的硅微结构谐振式压力传感器

图 1-6 为一种具有差动输出的硅微结构谐振式压力传感器原理示意图。被测压力直接作用于 E 形圆膜片下表面；在其环形膜片的上表面，制作一对起差动作用的硅梁谐振子，封

装于真空内。由于梁谐振子 1 设置在膜片内边缘，处于拉伸状态；梁谐振子 2 设置在膜片外边缘，处于压缩状态。因此压力增加时，梁谐振子 1 的固有频率升高，梁谐振子 2 的固有频率降低。通过检测梁谐振子 1 与梁谐振子 2 的频率差解算被测压力。这种具有差动输出的硅微结构谐振式压力传感器不仅可以提高测量灵敏度，而且对于共模干扰的影响，如温度、环境振动、过载等具有很好的补偿功能，从而显著提高其性能指标。此外，基于该复合敏感结构的信号转换机制，通过适当调节 E 形圆膜片的厚度 H，便可以方便地用于不同的测量范围。该复合敏感结构可用于测量绝对压力、集中力或加速度。图 1-6 为测量绝对压力的结构。

基于上述分析，考虑被测压力 p 和环境温度 T 时，梁谐振子 1 与梁谐振子 2 的谐振频率可以描述为

$$f_1(p,T)\approx f_0+C_{1p}p+C_{1T}(T-T_0) \tag{8-22}$$

$$f_2(p,T)\approx f_0+C_{2p}p+C_{2T}(T-T_0) \tag{8-23}$$

$$C_{1p}=(\partial f_1/\partial p)\big|_{p=0}\approx -C_{2p}=-(\partial f_2/\partial p)\big|_{p=0}$$

$$C_{1T}=(\partial f_1/\partial T)\big|_{T=0}\approx C_{2T}=(\partial f_2/\partial T)\big|_{T=0}$$

式中，f_0 为压力为零、参考温度 T_0 时，梁谐振子 1 与梁谐振子 2 的频率。

由式（8-22）、式（8-23）可得

$$\Delta f=f_1(p,T)-f_2(p,T)\approx C_{1p}p-C_{2p}p\approx 2C_{1p}p \tag{8-24}$$

8.4.6 石英谐振梁式加速度传感器

石英谐振梁式加速度传感器是一种典型的微机械惯性器件，其结构包括石英谐振敏感元件、挠性支承、敏感质量块、测频电路等。如图 8-18 所示，敏感质量块由精密挠性支承约束，使其具有单自由度。用挤压膜阻尼间隙作为超量程时对质量块的进一步约束，同时用作机械冲击限位，以保护晶体免受过压而损坏。该开环结构是一种典型的二阶机械系统。石英谐振梁式加速度传感器中的谐振敏感元件采用双端固定调谐音叉结构。其主要优点是两个音叉臂在其结合处所产生的应力和力矩相互抵消，从而使整个谐振敏感元件在振动时具有自解耦的特性，对周围的结构无明显的反作用力，谐振敏感元件的能耗可忽略不计。为了使有限的质量块产生较大的轴线方向惯性力，合理地选择机械结构可以对惯性力放大几十倍，甚至

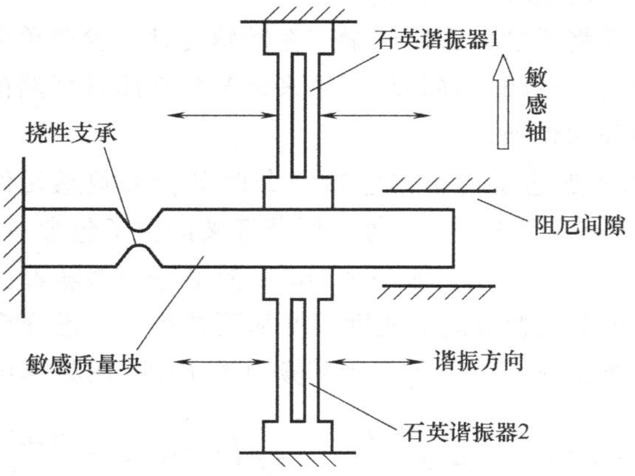

图 8-18 石英谐振梁式加速度传感器原理示意图

上百倍。

石英谐振梁式加速度传感器的敏感质量块 m 感受加速度 a 时，产生的惯性力为

$$F_C = -ma \tag{8-25}$$

当作用于石英谐振梁上的惯性力的值为正时，石英谐振敏感元件受拉伸，谐振频率增加；当惯性力的值为负时，石英谐振敏感元件受压缩，谐振频率减小，参见 8.4.4 节。

由于图 8-18 石英谐振梁式加速度传感器为差动检测结构，所以该谐振式加速度传感器具有对共轭干扰，如温度、随机干扰振动等对传感器的影响，具有很好的抑制作用。

图 8-18 石英谐振梁式加速度传感器在内部振荡器电子电路的驱动下，梁敏感元件发生谐振。当有加速度输入时，在敏感质量块上产生惯性力，该惯性力按照机械力学中的杠杆原理，把质量块上的惯性力放大 N 倍。放大了的惯性力作用在梁谐振敏感元件的轴线方向（长度方向）上，使梁谐振敏感元件的频率发生变化。一个石英谐振敏感元件受到轴线方向拉力，其谐振频率升高；而另一个石英谐振敏感元件受到轴线方向压力，其谐振频率降低。在测频电路中对这两个输出信号进行补偿与计算，从而获得被测加速度。

8.4.7 硅微结构谐振式加速度传感器

图 8-19 为一种硅微结构谐振式加速度传感器原理示意图。它由支撑梁、敏感质量块、梁谐振敏感元件、激励单元、检测单元组成，通过两级敏感结构将加速度的测量转换为梁谐振敏感元件谐振频率的测量。第一级敏感结构由支撑梁和敏感质量块构成，敏感质量块将加速度转换为惯性力向外输出；第二级敏感结构是梁谐振敏感元件，惯性力作用于梁谐振敏感元件轴线方向引起谐振频率的变化。加速度传感器的梁谐振敏感元件工作于谐振状态，通常通过自激闭环实现对梁谐振敏感元件固有频率的跟踪。其闭环回路与 8.4.5 节硅微结构谐振式压力传感器类似，主要包括梁谐振敏感元件、激励单元、检测单元、调幅环节、移相环节。激励信号通过激励单元将激励力作用于梁谐振敏感元件，检测单元将梁谐振敏感元件的振动信号转换为电信号输出，调幅、移相环节用来调节整个闭环回路的幅值增益和相移，以满足自激闭环的幅值条件和相位条件。

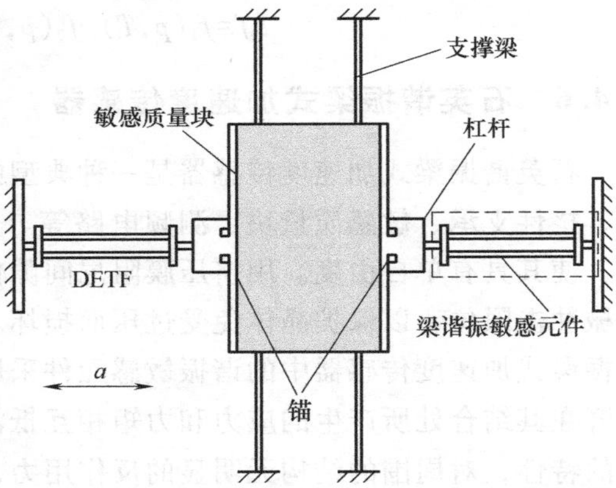

图 8-19　硅微结构谐振式加速度传感器原理示意图

图 8-19 硅微结构谐振式加速度传感器包括两个调谐音叉敏感元件（Double-Ended Tuning Fork，DETF，简称调谐音叉谐振子），每个调谐音叉谐振子包含一对双端固支梁谐振子。两个调谐音叉谐振子工作于差动模式，即一个 DETF 的谐振频率随着被测加速度的增加而增大，另一个 DETF 的谐振频率随着被测加速度的增加而减小。考虑理想情况，加速度引起的惯性力平均地作用于两个梁谐振子上，工作于基频时的 DETF 的频率可以描述为

$$f_{1,2}(a) = f_0\left(1 \pm 0.1475\frac{F_a L^2}{Ebh^3}\right)^{0.5} = f_0\left(1 \mp 0.1475\frac{maL^2}{Ebh^3}\right)^{0.5} \tag{8-26}$$

$$f_0=\frac{4.730^2h}{2\pi L^2}\sqrt{\frac{E}{12\rho}}$$

$$F_a=-ma$$

式中，f_0 为梁谐振子的初始频率（Hz）；L、b、h 为梁谐振子的长、宽、厚，为充分体现梁的结构特征，有 $L \gg b \gg h$；F_a 为由被测加速度与敏感质量块引起的惯性力。

由于图 8-19 硅微结构谐振式加速度传感器也是差动检测结构，具有对共轭干扰，如温度、随机振动干扰等对传感器的影响，具有很好的抑制作用。

8.4.8 声表面波谐振式加速度传感器

1. 结构与原理

图 8-20 为一种声表面波（Surface Acoustic Wave，SAW）谐振式加速度传感器原理示意图。该传感器采用悬臂梁式弹性敏感结构，在由压电材料（如压电晶体）制成的悬臂梁的表面上设置声表面波谐振子。加载到悬臂梁自由端的敏感质量块感受被测加速度，产生惯性力，使谐振器区域产生表面变形，改变 SAW 的波速，引起谐振器的中心频率变化。因此，SAW 谐振式加速度传感器实现了加速度-力-应变-频率的变换。通过测量输出频率解算出被测加速度。

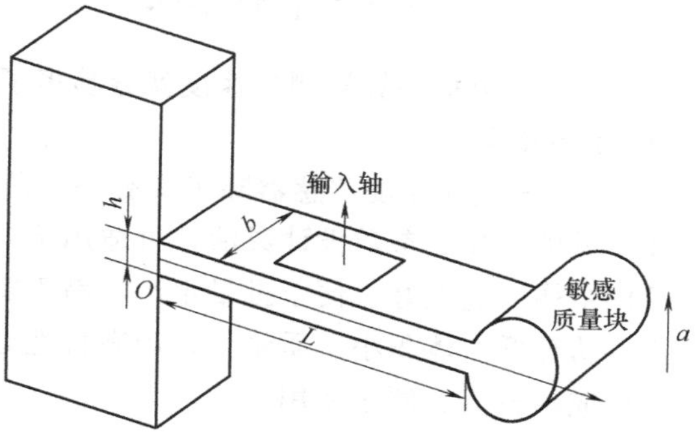

图 8-20 声表面波谐振式加速度传感器原理示意图

2. 特性方程

图 8-20 中悬臂梁的尺寸为长 L、宽 b、厚 h。自由端通过半径为 R 的质量块加载，以感受加速度。

当 SAW 谐振器置于悬臂梁的（x_1，x_2）位置时，加速度传感器的输出频率（Hz）为

$$\begin{aligned} f(a)&=f_0\left\{1+\frac{8.4ma[L+R-0.5(x_1+x_2)]}{Ebh^2}\right\} \\ &=f_0\left\{1+\frac{8.4\pi\rho R^2[L+R-0.5(x_1+x_2)]a}{Eh^2}\right\} \end{aligned} \tag{8-27}$$

$$f_0=v_0/\lambda_0 \tag{8-28}$$

式中，m 为敏感质量块的质量（kg），$m=\rho\pi R^2b$；f_0 为加速度为零时 SAW 谐振器的频率（Hz）；v_0、λ_0 为未加载时 SAW 谐振器表面波传播的速度（m/s）和波长（m）。

利用式（8-27），可以针对加速度传感器的检测灵敏度，来设计悬臂梁和敏感质量块的结构参数。

3. 计算实例

图 8-20 所示 SAW 谐振式加速度传感器，$E=7.6\times10^{10}$Pa，$\mu=0.17$，$\rho=2.5\times10^3$kg/m^3；悬臂梁的长 $L=25$mm、宽 $b=3$mm、厚 $h=0.15$mm、半径 $R=2$mm；谐振器置于悬臂梁的（2，3）mm 位置；利用式（8-27），可得

$$f(a)=f_0(1+3.781\times10^{-6}a) \tag{8-29}$$

若初始频率 $f_0=100\text{MHz}$，加速度变化范围为（-10，10）m/s^2，由式（8-29）可计算出 $f(a)$ 的变化范围为（99996219，100003781）Hz，频率变化量为（100003781-99996219）Hz=7562Hz，相对变化率为（100003781-99996219）$/100\times10^6=7.562\times10^{-3}\%$。可见，对于这类SAW谐振式加速度传感器，直接通过输出信号的频率解算被测量较为困难，通常通过差动检测方式实现测量。如对于图8-20所示SAW谐振式加速度传感器，在悬臂梁的上、下表面各设置一个SAW谐振器，它们输出信号的频率以及频率差分别为

$$f_1(a)=f_0\left\{1+\frac{8.4\pi\rho R^2[L+R-0.5(x_1+x_2)]a}{Eh^2}\right\} \tag{8-30}$$

$$f_2(a)=f_0\left\{1-\frac{8.4\pi\rho R^2[L+R-0.5(x_1+x_2)]a}{Eh^2}\right\} \tag{8-31}$$

$$\Delta f(a)=f_1(a)-f_2(a)=\frac{16.8\pi\rho R^2[L+R-0.5(x_1+x_2)]f_0a}{Eh^2} \tag{8-32}$$

这样，通过 $\Delta f(a)$ 解算被测加速度就容易多了。

4. 应用特点

SAW谐振式加速度传感器除了具有一般谐振式传感器的优点外，还具有以下特点：

1）灵敏度高、参数设计灵活，可适用于微小量程的测量。

2）结构工艺性好、便于批量生产、易于实现智能化。

3）功耗低、体积小、质量小、动态特性好。

4）成本较低、便于使用。

8.4.9 钢弦式扭矩传感器

钢弦式扭矩传感器是将扭矩转换成钢弦固有频率变化进行工作的一种谐振式传感器。图8-21为钢弦式扭矩传感器结构示意图。在被测轴的两截面，装有左、右两个套筒，套筒上分别有凸台 A_1、B_1 和 A_2、B_2。A_1、A_2 之间和 B_1、B_2 之间装有上、下两根钢弦。在初始张力（预紧力）一定时，轴传递扭矩，产生扭转变形，两根钢弦一根张力增加、一根张力减小，使初始固有频率相同的两根钢弦的固有频率发生了差动变化。将它们差动连接后，其频率差随张力变化而变化，而该张力与轴的相对扭转角、扭矩成正比。故可以通过测量两根钢弦振动的频率差确定轴所承受的扭矩。

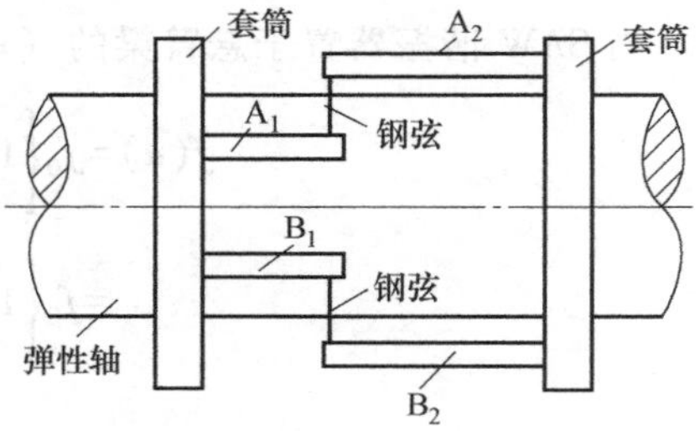

图8-21 钢弦式扭矩传感器结构示意图
A_1、B_1、A_2、B_2—凸台

钢弦式扭矩传感器由于直接输出频率信号，抗干扰能力强，允许导线长达几百米至几千米，测量精度较高，但结构复杂。

8.4.10 谐振式直接质量流量传感器

1. 结构与工作原理

图8-22为以典型的U形管为敏感元件的谐振式直接质量流量传感器结构示意图。激励

单元 E 使一对平行的 U 形管进行一阶弯曲主振动，建立传感器的工作点。当管内流过质量流量时，由于科氏效应（Coriolis Effect）的作用，使 U 形管产生关于中心对称轴的一阶扭转副振动。该一阶扭转副振动相当于 U 形管自身的二阶弯曲振动。U 形管一、二阶弯曲振动振形示意图如图 8-23 所示。其中图 8-23a 为一阶弯曲，图 8-23b 为二阶弯曲。同时，该副振动直接与所流过的质量流量（kg/s）成比例，从而在 B、B′两个检测点产生相位差或时间差，如图 8-24 所示。

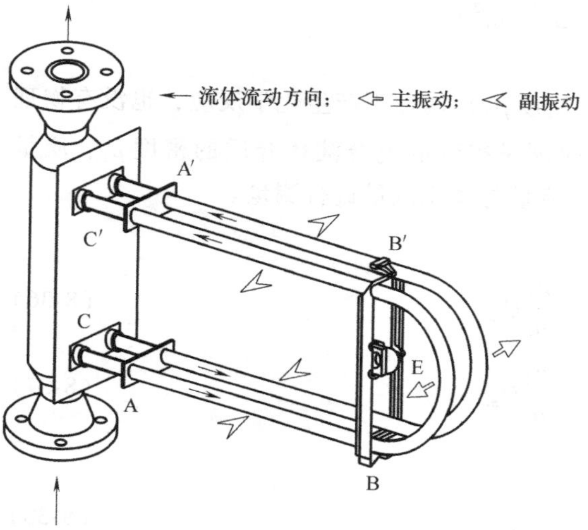

图 8-22　U 形管谐振式直接质量流量传感器结构示意图

B，B′—测量元件　E—激励单元

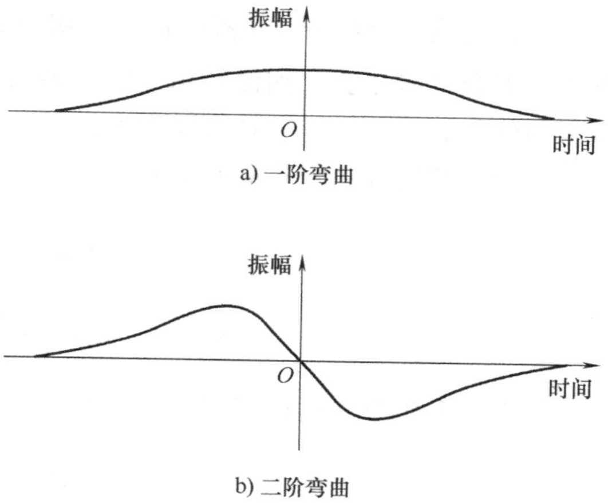

图 8-23　U 形管一、二阶弯曲振动振形示意图

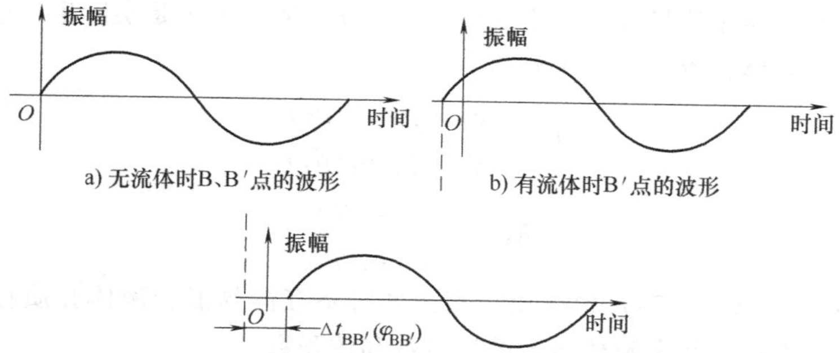

图 8-24　B、B′两点的波形

质量流量 Q_m(kg/s) 与 B、B′两点检测信号时间差 $\Delta t_{BB'}$(s) 的关系可描述为

$$Q_m = K_C \Delta t_{BB'} \tag{8-33}$$

式中，K_C 为与传感器敏感结构参数、材料参数以及检测点 B、B′的位置等有关的系数 ($kg \cdot s^{-2}$)。传感器敏感结构确定后，Q_m 与 $\Delta t_{BB'}$成正比。这是该类传感器非常好的一个优点。

2. 密度与体积流量的测量

基于图 8-22 谐振式直接质量流量传感器的结构与工作原理，利用测量管内没有流体时

（即空管）的固有角频率 ω_0、流体充满测量管时的固有角频率 ω_f，可以解算出管内流体的密度为

$$\rho_f = K_D(\omega_0^2/\omega_f^2 - 1) \tag{8-34}$$

式中，K_D 为与传感器敏感结构参数、材料参数有关的系数（kg/m^3）。

显然，通过式（8-33）、式（8-34）可以同步解算出体积流量为

$$Q_V = \frac{Q_m}{\rho_f} = \frac{K_C \omega_f^2 \Delta t_{BB'}}{K_D(\omega_0^2 - \omega_f^2)} \tag{8-35}$$

3. 双组分流体的测量

当被测流体是组分 1（密度 ρ_1）与组分 2（密度 ρ_2）两种不产生化学反应，也没有物理互溶的混合液体介质（如油和水）时，通过实时测量得到的混合液体介质的密度 ρ_f、质量流量和体积流量，可以对双组分流体各自的质量流量与体积流量进行测量。

组分 1 和组分 2 的质量流量分别为

$$Q_{m1} = \frac{\rho_f - \rho_2}{\rho_1 - \rho_2} \frac{\rho_1}{\rho_f} Q_m \tag{8-36}$$

$$Q_{m2} = \frac{\rho_f - \rho_1}{\rho_2 - \rho_1} \frac{\rho_2}{\rho_f} Q_m \tag{8-37}$$

组分 1 和组分 2 的体积流量分别为

$$Q_{V1} = \frac{\rho_f - \rho_2}{\rho_1 - \rho_2} Q_V \tag{8-38}$$

$$Q_{V2} = \frac{\rho_f - \rho_1}{\rho_2 - \rho_1} Q_V \tag{8-39}$$

利用式（8-36）~式（8-39）可以计算出某一测量瞬时流体组分 1（密度 ρ_1）与流体组分 2（密度 ρ_2）在总质量流量和总体积流量中的占比。若组分 1 是实际生产过程中所关心的介质，其质量流量与体积流量的占比分别为

$$R_{m1} = \frac{Q_{m1}}{Q_m} = \frac{\rho_1(\rho_f - \rho_2)}{\rho_f(\rho_1 - \rho_2)} \tag{8-40}$$

$$R_{V1} = \frac{Q_{V1}}{Q_V} = \frac{\rho_f - \rho_2}{\rho_1 - \rho_2} \tag{8-41}$$

利用式（8-36）~式（8-39）也可以计算出两种不互溶的混合液体介质在某一时间段内流过质量流量传感器的双组分流体各自的质量数和体积数。

4. 应用特点

1）可直接测量流体的质量流量，受流体的黏度、密度、压力等因素的影响小、性能稳定、实时性好，是目前精度最高的直接获取流体质量流量的传感器。

2）传感器输出信号处理、被测量的解算都是直接针对周期信号，易于解算被测参数，便于与计算机连接构成分布式计算机测控系统。

3）具有多功能性与智能化，能同步测出流体的密度、质量流量和体积流量；可解算出互不相溶的双组分液体介质各自所占的比例（包括体积流量、质量流量以及它们的累积量）。

4）可测量流体范围广，包括高黏度液体、含有固形物的浆液、含有少量气体的液体和有足够密度的中高压气体等。

5）测量管路内无阻碍件和活动件，测量管的振动幅度小，可视为非活动件；对迎流流速分布不敏感，无上、下游直管段的要求。

6）涉及多学科领域，技术含量高、加工工艺复杂、应用成本高。

习题与思考题

8-1 从谐振式传感器敏感元件的工作特征，如何理解谐振现象？

8-2 什么是谐振子的机械品质因数 Q 值？如何测定 Q 值？如何提高 Q 值？

8-3 利用式（8-9）谐振子归一化幅频特性的峰值 A_{max} 测量其品质因数时，讨论其测量误差。

8-4 分别从时域、复频域讨论谐振式传感器闭环系统的实现条件。

8-5 实现谐振式传感器时，通常需要构成以谐振子（谐振敏感元件）为核心的闭环自激系统。该闭环自激系统主要由哪几部分组成？各有什么用途？

8-6 从谐振式传感器的闭环自激条件说明 Q 值越高越好。

8-7 谐振式传感器的主要优点是什么？可能的缺点是什么？

8-8 利用谐振现象构成的谐振式传感器，除了检测频率的测量原理外，还有哪些测量原理？它们在使用时应注意什么问题？

8-9 在谐振式压力传感器中，谐振子可以采用哪些敏感元件？

8-10 简述图 8-6 谐振弦式压力传感器的工作原理与应用特点。

8-11 间歇式激励方式的谐振式传感器的主要应用特点有哪些？

8-12 谐振弦式压力传感器中的谐振弦为什么必须施加预紧力？设置预紧力的原则是什么？

8-13 给出谐振筒式压力传感器原理结构示意图，简述其工作原理和应用特点。

8-14 简要说明图 1-2 谐振筒式压力传感器中谐振筒选择 $m=1$、$n=4$ 的原因。

8-15 谐振筒式压力传感器中如何进行温度补偿？

8-16 给出谐振膜式压力传感器的原理结构图，简述其工作原理和应用特点。

8-17 图 8-12 谐振膜式压力传感器，其激励与拾振方式还有哪些？并说明使用中应注意的问题。

8-18 说明石英谐振梁式压力传感器的工作原理和应用特点。

8-19 说明图 1-6 硅微结构谐振式压力传感器可以实现对加速度测量的原理，并解释其不仅可以实现对加速度大小的测量，还可以敏感加速度方向的原理。

8-20 简要说明图 8-18 石英谐振梁式加速度传感器的工作原理与应用特点，说明挠性支承的作用。

8-21 简要说明图 8-19 硅微结构谐振式加速度传感器的工作原理与应用特点，说明支撑梁和杠杆的作用。

8-22 针对图 8-20 声表面波谐振式加速度传感器结构示意图，说明其工作原理和应用特点。

8-23 实现 SAW 谐振式加速度传感器时，为什么要采用差动检测方式？其优点是什么？

8-24 简要说明图 8-21 钢弦式扭矩传感器的工作原理与应用特点。

8-25　简要对比图 8-6 与图 8-21 谐振弦式压力传感器和钢弦式扭矩传感器应用的谐振敏感元件工作过程的相同点和不同点。

8-26　什么是科氏效应？在谐振式直接质量流量传感器中，科氏效应是如何发挥作用的？

8-27　简述谐振式直接质量流量传感器的工作原理及应用特点。

8-28　为什么说谐振式直接质量流量传感器是多功能流量传感器？

8-29　利用谐振式直接质量流量传感器实现双组分测量的原理是什么？有什么条件？

8-30　利用体积守恒和质量守恒原理，证明式（8-36）~式（8-39）。

8-31　某工程技术人员通过测试一谐振子的幅频特性曲线求得其机械品质因数 Q 值，测得谐振频率为 5.1322kHz，同时记录了两个半功率点的频率值：5.1318kHz 和 5.1327kHz。试计算该谐振子的机械品质因数。

8-32　题 8-31 中，若工程技术人员没有记录下谐振频率值，试评估该谐振子的机械品质因数。

8-33　题 8-31 中，若工程技术人员没有记录下左侧半功率点的频率值，试评估该谐振子的机械品质因数。

8-34　题 8-31 中，若工程技术人员没有记录下右侧半功率点的频率值，试评估该谐振子的机械品质因数。

8-35　某谐振筒式压力敏感元件由 3J53 材料加工而成，其几何结构参数为 $R=9\text{mm}$，$L=55\text{mm}$，$h=0.078\text{mm}$，试由式（8-15）、式（8-16）计算当振型沿谐振筒圆周方向的整波数 $n=2$，3，4，5，沿母线方向的半波数 $m=1$，2，压力范围为 $0\sim1.35\times10^5\text{Pa}$ 时的压力-频率特性（可以等间隔计算 11 个点），画简图表示，并进行简要讨论（注：3J53 材料的弹性模量为 $1.96\times10^{11}\text{Pa}$，泊松比为 0.3，密度为 7850kg/m^3）。

8-36　图 8-15 硅微结构谐振式压力传感器，硅材料的弹性模量、密度和泊松比分别为 $E=1.9\times10^{11}\text{Pa}$，$\rho=2.33\times10^3\text{kg/m}^3$，$\mu=0.18$；敏感结构参数：方形平膜片边长 3mm，膜厚 0.2mm；梁谐振子沿 x 轴设置于方形平膜片正中间，长 1.3mm，宽 0.08mm，厚 0.01mm；被测压力范围为 $0\sim3\times10^5\text{Pa}$ 时，利用式（8-19）的模型计算梁谐振子的压力-频率特性（等间隔计算 11 个点），画简图表示，并进行简要讨论。

8-37　利用谐振式直接质量流量传感器测量油水混合液的双组分。若油和水的密度分别为 870kg/m^3、1000kg/m^3，当实测液体密度为 915kg/m^3 时，计算油在总体积流量中的比例和油在总质量流量中的比例。

第 9 章　光纤传感器

9.1　光纤传感器的发展

光纤传感器（Fiber Optic Sensor，FOS）是 20 世纪 70 年代末期发展起来的一种新型传感器。它具有灵敏度高、质量小、可传输信号的频带宽、电绝缘性能好、耐火、耐水性好、抗电磁干扰强、挠性好、可实现不带电的全光型探头等独特优点。在防爆要求较高和在电磁场下应用的技术领域，可以实现点位式参数测量或分布式参数测量。利用光纤的传光特性和感光特性，可实现位移、速度、加速度、角速度、压力、温度、液位、流量、水声、浊度、电流、电压和磁场等多种物理量的测量。光纤传感器还可应用于气体（尤其是可燃性气体）浓度等化学量的检测，也可以用于生物、医学领域。总之，光纤传感器具有广阔的应用前景。

光纤传感器主要分为非功能型和功能型两类。前者利用其他敏感元件感受被测量，光纤仅作为光信号的传输介质，这一类光纤传感器也称传光型光纤传感器。后者利用光纤本身感受被测量变化而改变传输光的特性，如发光强度、相位、偏振态、波长；光纤既是传光元件，又是敏感元件，这一类光纤传感器也称传感型光纤传感器。

9.2　光纤及其有关特性

9.2.1　光纤的结构与种类

光纤是一种工作在光频范围内的圆柱形介质波导，主要包括纤芯、包层和涂覆层（即图中的塑料护套），如图 9-1 所示。纤芯位于光纤的中心部分，通常由折射率（n_1）稍高的介质制作，直径约为 5~100μm；纤芯周围包封一层折射率（n_2）较低的包层，即满足 $n_2<n_1$。纤芯与包层一般由玻璃或石英等透明材料制成，构成一个同心圆的双层结构。光纤具有将光功率封闭在光纤里面进行传输的功能。涂覆层起保护作用，通常是一层塑料护套。

光纤按本身的材料组成不同，可分为石英光纤、多组分玻璃光纤和全塑料光纤。石英光纤的纤芯与包层由高纯度 SiO_2 掺适当杂质制成，损耗低；多组分玻璃光纤用钠玻璃（SiO_2-Na_2O-CaO）掺适当杂质制成；全塑料光纤损耗高，但机械性能好。

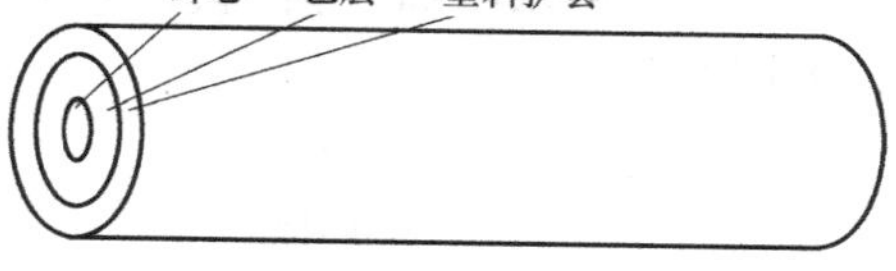

图 9-1　光纤的基本结构

按折射率分布不同，光纤可分为阶跃折射率光纤和梯度折射率光纤。阶跃折射率光纤也称阶跃型光纤纤芯，其折射率 n_1 不随半径变化，包层内的折射率 n_2 也基本上不随半径而变。在纤芯内，中心光线沿光纤轴线传播；通过轴线平面的不同方向入射的光线（即子午光线）呈锯齿状轨迹传播，如图 9-2a 所示。梯度折射率光纤也称梯度型光纤，其纤芯内的折射率不是常值，从中心轴开始沿半径方向大致按抛物线规律逐渐减小。光在传播中会自动地从折射率小的界面处向中心汇聚，光线偏离中心轴线越远，则传播路程越长，传播轨迹类似于波曲线。这种光纤又称为自聚焦光纤。图 9-2b 为经过轴线的子午光线传播的轨迹。

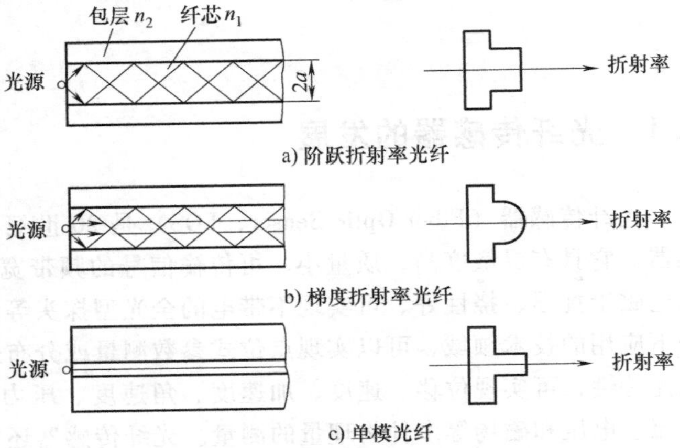

图 9-2　光纤的种类和光传播形式

光纤也可以按其传播模式分为单模光纤和多模光纤。单模光纤在纤芯中仅传输一个模的光波，如图 9-2c 所示，而多模光纤则传输多于一个模的光波。在光纤内传播的光波可以分解为沿轴向传播的平面波和沿垂直方向（剖面方向）传播的平面波。沿剖面方向传播的平面波在纤芯与包层的界面上产生反射。如果此波在一个往复（入射和反射）中相位变化为 2π 的整数倍，就会形成驻波。只有能形成驻波的那些以特定角度射入光纤的光才能在光纤内传播，这些光波就称为模。芯径较粗时（几十微米以上），能传播几百个以上的模，而芯径很细时（5～10μm），只能传播一个模，即基模 HE_{11}。

9.2.2　传光原理

光的全反射原理是研究光纤传光原理的基础。根据几何光学原理，当光线以较小的入射角 φ_1（$\varphi_1<\varphi_c$，φ_c 为临界角）由折射率为 n_1 的光密媒质射入折射率为 n_2 的光疏媒质时，一部分光线被反射，另一部分光线折射入光疏媒质中，如图 9-3a 所示。折射角 φ_2 满足斯耐尔（Snell）定律，即

$$n_1\sin\varphi_1=n_2\sin\varphi_2 \tag{9-1}$$

根据能量守恒定律，反射光与折射光的能量之和等于入射光的能量。

当入射角增加时，一直到临界角 φ_c，折射光都会沿着界面传播，即折射角达到 90°，如图 9-3b 所示。临界角 φ_c 的计算公式为

$$\varphi_c=\arcsin(n_2/n_1) \tag{9-2}$$

当入射角继续增加（$\varphi_1>\varphi_c$）时，光线不再产生折射，只有反射，形成光的全反射现象，如图 9-3c 所示。

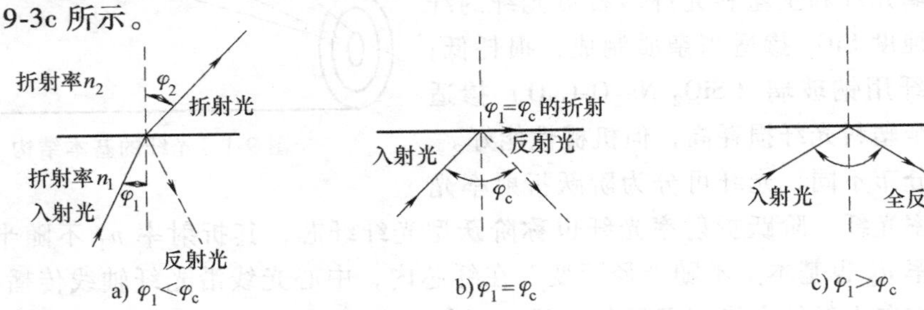

图 9-3　光的全反射原理

以如图 9-4 所示的阶跃型多模光纤说明光纤中的传光原理。纤芯的折射率为 n_1，包层的折射率为 n_2，满足 $n_2<n_1$。当光线从折射率为 n_0 的空气中射入光纤的端面，并与其轴线的夹角为 θ_0 时，按斯耐尔定律，在光纤内折呈 θ_1 角，然后以 φ_1（$\varphi_1=90°-\theta_1$）角入射到纤芯与包层的界面上。如果入射角 φ_1 大于临界角 φ_c，则入射光线就能在界面上产生全反射，并在光纤内部以同样角度反复逐次全反射向前传播，直至从光纤的另一端射出。由于光纤两端处于同一媒质（空气）中，所以出射角也为 θ_0。光纤只要不是过分弯曲，光就能沿着光纤传播。当光纤弯曲程度太大，导致光射至界面上的入射角小于临界角，那么大部分光线将透过包层损失掉，不能在纤芯内部传播。这在光纤使用中应当注意。

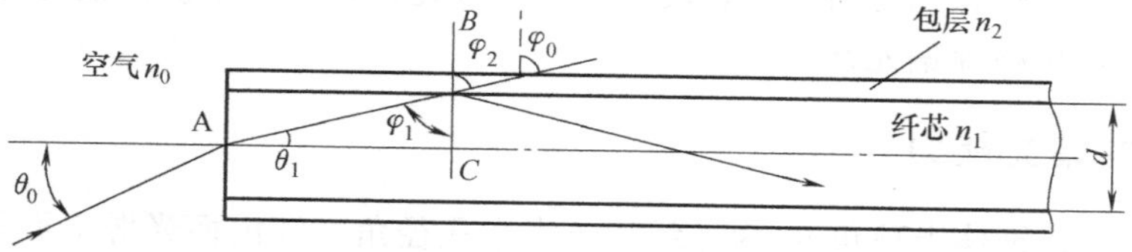

图 9-4　阶跃型多模光纤中子午光线的传播

从空气中射入光纤的光线不一定都能在光纤中实现全反射。只有在光纤端面一定入射角范围内的光线才能在光纤内部产生全反射传输出去。能产生全反射的入射角可以由斯耐尔定律以及临界角 φ_c 的定义求得。

如图 9-4 所示，假设光线在 A 点入射，则有

$$n_0\sin\theta_0=n_1\sin\theta_1=n_1\cos\varphi_1 \tag{9-3}$$

基于全反射条件，当入射光在纤芯与包层的界面上形成全反射时，应满足

$$\sin\varphi_1>n_2/n_1 \tag{9-4}$$

即

$$\cos\varphi_1<\sqrt{1-(n_2/n_1)^2}=\sqrt{n_1^2-n_2^2}/n_1 \tag{9-5}$$

利用式（9-3）、式（9-5）可得

$$\sin\theta_0<\sqrt{n_1^2-n_2^2}/n_0 \tag{9-6}$$

式（9-6）确定了能发生全反射的子午线光线在端面的入射角范围。

利用式（9-6）可以得到入射角度最大值 θ_c，即

$$\sin\theta_c=\sqrt{n_1^2-n_2^2}/n_0\overset{\text{def}}{=}NA \tag{9-7}$$

式中，NA 为光纤的数值孔径。

考虑到空气中 $n_0=1$，则式（9-7）可以写为

$$NA=\sin\theta_c=\sqrt{n_1^2-n_2^2} \tag{9-8}$$

因 n_1 与 n_2 的差值很小，故式（9-8）可近似表示为

$$NA\approx n_1\sqrt{2\Delta} \tag{9-9}$$

$$\Delta\overset{\text{def}}{=}(n_1-n_2)/n_1$$

式中，Δ 为相对折射率差。

数值孔径 NA 表征了光纤的集光能力。由式（9-8）可知，纤芯与包层的折射率差越大，数值孔径越大，由光源输入光纤的光功率越大，光纤集光能力越强。

基于数值孔径，引入一个与光纤芯径有关的归一化频率，即

$$v = \frac{\pi d}{\lambda} NA \tag{9-10}$$

式中，λ 为光波波长（m）；d 为光纤芯径（m）。

归一化频率 v 值能够确定在光纤纤芯内部沿轴线方向传播光波的模式数量。理论研究表明，当 $v<2.405$ 时，光纤中只能传播基模 HE_{11}，这种光纤称为单模光纤；当 $v>2.405$ 时，光纤中能传播多种模式，这种光纤称为多模光纤。多模光纤中传播的模式数目，随着 v 值的增大而增多。

对于单模光纤，偏振状态沿光纤长度不变的单模光纤，称为单模保偏光纤。在一些光纤传感器中，应使用单模保偏光纤。

9.2.3 光纤的集光能力

如图 9-5 所示，锥体半顶角 θ_c 为光纤的最大半孔径角，则由面光源上面积元 dS 发出的射入光纤端面的有效光通量为

$$F = \pi B \sin^2\theta_c \, dS \tag{9-11}$$

由面光源发出的总的光通量相当于 $\theta_c = 90°$ 的情况，即

$$F_{max} = \pi B dS \tag{9-12}$$

定义 $f = F/F_{max}$ 为集光率，则有

$$f = \sin^2\theta_c = NA^2 \tag{9-13}$$

式（9-13）进一步揭示了数值孔径的物理意义，集光率与数值孔径的二次方成正比。特别地，由式（9-8）可知，如果$\sqrt{n_1^2 - n_2^2} \geqslant 1$，则集光能力最大，集光率 $f = 1$。

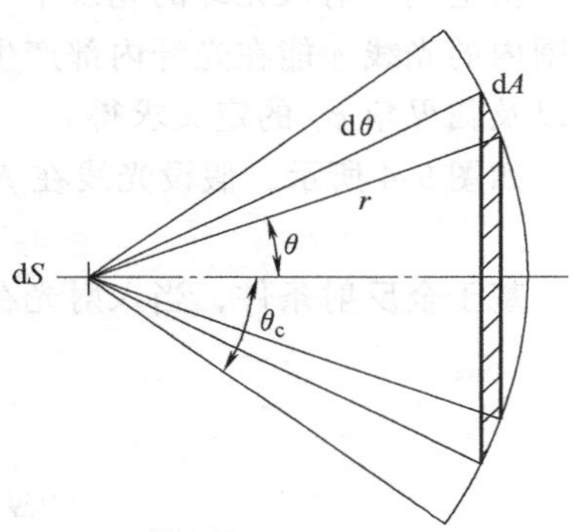

图 9-5 半顶角为 θ_c 的面光源光锥

9.2.4 光纤的传输损耗

光从光纤一端射入，从另一端射出，发光强度衰减，产生传输损耗，其定义为

$$\alpha = \frac{10}{L} \lg\left(\frac{P_{in}}{P_{out}}\right) \tag{9-14}$$

式中，α 为光纤的传输损耗（dB/km）；L 为光纤长度（km）；P_{in}、P_{out} 为光纤的输入光功率（W）和输出光功率（W）。

光纤中光能量的损耗主要有吸收损耗、散射损耗和辐射损耗。光纤损耗是多种因素影响的综合结果，也可归结为固有损耗和非固有损耗两类。固有损耗包括光纤材料的性质和微观结构引起的吸收损耗和散射损耗。它们是光纤中都存在的损耗因素，从原理上不可克服，决定了光纤损耗的极限值。非固有损耗是指杂质吸收、结构不完善引起的散射和弯曲辐射损耗等。这些损耗可以通过光纤制造技术的完善得以减小或消除。

通常，加大光纤直径，缩短光纤长度，减小光的入射角，可减小光纤损耗。一般光纤的损耗为 3~10dB/km，最低可达到 0.18dB/km 的水平。

9.3 光纤传感器的典型实例

9.3.1 基于位移测量的反射式光纤压力传感器

图 9-6 为反射式光纤压力传感器原理示意图。膜片由弹性合金材料制成，用电子束焊将它焊接到探头端面上。膜片内表面抛光并蒸镀一层反射膜，以提高反射率。光纤束由数百根甚至数千根阶跃型多模光纤集束而成，被分为纤维数大致相等、长度相同的两束，即发送光纤束和接收光纤束。在两束光纤的汇集端，呈随机分布排列。

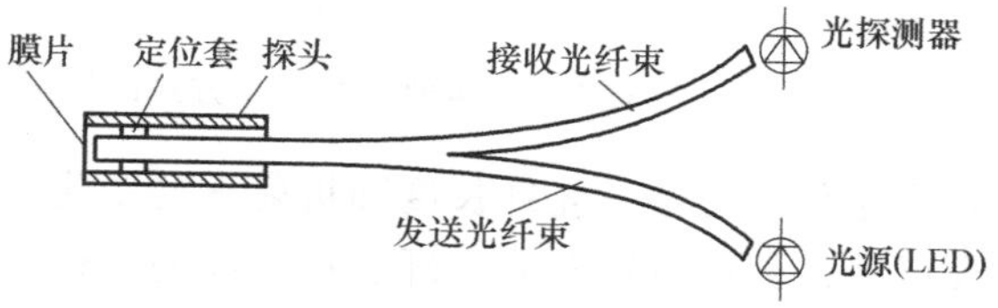

图 9-6 反射式光纤压力传感器原理示意图

对于周边固支圆平膜片，小挠度变形时，其中心位移与所受压力成正比，见式(5-25)，即光纤与膜片之间的距离随压力的增加而线性减小。这样，光纤接收的反射光发光强度随压力增加而减小。因此，该传感器实质上是一种测量位移的光纤压力传感器，它通过调制发光强度实现测量。

实用光纤可采用束状结构。在光纤探头中，发送光纤束与接收光纤束可有多种排列分布方式，如随机分布、对半分布及同轴分布等，如图 9-7 所示。同轴分布包括发送光纤在内层和发送光纤在外层两种。

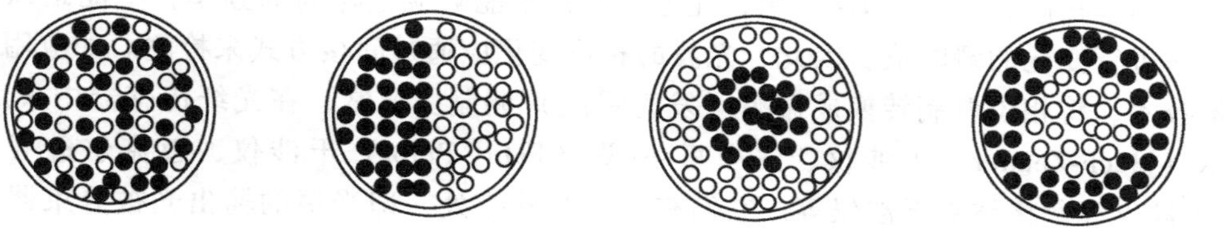

a) 随机分布　b) 对半分布　c) 同轴分布(发送光纤在内层)　d) 同轴分布(发送光纤在外层)

图 9-7 光纤分布方式

四种光纤分布方式的反射光发光强度与位移的关系曲线如图 9-8 所示，分别对应图中曲线 1、2、3、4。以曲线 1 为例，在其 *AB* 段和 *CD* 段具有很好的线性特性，且 *AB* 段的斜率比 *CD* 段大得多，线性也较好。因此，测量小位移的传感器工作范围可选择在 *AB* 段，偏置工作点设置在 *AB* 段的中点 *M* 点。而测量大位移的传感器，工作范围可选择在 *CD* 段，偏置工作点设置在 *CD* 段的中心 *N* 点。

光纤压力传感器具有非接触、结构简单、探头小、线性度好、灵敏度高、频率响应高等优点，应用领域广泛，尤其适用于动态压力测量。

9.3.2 相位调制光纤压力传感器

1. 相位调制原理

当一束波长为 λ 的相干光在光纤中传播时，光波的相位与光纤长度、纤芯折射率 n_1 和芯径有关。若光纤受被测物理量的作用，将会引起上述三个参数发生不同程度的变化，从而

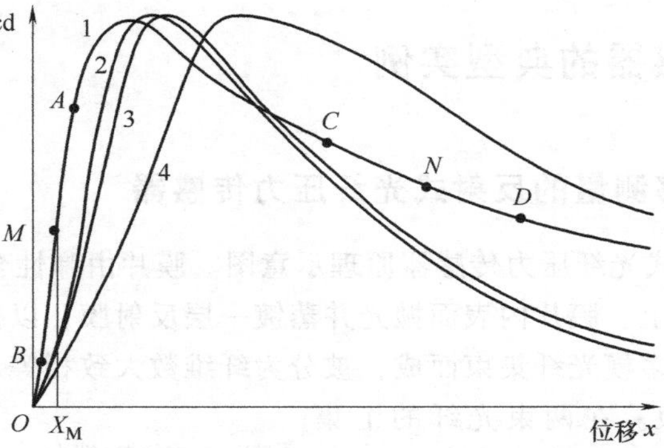

图 9-8　四种光纤分布方式的反射光发光强度与位移的关系曲线

引起光相移。通常，光纤长度和折射率的变化引起光相位的变化要比芯径变化引起的相位变化大得多，因此可以忽略光纤芯径引起的相位变化。

一段长为 L、波长为 λ 的输出光相对输入端来说，其相位为

$$\varphi = 2\pi n_1 L/\lambda \tag{9-15}$$

当光纤受到外界物理量作用时，则光波的相位变化量 $\Delta\varphi$(rad) 为

$$\Delta\varphi = 2\pi(n_1\Delta L + \Delta n_1 L)/\lambda = 2\pi L(n_1\varepsilon_L + \Delta n_1)/\lambda \tag{9-16}$$

式中，n_1、Δn_1 为光纤纤芯的折射率及其变化量；ΔL 为光纤长度的变化量（m）；ε_L 为光纤的轴向应变，$\varepsilon_L = \Delta L/L$。

光的频率很高，在 10^{14} Hz 量级，光电探测器不能响应这样高的频率，不能跟踪以这样高的频率进行变化的瞬时值。因此，光波的相位变化应通过间接方式来检测。如应用光学干涉测量技术，将相位调制转换成振幅（发光强度）调制。通常，在光纤传感器中采用马赫-泽德尔（Mach-Zender）干涉仪、法布里-珀罗（Fabry-Perot）干涉仪、迈克尔逊（Michelson）干涉仪和萨格纳克干涉仪等。它们有一个共同之处，即光源的输出光被分束器（棱镜或低损耗光纤耦合器）分成光功率相等的两束光（或几束光），并分别耦合到两根或几根光纤中。在光纤的输出端再将这些分离光束汇合起来，输出到一个光电探测器中。在干涉仪中采用锁相零差、合成外差等解调技术，可以检测出调制信号。

2. 一种典型的相位调制光纤压力传感器

图 9-9 为利用马赫-泽德尔干涉仪测量水声压力的干涉型光纤压力传感器原理示意图。He-Ne 激光器发出一束相干光，经过扩束以后，被分束棱镜分成两束光，并分别耦合到单模的信号光纤（又称传感光纤）和参考光纤中。信号光纤被置于被测压力场中，感受压力变化。参考光纤不感受被测压力，应有效屏蔽，避免或减小来自被测对象和环境温度的影响。这两根光纤作为马赫-泽德尔干涉仪的两个臂，它们长度相等，在光源的相干长度内，两臂的光程长相等。光合成后形

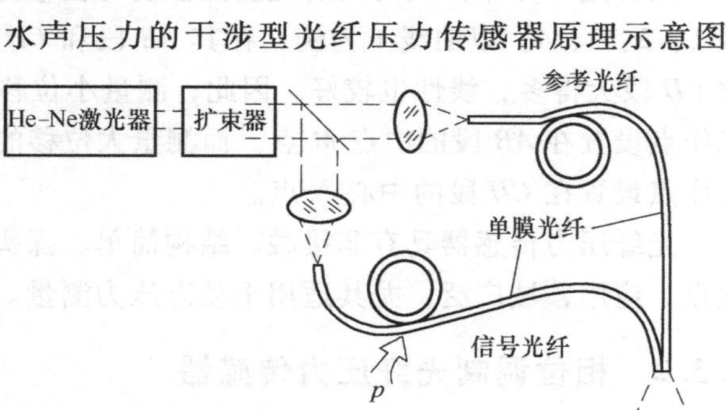

图 9-9　干涉型光纤压力传感器原理示意图

成一系列明暗相间的干涉条纹。

由式（9-16）可知，压力引起光纤的长度和折射率的变化，使光波相位发生变化，从而产生两束光的相对相位发生变化。如果在信号光纤和参考光纤的汇合端放置一个合适的光电探测器，如图 9-10 所示，在初始阶段，信号光纤中的传播光与参考光纤中的传播光同相，输出光电流最大；随着相位增加，光电流逐渐减小；相移增加至 π，光电流达到最小值；相移继续增加至 2π，光电流又上升到最大值。这样，光的相位调制便能转换为电信号的幅值调制。对应于相位 2π 的变化，移动一根干涉条纹。如果在两光纤的输出端用光电元件来扫描干涉条纹的移动，并变换成相应的电信号，就可以通过移动干涉条纹解算出压力的变化。

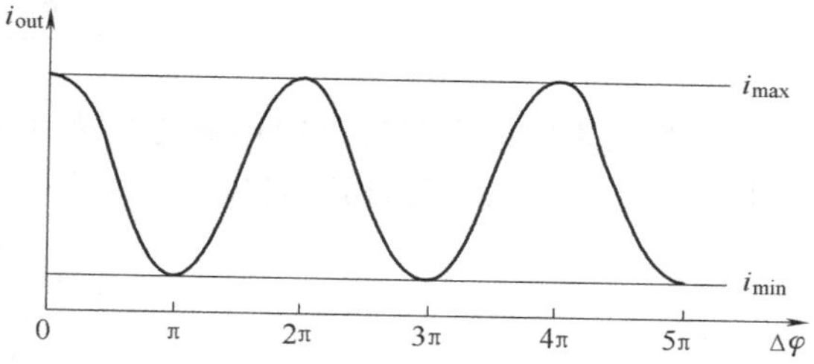

图 9-10　输出光电流与光相位变化的关系

利用图 9-9 干涉型光纤压力传感器原理也可以实现对温度的测量，构成干涉型光纤温度传感器，且有较高的灵敏度。

9.3.3　基于萨格纳克干涉仪的光纤角速度传感器

利用萨格纳克效应可以实现对旋转角速度的测量，即构成光纤陀螺。其突出优点是精度高、灵敏度高、无活动部件、体积小、质量小、抗干扰能力强。

图 9-11 为萨格纳克干涉仪原理示意图。激光器发出的光由分束器或 3dB 耦合器分成 1∶1 的两束光，耦合进入一个多匝（多环）单模光纤环的两端。光纤两端出射光经分束器送到光探测器。

设半径为 R 的圆形闭合光路上，同时从相同的起始点 A 沿相反方向传播两列光波。当闭合光路静止时（即 $\Omega=0$），两列光波同时回到起始点，即两束光的相位差为零。当闭合光路沿顺时针方向以角速度 Ω 转动时，两列光波再回到 A 点花费的时间不同，同时 A 点已从位置 1 转到了位置 2，如图 9-12 所示。

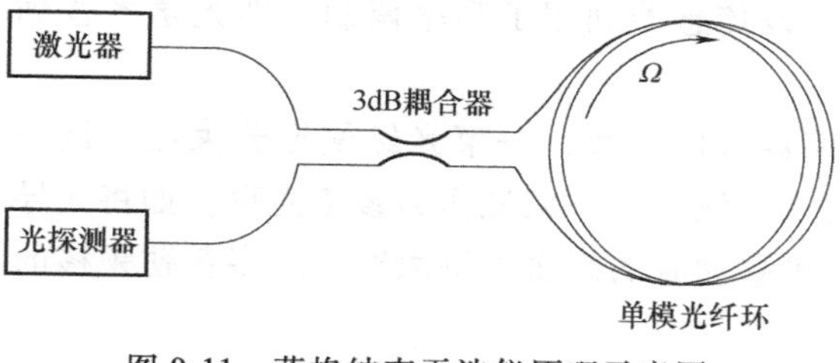

图 9-11　萨格纳克干涉仪原理示意图

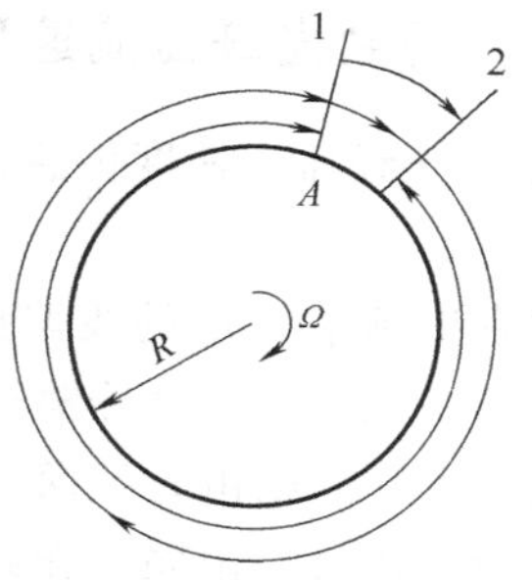

图 9-12　萨格纳克效应示意图

顺时针方向传播的光所需的时间满足

$$t_R=\frac{2\pi R+R\Omega t_R}{c_R} \tag{9-17}$$

式中，c_R 为光路中沿顺时针方向传播的光速（m/s）。

逆时针方向传播的光所需的时间满足

$$t_L=\frac{2\pi R-R\Omega t_L}{c_L} \tag{9-18}$$

式中，c_L 为光路中沿逆时针方向传播的光速（m/s）。

由式（9-17）、式（9-18）可得

$$t_R=\frac{2\pi R}{c_R-R\Omega} \tag{9-19}$$

$$t_L=\frac{2\pi R}{c_L+R\Omega} \tag{9-20}$$

根据相对论，有

$$c_R=\frac{c/n+R\Omega}{1+R\Omega/(nc)}=c/n+R(1-1/n^2)\Omega+\cdots \tag{9-21}$$

$$c_L=\frac{c/n-R\Omega}{1-R\Omega/(nc)}=c/n-R(1-1/n^2)\Omega+\cdots \tag{9-22}$$

式中，n 为光路介质的折射率；c 为光速（m/s），在真空中，$c\approx2.998\times10^8$m/s。

考虑到 $c\gg R\Omega$，则两列光波传输的时间差为

$$\Delta t=t_R-t_L=(4\pi R^2/c^2)\Omega=(4A/c^2)\Omega \tag{9-23}$$

式中，A 为光路所包含的面积（m^2），$A=\pi R^2$。

为了增强萨格纳克效应，提高陀螺灵敏度，可用 N 匝光纤环路代替圆盘周长传播光路，使光路等效面积增加 N 倍，则式（9-23）可以改写为

$$\Delta t=(4AN/c^2)\Omega \tag{9-24}$$

因此，两列光相应的光程差和相位差分别为

$$\Delta L=c\Delta t=(4AN/c)\Omega \tag{9-25}$$

$$\Delta\varphi=2\pi\Delta L/\lambda=[8\pi AN/(\lambda c)]\Omega \tag{9-26}$$

式中，λ 为光波波长（m）。

测出 $\Delta\varphi$，即可确定转速 Ω 值。这就是光纤陀螺的基本工作原理。

9.3.4 频率调制光纤血流速度传感器

图 9-13 为光纤血流速度传感器工作原理图。该传感器利用了频率调制，即光学多普勒效应。

激光源发出频率为 f_0 的线偏振光束，被分束器分成两束，一束光经偏振分束器，被一显微镜聚焦后进入光纤，并传输至光纤探头，射入血液；另一束光作为参考光束。如将光导管以 θ 角插入血管，则由光纤探头射出的激光，被移动着的红血球所散射，经多普勒频移的部分背向散射光信号，由同一光纤反向回送。

为了区别血流的方向，参考光束中设置一声光频率调制器——布拉格盒。通过布拉格盒调制，参考光产生频移，其频率为 f_0-f_B（f_B 为超声波频率）。将参考光 f_0-f_B 与频率为 $f_0+\Delta f$ 的多普勒频移光信号进行混频，即使用光外差法检测，采用信噪比较高的雪崩二极管（APD）作为光探测器（接收器），接收频率为 $f_B+\Delta f$ 的信号，形成光电流。来自 APD 的光电流被送入频谱分析仪，可以分析多普勒频移，解算血流速度 v。

根据上述分析及光学多普勒效应，其频移为

$$\Delta f = 2nv\cos\theta/\lambda \qquad (9\text{-}27)$$

式中，n 为血的折射率，$n=1.33$；v 为血流速度（m/s）；θ 为光纤轴线与血管轴线间的夹角（°）；λ 为激光波长（m）。

当 $\lambda=0.6328\mu m$，$\theta=60°$，实测出频移 Δf 为 0.84MHz 时，可得血流速度 $v\approx0.4m/s$。

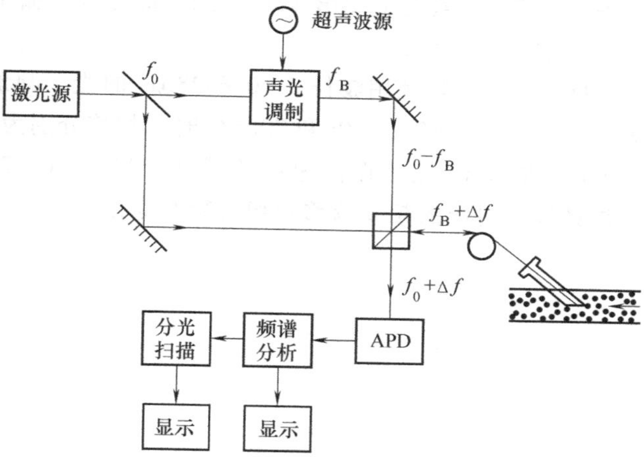

图 9-13　光纤血流速度传感器工作原理图

图 9-13 光纤血流速度传感器的速度测量范围典型值为 0.04~10m/s，精度为 5%，所用光纤直径为 150μm。光纤传感探头部分不带电，化学状态稳定，直径小，已用于眼底及动物腿部血管中血流速度的测量，其空间分辨率（100μm）和时间分辨率（8ms）都相当高。缺点是光纤造成流动干扰，并且背向散射光非常弱。因此，设计信号检测电路时必须考虑这些情况。

需要指出的是，频率调制并没有改变光纤的特性，光纤仅起传输光的作用，而不是作为敏感元件。

习题与思考题

9-1　简要说明光纤的基本结构。

9-2　简要说明光纤传感器的特点。

9-3　简述光纤传感器的主要类型，并比较它们之间的不同之处。

9-4　简要说明光纤的种类与光在光纤中的传播形式。

9-5　光的全反射是光纤传光的基础，简述光的全反射现象。

9-6　解释光纤数值孔径的物理意义。

9-7　什么是光纤的集光能力？何时达到最大？

9-8　光纤的传输损耗是怎么产生的？

9-9　从调制光的特征参数考虑，有哪几大类光纤传感器？各有什么主要特点？

9-10　简述反射式光纤压力传感器的工作原理和应用特点。

9-11　就图 9-8 反射光发光强度与位移的关系曲线 1，说明其在反射式光纤传感器中的应用情况。

9-12　图 9-9 干涉型光纤压力传感器原理也可以应用于干涉型光纤温度传感器。试简要分析该光纤温度传感器的工作原理。

9-13　简述光纤陀螺的工作原理与应用特点。如何提高其测量灵敏度？

9-14　简述光纤血流速度传感器的工作原理。

9-15　若某一光纤的纤芯与包层的折射率分别为 1.5438 和 1.5124，试计算该光纤的数值孔径。

9-16　某一段长 5km 的光纤，输入光功率为 4mW 时，输出光功率为 3mW，试计算该段光纤的传输损耗。

9-17　传输损耗为 0.2dB/km、长 10km 光纤，输出光功率要求不低于 3mW 时，试计算其最小的输入光功率。

9-18　某光纤陀螺用波长 $\lambda=0.6328\mu m$ 的光，圆形环光纤的半径 $R=4\times10^{-2}m$，光纤总长 $L=600m$，当 $\Omega=0.02°/h$ 和 $200°/s$ 时，相移分别为多少？

9-19　图 9-13 光纤血流速度传感器，当 $\lambda=0.6328\mu m$，$\theta=30°$，$n=1.33$，$v=1.1m/s$ 时，试计算所对应的频率偏移和相对频率变化。

第 10 章　温敏与湿敏传感器

10.1　温湿度测量的意义

自然界中几乎所有的物理化学过程都与温度密切相关。工业自动化系统的实际工作过程离不开对温度的实时精准测量。温度测量的目的分为两类：一是系统运行过程与温度密切相关，需要实时的温度测量值；二是环境温度的变化会对传感器产生较大影响，需要掌握温度影响传感器测量过程的规律，在此基础上，通过测量温度，对传感器由于温度变化带来的误差进行补偿。可见，温度的测量非常重要。

温度是表征物体冷、热程度的物理量，反映了物体内部分子运动的平均动能。温度高，分子运动剧烈、动能大。温度的概念以热平衡为基础。两个温度不同的物体相互接触，会发生热交换现象，热量由温度高、热程度高的物体向温度低、热程度低的物体传递，直至它们温度相等、冷热程度一致，处于热平衡状态。

不同物质具有不同的物理特性，与温度也有不同的关系，因而形成不同的测温方法及测温传感器。测量温度的方法可分为接触式和非接触式两类。接触式感温元件与被测对象直接物理接触，进行热传导；非接触式感温元件不与被测对象物理接触，而通过热辐射进行热传递。温度属于内涵量，两个温度不能相加，只能进行相等或不相等的比较。

湿度是指大气中所含的水蒸气量。最常用的湿度表示方法有两种，即绝对湿度和相对湿度。绝对湿度是指一定大小空间中水蒸气的绝对含量，绝对湿度也可称为水气浓度或水气密度；相对湿度则是指某一被测蒸气压与相同温度下饱和蒸气压比值的百分数。

吸湿、干燥是空气中的水分（湿度）和物质的相互作用。在质量管理、干燥工程和节能环保等应用中，相对湿度的测量很重要。

10.2　热电阻式温度传感器

热电阻式温度传感器分为金属热电阻式和热敏电阻式两大类。

10.2.1　金属热电阻式温度传感器

金属热电阻式温度传感器的温度敏感元件是金属电阻体。其测温机理是在金属导体两端加电压后，使其内部杂乱无章运动的自由电子形成有规律的定向运动，从而使导体导电。当温度升高时，由于自由电子获得较多能量，能从定向运动中挣脱出来，从而定向运动被削弱，电导率降低，电阻率增大。对于大多数金属导体其电阻随温度变化的关系为

$$R_t = R_0(1+\alpha_1 t+\alpha_2 t^2+\cdots+\alpha_n t^n) \tag{10-1}$$

式中，R_t 为温度为 t 时的电阻值（Ω）；R_0 为温度为 0℃ 时的电阻值（Ω）；α_1、α_2、…、α_n 为由电阻材料和制造工艺所决定的系数，具有不同的单位，α_n 的单位为 $℃^{-n}$。

式（10-1）中，最终取几项由材料、测温精度的要求所决定。金属导体的电阻随温度的升高而增大，可通过测量电阻值的大小得到所测温度值。通过测量电阻值而获得温度的一般方法是电桥测量法，有平衡电桥法和不平衡电桥法，参见第 3 章。

当前工业测温广泛使用铂电阻、铜电阻和镍电阻等。铂电阻化学、物理性能稳定，抗氧化能力强，测温精度高，在-200~0℃范围内的温度-电阻特性为

$$R_t=R_0[1+\alpha_1 t+\alpha_2 t^2+\alpha_3(t-100℃)t^3] \tag{10-2}$$

在 0~850℃范围内的温度-电阻特性为

$$R_t=R_0(1+\alpha_1 t+\alpha_2 t^2) \tag{10-3}$$

由式（10-2）、式（10-3）可以看出，由于初始值不同，即使被测温度 t 为同一值，所得电阻值 R_t 也不同。一般在 $R_0=50\Omega$ 或 $R_0=100\Omega$ 时，$\alpha_1=3.96847\times10^{-3}℃^{-1}$，$\alpha_2=-5.847\times10^{-7}℃^{-2}$，$\alpha_3=-4.22\times10^{-12}℃^{-3}$。

由于铂是贵重金属，故在精度要求不高的场合和测温范围较小时，普遍使用铜电阻。铜价格低，在-50~150℃范围内铜电阻化学、物理性能稳定，其温度-电阻特性为

$$R_t=R_0(1+\alpha_1 t+\alpha_2 t^2+\alpha_3 t^3) \tag{10-4}$$

式中，$\alpha_1=4.28899\times10^{-3}℃^{-1}$，$\alpha_2=-2.133\times10^{-7}℃^{-2}$，$\alpha_3=-1.233\times10^{-9}℃^{-3}$。

由于铜的电阻率比铂低，而且在空气中容易被氧化，故不适宜在高温和腐蚀性介质中工作，铜电阻传感器在温度为 0℃时的阻值也有 $R_0=50\Omega$ 和 $R_0=100\Omega$ 两种。

此外，还有镍电阻、铟电阻和锰电阻。这些电阻各有特点，如铟电阻是一种高精度低温热电阻；锰电阻阻值随温度变化大，可在 275~336℃温度范围内使用，但质脆易损坏；镍电阻灵敏度较高，但热稳定性较差。

热电阻主要由不同材料的电阻丝绕制而成，为了避免通过交流电时产生感抗，或有交变磁场时产生感应电动势，在绕制时要采用双线无感绕制法。由于通过这两股导线的电流方向相反，从而使其产生的磁通相互抵消。铜热电阻的结构如图 10-1 所示。它由铜引出线、补偿绕线电阻、铜热电阻线、线圈骨架所构成。采用与铜热电阻线串联的补偿绕线电阻是为了保证铜热电阻的电阻温度系数与理论值相等。

图 10-2 为铂热电阻结构示意图。它由铜铆钉、铂热电阻线、云母支架、银导线等构成。为了改善热传导，将铜制薄片与两侧云母片和盖片铆在一起，并用银丝做成引出线。

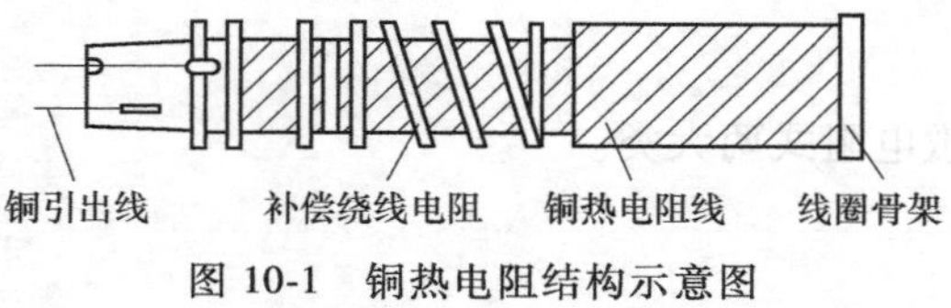

图 10-1　铜热电阻结构示意图

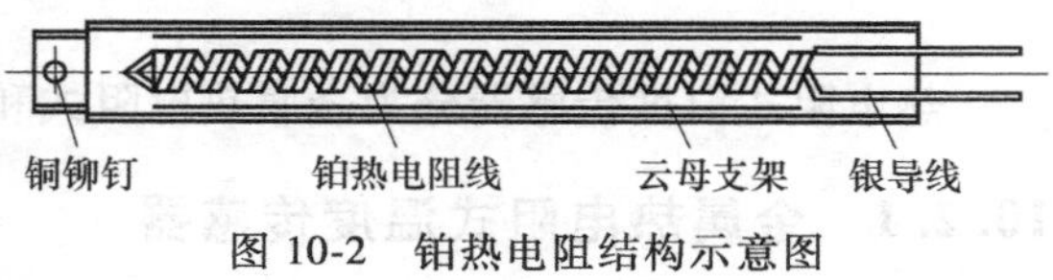

图 10-2　铂热电阻结构示意图

10.2.2　热敏电阻式温度传感器

热敏电阻式温度传感器的感温元件是对温度非常敏感的热敏电阻，所用材料是陶瓷半导体，其导电性主要取决于电子-空穴的浓度和导电粒子平均迁移率。温度变化时，其电子-空穴的浓度与导电粒子平均迁移率变化很大，利用这一特性就可以制作热敏电阻。

按照不同的物理特性，热敏电阻可分为正温度系数（PTC）热敏电阻、临界温度（CTR）热敏电阻和负温度系数（NTC）热敏电阻，如图 10-3 所示。PTC 热敏电阻在测量温

度范围内，其阻值随温度增加而增加，最高温度通常不超过 140℃；CTR 热敏电阻的特点是在临界温度附近电阻急剧变化，因此不适于较宽温度范围内的测量，通常可以用于温度开关；NTC 热敏电阻的阻值随温度增加呈下降趋势，一般用于 -50~300℃之间的温度测量。由于热敏电阻与温度的关系呈较强的非线性，使得它的测温范围和精度受到一定限制。为此，常利用温度系数很小的金属电阻与热敏电阻串联或并联，使热敏电阻阻值在一定范围内呈线性关系。

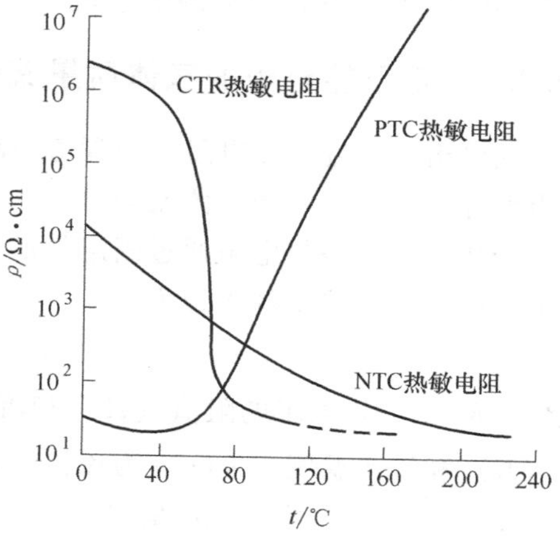

图 10-3 陶瓷半导体热敏电阻的温度特性曲线

NTC 热敏电阻的模型可以表述为

$$R_T=R_0e^{B\left(\frac{1}{T}-\frac{1}{T_0}\right)} \tag{10-5}$$

式中，T 为热力学温度（K），$T=t+273.15\text{K}$；R_0 为某一参考温度 $T_0=t_0+273.15\text{K}$ 下的电阻值，通常选 $t_0=20℃$ 时的电阻值（Ω）；R_T 为温度为 T 时的电阻值（Ω）；B 为热敏电阻常数（K）（与热敏电阻材料及工艺有关）。

利用两个温度下的热敏电阻值可以得到热敏电阻常数 B。如某热敏电阻当 $T_0=(20+273.15)\text{K}=293.15\text{K}$ 时，$R_0=965\text{k}\Omega$；$T=(100+273.15)\text{K}=373.15\text{K}$ 时，$R_T=27.6\text{k}\Omega$，则 $B=TT_0/(T_0-T)\ln(R_T/R_0)=-(373.15\times293.15/80)\ln(27.6/965)\text{K}=4856\text{K}$。

当前使用较多的热敏电阻一般都是锰、镍、钴铁、铜等氧化物，以及碳化硅、硅、锗及有机新材料。热敏电阻的结构组成有多种，图 10-4 为柱形热敏电阻。它由电极、钍镁丝、铂丝、电阻体、保护管、银焊点、绝缘柱构成。除此之外，还有珠状、探头式、片状等热敏电阻，如图 10-5 所示。

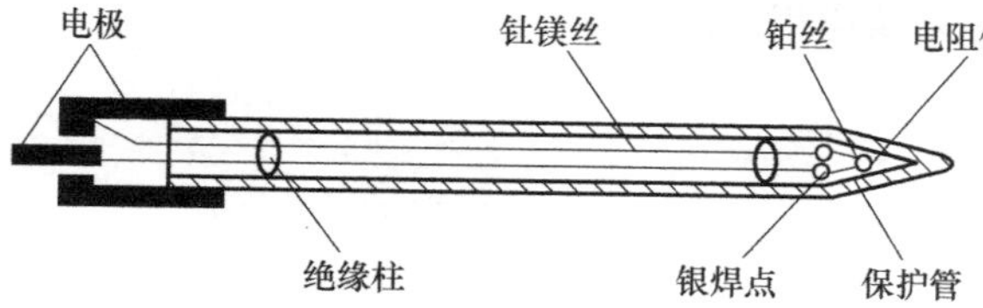

图 10-4 柱形热敏电阻结构示意图

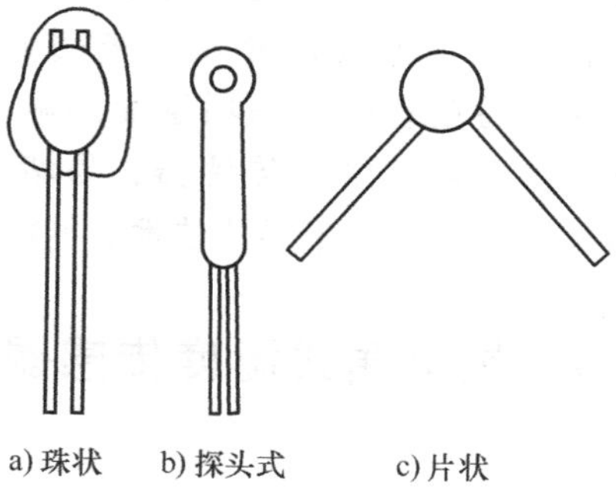

图 10-5 其他形状的热敏电阻

近年来研制的热敏电阻具有较好的耐热性和可靠性。硅热敏电阻可具有正温度系数或负温度系数，尽管其温度-电阻特性是非线性，但是采用线性化措施之后，可在 -30~150℃范围内实现近似线性化。锗热敏电阻广泛用于低温测量。硼热敏电阻在 700℃高温时仍能满足灵敏度、稳定性的要求，可用于测量液体的流速、压力等。总之热敏电阻的温度系数比金属热电阻大，而且体积小、质量轻，非常适用于小空间温度测量，又由于其热惯性小、响应速度快，故适于测量快速变化的温度。

热敏电阻式温度传感器使用时应考虑其自热问题，特别是对于 NTC 热敏电阻尤为重要，自热会引起 NTC 热敏电阻附加电阻值下降，带来测量误差。

10.2.3 基于热电阻的气体质量流量传感器

在管道中放置一热电阻，当管道中流体不流动且热电阻的加热电流保持恒定，则热电阻的阻值亦为一定值。当流体流动时，引起对流热交换，热电阻的温度下降，热电阻的阻值也发生变化。若忽略热电阻通过固定件的热传导损失，在通常应用的流体流速 $v<25\text{m/s}$ 的情况下，热电阻的热平衡方程为

$$I^2R=(A+B\sqrt{\rho v})(t_K-t_f) \tag{10-6}$$

式中，R、I 为热电阻的阻值（Ω）和流过其的加热电流（A）；t_K、t_f 为热电阻感受到的温度（K）和流体温度（K）；ρ 为流体的密度（kg/m^3）；A、B 为由实验确定的系数。

由式（10-6）可见，ρv 是加热电流 I 和热电阻温度的函数。当管道横截面积一定时，由 ρv 就可得质量流量 Q_m。因此，可以使加热电流不变，而通过测量热电阻的阻值变化来测量质量流量；或保持热电阻的阻值不变，通过测量加热电流 I 的变化来测量质量流量。

热电阻可用 Pt 电阻丝或膜电阻制成，也可采用微机械电子系统（MEMS）工艺制成硅微机械热式质量流量传感器。具体实现方案有多种，如加热电阻可以只用于加热，也可以既加热，又测温。

图 10-6 为气体质量流量传感器敏感部分的一种典型结构示意图，其中热电阻 R_1、R_2 用来测量加热电阻上游流体温度 t_{f1} 和下游流体温度 t_{f2}。

基于热电阻的气体质量流量传感器常用来测量气体的质量流量，具有结构简单、测量范围宽、响应速度快、灵敏度高、功耗低、无活动部件、无分流管、压力损失小等优点。其主要不足是技术实现难度较大；对小流量而言，会给被测气体介质带来明显的热量；使用时容易在管壁沉积垢层而影响测量，需定期清洗；对细管形传感器，易堵塞。该传感器在汽车电子、半导体技术、能源与环保等领域应用广泛。

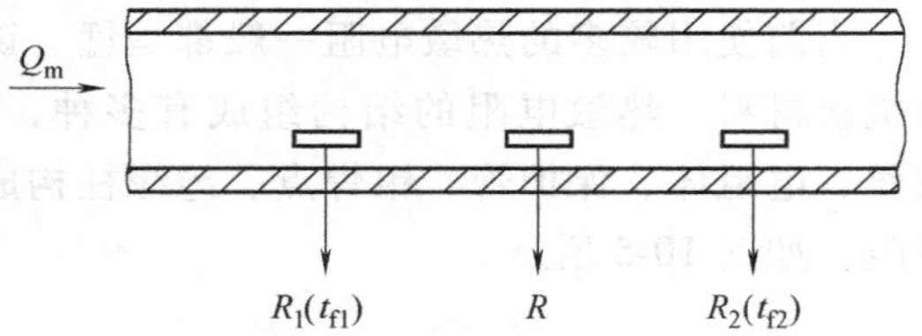

图 10-6 气体质量流量传感器敏感部分的一种典型结构示意图

10.3 热电偶式温度传感器

10.3.1 基本原理

热电偶式温度传感器基于热电效应产生的热电动势实现测量。如图 10-7 所示，当两种不同金属导体两端相互紧密地连接在一起组成一个闭合电路时，由于两个接触点温度 T 和 T_0 不同，回路中将产生热电动势，并有电流通过，这种把热能转换成电能的现象称为热电效应。两种不同材料的组合环就是一热电偶，a、b 两导体称为热电极，T 端称为测量结、工作端或热端，T_0 端称为参考结、参考端或冷端。冷端 T_0 保持温度恒定，则测量结 T 的温度大小可由毫伏表指示的 E_{ab} 确定。

物理学表明，热电动势由接触电动势和温差电动势两部分组成。接触电动势是由于两种

不同导体的自由电子密度不同而在接触处形成的电动势。当两种不同的金属材料接触在一起时，由于各自的自由电子密度不同，从而使各自的自由电子透过接触面相互向对方扩散，电子密度大的材料由于失去的电子多于获得的电子，而在接触面附近积累正电荷，电子密度小的材料由于获得的电子多于失去的电子，而在接触面附近积累负电荷，因此在接触面处很快形成一静电平衡稳定的电位差 E_{ab}，其值不仅与材料性质有关，而且还与温度有关。温度为 T 和 T_0 的接触电动势分别为

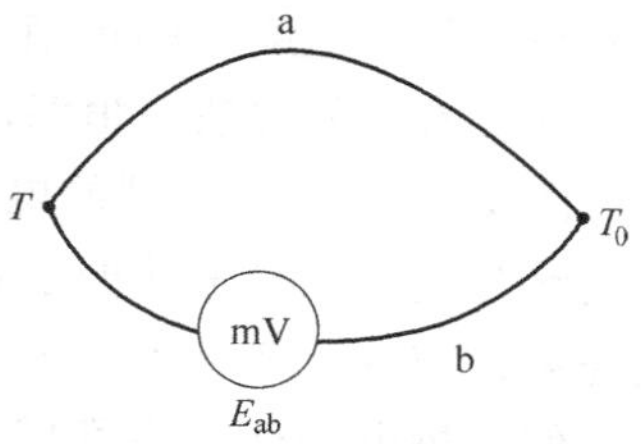

图 10-7　热电偶原理示意图

$$E_{ab}(T)=\frac{KT}{e}\ln\frac{N_a(T)}{N_b(T)} \tag{10-7}$$

$$E_{ab}(T_0)=\frac{KT_0}{e}\ln\frac{N_a(T_0)}{N_b(T_0)} \tag{10-8}$$

式中，K 为玻尔兹曼常数，$K=1.381\times10^{-23}$J/K；e 为电子电荷量，$e=1.602\times10^{-19}$C；T、T_0 分别为接触点的热力学温度（K）；$N_a(T)$、$N_a(T_0)$ 为金属 a 在 T 及 T_0 时的自由电子密度；$N_b(T)$、$N_b(T_0)$ 为金属 b 在 T 及 T_0 时的自由电子密度。

当两端温度 T 和 T_0 不相等时，如 $T>T_0$，则导体两端将产生总的接触电动势 E_{ab}（T，T_0）为

$$E_{ab}(T,T_0)=E_{ab}(T)-E_{ab}(T_0)=\frac{K}{e}\left[T\ln\frac{N_a(T)}{N_b(T)}-T_0\ln\frac{N_a(T_0)}{N_b(T_0)}\right] \tag{10-9}$$

温差电动势是在同一根导体中由于两端温度不同而产生的电动势。同一根导体中，高温端的电子能量比低温端大，则高温端容易失去电子带正电，低温端得到电子带负电，因此会在导体薄层的界面上形成电位差，若 $\delta_a(t)$ 为金属 a 的汤姆逊系数（V/℃），它表示当温差为 1℃时所产生的电位差，则均质导体 a 从温度为 T 的节点到温度为 T_0 的节点沿线的温差电动势为

$$E_a(T,T_0)=\int_{T_0}^{T}\delta_a(t)\,dt \tag{10-10}$$

同理，汤姆逊系数 $\delta_b(t)$ 的导体 b 从温度为 T 的节点到温度为 T_0 的温差电动势为

$$E_b(T,T_0)=\int_{T_0}^{T}\delta_b(t)\,dt \tag{10-11}$$

在整个回路中的总温差电动势为

$$E_a(T,T_0)-E_b(T,T_0)=\int_{T_0}^{T}[\delta_a(t)-\delta_b(t)]\,dt \tag{10-12}$$

因此，热电偶总的热电动势为接触电动势与温差电动势之和，可以表述为

$$\begin{aligned}E_{ab}(T,T_0)&=\frac{K}{e}\left[T\ln\frac{N_a(T)}{N_b(T)}-T_0\ln\frac{N_a(T_0)}{N_b(T_0)}\right]+\int_{T_0}^{T}[\delta_a(t)-\delta_b(t)]\,dt\\&=E_{ab}(T,0)-E_{ab}(T_0,0)=f_{ab}(T)-f_{ab}(T_0)\end{aligned} \tag{10-13}$$

由式（10-13）可知，热电动势的大小与两种金属材料及热端与冷端的温度有关。热电偶的热电动势 $E(T,\ T_0)$ 为冷端为 0℃的热电偶的热电动势 $E(T,\ 0)$ 与测量端温度为 T_0、冷端温度为 0℃的热电动势 E（T_0，0）之差。即当参考端温度 T_0 固定后，回路中的热电动

势就是工作端温度 T 的单值函数。因此实际应用时，需要对参考端温度采用一定的方法进行处理。常用的方法有恒温法、冷端温度修正法、电桥补偿法等。

图 10-8 为一种典型的电桥补偿法电路。E 为电桥的工作电源，R 为限流电阻。补偿电桥电路与热电偶参考端处于相同的环境温度下。其中三个桥臂电阻用温度系数接近于零的锰铜绕制，使 $R_1=R_2=R_3$；另一桥臂为补偿桥臂，用铜导线绕制。使用时选取合适的 R_{Cu} 阻值，使电桥电路处于平衡状态，输出为 U_{cd}。当参考端温度升高时，补偿桥臂 R_{Cu} 阻值增大，电桥电路失去平衡，输出 U_{cd} 随之增大；同时，由于参考端温度升高，故热电偶的热电动势 E_0 减小。若电桥电路输出 U_{cd} 的增加量等于热电偶电动势 E_0 的减少量，则总输出值 $U_{AB}=U_{cd}+E_0$ 就不随参考端温度的变化而变化。

为便于实际使用，通常需要在热电偶中接入第三种导体 c，如图 10-9 所示。在温度为 T_0 的冷端节点处断开，若接入导体 c 的两端温度均为 T_0，则回路中总的热电动势不变，即

$$E_{abc}=E_{ab} \tag{10-14}$$

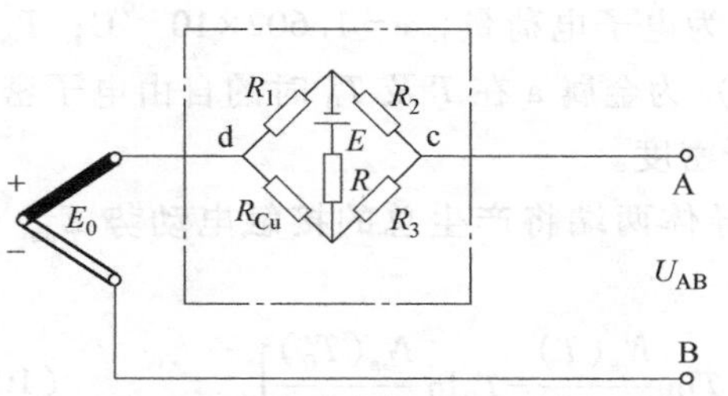

图 10-8　一种典型的电桥补偿法电路

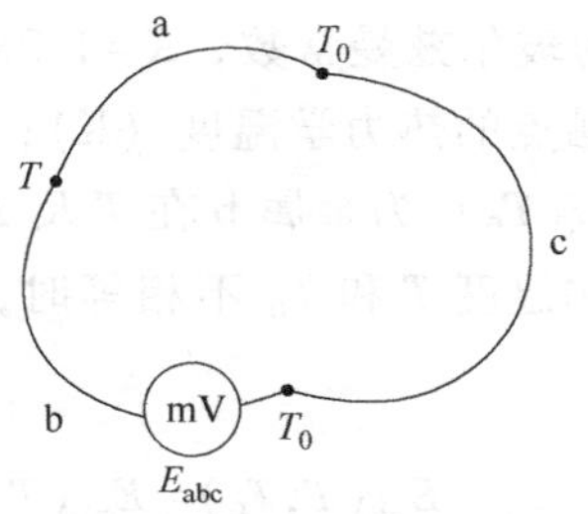

图 10-9　接入第三种导体的热电偶原理示意图

由此可知，导体 a、b 组成的热电偶中，当引入第三个导体 c 时，只要保持其两端温度相同，则对总的热电动势无影响，这一结论被称为中间导体定律。利用此定律，可将毫伏表接入热电偶回路中，只要保证两个节点温度一致，就能正确测出热电动势而不影响热电偶的输出。

10.3.2　热电偶的组成、分类及其特点

选择两种合适的金属材料可配制成具有一定测温范围的热电偶，并有恰当的灵敏度、精度和稳定性等。一般镍铬-金铁热电偶在低温和超低温下具有较高的灵敏度。铁-铜镍热电偶在氧化介质中的测温范围为 −40～75℃，在还原介质中可达到 1000℃。钨铼系列热电偶稳定性好，热电特性接近于直线，工作范围可达 0～2800℃，但只适合在真空和惰性气体中使用。

热电偶种类很多，其结构及外形也不尽相同，但基本组成大致相同。通常由热电极、绝缘材料、接线盒和保护套等组成。热电偶按其结构可分为以下五种。

(1) 普通热电偶

如图 10-10 所示，普通热电偶由热电极、绝缘套管、保护套管、接线盒及接线盒盖组成，主要用于测量液体和气体的温度。绝缘体一般使用陶瓷套管，其保护套有金属和陶瓷两种。

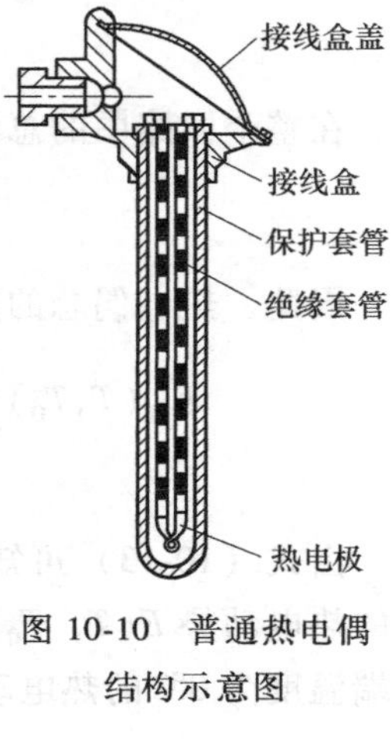

图 10-10　普通热电偶结构示意图

（2）铠装热电偶

铠装热电偶也称缆式热电偶，由热电极、绝缘体和金属保护套组合成一体，其结构示意图如图 10-11 所示。根据测量端的不同形式，有碰底形（见图 10-11a）、不碰底形（见图 10-11b）、露头形（见图 10-11c）、帽形（见图 10-11d）等。铠装热电偶的特点是测量结热容量小、热惯性小、动态响应快、挠性好、强度高、抗振性好，适用于普通热电偶不能测量的空间温度。

（3）薄膜热电偶

薄膜热电偶的结构可分为片状、针状等。图 10-12 为片状薄膜热电偶结构示意图，它是由测量节点、薄膜 A、衬底、薄膜 B、接头夹、引线所构成的探头形。薄膜热电偶主要用于测量固体表面小面积瞬时变化的温度，优点是热容量小、响应速度快。

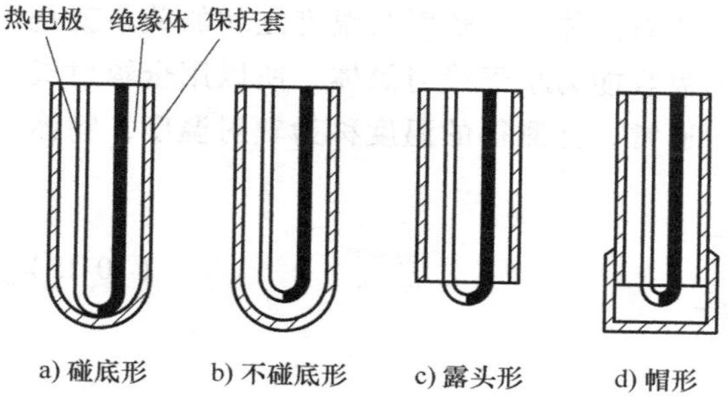

图 10-11 铠装热电偶结构示意图

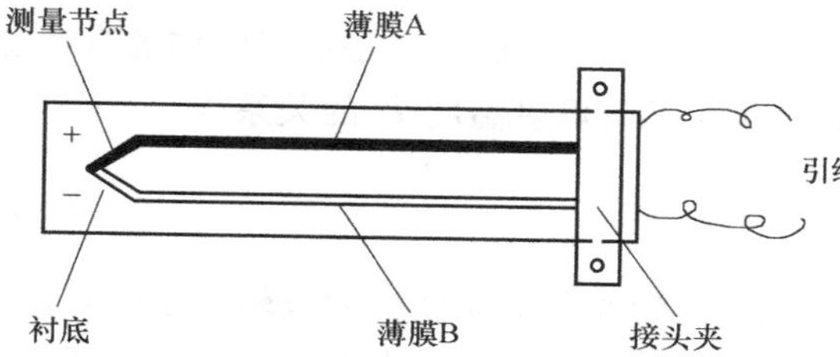

图 10-12 片状薄膜热电偶结构示意图

（4）并联热电偶

如图 10-13 所示，并联热电偶是把几个同一型号的热电偶的同性电极参考端并联在一起，而各个热电偶的测量结处于不同温度下，其输出电动势为各热电偶热电动势的平均值，所以这种热电偶可用于测量平均温度。

（5）串联热电偶

串联热电偶又称热电堆，它是把若干个同一型号的热电偶串联在一起，所有测量端处于同一温度 T 之下，所有节点处于另一温度 T_0 之下，如图 10-14 所示，输出电动势是每个热电动势之和。

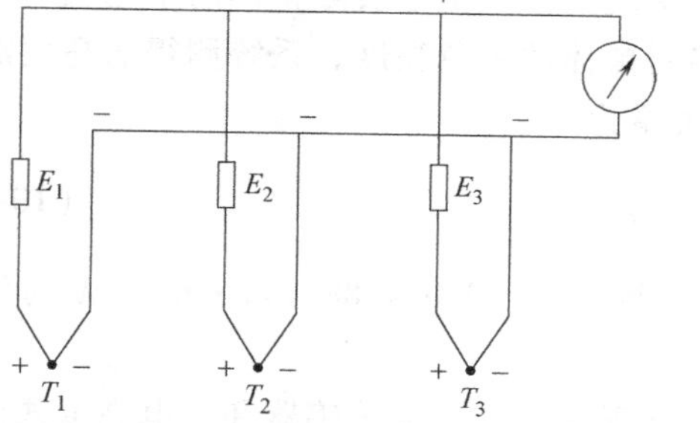

图 10-13 并联热电偶原理示意图

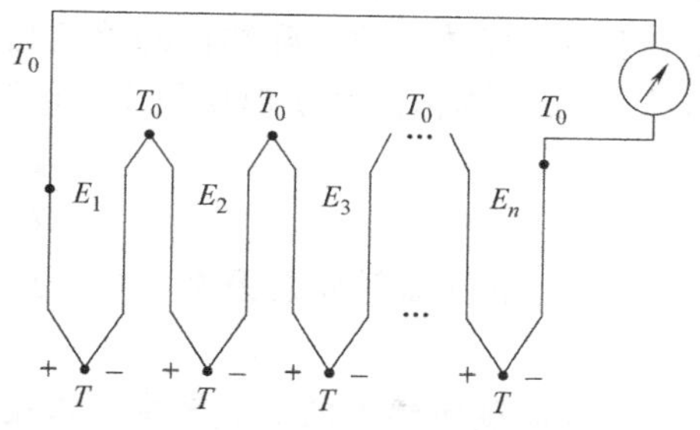

图 10-14 串联热电偶原理示意图

10.4 非接触式温度传感器

非接触式温度传感器的工作原理是当物体受热后，电子运动的动能增加，有一部分热能转变为与物体温度有关的辐射能。当温度较低时，辐射能力很弱；当温度升高时，辐射能力变强；当温度高于一定值之后，人眼可观察到发光，其发光亮度与温度值有一定关系。因此，高温及超高温检测可采用热辐射和光电检测的方法，实现非接触式测温。非接触式温度传感器主要有全辐射式温度传感器、亮度式温度传感器和比色式温度传感器。

10.4.1 全辐射式温度传感器

全辐射式温度传感器利用物体在全光谱范围内总辐射能量与温度的关系测量温度。能够全部吸收辐射到其上的能量的物体称为绝对黑体。绝对黑体的热辐射与温度之间的关系就是全辐射式温度传感器的工作原理。由于实际物体的吸收能力小于绝对黑体，所以用全辐射式温度传感器测得的温度总是低于物体的真实温度。通常，把测得的温度称为辐射温度，物体真实温度 T 与辐射温度 T_r 的关系为

$$T=T_r\sqrt[4]{\frac{1}{\varepsilon_T}} \tag{10-15}$$

式中，ε_T 为温度 T 时物体的全辐射发射系数。

全辐射式温度传感器结构示意图如图 10-15 所示。它由辐射感温器及显示器组成。被测物的辐射能量经物镜聚焦到热电堆的靶心铂片上，将辐射能转变为热能，再由热电堆变成热电动势。显示器可示出热电动势的大小，进而可得知所测温度值。该温度传感器适用于远距离、不能直接接触的高温物体，测温范围为 100~2000℃。

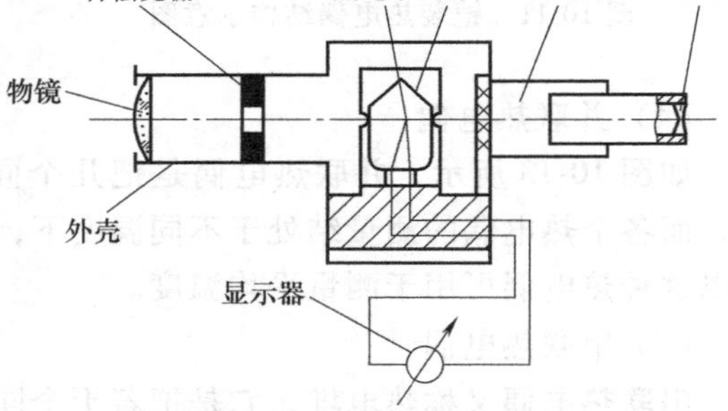

图 10-15 全辐射式温度传感器结构示意图

10.4.2 亮度式温度传感器

亮度式温度传感器利用物体的单色辐射亮度随温度变化的原理，并以被测物体光谱的一个狭窄区域内的亮度与标准辐射体的亮度进行比较实现测温。由于实际物体的单色辐射发射系数小于绝对黑体，故实际物体的单色亮度低于绝对黑体的单色亮度，系统测得的亮度温度值 T_L 低于被测物体的真实温度值 T。它们之间的关系为

$$\frac{1}{T}-\frac{1}{T_L}=\frac{\lambda}{C_2}\ln\varepsilon_{\lambda T} \tag{10-16}$$

式中，$\varepsilon_{\lambda T}$ 为单色辐射发射系数；C_2 为第二辐射常数，$C_2=0.014388$（m·K）；λ 为波长（m）。

亮度式温度传感器的形式较多，常用的有灯丝隐灭亮度式温度传感器和光电亮度式温度传感器。灯丝隐灭亮度式温度传感器以其内部高温灯泡灯丝的单色亮度作为标准，并与被测辐射体的单色亮度进行比较来测温。依靠人眼可比较被测物体的亮度，当灯丝亮度（温度）

与被测物体亮度（温度）相同时，灯丝在被测温度背景下隐没，灯丝温度由通过它的电流大小来确定。由于人的目测会引起较大的误差，可采用光电亮度式温度传感器，即利用光电元件进行亮度比较，实现自动测量，如图 10-16 所示。被测物体与标准光源的辐射经调制后射向光电器件。当两束光的亮度不同时，光电器件产生输出信号，经放大后电极驱动与标准光源相串联的电位器的活动触点向相应方向移动，以调节流过标准光源的电流，从而改变它的亮度；当两束光的亮度相同时，光电器件信号输出为零，这时电位器触点的位置即代表被测温度值。亮度式温度传感器的测量范围较宽，测量精度较高，可用于测量温度范围为 700~3200℃ 的浇铸、轧钢、锻压和热处理时的温度。

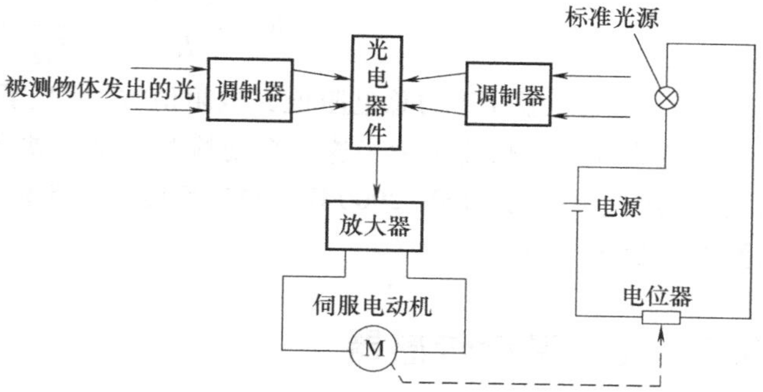

图 10-16　光电亮度式温度传感器原理示意图

10.4.3　比色式温度传感器

比色式温度传感器以测量两个波长的辐射亮度之比为基础。通常，将波长选在光谱的红色和蓝色区域内。利用此法测温时，仪表所显示的值为比色温度。绝对黑体的比色温度 T_P 与非黑体的真实温度 T 的关系为

$$\frac{1}{T}-\frac{1}{T_P}=\frac{\ln(\varepsilon_{\lambda1}/\varepsilon_{\lambda2})}{C_2(1/\lambda_1-1/\lambda_2)} \tag{10-17}$$

式中，$\varepsilon_{\lambda1}$、$\varepsilon_{\lambda2}$ 为对应于波长 λ_1 和波长 λ_2 的单色辐射发射系数；C_2 为第二辐射常数，$C_2=0.014388\text{m}\cdot\text{K}$。

式（10-17）表明，当两个波长的单色辐射发射系数相等时，物体的真实温度 T 与比色温度 T_P 相同。图 10-17 为比色式温度传感器结构示意图，包括透镜 L、分光镜 G、滤光片 K_1 和 K_2、光电器件 A_1 和 A_2、放大器 A 以及可逆伺服电动机 M 等。其工作过程为被测物体的辐射经透镜 L 投射到分光镜 G 上，长波透过，滤光片 K_2 把波长为 λ_2 的辐射光投射到光电器件 A_2 上。光电器件的光电流 $I_{\lambda2}$ 与波长为 λ_2 的辐射光强度成正比，则电流 $I_{\lambda2}$ 在电阻 R_3 和 R_x 上产生的电压 U_2 与波长为 λ_2 的辐射光强度也成正比；另外，分光镜 G 使短波辐射光被反射，滤光片 K_1 把波长为 λ_1 的辐射光投射到光电器件 A_1 上。同理，光电器件的光电流 $I_{\lambda1}$ 与波长为 λ_1 的辐射光强度成正比；电流 $I_{\lambda1}$ 在电阻 R_1 上产生的电压 U_1 与波长 λ_1 的辐射强度也成正比。当 $\Delta U=U_2-U_1\neq0$ 时，ΔU 经放大后驱动伺服电动机 M 转动，带动电位器 RP 的触点向相应方向移动，直到 $\Delta U=0$，电动机停止转动，此时

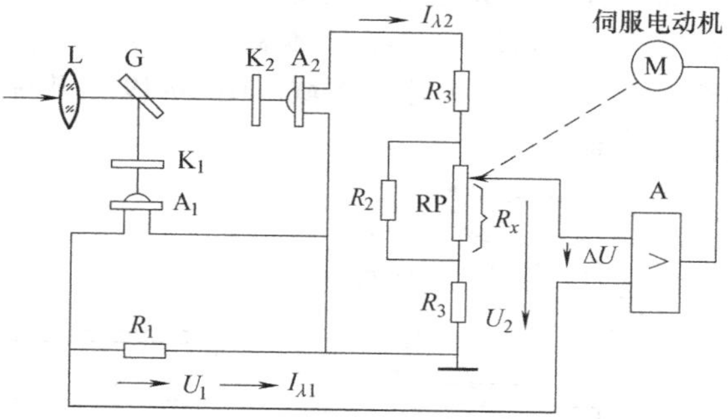

图 10-17　比色式温度传感器结构示意图

$$R_x=\frac{R_2+R_P}{R_2}\left(R_1\frac{I_{\lambda1}}{I_{\lambda2}}-R_3\right) \tag{10-18}$$

式中，R_P 为电位器 RP 的总电阻值；电阻值 R_x 反映了被测温度值。

比色式温度传感器可用于连续自动检测钢水、铁水、炉渣和表面没有覆盖物的高温物体温度。其测量范围为 800~2000℃，测量精度为 0.5%；优点是反应速度快，测量范围宽，测量温度接近实际值。

10.5 其他温度传感器

10.5.1 半导体温度传感器

半导体温度传感器利用晶体二极管或晶体管作为感温器件。二极管感温器件的 P-N 结在恒定电流下，其正向电压与温度之间具有近似线性关系，利用这一关系可测量温度。图 10-18 是以晶体管的 be 结电压降实现测温的原理图。忽略基极电流，认为各晶体管的温度均为 T，它们的集电极电流相等，则 U_{be4} 与 U_{be2} 的结电压降差就是电阻 R 上的电压降，即

$$\Delta U_{be}=U_{be4}-U_{be2}=I_1R=\frac{kT}{e}\ln\gamma \tag{10-19}$$

式中，γ 为 VT_2 与 VT_4 结面积相差的倍数；k 为玻尔兹曼常数，$k=1.381\times10^{-23}$ J/K；e 为电子电荷量，$e=1.602\times10^{-19}$ C。

由式（10-19）知，电流 I_1 与温度 T 成正比，通过测量 I_1 可实现对温度的测量。

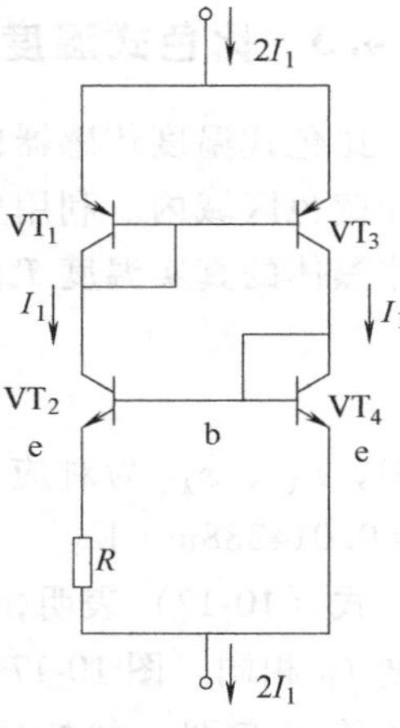

图 10-18 晶体管感温器件

半导体二极管温度敏感器具有结构简单、价格低廉等优点，但非线性误差较大，可制成测量范围为 0~50℃ 的半导体温度传感器。晶体管温度敏感器具有精度高、稳定性好等优点，可制成测量范围为−50~150℃ 的半导体温度传感器。半导体温度传感器可用于工业自动化、医疗等领域。图 10-19 为几种不同结构的晶体管温度敏感器。

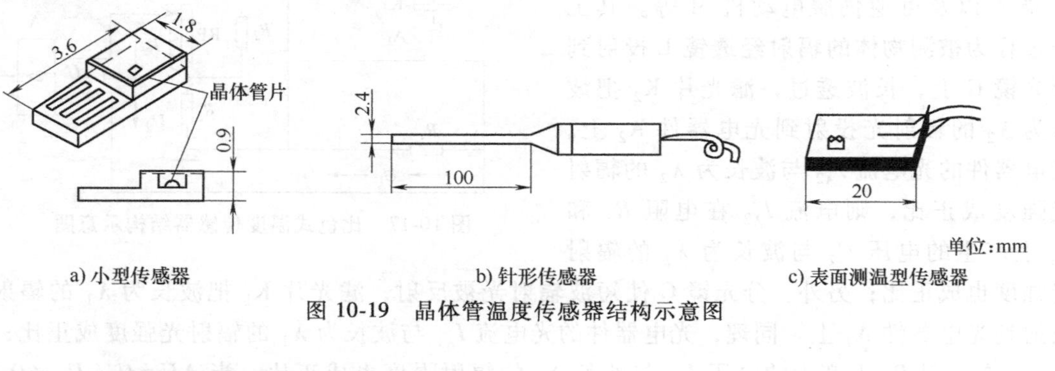

a) 小型传感器　　b) 针形传感器　　c) 表面测温型传感器

图 10-19 晶体管温度传感器结构示意图

10.5.2 石英温度传感器

利用热敏石英压电谐振器可以实现石英温度传感器。它可以由具有线性温度-频率特性

的压电谐振器构成，也可以采用具有非线性温度-频率特性的压电谐振器。如果温度传感器特性的标定精度很高，那么原则上可以实现非常高精度的温度传感器。线性特性好能显著简化传感器的标定，只需要测量两个基准点的频率。

石英温度传感器基本上都是用沿厚度方向剪切振动的旋转 Y 切型高频热敏石英压电谐振器制成。热敏石英压电谐振器的工作频率在 1~30MHz 范围内，可以采用基频振动 1~10MHz，也可以采用 3 次或 5 次谐波振动 5~30MHz。热敏石英压电谐振器的频率温度系数处于 $20\times10^{-6}\sim95\times10^{-6}/℃$ 范围内。根据不同的频率和切型，温度灵敏度系数可以在 20~2850Hz/℃ 范围内变动。必要时，可以采用辅助的倍频器，使温度灵敏系数增加 3~100 倍。

通常，热敏石英压电谐振器均放置在封闭的外壳中，以防止在谐振器的表面上沉积固体微粒、烟灰、水汽及其他有害物质，从而提高温度传感器的可靠性，预防热敏石英压电谐振器老化，但降低了谐振器的品质因数，影响测量精度。

一些重要的技术指标，如测温范围、灵敏度、测量误差、热延迟以及几何结构参数等，石英温度传感器与利用其他物理原理制成的实验室用温度传感器或标准温度计不相上下，但明显超过了工业部门使用的温度传感器。

10.6 湿度传感器

湿敏元件是湿度传感器的核心，多利用湿敏材料吸收空气中的水分而导致其电阻值发生变化的原理制成。这类湿敏元件主要有氯化锂、半导体陶瓷、高分子膜、热敏电阻等，它们的工作原理、特征及性能各不相同。此外，还有利用高分子膜湿敏元件电容特性的传感器。湿敏元件具有灵敏度高、体积小、寿命长等优点。

10.6.1 相对湿度与绝对湿度

常用的湿度有两种表示方法，即绝对湿度和相对湿度。

绝对湿度也可用水的蒸气压表示。根据理想气体状态方程，空气水气密度 ρ_V 可以描述为

$$\rho_V=\frac{p_V M}{RT} \tag{10-20}$$

式中，M 为水气的摩尔质量；R 为摩尔气体常数，$R=8.314\text{J}/(\text{mol}\cdot\text{K})$；$p_V$ 为蒸气压力（Pa）；T 为热力学温度（K）。

相对湿度为某一被测蒸气压与相同温度下饱和蒸气压比值的百分数，可用相对湿度%或湿度%RH 表示，如相对湿度 80%或湿度 80%RH，这是一个量纲为 1 的值。

绝对湿度给出了水分在空间的具体含量；相对湿度给出了大气的潮湿程度，使用更广泛。

10.6.2 氯化锂湿敏元件

氯化锂湿敏电阻是利用吸湿性盐类潮解，离子电导率发生变化而制成的测湿元件。它的结构是在条状绝缘基片的两面，用化学沉积或真空蒸镀的方法制作电极，再沉积一定配方的氯化锂-聚乙烯醇混合溶液，经一定时间的老化处理，即可制成湿敏电阻敏感元件。

氯化锂是典型的离子晶体。高浓度的氯化锂溶液中，锂和氯仍以正、负离子的形式存在；而溶液中的离子导电能力与溶液的浓度有关。实验证明，溶液的当量电导随溶液浓度的增高而下降。当溶液置于一定温度的环境中时，若环境的相对湿度高，溶液将因吸收水分而浓度降低；反之，环境的相对湿度低，则溶液的浓度高。因此氯化锂湿敏元件的电阻值将随环境相对湿度的改变而变化，从而实现对湿度的测量。

氯化锂湿敏电阻结构示意图如图 10-20 所示。它是在聚碳酸酯基片（绝缘基板）上制成一对梳状金电极，然后浸涂溶于聚乙烯醇的氯化锂胶状溶液，其表面再涂上一层多孔性保护膜——感湿膜而成。氯化锂是潮解性盐，这种电解质溶液形成的薄膜能随着空气中水蒸气的变化而吸湿或脱湿。感湿膜的电阻随空气相对湿度变化而变化，当空气中湿度增加时，感湿膜中盐的浓度降低。

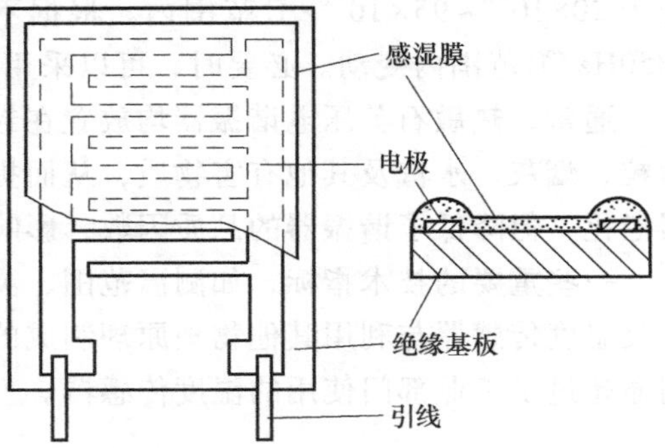

图 10-20　氯化锂湿敏电阻结构示意图

图 10-21 为一种相对湿度传感器原理框图。测量探头由氯化锂湿敏电阻 R_1 和热敏电阻 R_2 组成，并通过三线电缆接至电桥上。热敏电阻用作温度补偿，测量时先对指示装置的温度补偿进行修正，将电桥校正至零点，就能从刻度盘上直接读出相对湿度值。电桥由分压电阻 R_5 组成两个臂；R_1 和 R_3 或 R_2 和 R_4 组成另外两个臂。电桥由振荡器供给交流电压。电桥输出经交流放大器放大后，通过整流电路输出或送给电流表指示。

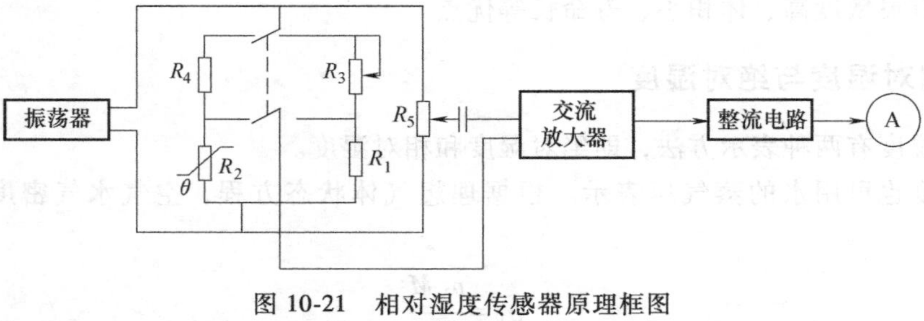

图 10-21　相对湿度传感器原理框图

10.6.3　半导体陶瓷湿敏元件

半导体陶瓷湿敏元件主要由不同类型的金属氧化物制成。图 10-22 为几种典型的金属氧化物半导体陶瓷湿敏元件的湿敏特性。由于它们的电阻率随湿度的增加而下降，故称为负湿度系数湿敏半导体陶瓷元件。还有一类半导体陶瓷材料的电阻率随着湿度的增加而增大，如图 10-23 所示，称为正湿度系数湿敏半导体陶瓷元件。

半导体陶瓷湿敏元件具有较好的热稳定性、较强的抗沾污能力，可工作于恶劣、易污染的环境中，而且有响应快、使用温度范围宽（可在 150℃以下使用）、可加热清洗等优点，应用广泛。

1. 烧结型湿敏电阻

烧结型半导体陶瓷湿敏电阻结构示意图如图 10-24 所示。其感湿体为 $MgCr_2O_4$-TiO_2 多

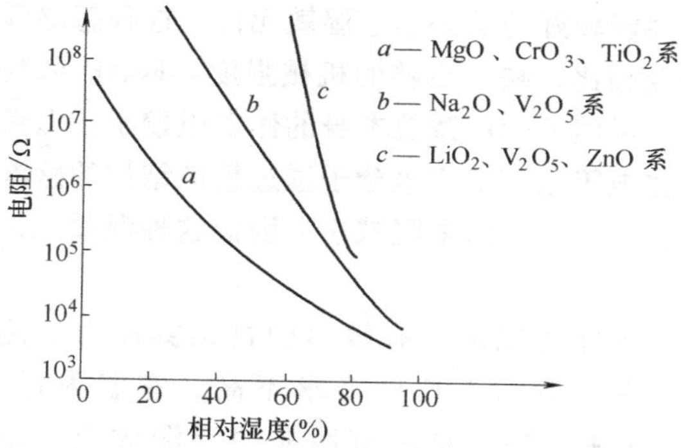

图 10-22　几种负湿度系数湿敏半导体陶瓷元件的湿敏特性

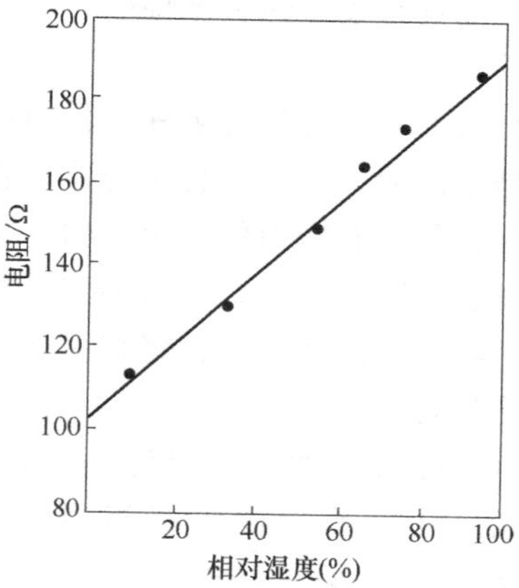

图 10-23　正湿度系数湿敏半导体陶瓷元件的湿敏特性

孔陶瓷，气孔率达 30%～40%。$MgCr_2O_4$ 属于 P 型半导体，其特点是感湿灵敏度适中，电阻率低，电阻湿敏特性好。由于这种半导体陶瓷湿敏元件在 500℃ 左右的高温短期加热时可去除油污、有机物和尘埃等污染，所以在这种湿敏元件的感湿体外往往罩上一层加热丝，以便对器件经常进行加热清洗，排除恶劣环境对器件的污染。器件安装在一种高致密、具有疏水性的陶瓷片底座上。为避免底座上测量电极之间因吸湿和沾污物而引起漏电，在测量电极的周围设置了隔漏环。

图 10-25 为利用这种湿敏元件实现的湿度传感器的一种测量电路。图中 R 为湿敏电阻，R_t 为温度补偿用热敏电阻。为了提高检测湿度的灵敏度，可使 $R=R_t$。这时传感器的输出电压通过跟随器并经整流和滤波后，一方面送入比较器 1 与参考电压 U_1 比较，其输出信号控制某一湿度；另一方面送到比较器 2 与参考电压 U_2 比较，其输出信号控制加热电路，以便按一定时间加热清洗。U_1 是相对某一湿度设定的电压；U_2 是根据加热清洗要求设定的电压。

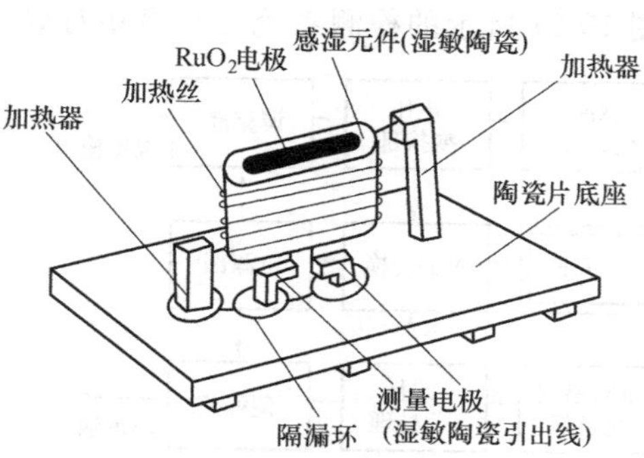

图 10-24　烧结型半导体陶瓷湿敏电阻结构示意图

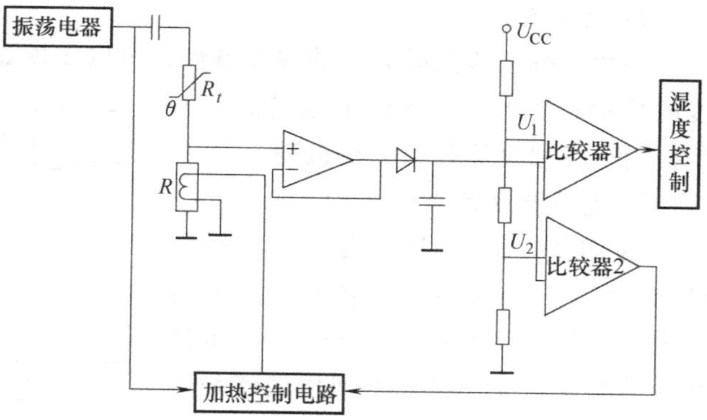

图 10-25　一种湿敏传感器测量电路

2. 涂覆膜型 Fe_3O_4 湿敏元件

除上述烧结型半导体陶瓷湿敏电阻外，还有一种由金属氧化物微粒经过堆积、黏结而成的材料，也具有较好的感湿特性。用这种材料制作的湿敏元件，一般称为涂覆膜型或瓷粉型湿敏元件。

涂覆膜型湿敏元件有多种，其中一种典型且性能较好的是 Fe_3O_4 湿敏元件。这种感湿膜的结构是松散的 Fe_3O_4 微粒集合体。它与烧结陶瓷相比，缺少足够的机械强度。Fe_3O_4 微粒之间依靠分子力和磁力的作用，构成接触型结合。虽然 Fe_3O_4 微粒本身的体电阻较小，但微粒间的接触电阻却很大，导致 Fe_3O_4 感湿膜的整体电阻很高。当水分子透过松散结构的感湿膜而吸附在微粒表面上时，将扩大微粒间的面接触，导致接触电阻减小，因而这种湿敏元件具有负感湿特性。

Fe_3O_4 湿敏元件的主要优点是在常温、常湿下性能稳定，有较强的抗结露能力。测湿范围宽，在全湿范围内有相当一致的湿敏特性，适用于精度要求不高、室温附近、无油气及其他污染的场合。其工艺简单、价格低廉，缺点是具有明显的湿滞效应，动态响应缓慢。

10.6.4 高分子膜湿敏元件

1. 工作原理

高分子膜湿敏元件基于高分子膜吸收或放出水分而引起电导率或电容变化的规律进行工作。图 10-26 为一种电容式湿度传感器，通过测定电容式敏感元件的电容值的变化来测量环境中的相对湿度。其中，电极是极薄的金属蒸镀膜，透过电极，高分子膜吸收或放出水分。

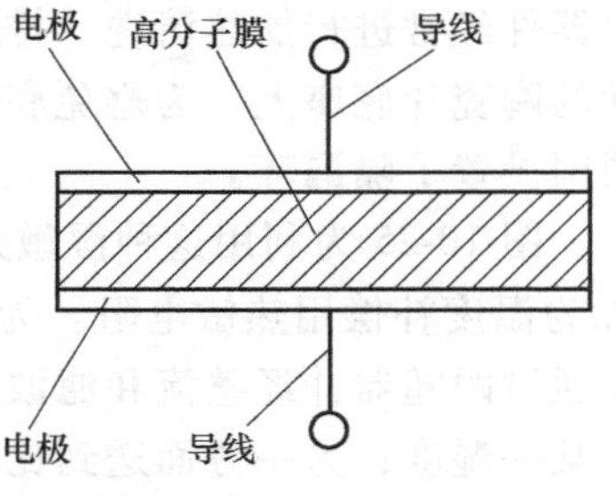

图 10-26 电容式湿度传感器原理示意图

设高分子膜的厚度、电极面积、介电常数分别为 d、S、ε，则电容式敏感元件的电容值 C 为

$$C=\varepsilon S/d \tag{10-21}$$

当 d、S 为常数时，介电常数 ε 随气体介质和相对湿度的变化而变化，通过测量 C 可获得相对湿度。

2. 检测电路

利用高分子膜湿敏元件的湿度特性，可以实现如图 10-27 所示的检测系统，给出相对湿度的显示和输出。考虑到 ε 也受温度影响，引入了温度测量与补偿机制。

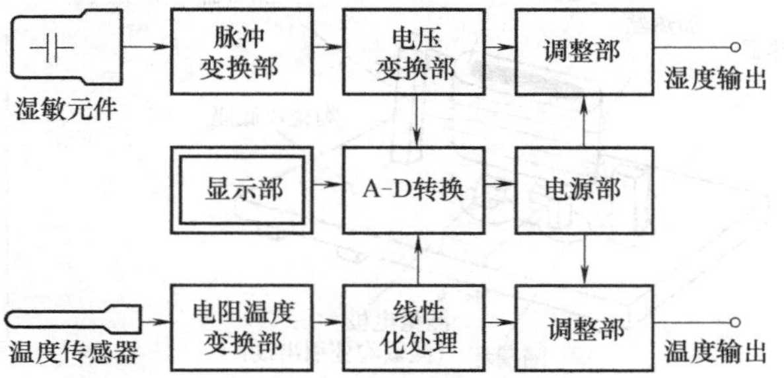

图 10-27 高分子膜湿敏元件检测电路原理框图

3. 电子湿度计

图 10-28 为一种用高分子膜湿敏元件构成的电子湿度计，由传感器（有携带型、墙装型和凸缘型三种）、显示器和变换器等构成。可按不同用途选择合适的形式。

4. 主要用途

电子湿度计测量范围宽，特别是在小于 20%RH 的低湿度测量应用中具有优势，这是普通湿度传感器难以做到的，因此广泛应用于湿度监测和控制系统中。但它在超过 90%RH 的高湿度区域中会出现结露，影响测量。

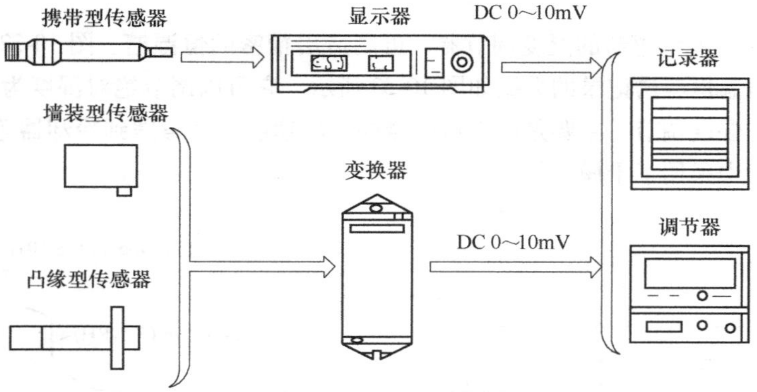

图 10-28　电子湿度计构成示意图

10.6.5　热敏电阻式湿度传感器

1. 工作原理

图 10-29、图 10-30 分别为热敏电阻式湿度传感器的电桥电路原理图和结构示意图。其中，R_1、R_2 为两个珠形热敏电阻，分别作为湿敏元件（开启式）和湿度补偿元件（封闭式）与电阻 R_3、R_4 构成电桥；R_S 为限流电阻，R_m 为输出负载电阻。

工作时，热敏电阻 R_1、R_2 自身加热至 200℃左右；可以先在干燥空气中调整电桥元件，使电桥输出为零。当暴露在湿空气中时，敏感元件电阻 R_1 发生变化，引起电桥不平衡，不平衡电压为绝对湿度的函数，如图 10-31 所示。

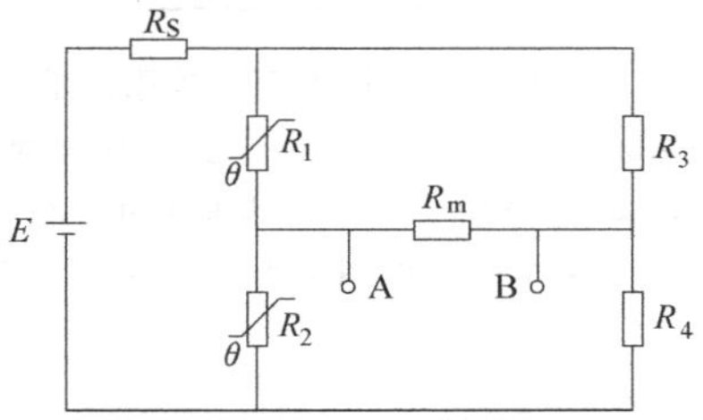

图 10-29　热敏电阻式湿度传感器电桥电路原理图

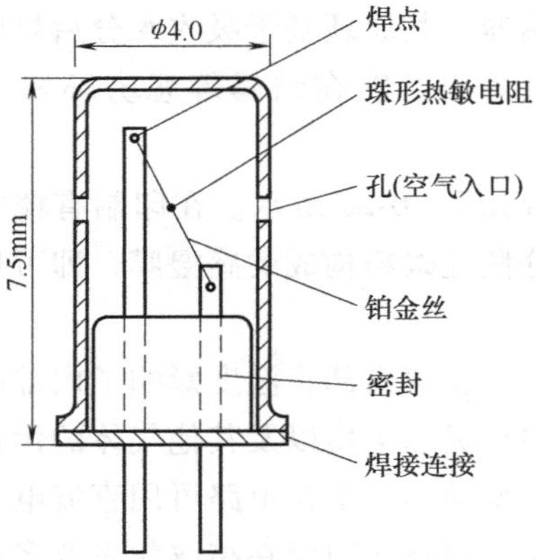

图 10-30　热敏电阻式湿度传感器结构示意图

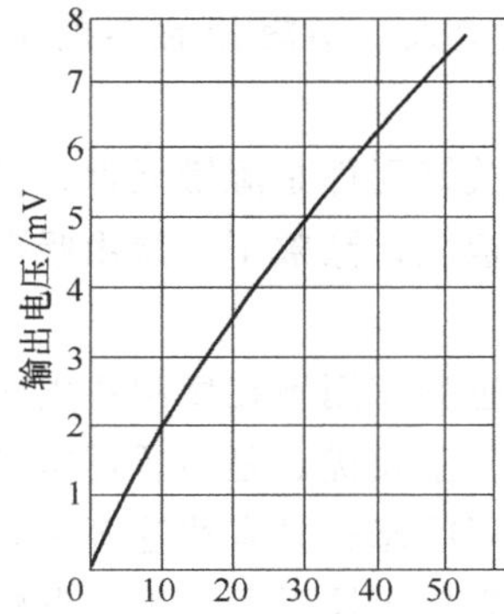

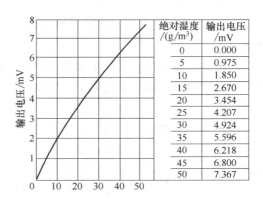

绝对湿度/(g/m³)	输出电压/mV
0	0.000
5	0.975
10	1.850
15	2.670
20	3.454
25	4.207
30	4.924
35	5.596
40	6.218
45	6.800
50	7.367

图 10-31　热敏电阻式湿度传感器的湿度特性

2. 特点

热敏电阻式湿度传感器具有以下特点：灵敏度高且响应速度快；无滞后现象；便于维修保养；可连续测量（不需要加热清洗）；抗受风、油、尘埃能力强。

3. 应用

使用这种绝对湿度传感器的湿度调节器，可制造出精密的恒湿槽。图 10-32 为恒温恒湿槽原理示意图。用此恒温恒湿槽记录的数据如图 10-33 所示。它可以调节绝对湿度为±0.2 g/m^3。能获得如此良好性能的湿度调节，主要是由于传感器的响应速度快。考虑到冷却器等除湿系统不能适应剧烈变化，系统中采用了干燥空气除湿。

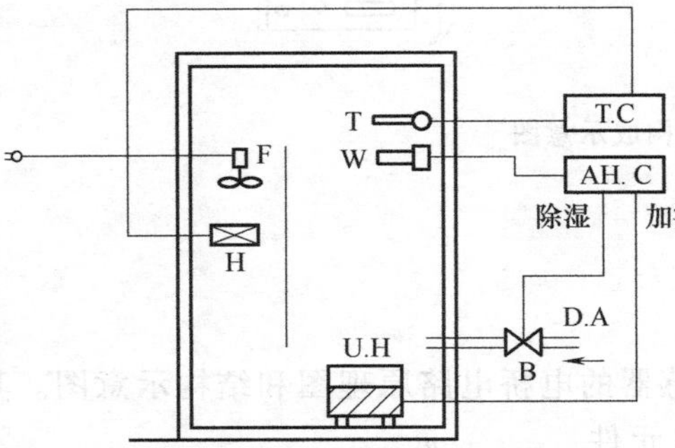

图 10-32　恒温恒湿槽原理示意图

F—风扇　H—加热器　T—温度传感器　W—湿度传感器
U. H—超声波加湿器　T. C—热敏电阻　AH. C—绝度湿度调节器　B—电磁阀　D. A—干燥空气

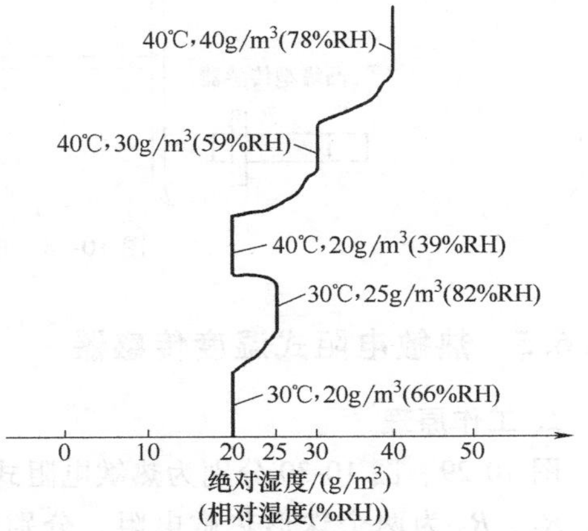

图 10-33　用图 10-32 恒温恒湿槽记录的数据（加湿用超声波加湿器，除湿用干燥空气）

10.6.6　结露传感器

近年来，结露传感器的应用使精密机器、汽车车窗玻璃、建材等的结露问题得到解决。下面介绍由树脂和导电粒子组成的膜状结构的结露传感器，其原理基于吸收水分后导电粒子的间隔扩大、电阻增大。结露传感器的电路具有开关特性，能在结露等恶劣环境下长期使用。

结露传感器的关键元件是湿敏元件，其结构与外观如图 10-20 所示。在印制有梳状电极的氧化铝等绝缘基板上，涂敷了一层由吸湿性树脂和分散性碳粉构成的感湿膜，即可构成湿敏元件。

结露传感器的感湿作用不在感湿膜电阻的表面上，而在膜内部，湿度影响了内部电子的传导。结露传感器的主要优点是传感器特性不因表面的垃圾和尘埃以及其他气体的污染而受影响；可以用于高湿状态；具有快速开关特性，工作点变动小；工作电路可用直流电压。

此外，由于结露传感器采用新型吸湿性树脂和均匀感湿膜，因而在结露状态及多种环境下，长期稳定性和可靠性较好。

10.7　温度补偿的处理

环境温度变化会对传感器产生较大影响，为减小或消除环境温度的影响，需要对传感器信号进行温度补偿。除了前面针对传感器工作模式、输出信号采取以差动检测为主的主动补偿外，下面介绍一种被动补偿的通用方法。即在微处理器能力已经相当充分的条件下，采用计算机软件进行温度补偿。

考虑传感器的输入被测量与环境温度对传感器输出的影响是相互独立的，对于线性传感器，则传感器的特性可表示为

$$y=y_0+kx+Y \tag{10-22}$$

式中，x、y 分别为传感器的输入被测量和输出量；y_0 为传感器的零位输出；k 为传感器的静态灵敏度；Y 为由环境温度引起的输出量。

1. 温度补偿公式法

1）给定 $m+1$ 个温度值 T_0、T_1、T_2、…、T_m，测出每一温度下，传感器静态特性由于温度引起的输出值 Y_0、Y_1、Y_2、…、Y_m。

2）将 Y 表示成以温度 T 为自变量的多项式（$n<m$）为

$$Y=a_0+a_1T+a_2T^2+\cdots+a_nT^n \tag{10-23}$$

用最小二乘曲线拟合法确定 a_0、a_1、a_2、…、a_n。

3）在测得每一个 y 值及相应的 T 值时，由式（10-23）计算出温度引起的输出值 Y，传感器的被测输入值 x 计算公式为

$$x=\frac{y-y_0-Y}{k} \tag{10-24}$$

2. 温度补偿表格法

1）在一组温度值 T_0、T_1、T_2、…、T_m 下，实际测量与之一一对应的一组由于温度引起的输出值 Y_0、Y_1、Y_2、…、Y_m。

2）将以上数据以线性表格形式按顺序存入微处理器。

3）对于确定的一组 y 和 T，通过查表格，先得到相应的温度区间 $T_i<T<T_{i+1}$（$i=0$，1，2，…，$m-1$），然后用线性插值法求出由于温度引起的输出值为

$$Y=Y_i+(T-T_i)\frac{Y_{i+1}-Y_i}{T_{i+1}-T} \tag{10-25}$$

若 $T<T_0$ 或 $T>T_m$，则进行线性外推，再按式（10-24）计算 x。

习题与思考题

10-1 简要说明温度测量的特殊性。

10-2 温度测量的方法有哪些？总结它们的原理和应用场合。

10-3 简述金属热电阻的工作机理，说明使用时应注意的事项。

10-4 比较几种常用的金属热电阻的使用特点。

10-5 为什么金属热电阻式温度传感器要采用双线无感绕制法？

10-6 半导体热敏电阻有哪几种？各有什么特点？

10-7 比较金属热电阻和半导体热敏电阻的测温特点。

10-8 使用热电阻时，为什么需要考虑自热问题？哪种热电阻自热问题最严重？为什么？

10-9 说明热电阻式气体质量流量传感器的工作原理及应用特点。

10-10 分析图 10-6 气体质量流量传感器可能的测量误差。

10-11　结合图与公式说明热电偶式温度传感器的基本工作原理。

10-12　简要说明提高热电偶测温灵敏度的方法。

10-13　说明薄膜热电偶式温度传感器的主要特点。

10-14　证明热电偶的中间导体定律，说明其应用价值。

10-15　用图表述并联热电偶和串联热电偶的使用方式，并简要进行说明。

10-16　使用热电偶测温时，为什么必须进行冷端补偿？如何进行冷端补偿？

10-17　简述图 10-8 热电偶参考端温度补偿电桥电路的工作过程。

10-18　简述 P-N 结温度传感器的工作机理。

10-19　全辐射式温度传感器依据的是什么机理？

10-20　亮度式温度传感器主要有几种形式？各有什么特点？

10-21　简述比色式温度传感器的工作过程。

10-22　简要说明绝对湿度与相对湿度的含义。

10-23　简要说明负湿度系数半导体陶瓷湿敏元件的工作机理。

10-24　简要说明湿敏元件在湿度增加和湿度减小过程中的工作特点及其处理方式。

10-25　简述电容式湿度传感器的工作原理，并说明需要对其进行温度补偿的原理。

10-26　说明高分子膜湿敏元件的工作原理。

10-27　简要说明结露传感器在实际应用中的意义。

10-28　为何要对传感器信号进行线性化及温度补偿？

10-29　采用计算机软件进行温度补偿时，常用的方法有哪两种？说明其步骤。

10-30　根据图 10-17，证明式（10-18）。

10-31　一负温度系数热敏电阻在温度为 T_1 和 T_2 时对应的电阻值为 R_{T1} 和 R_{T2}，试证明热敏电阻常数为 $B=\dfrac{T_1T_2\ln(R_{T1}/R_{T2})}{T_2-T_1}$。

10-32　一负温度系数热敏电阻在 20℃ 和 60℃ 时，电阻值分别为 100kΩ 和 20kΩ。试确定该热敏电阻的表达式。

10-33　一负温度系数热敏电阻在 0℃ 和 100℃ 时，电阻值分别为 300kΩ 和 15kΩ。要求在不计算出 B 的情况下，计算该热敏电阻在 20℃ 的电阻值。

10-34　图 10-34 为一种测温范围为 0～100℃ 的测温电路。其中 $R_t=200(1+0.01t)$ kΩ，为感温热敏电阻；R_s 为常值电阻；$R_0=200$kΩ；U_i 为工作电压；M、N 两点的电位差为输出电压。问：

1）如果要求 0℃ 时电路为零位输出，常值电阻 R_s 取多少？

2）如果要求 20℃ 时电路为零位输出，常值电阻 R_s 取多少？

3）若 $R_s=200$kΩ，要求该测温电路的平均灵敏度达到 15mV/℃，工作电压 U_i 取多少？

10-35　图 10-35 给出一种测温电路。其中 $R_t=200(1+0.008t)$ kΩ，为感温热敏电阻；$R_0=200$kΩ；工作电压 $U_i=10$V；M、N 两点的电位差为输出电压。问：

1）该测温电路的主要特点是什么？

2）当测温范围为 0～100℃ 时，该测温电路的测温平均灵敏度是多少？

10-36　图 10-36 给出了一种测温电路。其中 $R_t=R_0(1+0.005t)$ kΩ，为感温热敏电阻；R_B 为可调电阻；U_i 为工作电压。问：

1）该测温电路属于什么测温电路？主要特点是什么？

2）电路中的 G 代表什么？若要提高测温灵敏度，G 的内阻取大些好还是小些好？为什么？

3）基于该测温电路的工作机理，给出调节电阻 R_B 随温度变化的关系。

10-37　某热电偶在参考温度为 0℃时的热电动势值见表 10-1，试计算参考温度为 5℃和 15℃时的热电动势值。

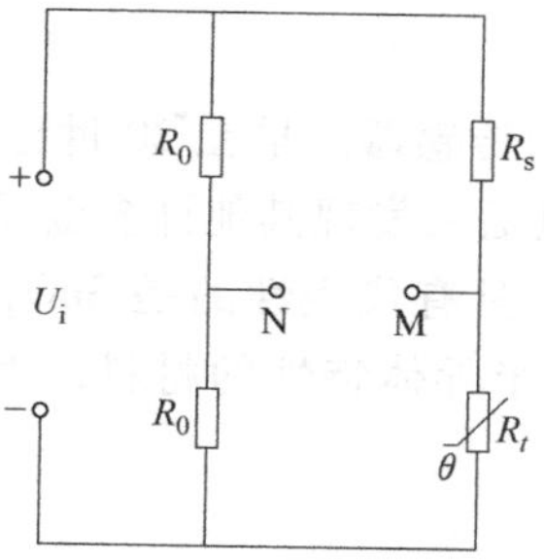

图 10-34　题 10-34 图

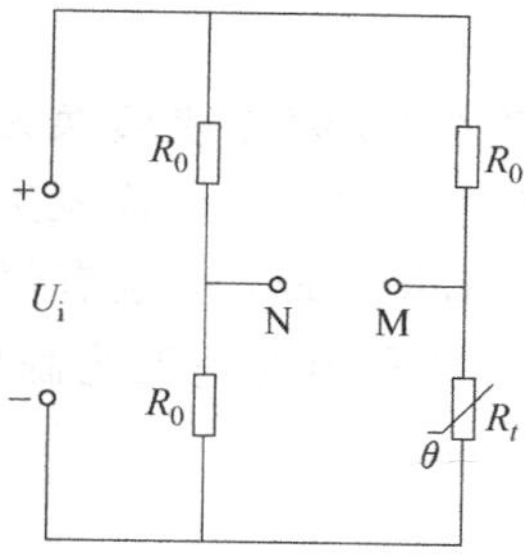

图 10-35　题 10-35 图

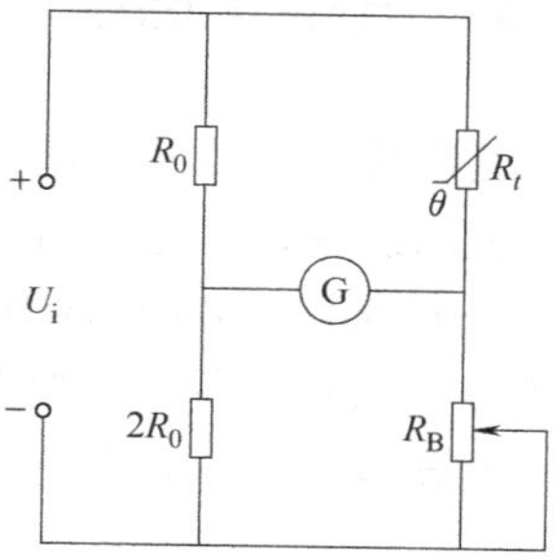

图 10-36　题 10-36 图

表 10-1　某热电偶在参考温度为 0℃时的热电动势值

t/℃	0	5	10	15	20	25	30	35	40
E/mV	0	1.519	3.028	4.543	6.063	7.607	9.126	10.615	12.102

10-38　题 10-37 中，若参考端温度为 10℃，当实测热电偶的输出热电动势分别为 5.352mV、6.325mV、7.793mV 和 8.637mV 时，试计算测量端的温度值。

10-39　当考虑环境温度影响时，一测力传感器的输出特性为：$U_o=U_{o0}+C_FF+C_TT$；U_{o0} 为传感器零位输出（V），F(N)、T(℃）分别为被测力和环境温度。

1）说明系数 C_F、C_T 的单位与物理意义。

2）写出解算被测量的关系式。

第 11 章　气敏与离子敏传感器

11.1　气敏传感器

气敏传感器是一种将检测到的气体成分和浓度转换为电信号的传感器。早在 20 世纪 30 年代就已发现，氧化亚铜的电导率随水蒸气的吸附而发生改变。其后又发现其他许多金属氧化物，如 SnO_2、ZnO、WO_3、V_2O_5、CdO、Fe_2O_3 也有气敏效应，具有代表性的是 SnO_2 系和 ZnO 系气敏元件。这些金属氧化物是利用陶瓷工艺制成的具有半导体特性的材料，因此称为半导体陶瓷，简称半导瓷。

11.1.1　气敏元件的工作原理

气敏半导瓷材料二氧化锡（SnO_2）是 N 型半导体。它的导电机理可以用吸附效应解释。

图 11-1a 为烧结体 N 型半导瓷模型。这种材料为多晶体。晶粒间有较高电阻，晶粒内部电阻较低。导电通路的等效电路和简化等效电路如图 11-1b、c 所示。图中 R_n 为颈部等效电阻，R_b 为晶粒的等效体电阻，R_s 为晶粒的等效表面电阻。其中 R_b 的阻值较低，它不受吸附气体影响。R_s 和 R_n 则受吸附气体所控制，且 $R_n \gg R_b$，$R_s \gg R_b$。由于 R_s 被 R_b 所短路，因而图 11-1b 可简化为图 11-1c 只由等效电阻 R_n 串联而成的等效电路。由此可见，半导瓷气敏电阻的阻值将随吸附气体的种类和数量而改变。

这类半导瓷气敏电阻工作时通常需要加热。气敏元件在加热到稳定状态下，当有气体吸附时，吸附分子首先在表面自由扩散，其间一部分分子会蒸发，一部分分子固定在吸附处。此时，如果材料的功函数小于吸附分子的电子亲和力，则吸附分子将从材料夺取电子而变成负离子吸附；如果材料的功函数大于吸附分子的电子亲和力，吸附分子将向材料释放电子而成为正离子吸附。O_2 和氮氧化合物倾向于负离子吸附，称为氧化型气体。H_2、CO、碳氢化合物和酒类倾向于正离子吸附，称为还原型气体。氧化型气体吸附到 N 型半导体上，将使载流子减少，从而使材料电阻率增大。还原型气体吸附到 N 型半导体上，将使载流子增多，材料电阻率下降。图 11-2 为气体吸附到 N 型半导体时所产生的气敏元件阻值变化，由此可确定吸附气体的种类和浓度。

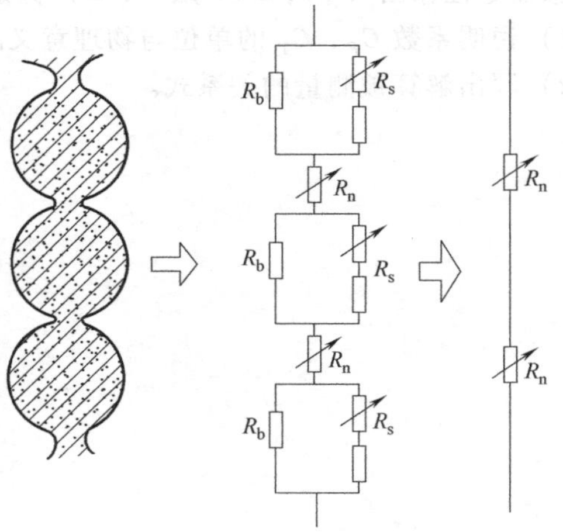

a) 烧结体N型半导瓷模型　b) 等效电路　c) 简化等效电路

图 11-1　气敏半导瓷吸附效应模型示意图

敏感氧化型气体的半导瓷称为氧化型气敏元件；敏感还原型气体的半导瓷称为还原型气敏元件。

SnO_2 气敏半导瓷对许多可燃性气体，如氢气、一氧化碳、甲烷、丙烷、乙醇、丙酮等都有较高灵敏度。掺加 Pd（钯石棉、$PdCl_2$）、Mo（钼粉、钼酸）、Ga 等杂质的 SnO_2 元件可在常温下工作，对烟雾的灵敏度有明显增加，可用作烟雾报警器。

上述半导瓷气敏元件与半导体单晶相比，具有工艺简单、使用方便、价格低廉、对气体浓度变化响应快，即使在低浓度下灵敏度也较高等优点。其缺点是稳定性差、老化较快，气体识别的能力需进一步提高。

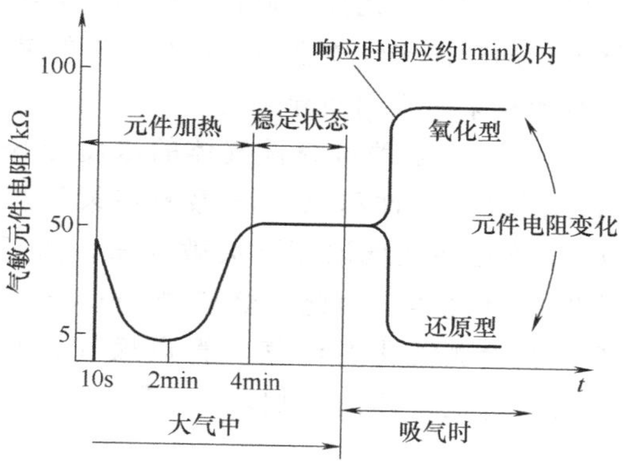

图 11-2　N 型半导体吸附气体时的气敏元件阻值变化

11.1.2　常用气敏元件的种类

常用气敏元件按结构可分成烧结型、薄膜型和厚膜型三种。

1. 烧结型气敏元件

烧结型气敏元件以半导瓷 SnO_2 为基体材料，添加不同杂质，采用传统制陶方法进行烧结。烧结时埋入加热丝电极和测量电极，制成管心，最后将加热丝电极和测量电极焊在陶瓷管座上，加特种外壳构成元件。烧结型气敏元件结构示意图如图 11-3 所示。

烧结型气敏元件的一致性较差，机械强度也不高，但价格低廉，工作寿命较长，目前仍被广泛应用。

2. 薄膜型气敏元件

薄膜型气敏元件结构示意图如图 11-4 所示。采用蒸发或溅射方法在石英基片上形成薄层氧化物半导体薄膜。实验结果表明，SnO_2 和 ZnO 薄膜的气敏特性最好，但这种薄膜为物理性附着系统，元件之间的性能差异仍较大。

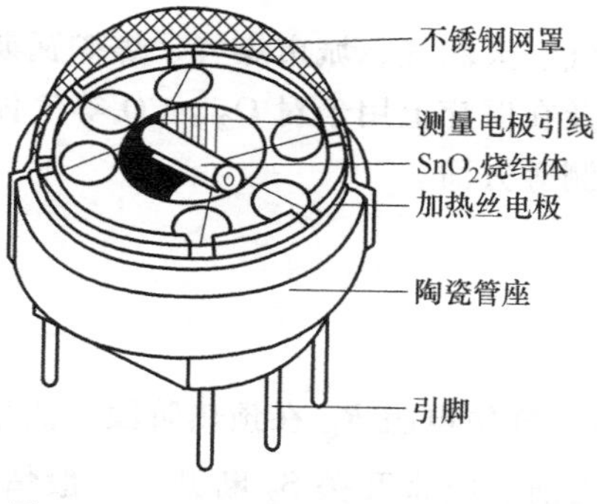

图 11-3　烧结型气敏元件结构示意图

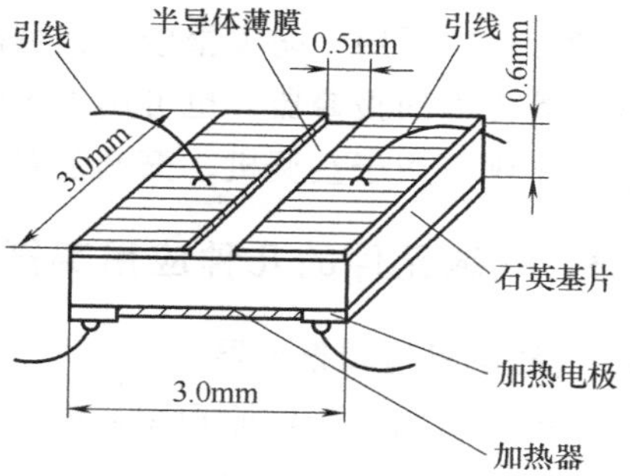

图 11-4　薄膜型气敏元件结构示意图

3. 厚膜型气敏元件

为解决元件一致性问题，出现了厚膜型气敏元件。它是用 SnO_2 和 ZnO 等材料与 3%～15%（质量）的硅凝胶混合制成能印制的厚膜胶，把厚膜胶用丝网印制到事先安装有铂电

极的 Al_2O_3 基片上，以 400~800℃烧结 1h 制成。其结构示意图如图 11-5 所示。厚膜工艺制成的元件一致性较好，机械强度高，适于批量生产。

以上三类气敏元件都附有加热器。实际使用时，加热器能使附着在探测部分的雾、尘埃等烧掉，同时加速气体吸附，提高元件的灵敏度和响应速度。一般加热到 200~400℃，具体温度视所掺杂质不同而异。

图 11-6 为多种可燃性气体的浓度与 SnO_2 半导瓷传感器的电阻变化率 R/R_0 的关系。通过不同烧结条件和添加增感剂在某种程度上可调整气体的相对灵敏度。一般烧结型 SnO_2 气敏元件在低浓度下灵敏度高，而高浓度下趋于稳定值。这一特点非常适宜检测低浓度微量气体。因此，烧结型 SnO_2 气敏元件常用于检查可燃性气体的泄漏、定限报警等，如检测液化石油气、管道煤气、NH_3 等气体泄漏。但由于选择性较差，需充分考虑共存其他气体的影响。

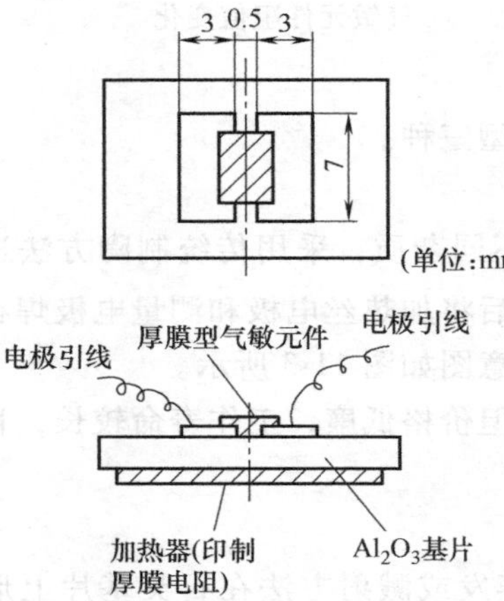

图 11-5　厚膜型气敏元件结构示意图

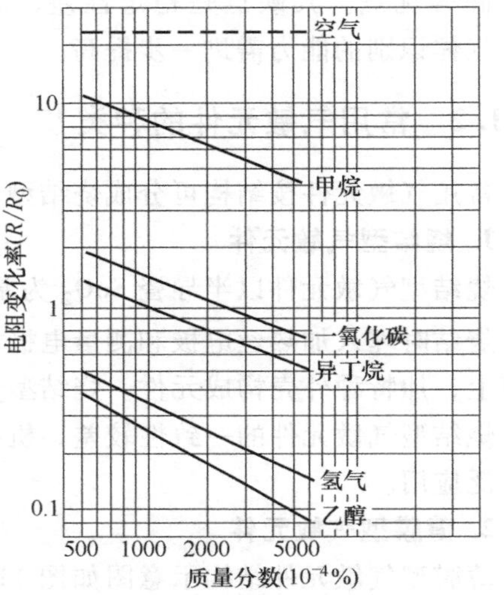

图 11-6　多种可燃性气体的浓度与 SnO_2 半导瓷传感器电阻变化率 R/R_0 的关系

气敏元件广泛用于防灾报警，如可制成液化石油气、天然气、城市煤气、煤矿瓦斯以及有毒气体等方面的报警器，也可用于大气污染监测以及在医疗上用于对 O_2、CO 等气体的测量，生活中则可用于空调机、烹调装置、酒精浓度探测等方面。

11.1.3　气敏元件的几种应用实例

1. 气敏电阻检漏报警器

气敏电阻检漏报警器原理图如图 11-7 所示。通常，气敏电阻 R_Q 在预热阶段，测量极会输出较高幅值的电压值。所以，在预热开关 S_1 闭合之前，应将开关 S_2 断开。一般情况下，气敏电阻加热丝 f-f 通电预热 15min 后，才合上 S_2，此时如果气敏电阻接触到可燃性气体，f-f 与 A 极之间的阻值会下降，A 端对地电位升高，VT_1 导通，晶闸管 VT_2 导通，报警指示灯 HL 点亮。在 VT_2 导通的瞬间，由 VT_3、T_1 及 C_2、C_3、RP_2 等元件组成的音频振荡器开始工作，扬声器发出警报声。

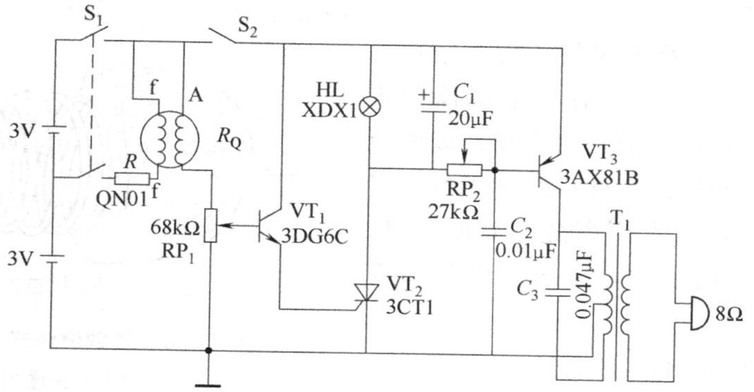

图 11-7　气敏电阻检漏报警器原理图

2. 矿灯瓦斯报警器

如图 11-8 所示为矿灯瓦斯报警器原理图。瓦斯探头由 QM-N5 型气敏元件 R_Q 及 4V 矿灯蓄电池等组成。RP 为瓦斯报警电位器。当瓦斯超过某一设定点时，RP 输出信号通过二极管 VD_1 加到 VT_2 基极上，VT_2 导通，VT_3、VT_4 开始工作。VT_3、VT_4 为互补式自激多谐振荡器，它们的工作使继电器吸合与释放，信号灯闪光报警。工作时开关 S_1、S_2 闭合。

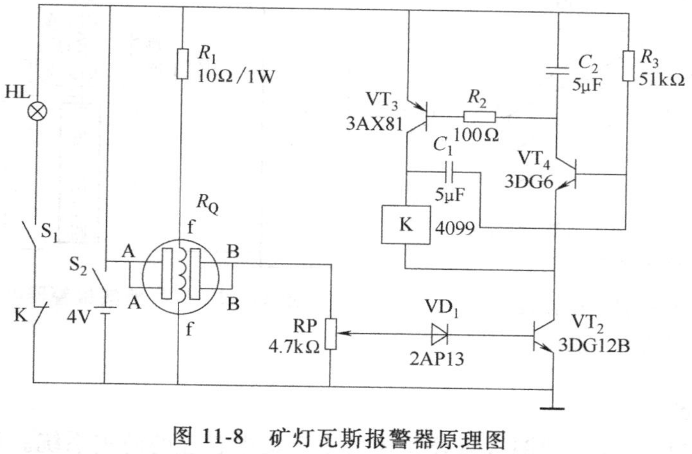

图 11-8　矿灯瓦斯报警器原理图

3. 煤气传感器

煤气传感器有半导体式和接触燃烧式两种。

（1）半导体式

半导体式煤气传感器由金属氧化物半导体的烧结体或烧结膜等感应体和加热用的加热器两部分构成。当温度保持在 200～400℃ 的感应体接触到煤气时，电导率会根据其中半导体导电类型（N 型或 P 型）和还原性气体浓度而变化。最常用的感应体材料是 SnO_2。城市煤气传感器结构示意图如图 11-9 所示。

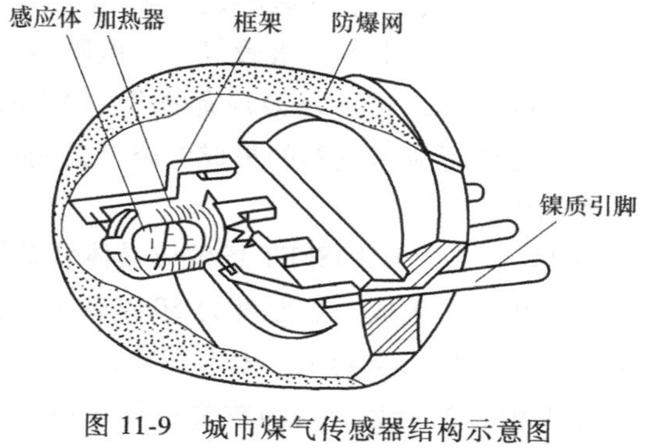

图 11-9　城市煤气传感器结构示意图

（2）接触燃烧式

图 11-10 为接触燃烧式煤气传感器结构示意图。传感器由白金丝与带有贵金属催化剂（Pt 或 Pd）等的铝载体构成。白金丝通以电流使铝载体达 300~400℃，一旦接触到煤气，借助贵金属催化剂，煤气发生燃烧，温度上升，导致白金丝的电阻值增加。再根据电阻值变化，测出煤气浓度。

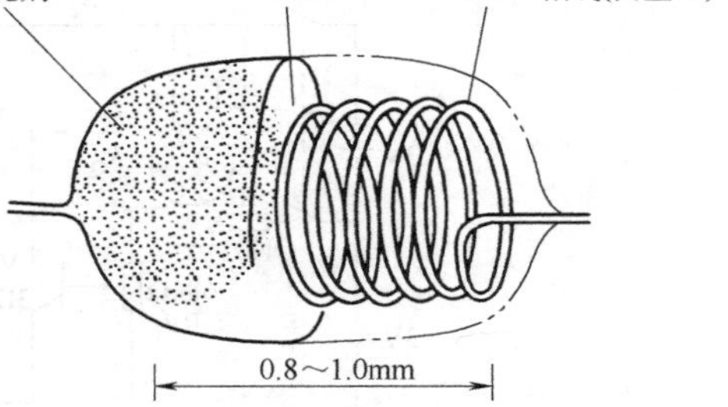

图 11-10　接触燃烧式煤气传感器结构示意图

（3）检测电路与特性

几种可燃性气体浓度与传感器阻值的关系如图 11-11 所示。煤气泄漏报警器电路原理图如图 11-12 所示，当煤气浓度达到限定值时，传感器有电信号输出，并通过比较电路控制晶闸管 VT 导通，报警蜂鸣器 HA 发出报警信号。

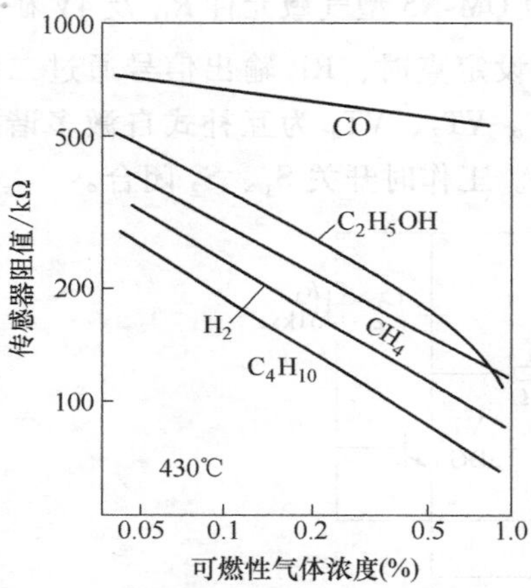

图 11-11　几种可燃性气体浓度与传感器阻值的关系

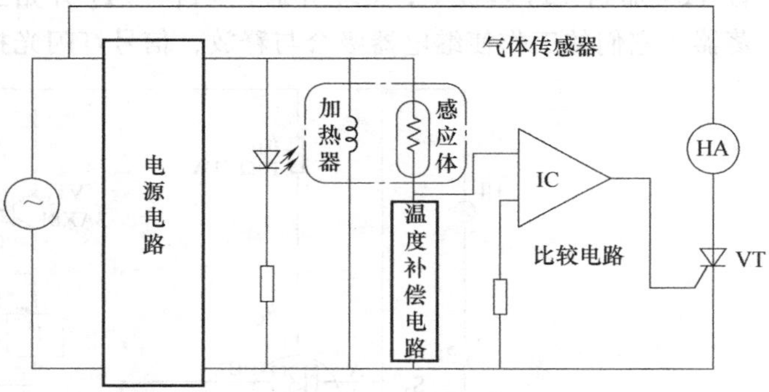

图 11-12　煤气泄漏报警器电路原理图

（4）主要用途

煤气传感器除用于煤气泄漏报警外，还可用于集中管理的防灾系统。另外，接触燃烧式气体（煤气）传感器还常用于工业计测和矿山瓦斯报警器。

上述气敏元件均为电阻型。除此之外，还有多种利用其他物理特性的非电阻型气敏元件，如硅单晶制成的氢气敏感的钯栅 MOS 金属氧化物场效应晶体管（Pd-MOSFET）、PdSi-MOS 二极管和 Pd-MOS 二极管等。非电阻型气敏元件是利用 MOS 二极管电容-电压特性（C-U 特性）的变化、MOS 场效应晶体管（MOSFET）阈值电压的变化等制成的半导体气敏元件。这类元件可应用成熟的集成电路工艺制造，其重复性和稳定性大为改善，并使元件集成化和智能化。

图 11-13 为 Pd-MOSFET 场效应晶体管结构示意图和等效电路。在 P 型半导体硅芯片上，采用热氧化工艺生成一层厚度为 50~100nm 的 SiO_2 层，然后再在其上蒸镀一层 Pd 薄膜，作为栅电极。SiO_2 层电容 C_{ax} 固定不变，Si-SiO_2 界面电容 C_s 是外加电压的函数。所以，总电容 C 是栅偏压的函数，其函数关系称为该 MOS 管的 C-U 特性，如图 11-14 所示，a 为吸附

H_2 前曲线、b 为吸附 H_2 后曲线。由于钯在吸附 H_2 后会使钯的功函数降低，引起 MOS 管的 C-U 特性向负偏压方向平移，据此可测定 H_2 浓度。

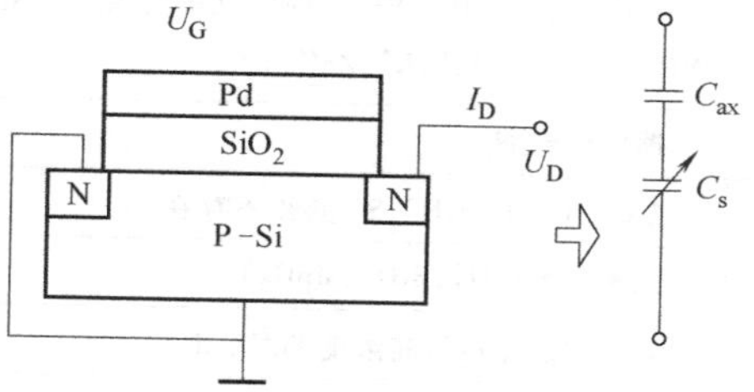

图 11-13　Pd-MOSFET 元件的结构示意图和等效电路

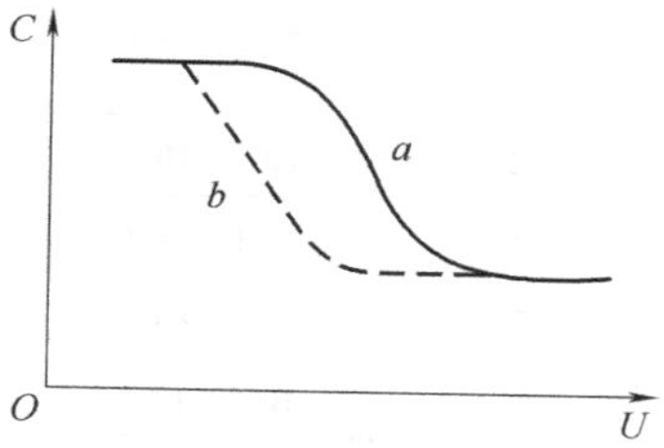

图 11-14　MOS 管的 C-U 特性

Pd-MOSFET 与普通 MOSFET 的主要区别是用 Pd 薄膜取代 Al 膜作为栅电极。因为钯对 H_2 的吸附能力极强，而 H_2 在钯上的吸附将导致钯的功函数降低。阈值电压 U_T 的大小与金属和半导体之间的功函数差有关。Pd-MOSFET 气敏元件正是利用 H_2 在钯栅上吸附后引起阈值电压 U_T 下降的特性检测氢气浓度。

由于目前大多数气敏元件的选择性并不理想，而 Pd 薄膜只对氢气敏感，所以 Pd-MOSFET 对氢气有独特的高选择性。由于这类元件的性能不够稳定，定量检测氢气浓度还有一些问题，故目前大多数只作为检漏器使用。

11.2　离子敏传感器

11.2.1　离子选择敏感元件

离子敏传感器是一种化学敏换能器，是最早研发的一类化学传感器，能在复杂的被测物质中迅速、灵敏、定量地测出离子或中性分子的体积浓度。离子选择敏感元件的主体是离子选择性电极（Ion-Selective Electrode，ISE），是对溶液中特定离子具有高度专属性的测量电极。目前离子选择敏感元件已在基础医学、临床检验、药物分析、环境保护、军事防化等方面得到应用，具有以下优点：

1）结构简单、体积小，便于小型化。

2）可直接测定特定离子的浓度、活度。

3）测定迅速，响应时间最快可达 10ms。

4）通常情况下不需要预处理，一般不受试剂颜色、浊度、体积等因素的影响。

5）所需试剂量少，并可进行非破坏性的原位分析；

6）电极输出为电信号，不需要经过转换即可直接测量，易于实现自动、连续测量及控制。

除玻璃电极外，比较成熟的商品化离子选择敏感元件有 20 多种，见表 11-1。

表 11-1　部分商品化离子选择敏感元件

ISE	类型	浓度/(mol/L)	温度/℃	pH	干扰离子
NH_3,NH_4^+	气敏组合	$5\times10^{-7}\sim1$	0~50	11~13	挥发性氨
Br^-	固态	$5\times10^{-6}\sim1$	0~80	2~14	I^-,Ci^-,S^{2-},CN^-,NH_3
Cd^{2+}	固态	$10^{-7}\sim1$	0~80	2~12	Hg^{2+},Ag^+,Cu^{2+}须无高浓度 Pb^{2+},Fe^{2+}

（续）

ISE	类型	浓度/(mol/L)	温度/℃	pH	干扰离子
Ca^{2+}	液膜	$5\times10^{-7}\sim1$	0~40	2.5~11	Pb^{2+}, Hg^{2+}, H^+, Sr^{2+}, Fe^{2+}, Cu^{2+}, Mg^{2+}, Ni^{2+}, NH_3, Na^+, T^+_{ris}, Li^+, K^+, Zn^{2+}
CO_3^{2-}	气敏组合	$10^{-4}\sim10^{-2}$	0~50	4.8~5.2	挥发性弱酸
Cl^-	固态	$5\times10^{-5}\sim1$	0~50	2~12	CN^-, Br^-, I^-, OH^-, S^{2-}必须不存在
Cl_2	固态组合	$10^{-7}\sim3\times10^{-4}$	0~50	2~14	强氧化剂(IO_3^-, BrO_3^-, MnO_2)
Cu^{2+}	固态	$10^{-8}\sim10^{-2}$	0~80	2~12	须无 Hg^{2+}, Ag^+, 高浓度 Fe^{2+}, Cl^-
CN^-	固态	$8\times10^{-6}\sim10^{-2}$	0~80	0~14	I^-, Br^-, Cl^-, S^{2-}必须不存在
F^-	固态	10^{-6}~饱和	0~80	5~11	OH^-
BF_4^-	液膜	$7\times10^{-6}\sim1$	0~40	2.5~11	Br^-, NO_3^-, HCO_3^-, Cl^-, OAC^-, F^-, OH^-
I^-	固态	$5\times10^{-8}\sim1$	0~80	0~14	CN^-, $S_2O_3^{2-}$, Cl^-, S^{2-}, NH_3
Pb^{2+}	固态	$10^{-6}\sim1$	0~80	4~7	须无 Hg^{2+}, Ag^+, 高浓度 Fe^{2+}, Cd^{2-}
NO_3^-	液膜	$7\times10^{-6}\sim1$	0~40	2.5~11	ClO_4^-, I^-, ClO_3^-, CN^-, Br^-, HS^-, HCO_3^-, CO_3^{2-}, Cl^-, PO_4^{3-}, OAC^-, F^-, NO_2
$NO_2^-(NO_x)$	气敏组合	$4\times10^{-6}\sim5\times10^{-5}$	0~50	1.1~1.7	CO_2和挥发性弱酸
ClO_4^-	液膜	$7\times10^{-6}\sim1$	0~40	2.5~11	I^-, ClO_3^-, CN^-, Br^-, NO_2^-, NO_3^-, Cl^-, HCO_3^-, CO_3^{2-}, PO_4^{3-}, SO_4^{2-}, OCA^-, F^-
K^+	液膜	$10^{-6}\sim1$	0~40	2~12	Cs^+, NH_4^+, Ti^+, H^+, Ag^+, Li^+, T^+_{ris}, Na^+
Ag^+/S^{2-}	固态	Ag^+: $10^{-7}\sim1$ S: $10^{-7}\sim1$	0~80	2~12	Hg^{2+}
Na^-	玻膜	10^{-6}~饱和	0~100	3~12	Ag^+, Li^+, K^+, Ti^+, H^+, Cs^+
SCN^-	固态	$5\times10^{-6}\sim1$	0~80	2~10	I^-, Br^-, CN^-, $S_2O_3^{2-}$, Cl^-, OH^-, NH_3, S^{2-}
水硬度	液膜	$6\times10^{-6}\sim1$	0~40	7~10	Cu^{2+}, Zn^{2+}, Ni^{2+}, Sr^{2+}, Fe^{2+}, Na^+, K^+

11.2.2 离子选择性电极的工作原理及分类

1. 离子选择性电极的工作原理

离子选择性电极是在构成电池的体系中，通过测量电池的电动势，测定与电池反应相关的化学成分。离子选择性电极基本上都是膜电极，其选择性来源于敏感膜对离子的选择性响应，从分类上属于电动势型化学传感器。

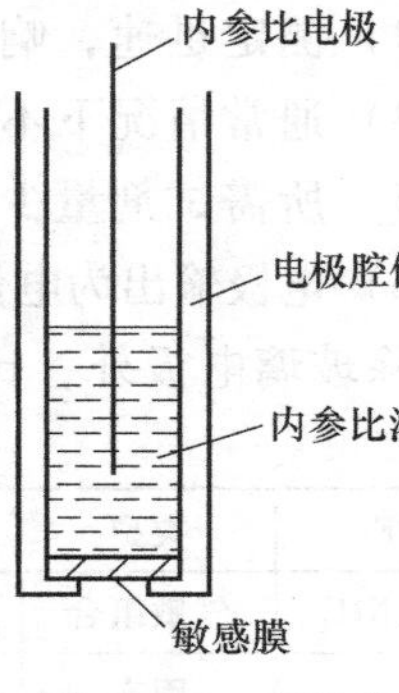

图 11-15 离子选择性电极结构示意图

图 11-15 为离子选择性电极结构示意图。电极腔体由玻璃或高分子聚合物材料制成，敏感膜用黏结剂或机械方法固定于电极腔体的底端，内参比电极常采用银-氯化银丝，内参比溶液一般为响应离子的强电解质和氧化物溶液。将离子选择性电极浸入含有一定活度的待响应离子的溶液时，选择性敏感膜仅允许响应离子（待测）由薄膜外表面接触的溶液进入电极内部溶液，而内部溶液中含有一定活度的平衡离子。由于薄膜内外离子活度不同，响应离子由活度高的试样溶液向活度低的内充溶液扩散时会有一瞬间的通量，因离子带

有电荷，此时电极敏感膜两侧电荷分布不均匀，形成了双电层结构，产生一定的电位差，亦称为相间电位。此电位即为离子选择性电极的电极电位。

图 11-16 为典型离子选择性电极结构示意图。其中，图 11-16a 为玻璃膜电极；图 11-16b、c 为晶体膜电极；图 11-16d 为液体膜电极；图 11-16e 为气敏电极；图 11-16f 为酶电极。离子选择性电极必须与内参比电极组成电池才能完成实际测量。

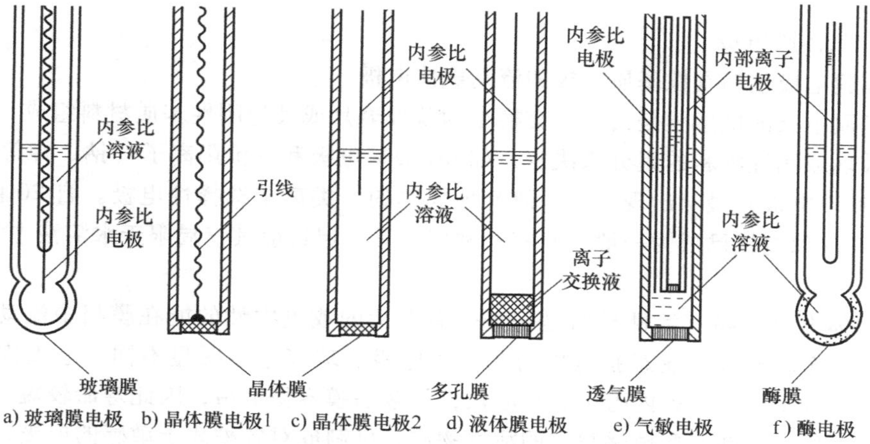

图 11-16　典型离子选择性电极结构示意图

离子选择性电极的选择性取决于敏感膜，即对某离子具有选择性响应的活性材料，如一定组成的硅酸盐玻璃、单晶或难溶盐压片、液态离子交换剂和中性载体等。

2. 离子选择性电极的分类

根据敏感膜材料的性质及其结构，离子选择性电极可分为基本原电极和敏化离子电极两大类。基本原电极是指敏感膜直接与试液接触的离子选择性电极；敏化离子电极是以基本原电极为基础装配成的离子选择性电极，如图 11-17 所示。其中，晶体膜电极也称为固态膜电极；刚性基质电极也称为玻璃膜电极。

- 离子选择性电极
  - 基本原电极
    - 晶体膜电极
      - 均相膜电极，如 LaF_3 单晶膜电极、Ag_2S/AGI粉末压片膜电极
      - 非均相膜电极，如 Ag_2S 掺入硅橡胶的膜电极或聚氯乙烯(PVC)膜电极等
    - 非晶体膜电极
      - 刚性基质电极，如pH、pNa玻璃电极
      - 流动载体电极
        - 带正电荷的载体电极，如 NO_3^- 电极
        - 带负电荷的载体电极，如 Ca^{2+}
        - 中性载体电极，如 K^+ 电极
  - 敏化离子电极
    - 气敏电极，如 NH_4 气敏电极
    - 酶电极，如尿素酶电极

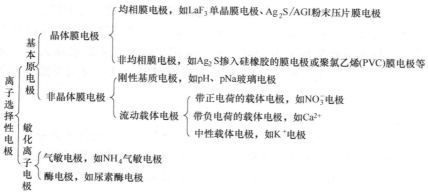

图 11-17　离子选择性电极的分类

（1）晶体膜电极

晶体膜电极是最常用的离子选择性电极，其敏感膜是由导电性难溶盐的晶体制成，厚度为 1~2mm，如氟化镧、硫化银、卤化银等。氟化镧单晶膜对氟离子具有选择性响应，硫化

银晶体膜对银离子、硫离子有选择性响应，而卤化银晶体膜则对相关的卤离子及银离子均有选择性响应。

晶体膜电极因膜材料性质不同又分为均相膜电极和非均相膜电极两类。均相膜电极的敏感膜由一种纯固体材料单晶或单种化合物或几种化合物均匀混合压片制成。非均相膜电极除上述电活性物质外，还有高混合惰性支持体，如硅橡胶、聚氯乙烯、石蜡、火棉胶、环氧树脂等。

（2）非晶体膜电极

非晶体膜电极包括刚性基质电极和流动载体电极。

刚性基质电极的敏感膜是由离子交换型的薄玻璃片或其他刚性基质材料组成，膜的选择性主要由玻璃或刚性材料的组分来决定，如 pH 玻璃电极和一价阳离子（钠、钾等）的玻璃电极。pH 玻璃电极是最早出现，也是研究最成熟的一类离子选择性电极。自 20 世纪 30 年代以来，pH 玻璃电极已成为一般实验室的常用工具，但目前其仅局限于水溶液中 H^+浓度的测定。

流动载体电极是指其活性材料是一种带有电荷的或电中性的能在膜相中流动的载体物质，亦称为液态膜电极。液态膜电极与晶体膜电极、玻璃电极明显不同，电极构造较为复杂。这类电极的主要特点是内阻小、响应快，但液态膜容易玷污，因此寿命较短。但液体膜电极具有显著优点，即改变敏感膜中的活性物质，可制成对各种离子敏感的电极，提供离子电极的选择性。因此，液体膜电极已成为近年来离子选择电极发展的主要方向之一，其中活性物质离子载体及离子交换剂一直是研究的热点和重点。

（3）气敏电极

气敏电极属敏化的离子选择性电极，是由离子电极与透气膜相结合组成的对气体组分敏感的膜电极。由于在离子电极表面加上辅助层，其电极结构较复杂，主要部件为微多孔性气体渗透膜，一般由醋酸纤维、聚四氟二烯、聚偏氟乙烯等材料组成，具有憎水性但能透过气体。

气敏电极实际上并不是一个电极，而是一个完整的电化学电池，用于测定溶液中气体的含量。其作用原理是利用被测气体对某一化学平衡的影响，而使平衡中某特定离子的活度发生变化，再用离子选择性电极（指示电极）响应特定离子的活度变化，从而测得试液中被测气体的分压。气体电极在环境监测中具有重要应用，可对工业废水及大气中有毒有害气体，如 CO_2、NH_3、NO_2、SO_2、H_2S、HF、Cl_2 等进行测定，以及可用于测定有关离子，如 NH_4^+、CO_3^{-2} 等。

（4）酶电极

酶电极出现在 20 世纪 60 年代初，它是离子选择电极与酶催化技术的结合。酶电极是另一类敏化的离子选择性电极。它由离子敏感膜和覆盖在膜表面的酶涂层组成，其作用原理是溶液中被测物质扩散到酶膜上，由于酶的催化作用，使被测物质产生能在该离子电极上具有响应的离子，从而间接测定该物质。

酶电极广泛用于生物化学与医学临床等学科中，如尿素酶电极可测定血清或其他体液中的尿素含量，对临床诊断肝、肾等疾病具有一定的参考价值。但由于酶是活性蛋白质，容易失活，致使酶电极的使用寿命较短，因此，商品化的酶电极较少。目前酶电极主要用于有机及生物试样的实验室分析。

11.2.3 离子选择性电极的应用实例

离子选择性电极能直接或间接测量溶液中某种阳离子或阴离子的活度，其定量分析方法主要有标准曲线法、直接读数法、标准加入法、电位滴定法等。下面以测定粉煤灰中氟离子为例介绍离子选择性电极的典型应用。

氟是煤中含量较高的微量元素，粉煤灰为煤燃烧后的烟气中收捕下来的细灰，是燃煤电厂排出的主要固体废物。离子选择性电极作为一种简单的测试方法，具有测定简便、快速灵敏、选择性好、可测定浑浊和有色样品等优点，最低检出浓度为 0.02mg/L，适用浓度范围宽，在测定粉煤灰氟含量中效果良好。具体过程如下。

首先，对样品预处理，称取 2.000g 粉煤灰样品于镍坩埚，加入 3g NaOH、1g Na_2O_2 于马弗炉中，600~650℃熔融 10min，取出冷却至室温。用热水浸取熔块，以 0.1% NaOH 溶液洗涤坩埚，过滤后将溶液移入 100mL 容量瓶中定容、混匀，此溶液为待测母液，平行做空白试验。

然后，分别移取 1.00mL、2.00mL、3.00mL、4.00mL、5.00mL 的 10mg/L 的标准溶液于 50mL 容量瓶中，加入 pH 为 6.5 的离子强度调节剂（Total Ionic Strength Adjustment Buffer，TISAB）20mL，加水定容至 50mL。将上述氟离子标准溶液依次转移至 50mL 聚乙烯杯中，放入搅拌磁子，插入氟离子选择电极和甘汞电极，开始搅拌。待电动势稳定后读取氟离子标准溶液的电动势值，绘制电动势 E(mV) 和 $\lg C_{F^-}$的标准曲线。

接下来，取过滤母液 5mL 置于 50mL 烧杯中，加入 20mL 的 TISAB 溶液，滴加 1mol/L 盐酸调节 pH 为 6.5 左右，定容至 50mL。将上述溶液转移至 100mL 烧杯，插入氟电极和甘汞电极，连接酸度计，测其电位值。根据工作曲线可计算样品中的氟离子含量。

习题与思考题

11-1　什么是气敏传感器？简述其用途。

11-2　气敏传感器按照工作原理可分为哪些类型？

11-3　举例说明日常生活中应用的气敏传感器。

11-4　半导瓷气敏传感器为什么附有加热器？

11-5　简要说明气敏传感器在使用过程中应注意的问题。

11-6　为什么要对气敏传感器进行温度补偿？

11-7　试说明氧化型和还原型气敏元件的工作原理及其输出特性。

11-8　常用气敏元件按照结构可分为哪几种？说明它们的特点。

11-9　简要说明半导瓷气敏元件的应用特点。

11-10　结合图 11-8，简要说明矿灯瓦斯报警器的工作原理。

11-11　试说明非电阻型气敏元件的工作原理。

11-12　试说明半导体气敏传感器的工作原理。

11-13　如何提高半导体气敏传感器对气体的选择性和检测灵敏度？

11-14　Pd-MOSFET 与普通 MOSFET 的主要区别是什么？

11-15　简述煤气传感器的种类及其应用特点。

11-16　简要说明接触燃烧式煤气传感器的适用场景。

11-17　简要说明离子选择敏感元件在传感器领域应用中的优点。

11-18　结合离子选择性电极的基本构造，说明其工作原理。

11-19　酒精测试仪目前主要是以酒精气体浓度传感器和单片机为平台设计而成，被广泛用于酒驾检查。图 11-18 为一种实际用于酒驾检查的酒精测试仪电路，问：

1）图 11-18 中 TGS-812 是什么传感器？并说明工作机理。

2）2、5 引脚是传感器哪个部分？有什么作用？

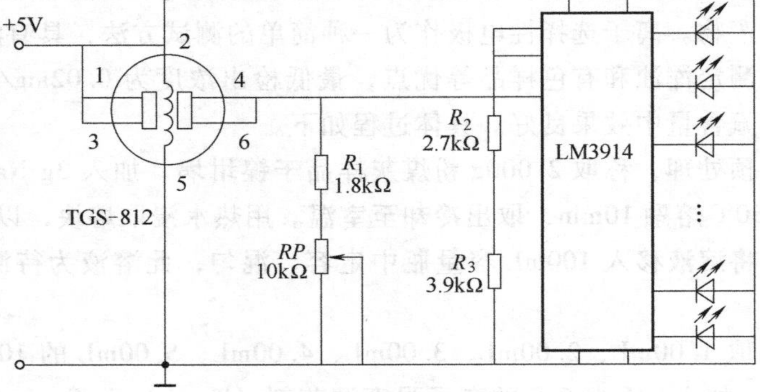

图 11-18　题 11-19 图

11-20　简要说明利用离子选择性电极测定粉煤灰中氟离子的优点。

第 12 章 视觉与触觉传感器

12.1 视觉传感器

视觉传感器在工业自动化系统中的作用有以下三种：

1）位置检测。

2）图像识别，通过图像识别了解对象特征以及同其他对象相区别（如识别物体，读出文字、符号等）。

3）物体形状、几何结构参数及缺陷检测。

视觉传感器以光电转换为基础，一般由以下四部分组成：

1）照明部分。为从被测物体得到光学信息而需要照明，照明部分是充分发挥传感器性能的重要条件。照明光源可用钨丝灯、闪光灯等。

2）接收部分。接收部分由透镜和滤光片组成，具有聚成光学图像或抽出有效信息的功能。

3）光电转换部分。光电转换部分将光学图像信息转换成电信号。

4）扫描部分。扫描部分将二维图像的电信号转换为时间序列的一维信号。

通常将接收部分、光电转换部分、扫描部分制成一体，构成视觉传感器。在机器人领域中，几乎都是采用工业电视摄像机作为视觉传感器。最初是用光导摄像管的摄像机，20 世纪 70 年代后逐渐被固体半导体摄像机取代，目前基本上采用固体摄像元件的摄像机作为视觉传感器。固体半导体摄像机所使用的固体摄像元件为电荷耦合器件（Charge-Coupled Device，CCD），其图像信号的保存和信号读出的工作原理均与光导摄像管类似。

12.1.1 光电式摄像机

光电式摄像机是由接收部分、光电转换部分和扫描部分组成的二维视觉传感器。其光导摄像管是一种兼有光电转换功能和扫描功能的真空管，原理示意图如图 12-1 所示。经透镜成像的光信号在摄像管的靶面上作为模拟量被记忆下来。从阴极发射的电子束在靶面（光电转换面）上扫描，将图像的光信号转换成时间序列的电信号输出。

12.1.2 固体半导体摄像机

固体半导体摄像机由许多光电二极管组成阵列，作为摄像机的感光部分以代替光导摄像管。固体半导体摄像机由摄像元件（CCD）、信号处理电路、驱动电路和电源组成，其中 CCD 摄像元件是一种 MOS 型晶体管开关集成电路。二维 CCD 摄像元件的构成

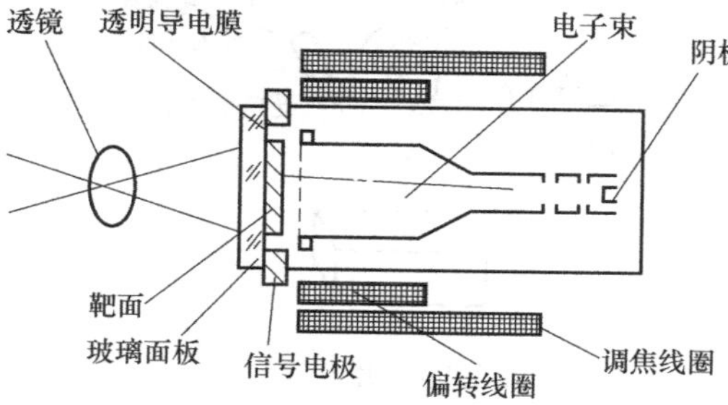

图 12-1 光导摄像管原理示意图

主要有隔行传送方式和帧传送方式两种。前者的原理如图 12-2 所示。它由感光部分的 PN 结光电二极管、MOS 开关、CCD 垂直移位寄存器、CCD 水平移位寄存器等组成。图中无光照的垂直移位寄存器和光敏区相互交叉排列。在 φ_{r1} 电极下面的势阱中积累的电荷构成场 A，在 φ_{r2} 电极下面的势阱中积累的电荷构成场 B。场 A 的电荷作为图像信号先被转移到垂直移位寄存器，然后依次传送到水平移位寄存器被读取。场 A 读出后，场 B 的转移开始，并按同样的方式被读取，从而得到时间序列的图像信号。这样，场 A 和场 B 一起构成完整的一帧图像信号。

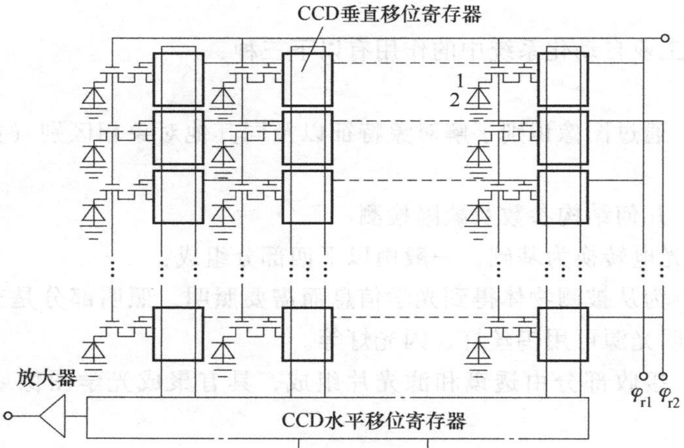

图 12-2　二维 CCD 摄像元件原理电路

1—MOS 开关　2—PN 结二极管

12.1.3　激光式视觉传感器

图 12-3a 为利用激光作为定向性高密度光源的视觉传感器典型原理示意图。它由光电转换及放大元件、高速回转多面棱镜、激光器等组成。随着高速旋转多面棱镜的旋转，将激光器发出的激光束反射到检测对象物上的条形码上进行一维扫描，条形码反射的光束由光电转换及放大元件接收并放大，再传输给信号处理装置，从而对条形码进行识别。这种传感器用

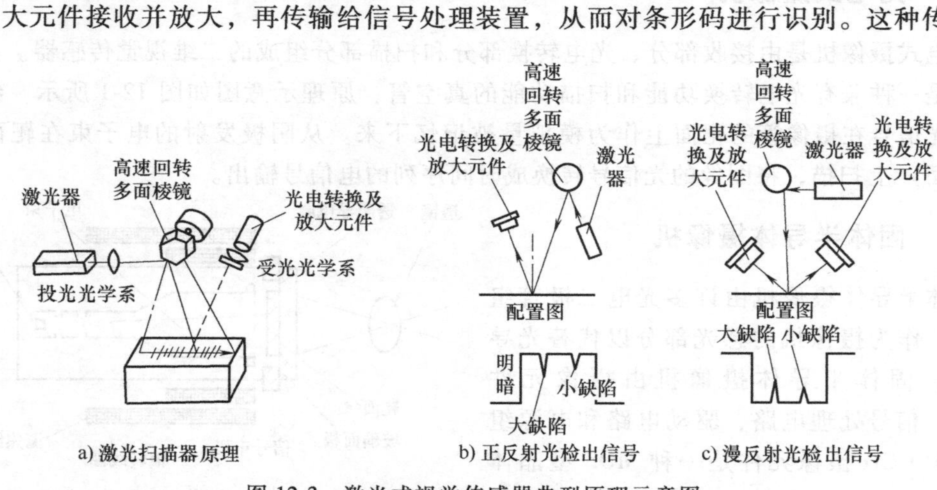

图 12-3　激光式视觉传感器典型原理示意图

作激光扫描器来识别商品上的条形码，也可用于检测对象物品表面的裂纹缺陷大小，如图12-3b、c所示。

12.1.4 红外图像传感器

红外图像传感器是把波长2～20μm的红外光图像转换成如同电视图像的时序扫描信号输出的传感器。它通常由红外敏感元件和电子扫描电路组成。如热电型红外敏感元件将被测物体发出的红外线作为热源，接收其热能后产生热电效应而变成电信号。电子扫描电路与光导摄像管的电子束扫描方式及固体半导体摄像元件的固体电子扫描方式相似。

1. 热电型红外光导摄像管的构成原理

如图12-4所示，将普通光导摄像管的靶面换为热电材料，作为红外光吸收电极，在摄像管的正面板上涂以锗（Ge）和氟化钙（CaF_2）等红外透射材料作为透射窗口，并在红外线入射靶面上涂一层镍-铬（Ni-Cr）和黄金黑体膜用以吸收红外线。由于热电效应，经透镜成像在光导摄像管上的红外图像所产生的温度分布在靶面上感应出相应的电压分布的图像，该电压分布被电子束拾取作为时序信号读出。由于发射红外线的被测物体的温度随时间变化，故必须使用截光器，以便产生静止图像。

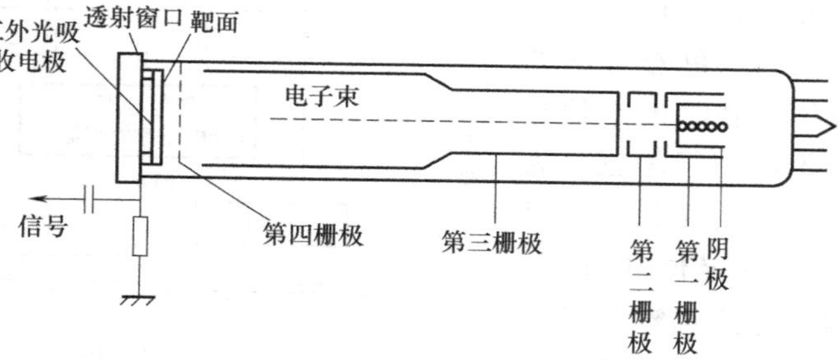

图12-4 热电型光导摄像管结构示意图

热电型光导摄像管所用的电路与可见光光导摄像管所用的电路无实质差别。但由于热电型光导摄像管的信号比可见光弱一个数量级，因此必须采用信噪比良好的前置放大器，又由于靶面上的热扩散导致温度分布图像模糊，图像质量随时间推移而变差，故应在靶面上开槽，防止该现象发生。

2. 红外CCD图像传感器

使用固体电子扫描的红外摄像传感器，一般称为红外CCD，其红外热成像原理与热电型红外光成像原理基本相同。其红外光热电敏感元件和固体电子扫描部分均用相同半导体材料制成的单片型红外CCD；也可用不同半导体材料制造、组装成的混合型红外CCD，其原理示意图如图12-5所示。

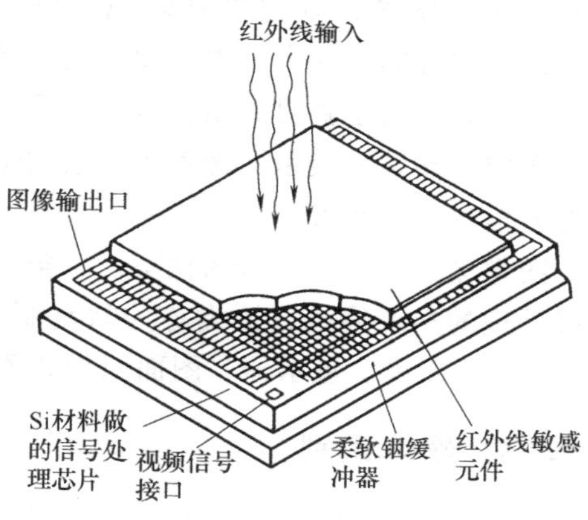

图12-5 混合型红外CCD原理示意图

12.2 人工视觉

工业自动化系统要具有高度的适应性和复杂的操作能力，需要具备某种形式的人工视觉功能。

12.2.1 人工视觉系统的硬件构成

如图12-6所示，人工视觉系统的硬件一般由图像输入、图像处理、图像存储和图像输出四个子系统构成。

图像输入通过视觉传感器将对象物体变为二维或三维图像，再经光电转换将光信号变为电信号，通过扫描采样将图像分解成许多像素，再把表示各个像素信息的数据输入计算机进行图像处理。

图像处理是在研究图像时，对获得的图像信息进行预处理，以滤去干扰、噪声，并进行几何、色彩方面的校正，以提高信噪比。有时由于信息微弱，无法辨认，还需进行增强。为从图像中找到需要识别的东西，应对图像进行分割，即进行定位和分离，以分出不同的东西。为给观察者以清晰图像，需改善图像，将已经退化的图像加以重建或恢复，以改进图像的保真度。上述工作需进行编码，编码的作用是用最少量的编码位（亦称比特）来表示图像，以便更有效地传输和存储。在实际处理中，由于图像信息量非常大，在存储及传输时，还要对图像信息进行压缩。图像处理的主要目的是改善图像质量，以利于图像识别。

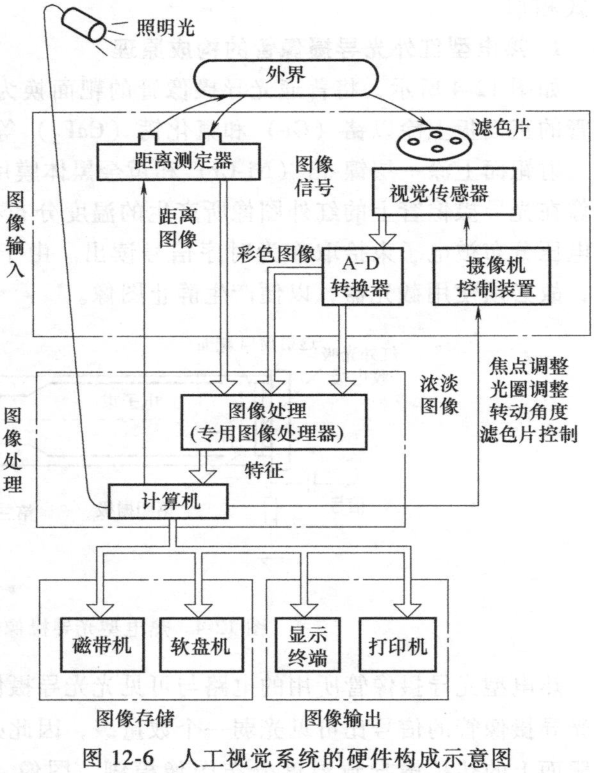

图 12-6 人工视觉系统的硬件构成示意图

图像存储是把表示图像各个像素的信息送到存储器中存储，以备调用。需要指出的是，图像的信息量非常大。

图像输出装置大致分为两类。一类是只要求瞬时知道处理结果，以及计算机用对话形式进行处理的显示终端，该类称为软复制。另一类可长时间保存结果，如宽行打印机、绘图机、*X-Y*绘图仪、显示器、图面照相装置等，这些称为硬复制。

12.2.2 物体识别

物体识别一方面测量三维空间的几何参数，另一方面了解被识别对象的意义和功能。而且在识别处理过程中，必须使用三维空间各种物体知识和日常生活知识。因此，这样的信息处理过程涉及人工智能。从积木的识别开始，物体识别如今已将识别对象扩大到曲面物体、机械零件、风景等。

1. 物体图像信息的输入

识别物体前需先将物体的有关信息输入计算机内。被输入的信息主要有明亮度（灰度）信息、颜色信息和距离信息，这些信息都可用视觉传感器（Industrial Television，ITV）、CCD 等取得。通过视觉传感器获得的明亮度信息可借助 A-D 转换器数字化成 4~10bit，形成 16×16~1024×1024 像素组成的数字图像。然后，将这些数字图像读入计算机。颜色图像可用彩色摄像机摄入彩色图像，也可简单地用三原色滤光镜，以通过各滤光镜的光量比决定各点的颜色信息。

2. 图像信息的处理技术和方法

输入的图像信息含有噪声，且并非每个像素都有实际意义。因此，必须消除噪声，将全部像素集合进行再处理，以构成线段或区域等有效的像素组合，从所需要的物体图像中去掉不必要的像素，这就是图像的前处理。用一般的串行计算机处理二维图像，运算时间很长，为缩短时间，可用专用图像处理器，这种处理器有局部并列型、完全并列型、流水线型、多处理器型等。

图像处理的方法有微分法和区域法。常用的一次微分方法用于求梯度。梯度近似值正比于相邻像素间的灰度差值，且灰度无变化的区域其梯度为零，灰度变化的大小决定其梯度的大小；灰度发生突变的边缘区，其梯度值最大。这样，经微分处理后，可使边缘、轮廓变得突出、鲜明。

区域法与微分法不同，它不直接检测灰度的变化点，而是以灰度大致相同的像素集合作为区域而汇集的方法。区域的划分方法，除灰度信息外，也可使用颜色信息及距离信息。依据输入的颜色或距离等信息，划分相同颜色或相同距离的有意义的区域，以识别景物或物体。

3. 物体图像识别

首先输入被识别物体的图像模型，并抽出其几何形状特征，然后用视觉传感器输入物体的图像，并抽出其几何形状特征，用比较判断程序比较两者的异同。如果各几何形状特征相同，则该物体就是所需要的物体，如图 12-7 所示。物体的几何形状特征一般是面积、周长、重心、最大直径、最小直径、孔的数量、孔的面积之和等。这些几何量可根据图像处理所得到的线架图求得。如图 12-8 中，连杆的周长（像素数）如果与预先输入的连杆图像的周长（像素数）相同，即可确认是连杆。若两个物体图像的某一几何特征（如周长）的像素数相同，可对其他几何特征进行比较，从而确切识别出各种不同物体。

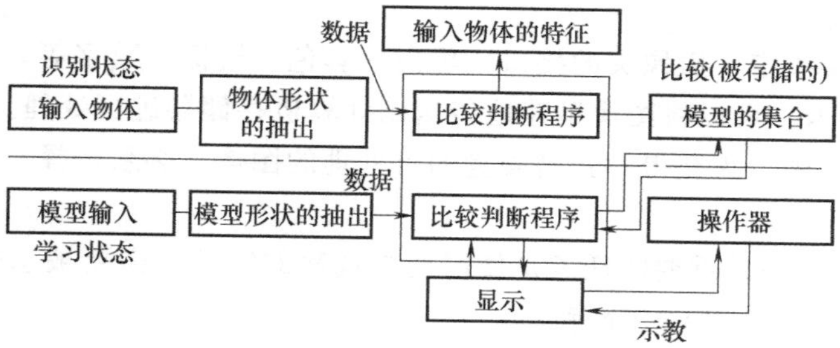

图 12-7 物体识别框图

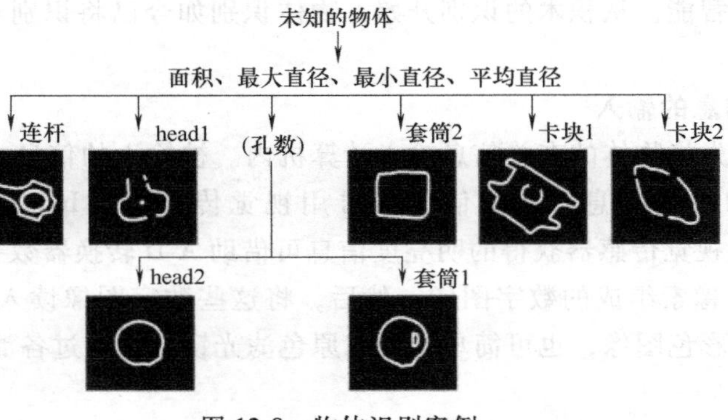

图 12-8　物体识别案例

12.3　机器视觉

机器视觉是发展十分迅速的研究领域。20 世纪 50 年代，机器视觉从统计模式开始，主要集中在二维图像分析和识别。到 20 世纪 80 年代中期，机器视觉获得蓬勃发展。随着光电自动化和计算机技术的高速发展，机器视觉已成为计算机科学、仪器科学的重要研究领域之一。

12.3.1　机器视觉系统的组成

一个典型的工业机器视觉系统包括光源、镜头、相机（包括 CCD 相机和 COMS 相机）、图像处理单元（或图像捕获卡）、图像处理软件、监视器、通信/输入输出单元等。

（1）光源

光源是影响机器视觉系统输入的重要因素，它直接影响输入数据的质量和应用效果。光源可分为可见光和不可见光。常用的几种可见光源是白炽灯、荧光灯、汞灯和钠光灯。可见光的缺点是光能不能保持稳定。

（2）镜头

镜头选择应注意焦距、目标高度、影像高度、放大倍数、影像至目标的距离、中心点/节点以及畸变等。

（3）相机

按照不同标准，相机可分为标准分辨率数字相机和模拟相机等。需要根据不同的应用场合，选择不同的相机和高分辨率相机：线扫描 CCD 和面阵 CCD；单色相机和彩色相机。

（4）图像采集卡

图像采集卡直接决定了摄像头的接口：黑白、彩色、模拟、数字等。比较典型的是 PCI 或 AGP 兼容的捕获卡，可以将图像迅速地传送到计算机存储器进行处理。

在机器视觉系统中，为获得一张高质量的可处理的图像，必须选择一个合适的光源，包括以下基本要素：

1）对比度。光源的最重要的任务是使需要被观察的特征与需要被忽略的图像特征之间产生最大的对比度，从而易于区分特征。

2）亮度。选择两种光源时，最佳的选择是选择更亮的光源。当光源不够亮时，则会降低相机信噪比、减小景深，以及易受自然光等随机光的影响。

3）鲁棒性。一个测试好光源的方法是看光源是否对部件的位置敏感度最小。当光源放置在摄像头视野的不同区域或不同角度时，结果图像应该不会随之变化。

12.3.2 视觉检测

1. 光电检测器

视觉信息通过光电检测器将视觉图像信息转换成电信号。常用的光电检测器有摄像管和固态图像传感器，如图 12-9 所示。

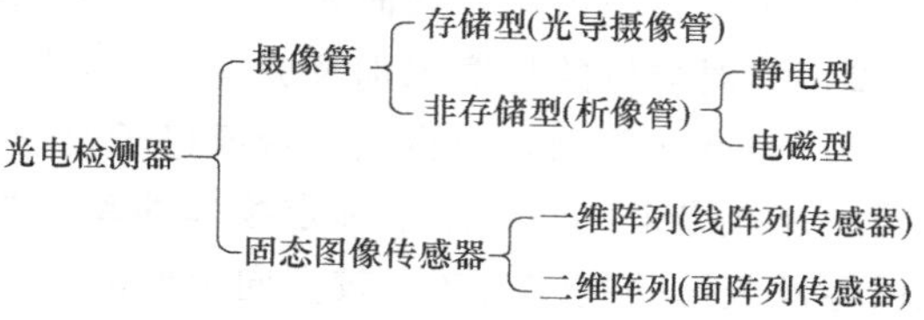

图 12-9 常用的光电检测器

光导摄像管通常用作电视摄像装置的摄像头。虽然光导摄像管存在信号漂移、噪声及频率畸形等不足，但因其性价比高、环境适应性较好而得到广泛应用。固态图像传感器有线阵列和面阵列两种，如果景物在连续均匀地运动，可以用线阵列获得二维图像。输入的视觉信息以数字图像方式输入计算机，根据对分辨率的需求，图像通常以 64×64～512×512 个像素组成。输入信息的主要形式有亮度信息、颜色信息、距离信息。在大多数情况下，这些信息可通过电视摄像机获得，存储于计算机内。

2. 三维视觉检测

所谓三维视觉信息包括从摄像机到物体之间的距离、物体的大小和形状、各物体之间的关系等。其中比较实用的方法有光投影法、立体视法等。

光投影法是向被测物体投射特殊形状的光束，并检测其反射光，即可获得距离信息。最简单的投光方法是采用光束的激光扫描装置，其原理如图 12-10 所示，通过机械扫描装置将激光的光束投射到待测物体上，用电视摄像机接收该物体的反射光，进行画面位置检测。根据发射光线的空间角度与反射光线的空间角度，以及发射源位置与电视摄像机位置之间的几何关系，确定反射点的空间坐标。通过光束对被测物体空间的二维扫描，可得到被测物体的各点距离信息。如果用直线狭缝光束代替点光束，只需进行一维扫描就能快速测定视场画面内全部点的距离信息，但这种机械扫描的移动投光法存在速度慢的缺点，其每移动一次，光源必须摄像一次，而光条又希望越密越好，从而造成系统扫描效率过低。如采用多条光组成光栅的方式，可加快扫描速度。总之，光投影法测量技术具有抗干扰能力强、实时性好、测量精度高等优点，因而在工业检测领域得到广泛应用。

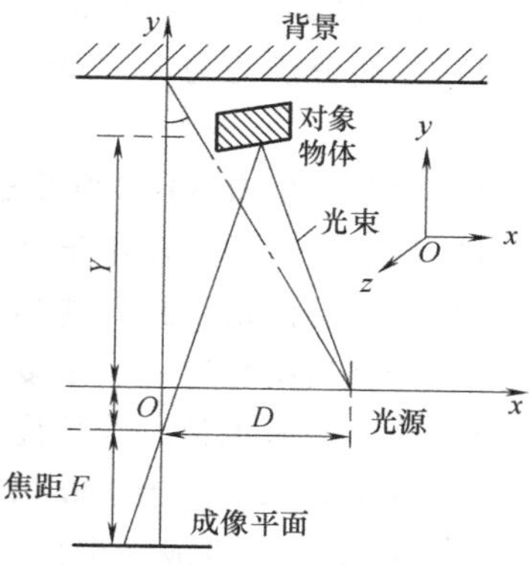

图 12-10 光投影法原理示意图

立体视法采用两台电视摄像机测距的方法，通过比较两台摄像机拍摄的画面，找出物体上的点在两画面上的对应点，再根据这些点在两画面中的位置和两摄像机之间的几何位置，确定物体上对应点的空间位置，即双目立体视觉（Binocular Stereo Vision，BSV）技术。该技术是机器视觉的一种重要形式，它是基于视差原理并利用成像设备从不同的位置获取被测物体的两幅图像，通过计算图像对应点间的位置偏差，来获取物体三维几何信息的方法。该方法原理较为简单，其难点在于如何有效建立两台摄像机拍摄图像之间正确的匹配关系。立体视觉已成为计算机视觉中一个非常重要的分支，并广泛用于机器人视觉、航空测绘、反求工程、工业检测、医学成像和军事运用等领域。

3. 视觉照明

机器视觉系统中照明是影响系统复杂性的一个重要因素。通常用机器人工作现场的光源照明是不可取的，因为易导致图像对比度变差，以及造成镜面反射阴影。为此，考虑光源的选择，图 12-11 给出了几种基本的物体照明方式。

1）扩散光源可用于表面光滑、形状规律的零件，如图 12-11a 所示。

2）当对物体的轮廓识别及测量已经足够时，则可用背光源，如图 12-11b 所示。

3）当空间调制光源将点、带或格子投影到物体上，物体的曲率使这些图影变形，并在图像中反映出来，则可用于确定物体曲率，如图 12-11c 所示；对于粗糙表面的检测，由于机械零件表面的裂纹会产生较多向上的散射光，因此方向性光源可用于检测零件的缺陷，如图 12-11d 所示。

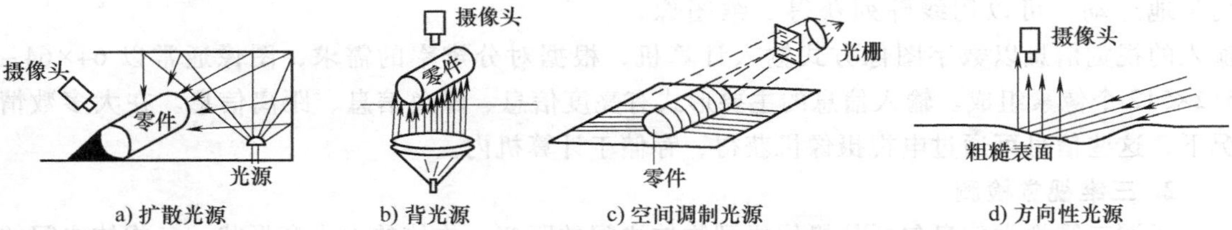

图 12-11　几种基本的物体照明方式

12.4　触觉传感器

人的触觉包含接触觉、压觉、力觉、冷热觉、滑动觉、痛觉等。引起人的触觉不在于皮肤表面层的变形，而是由于作用于其上的微小压力。而机器人触觉在机器人感觉系统中占有非常重要的地位，其具有视觉等其他感觉无法实现的功能。更为重要的是，触觉还能感知物体的表面特征和物理性能，如柔软性、硬度、弹性、粗糙度、材质等，因此触觉传感器是机器人感觉系统中最重要的研究课题之一。通常认为机器人触觉传感器应具有以下特征：

1）良好的顺应性，且耐磨。

2）空间分辨力为 1~2mm，接近于人指的分辨率（指上皮肤敏感分离两点的距离为 1mm）。

3）每个指尖有 50~200 个触觉单元（即 5×10~10×20 阵列单元数）。

4）触元的力敏感度小于 0.05N，最好能达到 0.01N 左右。

5）输出动态范围最好能达到 1000：1。

6）传感器的稳定性、重复性好，无滞后。

7）输出信号单值，线性度良好。

8）输出频率响应为 100~1000Hz。

上述技术要求可成为设计机器人触觉传感器的依据，但对特殊应用的触觉敏感仅这些要求还不够，需具体问题具体分析。本节重点介绍以下几种有代表性的触觉传感器。

12.4.1 接触觉传感器

最简单也是最早得到使用的接触觉传感器就是微动开关。它工作范围宽，不受电、磁干扰，简单，易掌握，成本低，但响应速度低，动作（开始起作用）压力高。所以为了感知微弱的接触力，出现了各种形式的接触觉传感器，它们都是通过在一定接触力下，切换通-断状态，输出高或低电平信号，以表示是否发生接触。如果仅仅检测是否与对象物体接触，可使用 ON-OFF 微型开关等。如果检测对象物体形状，就需要在模仿皮肤感觉的接触面上，高密度地安装能将接触面垂直方向的变化量变为电信号的敏感元件。为此，已研制出用感压橡胶、含碳海绵等感压材料制成的接触觉传感器。

图 12-12 是用硅橡胶制成的矩阵式接触觉传感器原理示意图。硅橡胶条与金属电极对置、接触。由于硅橡胶条受压，其电阻值改变，所以金属电极受力压硅橡胶条时，传感器输出电压会相应地变化。硅橡胶接触觉传感器受力与输出电压的关系如图 12-13 所示。

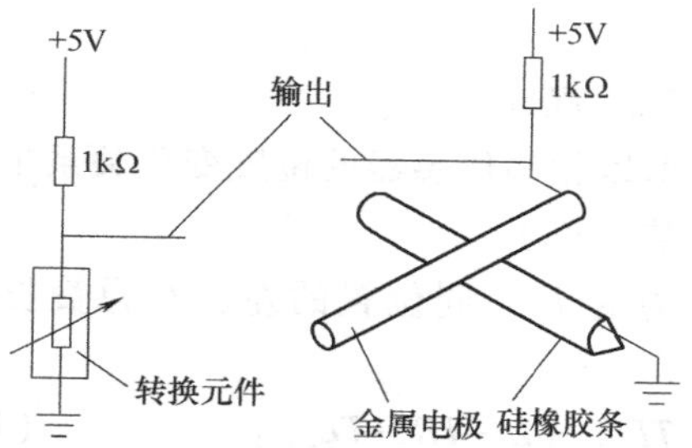

图 12-12 硅橡胶矩阵式接触觉传感器原理示意图

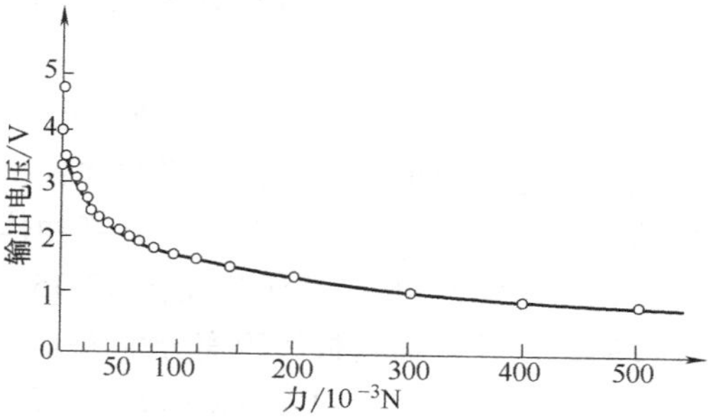

图 12-13 硅橡胶接触觉传感器受力与输出电压的关系

图 12-14 为几种典型的接触觉传感器结构示意图。图 12-14a 绝缘基板上装有多个 ON-OFF 开关，金属触头在弹簧作用下始终与上基板底部的金属导线接触，处于 ON 状态。当被接触物体压下金属触头而与金属导线脱开时则处于 OFF 状态，这样可以通过 ON-OFF 状态判断非接触或接触状态。图 12-14b 绝缘体上装有含碳海绵（压敏电阻），其上盖有软橡胶膜，每个含碳海绵的上、下均接有导线，当被接触物体压软橡胶膜及含碳海绵而使电阻改变时，导线的输出电压发生变化，从而检测与物体的接触状态。图 12-14c 绝缘体上装有导电橡胶和金属，不接触物体时，始终处于断开状态。当被接触物体压迫导电橡胶与金属接触，

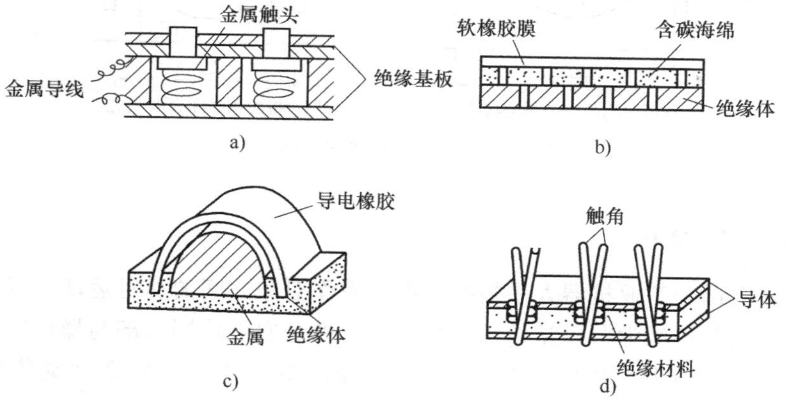

图 12-14 几种典型的接触觉传感器结构示意图

使其分别与连接的导线导通。图 12-14d 接触觉结构类似昆虫或甲壳虫类的触角，两根触角分别装在上、下导体上，导体之间夹有绝缘材料。两根触角平时不接触，当触角接触物体而变形时，两根触角相接触，从而使上、下导体导通。通过导线输出接触信号。

上述几种接触觉传感器的输出信号均可检测是否与物体接触。当将上述触头、触角等按矩阵排列装在一个平面上时，可检测与物体的接触情况。

12.4.2 压觉传感器

压觉传感器中最受关注的是分布压觉传感器。通过高密度配置分布压觉传感器，可获得不同物体接触时各部分不同的压力，进而可获取关于物体形状的信息。追踪这种信息随时间的变化，还可获得运动和振动信息。

图 12-15 为一种压觉传感器原理示意图。图 12-15a 为抓取物体时的指部状态；图 12-15b 为图 12-15a 指部稍微闭合的状态。若无负荷时，左、右弹簧的长度分别为 TL_0、TR_0；产生力 F 时，左、右弹簧的长度分别为 TL_f、TR_f，将左、右弹簧常数设为 KL、KR，则力 F 可描述为

$$F = KR(TR_0 - TR_f) = KL(TL_0 - TL_f) \tag{12-1}$$

压觉传感器也可识别物体的形状和评价其硬度，即以相邻传感器的位置变化关系来判断物体的几何形状，并用式（12-3）计算物体的弹性系数（K_0）。

假设图 12-15a 中斜线部分在图 12-15b 承受的压力为 F'，同位置的左、右弹簧长度为 TL_s、TR_s，以及指部基板间距离分别为 L_f、L_s，则

$$F' - F = KR(TR_f - TR_s) = K_0[(L_f - TR_f - TL_f) - (L_s - TR_s - TL_s)] \tag{12-2}$$

$$K_0 = \frac{\Delta TR \times KR}{\Delta L - \Delta TR - \Delta TL} = \frac{\Delta TL \times KL}{\Delta L - \Delta TR - \Delta TL} \tag{12-3}$$

式中，$\Delta TR = TR_f - TR_s$；$\Delta L = L_f - L_s$；$\Delta TL = TL_f - TL_s$。

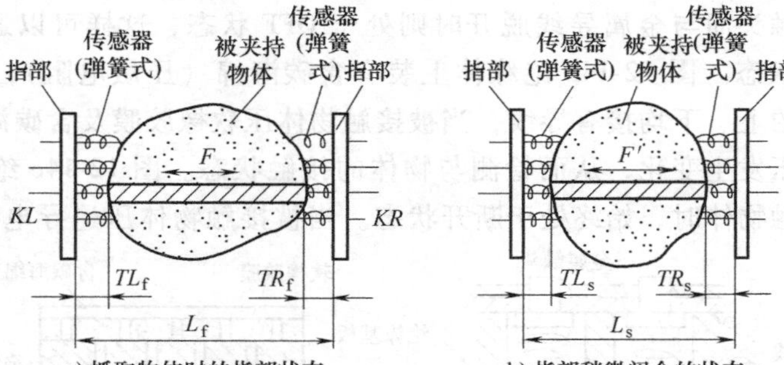

a) 抓取物体时的指部状态　　b) 指部稍微闭合的状态

图 12-15　压觉传感器原理示意图

12.4.3 滑动觉传感器

滑动觉传感器用于工业机器人手指把持面与操作对象之间的相对运动，以实现实时控制指部的夹紧力。它与接触觉、压觉传感器的不同之处是它仅检测指部与操作物体在切向的相对位移，而不检测接触表面法向的接触或压力。图 12-16 为光电式滑动觉传感器结构示意图。图 12-16a 为带滑动觉传感器的手指，图 12-16b 为滑动觉传感器的基本工作原理及结构

示意图。固定轴两端通过连接件及板簧固定在手指体内，轴上的轴承外套有橡胶滚，橡胶滚在板簧的支承下始终与被操作物体（工件）相接触，当被操作物体（工件）与手指体之间有相对滑动时，带动橡胶滚转动。橡胶滚内装有透光狭缝的圆盘，固定轴上装有发光二极管和光电晶体管，当橡胶滚带动狭缝圆盘转动时，发光二极管的光透过圆盘的狭缝照在光电晶体管上，检测光电晶体管的受光信号，即可检测出被操作物体（工件）相对于手指的滑动位移量。

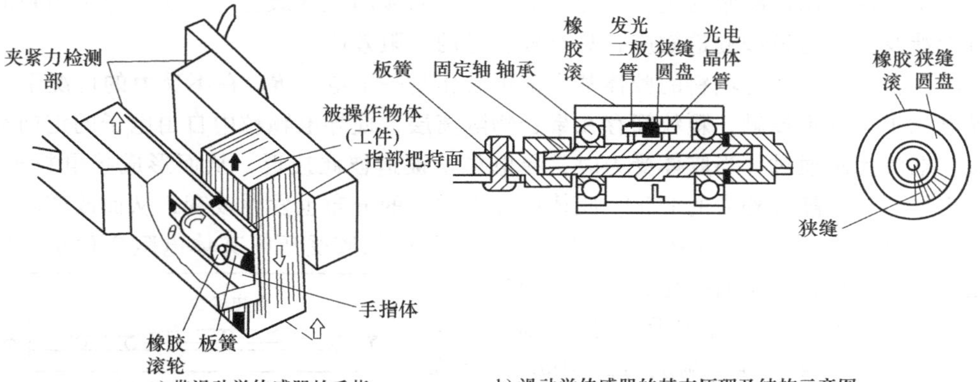

a) 带滑动觉传感器的手指　　b) 滑动觉传感器的基本原理及结构示意图

图 12-16　光电式滑动觉传感器结构示意图

12.4.4　柔性触觉传感器

触觉传感器的柔性化是指传感器从物理特性上具有类似人体皮肤的柔性，可以制作在任意的载体表面，完成接触力的测量，不会受到接触面积和形状的限制。主要分为三大类：

1）将刚性传感器敏感单元安装在柔性材料内部。目前普遍采用的柔性材料有聚偏二氟乙烯（PVDF）和硅橡胶等。对于整个传感器系统来说，柔性材料的作用是传递力信息或者作为保护层，而敏感单元却是刚性的。该类型的传感器尽管其表面为柔性的，但由于受到刚性敏感单元的限制，传感器一般很难实现随意地弯曲变形，无法满足实用柔性化的要求。

2）利用柔性材料将刚性的敏感单元组合起来实现整个传感器的柔性化。这种类型的传感器大多数利用微机械电子系统工艺，将各类敏感元件及电子线路嵌入到一张柔性电路板上制作而成，制造工艺较为复杂，成本较高，实现商用化较难。

3）直接采用柔性材料作为敏感材料，如具有压阻特性的压敏导电橡胶和具有压电特性的 PVDF 材料。本小节重点介绍这类柔性触觉传感器。

1. PVDF 柔性触觉传感器

聚二氟乙烯（PVF_2）是高分子有机半晶聚合物，可制成薄膜、管状等形状。经人工极化处理的 PVF_2 具有明显的压电效应，其压电灵敏度比 PZT（二元压电陶瓷）高十几倍，并且其机械强度高、柔软、易加工成阵列器件，是较为理想的触觉敏感材料，但 PVF_2 电荷输出易受干扰，且在 100℃以上会失去压电性。

PVDF 是与 PVF_2 类似的非导电型高分子材料，比 PVF_2 更适合用于大面积阵列触觉敏感元件。作为一种新型的聚合物压电薄膜，PVDF 质地柔软、极薄、质轻、韧度高、灵敏度高、响应快、测压范围宽、频率范围宽、经济性好，具有良好的压电性、热释电性、机械特性，可制成多种形状，并在电声、水声、超声、结构振动、探伤、生物医学领域及爆炸冲击力测量中得到广泛应用。

2. 导电橡胶柔性触觉传感器

以 Si 橡胶作为基体材料，添加碳系导电填料制备的导电复合材料称为导电橡胶。导电橡胶与常用的导电材料相比具有价格低廉、设计简单，易于实现多点测量等优点。这种复合材料既具有橡胶的弹性，又具有金属的导电性。石墨作为导电橡胶填料时导电性质应是直接导电，受温度影响以热膨胀为主，变化单调，有较明显的温度效应。当炭黑作为填料时，其导电机理涉及导电通道和隧道效应，具有较明显的压阻效应。

一般而言，掺入导电填料的胶体基本上可看作是一个电阻 R，在不受力的情况下，材料中的导电粒子彼此不接触，颗粒间存在聚合物隔离层，使导电颗粒中自由电子的定向运动受到阻碍，电流无法通过。当胶体受力时，导电粒子被迫彼此接近，从而形成导电粒子网络，并表现出导电性。随着外力的变化，胶体中导电粒子的分布也发生改变，从而改变材料的电阻 R，使这种导电胶体表现出压力-电阻特性。当导电橡胶受压时其体电阻变化小，接触面积和接触电阻随压力大小而变化，如图 12-17 所示。

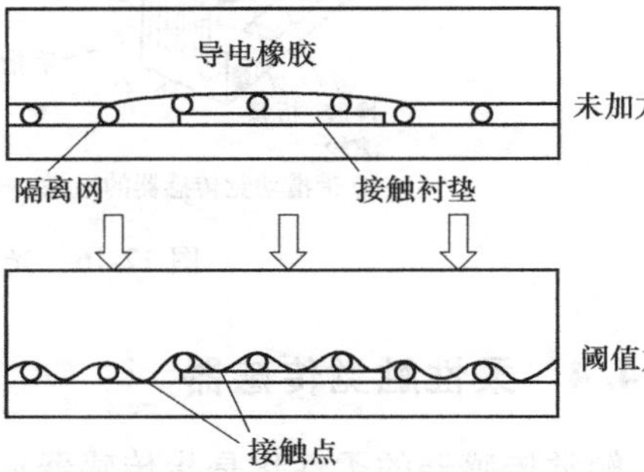

图 12-17 压敏导电橡胶柔性触觉传感器结构示意图

总之，导电橡胶保持了压阻式传感器结构简单、输出电压信号强、频率响应可达 100Hz、可塑性好、可浇铸成复杂（如指尖）形状复合曲面、工作温度范围宽等优点，但也存在易疲劳、蠕变大、滞后明显，以及由于 Si 橡胶边缘的刚性导致传感器互相干扰等不足。

3. 人工皮肤触觉传感器

人工皮肤触觉是集压觉、接触觉、热觉和滑动觉于一体的多功能复合传感器，以 PVDF 为敏感材料，模仿人的皮肤，有柔顺的接触表面和触、滑、热的感知，通过各触元的输出信号获取有关触觉信息。

如图 12-18 所示，人工皮肤是一种层状结构。表皮是一层柔软的带有圆锥体小齿的橡胶包封表皮，上、下两层 PVDF 为敏感层，上层 PVDF 薄膜镀整片金属电极，下层 PVDF 薄膜电极为条状金属膜，通过硅导电橡胶引线接至电极板上。上、下 PVDF 层间加有电加热层和柔性隔热层。电加热层使表皮保持在适当温度 50~70℃，可利用 PVDF 的热释电性来测量被接触物体的导热性能。柔顺的隔热层将上层的热觉测试和下层的触觉、滑动觉和滑移距离测试隔开。电加热层是厚度小于 1mm 的导电橡胶，电阻值为 100~150Ω，两边用导电胶与金属极黏接固定。当人工皮肤接触物体后，发生热传导，导致表皮温度下降。上层 PVDF 有触压和热觉的混合输出信号，而下层 PVDF 因有隔热层保护，只输出触压信号，并且当物体滑动时，可检测到滑动现象。根据条状电极的输出信号特征和触压区域的转移，可推算获取物体的滑移距离。当人工皮肤表面触压物体时，上层 PVDF 产生触觉和热

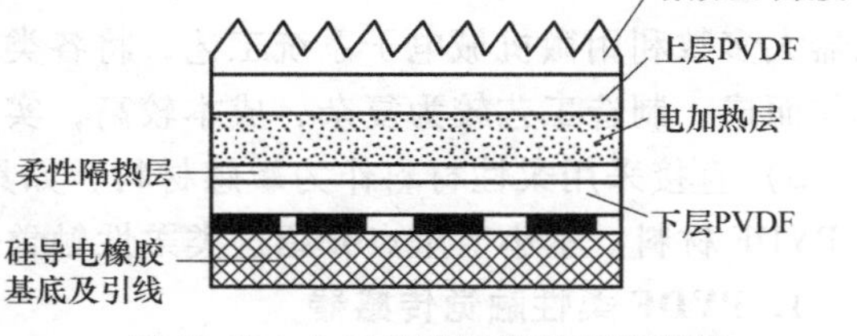

图 12-18 人工皮肤结构剖面示意图

觉混合信息，一般触觉信号的响应和衰减均比较快，而热觉信号为缓变低频信号。

对于触觉传感器，柔性化和多维力检测的兼容仍是当前的研究热点。已有的柔性多维力传感器或者依赖柔性材料进行力的传递，或者依靠柔性的组织结构组合而成，这使得触觉传感器在真正的“类皮肤”和多维力连续大面积测量方面受到一定限制。研究人员目前正在积极通过开发新材料和发现新原理来设计高性能、高柔性、高可靠性的皮肤触觉传感器，争取使之尽快走入实用阶段。

习题与思考题

12-1 视觉传感器在工业自动化系统中有哪些应用？

12-2 视觉传感器如何获取外界信息？试叙述其工作过程。

12-3 试说明视觉传感器的光电转换原理。

12-4 简述视觉传感器的主要组成部分及其特点。

12-5 简述光电式摄像机的工作原理。

12-6 简述固体半导体摄像机的工作原理。

12-7 简述激光式视觉传感器的工作原理。

12-8 简述红外图像传感器的主要组成部分。

12-9 简述红外图像传感器的工作原理。

12-10 简述人工视觉系统的硬件组成部分及各自功能。

12-11 简述三维视觉检测方法中光投影法的工作原理。

12-12 人工视觉图像处理的方法有哪几种？

12-13 说明人工视觉的物体图像识别原理。

12-14 简述机器视觉系统的组成及其特点。

12-15 在机器视觉系统中如何选择合适的光源。

12-16 试说明三维视觉检测中激光扫描装置的基本原理。

12-17 简要说明光电检测器与三维视觉检测能够获得的信息。

12-18 设计视觉姿态参数测量的测量方案，并给出测量精度。

12-19 举例说明触觉传感器的工作原理。

12-20 简述触觉传感器的分类及应用举例。

12-21 简述人工皮肤的结构组成及工作原理。

12-22 简述滑动觉传感器的作用及原理。

12-23 简述 PVDF 压电薄膜的使用特点。

12-24 试说明 PVDF 柔性触觉传感器的工作原理。

12-25 试说明将人工皮肤触觉看作是一种多功能复合传感器的原因。

12-26 结合图 12-18，简述人工皮肤的结构及其各部分作用。

第13章 智能化传感器

13.1 智能化传感器的发展

13.1.1 传感器技术的智能化

20世纪70年代以来，微处理器在传感器、仪器仪表中的作用日益重要。传感器作为获取实时信号的源头，微处理器作为信息处理的核心，在测控系统中的重要性与日俱增。随着系统自动化程度和复杂性的增加，对传感器的精度、稳定性、可靠性和动态响应要求越来越高。传统的传感器因其功能单一、体积大，性能低下等已不适应系统的高要求。为此，出现了微处理器控制的新型传感器系统。人们把这种与专用微处理器相结合而组成的、具有许多新功能的传感器称为智能化传感器。

图13-1、图13-2分别给出了传统传感器和智能化传感器的功能简图。

图13-1 传统传感器功能简图

传统传感器仅在物理层次上进行设计、分析、制作，而智能化传感器则具有以下主要新功能：

1）自补偿功能。如非线性、温度误差、响应时间、噪声、交叉耦合干扰以及缓慢时漂等的补偿。

2）自诊断功能。如在接通电源时进行自检测，在工作中实现运行检查、诊断测试，以判断哪一组件有故障等。

3）双向通信功能。微处理器和基本传感器之间具有双向通信功能，构成闭环工作模式。

4）信息存储和记忆功能。

5）数字量输出或总线式输出功能。

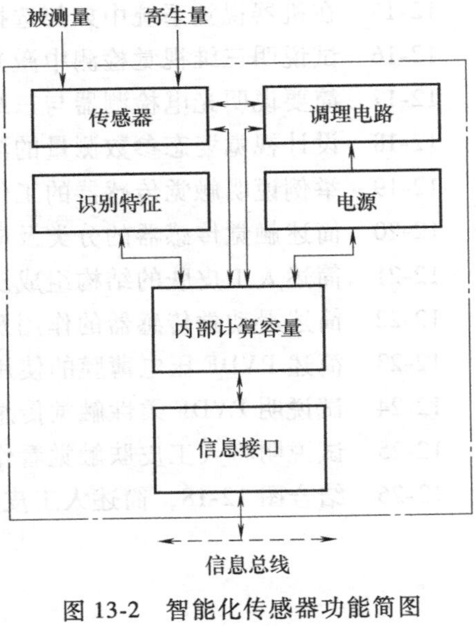

图13-2 智能化传感器功能简图

由于智能化传感器具有自补偿能力和自诊断能力，所以基本传感器的精度、稳定性、重复性和可靠性可得到提高和改善。

由于智能化传感器具有双向通信功能，所以在控制室就可对基本传感器实施控制；还可实现远程设定基本传感器的量程以及组合状态，使基本传感器成为一个受控的灵巧检测装置。而基本传感器又可通过数据总线把信息反馈给控制室。从这个意义上，基本传感器又可称为现场传感器（或现场仪表）。

由于智能化传感器有存储和记忆功能，所以该传感器可以存储已有信息，如工作日期、校正数据、故障情况等。

智能化传感器依其功能可划分为两部分，即基本传感器部分和信号处理单元部分，如图13-3所示。这两部分可以集成在一起实现，形成一个整体，封装在一个表壳内；也可以远距离实现，特别在测量现场环境较差的情况下，有利于电子元器件和微处理器的保护，也便于远程控制和操作。

基本传感器应执行以下三项基本任务：

1）用相应的传感器现场测量需要的被测参数。

2）将传感器的识别特征存储在可编程的只读存储器中。

3）将传感器计量的特性存储在同一只读存储器中，以便校准计算。

信号处理单元应完成以下三项基本任务：

1）为所有元器件提供相应的电源，并进行管理。

2）用微处理器计算上述对应的只读存储器中的被测量，并补偿非被测量对传感器的影响。

3）通信网络以数字总线形式传输数据（如读数、状态、内检等）并接收指令或数据。

此外，智能化传感器也可以作为分布式处理系统的组成单元，受中央计算机控制，如图13-4所示。其中每一单元代表一个智能化传感器，含有基本传感器、信号调理电路和微处理器；各单元接口电路直接挂在分时数字总线上，与中央计算机通信。

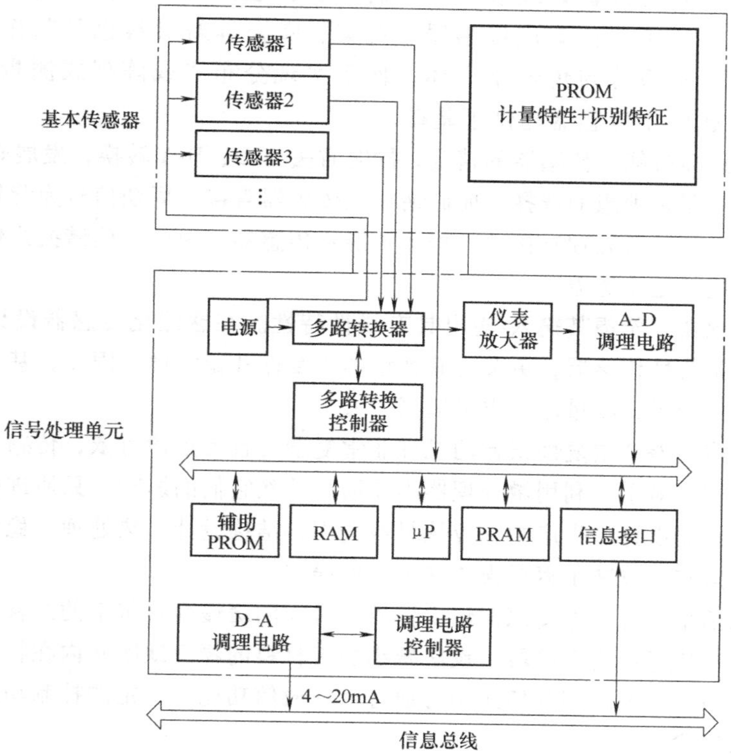

图 13-3 智能化传感器一种可能的结构方案

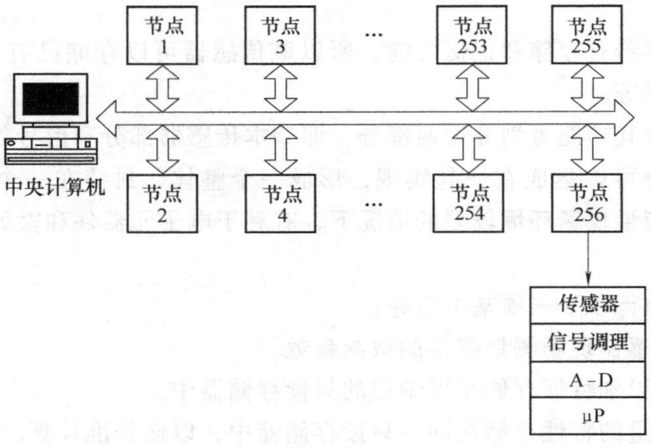

图 13-4 分布式处理系统中的智能化传感器示意图

13.1.2 基本传感器

基本传感器是智能化传感器的基础，它在很大程度上决定着智能化传感器的性能。因此，实现智能化传感器时，基本传感器的选用至关重要。随着微机械加工工艺的逐步成熟，相继加工出许多实用的高性能微机械传感器，不仅有单参数测量的，也有多参数测量的。特别是硅传感器、光纤传感器以及一些新原理、新材料、新效应的传感器尤为重要。硅材料的许多物理效应适于制作多种敏感机理的固态传感器，且与硅集成电路工艺兼容，便于制作集成传感器。石英、陶瓷等新材料也是制作传感器的优良材料。光纤传感器集敏感与传输于一体，便于实现分布式或阵列式测量系统。这些先进传感器为实现智能化传感器提供了基础。

为了进一步提高智能化传感器的精度，同时省去 A-D、D-A 转换，发展直接输出数字式或准数字式的传感器是理想的选择。而硅谐振式传感器直接以周期信号为背景输出，为准数字量，可简便地直接与微处理器接口，构成智能化传感器。因此，硅谐振式传感器被认为是最具优势的高性能新型传感器。

对于传统传感器，希望其输入-输出具有线性特性。在智能化传感器设计中，不再要求基本传感器一定是线性传感器，更关心其特性的重复性和稳定性。因此，基本传感器工作原理的选择自由度增加了，测量范围也可适当扩大。

由于引起迟滞误差和重复性误差的机理非常复杂，且无规律可依，传感器的迟滞现象和重复性问题仍然相当棘手。利用微处理器不能彻底消除它们的影响，只能进行有针对性的改善。因此，在传感器设计、生产中，应从材料选用、结构设计、热处理、稳定处理以及生产检验上采取有效措施，以减小迟滞误差和重复性误差。

传感器的长期稳定性，即传感器输出信号随时间的缓慢变化带来的漂移，也是难以补偿的误差。一方面在传感器生产阶段，设法减小加工材料的物理缺陷和内在特性对传感器长期稳定性的影响。另一方面，实际使用中可通过远程通信功能和一定的控制功能，定期对基本传感器进行现场校验。

总之，对于智能化传感器，首先应尽可能提高基本传感器的性能。

13.1.3 智能化传感器中的软件

智能化传感器是在软件（程序）支持下进行工作。其功能的多少与强弱、使用方便与否、工作是否可靠以及传感器的性能指标如何等，在很大程度上依赖于软件设计与运行的质量。下面介绍智能化传感器中的软件的主要内容。

（1）标度转换

被测信号转换成数字量后，应根据需要转换成所需要的测量值，如压力、温度和流量等。被测对象的输入值不同，经 A-D 转换后得到一系列的数字量，必须把它转换成带有单位的数据后才能运算、显示和打印输出。这种转换称为标度转换。

（2）数字调零

在测量系统的输入电路中，一般都存在零点漂移、增益偏差和器件参数不稳定等现象。它们会影响测量数据的准确性，必须对其进行自动校准。实际应用中，常采用各种程序来实现偏差校准，称为数字调零。还可在测量系统开机时或每隔一定时间自动测量基准参数，实现自动校准。

（3）非线性补偿

测量系统的输入-输出具有线性特性时，在整个刻度范围内灵敏度一致，便于读数，有利于进行分析处理。但是基本传感器的输入-输出特性往往有一定非线性，或者传感器特性本身就是非线性的，就需要进行补偿。采用微处理器进行非线性补偿时常采用插值法。即首先用实验方法测出传感器的特性曲线，然后进行分段插值，只要插值点数取得合理且足够多，即可获得良好的补偿效果。

（4）温度补偿

环境温度变化会给测量结果带来不可忽视的误差。在智能化传感器中，建立温度变化对基本传感器输出特性影响的数学模型，由温度传感器在线实时测出传感器敏感结构所处环境的温度值，送入微处理器，利用插值法即可补偿温度误差。

（5）数字滤波

模拟式传感器输出信号经 A-D 转换输入微处理器时，常混有如尖脉冲之类的随机噪声干扰，在传感器输出小信号时，这种干扰更明显，应予以滤除。对于周期性的工频（50Hz）干扰信号，采用积分时间为 20ms 整数倍的双积分 A-D 转换器，可有效消除其影响；对于随机干扰信号，也可以利用数字滤波进行处理。

（6）动态补偿

智能化传感器一般应具有很强的实时功能，在动态测量时，常要求在几微秒内完成数据的采样、处理、计算和输出。根据实际应用需要，一方面从基本传感器考虑，设计、选择自身动态特性优的基本传感器；另一方面，可通过建立传感器动态特性模型，采用数字滤波补偿技术，提高传感器的动态特性。

总之，对于智能化传感器，首先尽可能在基本传感器的设计、生产中补偿其误差、提高其性能。然后，利用微处理器再进行改善。这是提高智能化传感器整体性能的主要思路。如对于电阻型传感器，适当加入正或负温度系数电阻，可有效减小其温度误差；在此基础上，再利用微处理器进一步补偿温度误差。

13.2 智能化传感器的典型实例

13.2.1 智能化差压传感器

图 13-5 为早期应用的一个典型的智能化差压传感器，由基本传感器、微处理器和现场通信器组成。传感器敏感元件为硅压阻式力敏元件，具有多个功能，即在同一单晶硅芯片上扩散有可测静压、差压和温度的敏感单元。该传感器输出的静压、差压和温度三个信号，经前置放大、A-D 转换，送入微处理器中。其中静压和温度信号用于对差压进行补偿，经过补偿处理后的差压数字信号再经 D-A 转换成 4~20mA 的标准信号输出，或由数字接口直接输出数字信号。

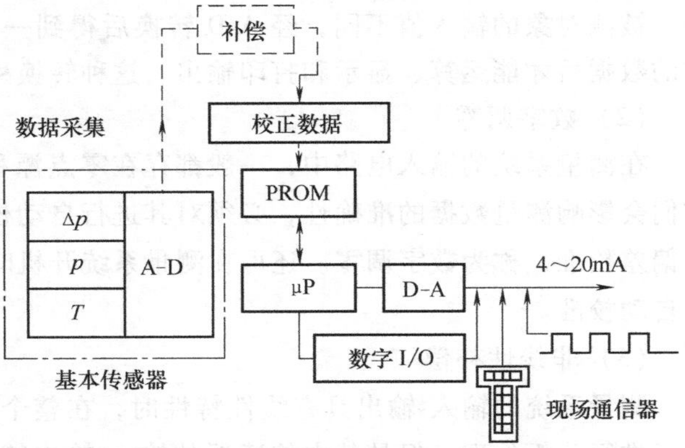

图 13-5 智能化差压传感器原理示意图

智能化差压传感器的主要特点如下：

1）最大测量值与最小测量值比（又称量程比）高，可达到 400：1。

2）精度较高，在其满量程内优于 0.1%。

3）具有远程诊断功能，如在控制室内即可断定是哪一部分发生了故障。

4）具有远程设置功能，在控制室内可设定量程比，选择线性输出还是二次方根输出，调整零点设置、动态响应时间等。

5）在现场通信器上可调整智能化传感器的流程位置、编号和测压范围。

6）具有数字补偿功能，可有效地对非线性特性、温度误差等进行补偿。

图 13-6 为智能化硅电容式集成差压传感器，由两部分组成，即硅电容式传感器和信号处理单元。硅电容式传感器的感压硅膜片由硅微机械电子集成工艺制成，其工作原理、结构特点和信号变换等可参考 5.3.2 节。

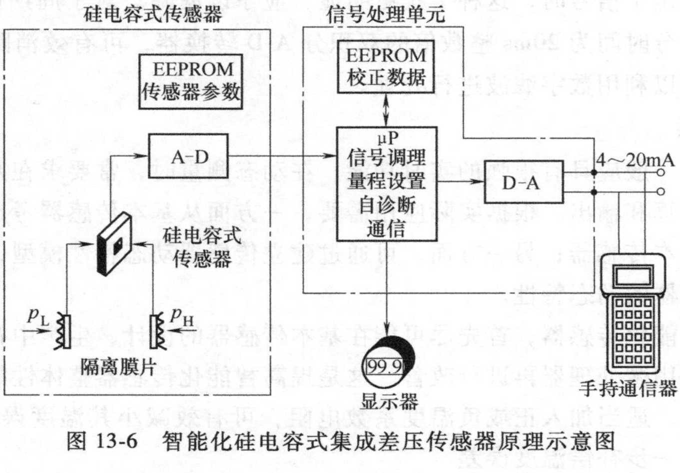

图 13-6 智能化硅电容式集成差压传感器原理示意图

13.2.2 机载智能化结构传感器系统

图 13-7 为智能化结构传感器系统在飞机上应用的示意图。现代飞机和空间飞行器的结构采用了许多复合材料。在复合材料内埋入分布式或阵列式光纤传感器，像植入人工神经元一样，构成智能化结构件。光纤传感器既是结构件的组成部分，又是结构件的监测部分，实现自我监测功能。把埋入在结构中的分布式光纤传感器和机内设备与信号处理单元联网，便构成智能化传感器系统。它们可以连续地对结构应力、振动、加速度、声、温度和结构的完好性等多种状态实施监测和处理，成为飞机健康监测与诊断系统。

机载智能化结构传感器系统具有以下主要功能：

1）提供飞行前的完好性和适航性状态报告。

2）监视飞行载荷和环境，并能快速做出响应。

3）飞行过程中的结构完好性故障或异常告警。

4）适时合理地安排飞行后的维护与检修。

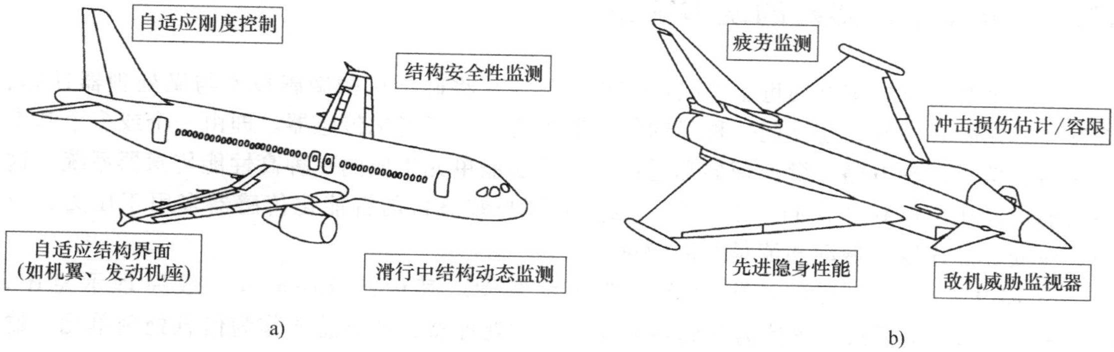

图 13-7 智能化传感器系统在飞机上的应用示意图

13.2.3 智能化流量传感器系统

8.4.10 节详细介绍了基于科氏效应的谐振式直接质量流量传感器的工作原理与应用特点。该直接质量流量传感器是一个典型的智能化流量传感器系统。图 13-8 为智能化流量传

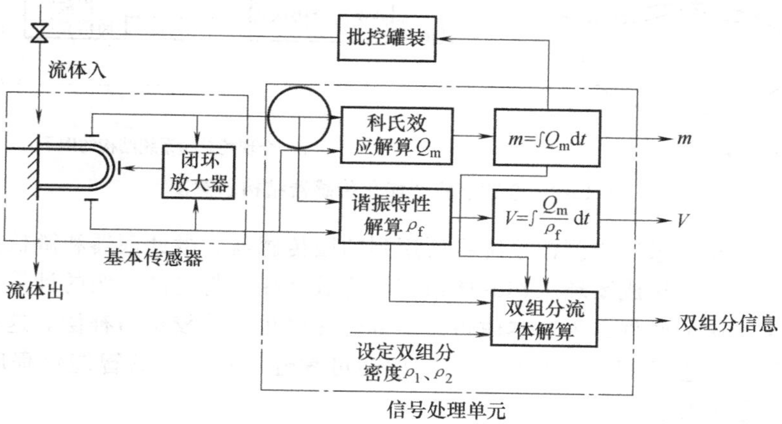

图 13-8 智能化流量传感器系统功能示意图

感器系统功能示意图。

利用流体流过测量管引起的科氏效应，直接测量流体质量流量；利用流体流过测量管引起的谐振频率变化，直接测量流体密度。基于同时直接测得的流体质量流量和密度，实现对流体体积流量的实时解算；基于同时直接测得的流体质量流量和体积流量，对流体质量数与体积数进行累计计算，实现批控罐装。

基于直接测得的流体密度，实现对两组分流体（如油和水）各自质量流量、体积流量的测量，详见式（8-34）~式（8-37）；同时也可以实现对两组分流体各自质量与体积的计算，给出关心的介质的质量流量与体积流量的占比，详见式（8-38）、式（8-39）。这在石油石化生产中具有重要的应用价值。

除了实现上述功能外，由于流体的实时性测量要求也越来越高，而传感器自身的工作频率较低，如弯管结构的工作频率为60~110Hz，直管结构的工作频率为几百赫兹至1000Hz，因此必须以一定的解算模型对流量测量过程进行在线动态校正，以提高测量过程的实时性。

13.3 智能化传感器的发展前景

第一个智能化传感器问世于20世纪80年代。它将硅微机械敏感技术与微处理器计算、控制能力结合在一起，建立起一种新的传感器概念——智能化传感器。即由一个或多个基本传感器、信号调理电路、微处理器和通信网络等功能单元组成的一种高性能传感器系统。这些功能单元块可以封装在同一表壳内，也可分别封装。目前智能化传感器多用于压力、应力、应变、加速度、振动和流量等的测量。

图13-9为全数字式智能化传感器结构示意图。其中图13-9a为一般原理示意图，图13-9b为以硅谐振式传感器为基础传感器，以微处理器、现场总线作为信息处理单元，输出数字信号的一个例子。这种实现方式能消除许多与模拟电路有关的误差源（如无须A-D、D-A）。这样，传感器的特性再配合相应的环境补偿，就可获得很高的测量重复性、准确性、稳定性和可靠性。

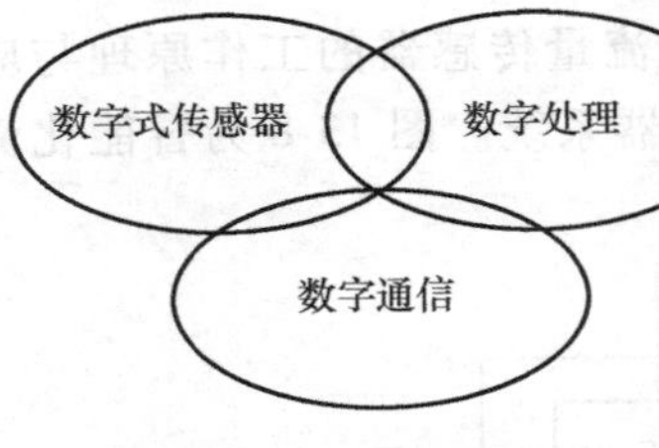

a) 一般原理示意图

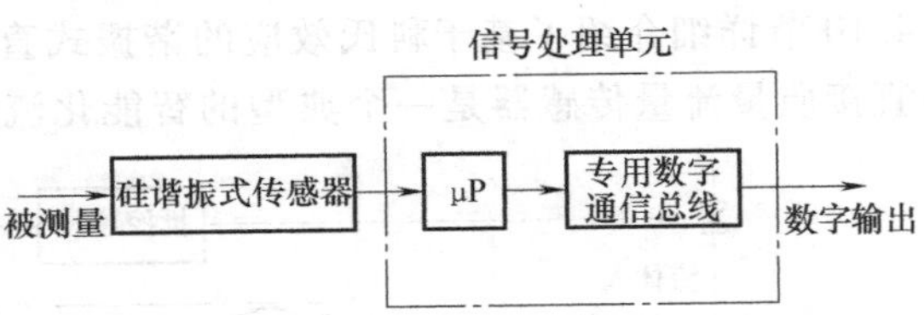

b) 一个现场总线系统结构的例子

图13-9　全数字式智能化传感器结构示意图

未来有的智能化传感器或测控系统将所用到的微传感器、微处理器和微执行器集成在一个芯片或多片模块上，构成闭环工作的微系统。将数字接口与更高一级的计算机控制系统相连，通过专家系统中的软件，为基本微传感器部分提供更好的校正与补偿。这样的智能化传感器或测控系统功能会更强大，精度、稳定性和可靠性会更高；其智能化程度也将不断提高，优点会越来越明显。

最近快速发展的传感器网络（Sensor Network，SN）或无线传感网络（Wireless Sensor

Network，WSN）以及以传感器技术为重要基础的物联网（Internet of Things，IoT）技术已成为智能化传感器的重要应用与发展方向。

智能化传感器代表着传感技术今后发展的大趋势，已成为信息技术、仪器仪表领域共同瞩目的研究内容。有理由相信：伴随着新型功能材料、微机械加工工艺与微处理器技术的大力发展，智能化传感器必将不断被赋予更新的内涵与功能，也必将推动传感器技术及应用、测控技术与仪器的大力发展。

习题与思考题

13-1　如何理解智能化传感器？

13-2　智能化传感器应有哪些主要功能？

13-3　对于智能化传感器中的基本传感器，提高其性能的主要措施有哪些？

13-4　简要说明智能化传感器中软件应具有的主要内容。

13-5　有观点认为："智能化传感器只能由微机械传感器作为基本传感器来实现"，你认为对吗？请说明理由。

13-6　简述图 13-3 智能化传感器结构方案提供的主要信息。

13-7　简述图 13-5 智能化差压传感器的基本组成与主要应用特点。

13-8　简述图 13-6 智能化硅电容式集成差压传感器的基本组成与应用特点。

13-9　简要说明图 13-7 智能化传感器系统在飞机上应用的主要功能。

13-10　基于科氏质量流量传感器的工作机理，简述图 13-8 智能化流量传感器系统的功能。

13-11　针对一个具体的智能化传感器，分析其设计思想、功能实现、应用特点。

13-12　简述智能化传感器的发展前景。

第 14 章 面向物联网应用的无线传感器网络

14.1 物联网技术概况

14.1.1 物联网的体系结构

物联网是指通过射频识别、红外感应器、全球定位系统、激光扫描器等信息传感设备，按约定协议将物体与网络相连接，且物体通过信息传播媒介进行信息交换和通信，以实现智能化识别、定位、跟踪、监管等功能。物联网是以互联网为基础的延伸和扩展的网络。在这个网络中，所有能够被独立寻址的普通物理对象之间可进行信息交换和通信，实现在任何时间、任何地点进行人、机、物的互联互通。

物联网的内在体系结构可分为三层：感知层、网络层和应用层，如图 14-1 所示。

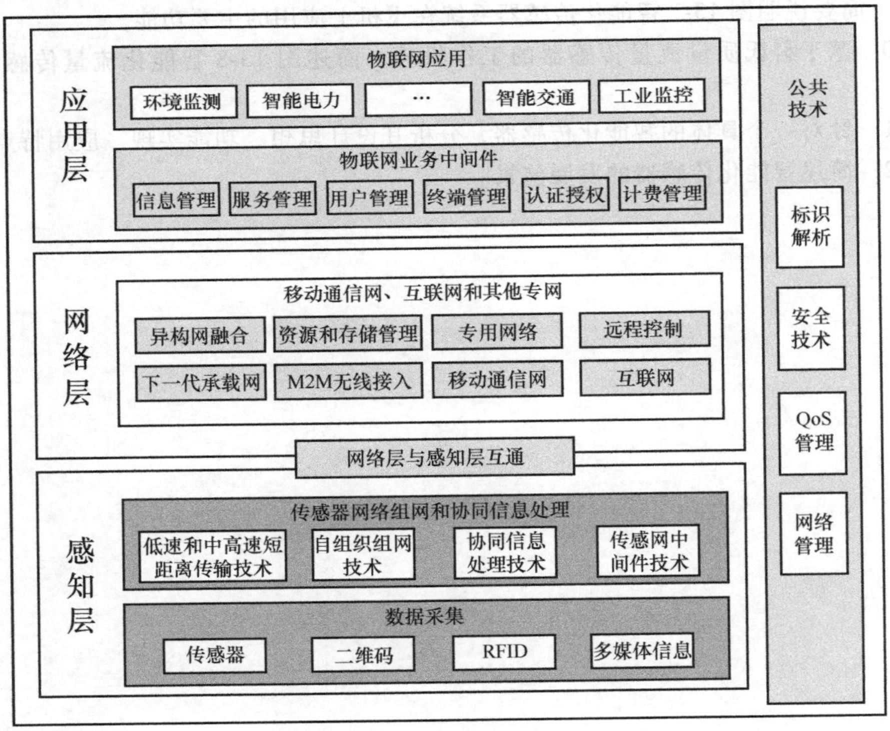

图 14-1 物联网的内在体系结构

（1）感知层

基于感知层的感知识别是物联网的核心技术，是人类世界跟物理世界进行交流的关键桥梁。其主要通过两种渠道采集物理世界的数据：一种是主动采集生成信息，如传感器、多媒体信息采集等，需要主动去记录或与目标物体进行交互才能获取数据，具有数据信息实时性高的特点；另一种是接收外部指令后被动保存信息，如射频识别（RFID）、集成电路（Integrated Circuit，IC）卡识别技术、条形码、二维码技术等。这种方式一般是事先将信息保存起来，等待被直接读取。

（2）网络层

网络层主要功能是传输信息，将感知层获得的数据传送至指定目的地。设备接入网可以实现人与物和物与物之间的信息交互，大大增加了信息互通的边界，有利于通过大数据、云计算、AI 智能等先进技术来增加物理与人类世界的丰富度。

（3）应用层

应用层主要是将设备端收集来的数据进行处理，从而给不同的行业提供智能服务，又可分为中间层和行业应用层。其中，中间层可将大规模数据高效、可靠地组织起来，为上层行业应用提供智能的支撑平台，主要包含信息管理、服务管理、用户管理、终端管理、认证授权以及计费管理等。而行业应用是物联网的最终目的，主要是对设备端收集来的数据进行处理，从而给不同的行业提供智能服务。

14.1.2 物联网的技术特点

与传统互联网相比，物联网主要具有以下三个技术特点：在网络终端层面呈现感知识别全面化、在通信层面呈现异构设备互联化、在数据层面呈现管理处理智能化。

（1）感知识别全面化

物联网通过 RFID、传感器、定位器和二维码等手段对物体进行信息采集，使物品具有通信功能。作为物联网的末梢，自动识别和传感网技术近些年来发展迅速，使得人和物、物和物之间可以相互感知对方的特点和变化，实现物理世界和信息世界的高度融合。

（2）异构设备互联化

物联网利用无线通信模块和标准通信协议、电信网络和互联网可使不同异构设备（不同型号和类别的 RFID 标签、传感器、手机、计算机等）构建成自组织网络，对接收到的感知信息进行实时远程传送，实现信息的交互和共享。

（3）管理处理智能化

物联网是一个智能网络，利用云计算、数据挖掘、模糊识别等多种智能计算技术，可将海量数据高效、可靠地组织起来，对接收到的跨地域、跨行业、跨部门的数据信息进行分析与处理，从而为上层行业应用提供智能的支撑平台，实现智能化决策和控制。

14.2 无线传感器网络技术

14.2.1 无线传感器网络架构

现代无线传感器主要为嵌入式设备，或为使用附加器件的模块化设备。在嵌入式传感器内，无线通信单元和传感器集成于同一个芯片内。在模块化设备中，用于无线数据传输的射频通信模块连接在传感器的外部。这两种情况都基于由数字器件和 I/O 系统支持的数字 IC 技术。

首先，无线传感器网络主要涉及传感器节点、汇聚节点（或称基站、网关节点、Sink节点）和管理平台等三种硬件平台。其中，传感器节点具有传统网络的终端和路由器功能，可对来自本地和其他节点的信息进行收集和数据处理，其结构如图 14-2 所示；汇聚节点用于实现两个通信网络之间的数据交换，发布管理节点的监测任务，并将收集的数据转发至其他网络，其结构如图 14-3 所示；管理平台负责对整个无线传感器网络进行监测和管理，通常情况是安装有网络管理软件的 PC 或移动终端。在选择和设计硬件平台时，首先对无线传感器网络所应用的环境、参数要求、功能需求、成本等进行整体分析；然后，基于上述系统分析，使用现有的传感器节点或自行设计传感器节点。在自行设计传感器节点时，需重点考虑传感器单元、CPU 处理单元、无线通信单元和电源管理单元。这种方式可使设计的参数更满足现场需要，但存在开发周期较长和风险大的问题。

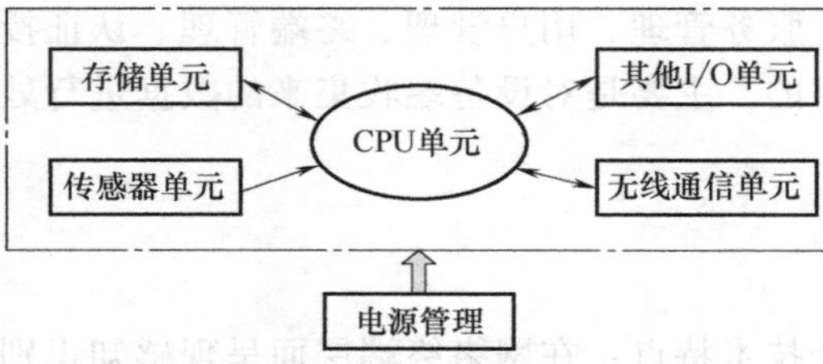

图 14-2　传感器节点结构框图

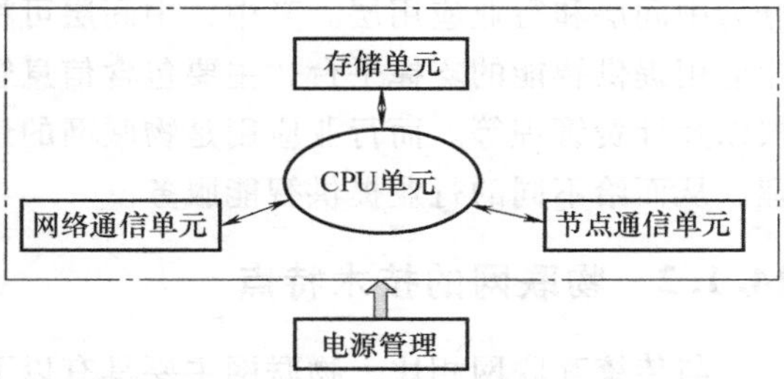

图 14-3　汇聚节点结构框图

其次，无线传感器网络中涉及的硬件大致可分为智能尘埃和微处理器，而操作系统作为用户与硬件之间的桥梁，负责硬件资源的管理和应用程序的控制。无线传感器网络是一个典型的嵌入式应用，其中，嵌入式实时操作系统（Real-Time Operating System，RTOS）是核心软件。微处理器可使用传统的嵌入式操作系统，如 μC/OS-II、Linux、Windows CE 等。智能尘埃属于小型嵌入式系统，可使用的硬件资源有限，需要高效、有限的内存管理和处理器，这时传统的嵌入式操作系统将不能满足要求，可使用 Tiny OS、MANTIS OS、Magnet OS 或 SOS 等专门针对无线传感器网络特点而开发的操作系统。

最后，通信协议是无线传感器网络实现通信的基础。在网络的无线通信设计中，可采用表 14-1 标准通信协议，如 ZigBee、蓝牙、Wi-Fi 等短距离无线通信协议，或采用自定义的通信协议。自定义通信协议可有针对性地解决工业现场的实际问题，但若节点数量大且功能复杂，则协议编制周期会较长且复杂。具体选用哪种通信标准，需结合系统需求和现场实际确定。目前，多采用 ZigBee 协议进行无线传感器网络设计。

表 14-1　不同短距离无线通信协议的比较

参　　数	ZigBee	蓝　　牙	Wi-Fi
通信标准	IEEE 802. 15. 4	IEEE 802. 15. 1	IEEE 802. 11b
内存要求	4~32KB	大于 250KB	大于 1MB
电池寿命	几年	几天	几小时
节点数量	大于 65000	7	32
通信距离	300m	10m	100m
传输速率	250kbit/s	1Mbit/s	11Mbit/s

14.2.2 无线传感器网络的安全技术

无线传感器网络是一种大规模的分布式网络，通常被布置在无人值守、条件恶劣的环境，除具有一般无线网络所面临的信息泄露、信息篡改、拒绝服务、重放攻击等威胁外，还面临传感器节点易被攻击者物理操作的威胁。攻击者一旦捕获了部分节点，就可以向节点中注入大量虚假路由报文或篡改后的路由报文，可能将攻击节点伪装成基站，制造循环路由，实施 DoS 攻击，进而控制部分网络。为此，在 WSN 的网络安全设计中需考虑以下内容：

（1）节点的物理安全性

节点无法完全保证物理上不可破坏，只能增加破坏的难度，以及对物理上可接触到的数据的保护。如提高传感器节点的物理强度，或者采用物理入侵检测，以及发现攻击则自毁。

（2）真实性、完整性、可用性

需要保证通信双方的真实性，以防止恶意节点冒充合法节点达到攻击目的，同时要保证各种网络服务的可用性。

（3）安全功能的低能耗性

由于常用的加解密和认证算法通常需要较大的计算量，在将其应用至 WSN 时需权衡资源消耗和可能达到的安全强度。因此，安全且占用资源尽量小的算法更适合。

（4）节点间的协作性

WSN 网络中的许多应用都需要节点间的相互协作，但节点的协作与节点的低功耗在一定程度上相互影响。因此，对节点间的协作通信协议设计提出了要求。

（5）网络自组织

单点失败或恶意节点的不合作行为，使得拓扑发生变化从而导致路由错误，需要 WSN 具有自组织性以避免这种情况。

（6）网络攻击及时应对

WSN 应能及时发现无线网络上存在的潜在攻击行为，并采取措施以尽快消除该行为对网络带来的影响。

14.3 无线传感器网络的多传感器信息融合技术

14.3.1 多传感器信息融合的结构

图 14-4 为多传感器信息融合过程，主要包括多传感器信息获取、数据预处理、数据融

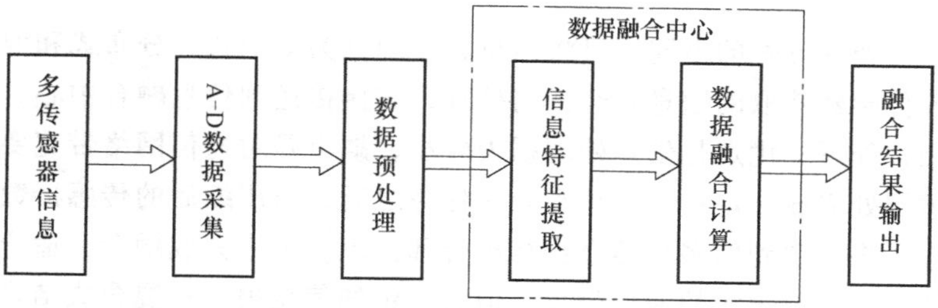

图 14-4　多传感器信息融合过程

合中心和融合结果输出等环节，其中，在数据融合中心进行特征提取和数据融合计算。根据传感器和融合中心信息流的关系，信息融合的结构可分为串联型、并联型、串并混联型和网络型四种形式。

对于图 14-5 串联型多传感器信息融合结构，其具体步骤是先将两个传感器数据进行一次融合，之后将融合结果与下一个传感器数据进行融合，依次进行下去，直至所有传感器数据都完成融合为止。由于在串联型多传感器融合中每个单一传感器均有数据输入和数据输出，各传感器的处理同前一级传感器输出的信息形式有一定关系。因此，在串联融合时，前级传感器的输出会对后一级传感器的输出产生较大影响。

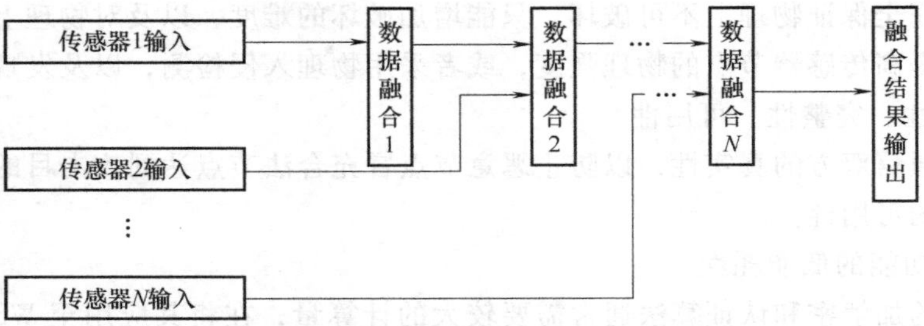

图 14-5　串联型多传感器信息融合结构

对于图 14-6 并联型多传感器信息融合结构，其具体步骤是将所有传感器数据都统一汇总输入至同一个数据融合中心。传感器数据可以是来自不同传感器的同一时刻或不同时刻的数据，也可以是来自同一传感器的不同时刻的信息。因此，并联型适合解决时空多传感器信息融合的问题。数据融合中心对上述不同类型的数据按相应方法进行综合处理，最后输出融合结果。并联型多传感器信息融合结构形式中各传感器的输出相互不影响。

图 14-7 为一种串并混联型多传感器信息融合结构。该结构是串联和并联两种形式的不同组合，可以先串联再并联，也可以先并联再串联。该结构对传感器输入信息的要求与并联型相同。

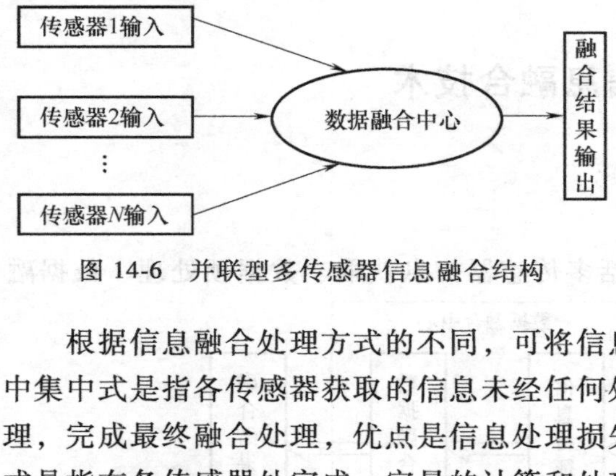

图 14-6　并联型多传感器信息融合结构

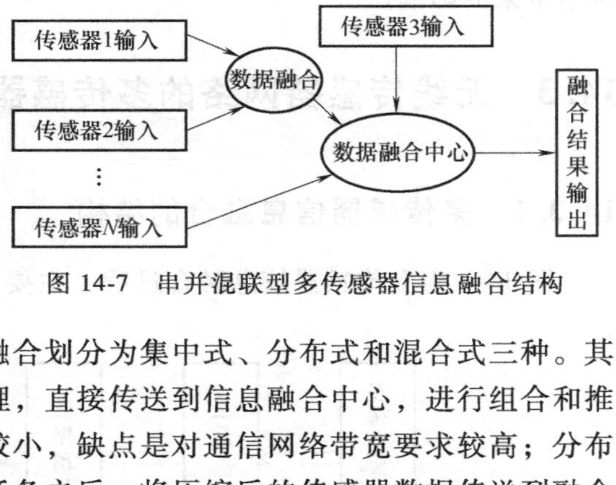

图 14-7　串并混联型多传感器信息融合结构

根据信息融合处理方式的不同，可将信息融合划分为集中式、分布式和混合式三种。其中集中式是指各传感器获取的信息未经任何处理，直接传送到信息融合中心，进行组合和推理，完成最终融合处理，优点是信息处理损失较小，缺点是对通信网络带宽要求较高；分布式是指在各传感器处完成一定量的计算和处理任务之后，将压缩后的传感器数据传送到融合中心，在融合中心将接收到的多维信息进行组合和推理，最终完成融合，适合于远距离配置的多传感器系统，不需要过大的通信带宽，但有一定的信息损失；混合式结合了集中式和分布式的特点，既可将处理后的传感器数据送到融合中心，也可将未经处理的传感器数据送到融合中心，可根据不同情况灵活设计多传感器的信息融合处理系统，但稳定性较差。表 14-2 分析了上述三种信息融合结构的特点，其中分布式因具有成本低、可靠性高、生成能力强等优点而应用较多。

表 14-2　不同信息融合结构的特点

融合结构	信息损失	通信带宽	融合处理	融合控制	可扩充性
分布式	大	窄	容易	复杂	好
集中式	小	宽	复杂	简单	差
混合式	中	中	一般	一般	一般

14.3.2　多传感器信息融合算法

多传感器信息融合算法主要分为基于物理模型、基于特征推理技术和基于知识的算法。其中基于特征推理技术的算法又可分为基于参数的方法和基于信息论技术的方法，如图 14-8 所示。

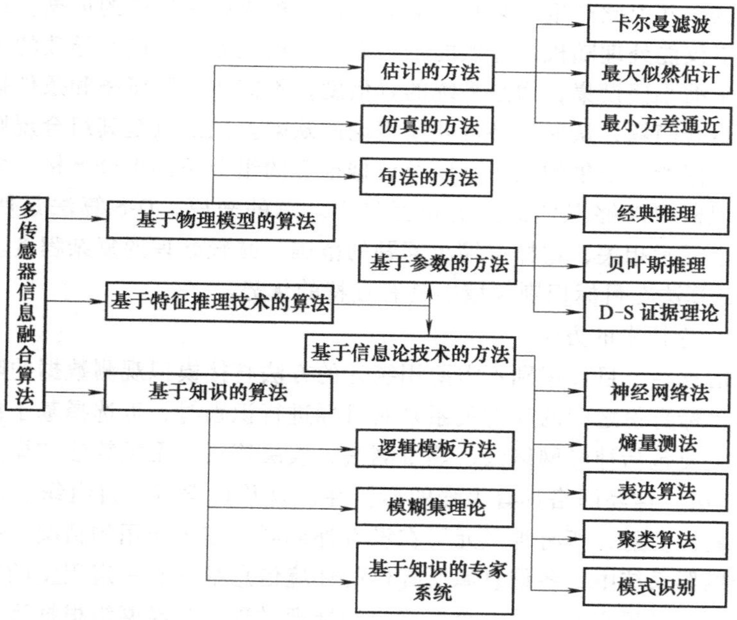

图 14-8　多传感器信息融合算法的分类

1. 基于物理模型的算法

基于物理模型的算法主要是通过匹配实际观测数据与各物理模型或预先存储的目标信号来实现。所用技术涉及仿真、估计及句法的方法，具体的估计方法有卡尔曼滤波、最大似然估计和最小方差逼近。

2. 基于特征推理技术的算法

基于特征推理技术的算法主要是通过将数据映射到识别空间来实现。这些数据包括物体的统计信息或物体的特征数据等。该算法可细分为基于参数的方法和基于信息论技术的方法。

(1) 基于参数的方法

基于参数的方法直接将参数数据映射到识别空间中，主要包括经典推理、贝叶斯推理和D-S证据理论等方法。

经典推理法是在给出目标存在的假设条件下，表示所观测到的数据与标识相关的概率。经典推理法使用抽样分布，并且能提供判定误差概率的一个度量值，但主要缺点是很难得到用于分类物体或事件的观测量的概率密度函数，且一次仅能估计两个假设，多变量数据的复杂性增大，无法直接应用先验似然函数，需要一个先验密度函数的有效度，否则不能直接使用先验估计。

贝叶斯推理是英国人Thomas Bayes于1763年发表的，其基本观点是把未知参数看作一个有一定概率分布的随机变量。该推理算法需要先验概率，但在很多实际情况下这种先验信息是很难获得或不精确的。而且，当潜在具有多个假设事件，且多个事件条件相互依赖时，计算将变得非常复杂。若各假设事件要求互斥，则不能处理广义的不确定问题。

D-S证据理论是一种广义的贝叶斯推理方法，最早由美国数学家A. P. Dempster于1967年提出，1976年Shafer对这一理论进行了推广。该理论算法在进行多传感器信息融合时由各传感器获得信息，并由此产生对某些命题的度量，构成该理论中的证据。这种方法具有较强的理论基础，不仅能处理随机性导致的不确定性，还能处理模糊性导致的不确定性，以及可通过证据积累来缩小假设集，增强系统的置信度，不需要先验概率和条件概率密度，且可处理相关证据的组合问题，从而弥补贝叶斯理论的缺陷。但缺点是其组合规则无法处理证据冲突，无法分辨证据所在子集的大小，以及证据推理的组合条件十分严格，要求证据之间是条件独立的和辨识框架能够识别证据的相互作用。总的来说，D-S算法是使证据与子集相关，而不是与单个元素相关，这样可缩小问题的范围，减轻处理的复杂程度。作为一种非精确推理算法，D-S算法在目标识别领域中具有独特的优势。

(2) 基于信息论技术的方法

当多传感器信息融合目标识别不需要用统计的方法直接模拟观测数据的随机形式，而是根据观测参数与目标身份之间的映射关系来对目标进行识别时，可选择基于信息论的融合识别算法。该方法主要包括神经网络法、熵量测法、表决算法、聚类算法和模式识别等。

1) 神经网络法。神经网络具有很强的容错性，以及自学习、自组织、自适应能力，能够模拟复杂的非线性映射，所有神经元可在没有外部同步信号作用的情况下执行大容量的并行计算。在多传感器系统中，各信息源所提供的环境信息都具有一定程度的不确定性，对这些不确定信息的融合过程实际上是一个不确定性推理过程。神经网络根据当前系统所接收的样本相似性确定分类标准，同时，可以采用神经网络特定的学习算法来获取知识，得到不确定性推理机制，但缺点是计算量大、实时性较差。

2) 熵量测法。在多传感器信息融合目标识别系统中，各传感器提供的信息一般是不完整和模糊的，甚至是矛盾的，包含大量的不确定性。熵理论可用于计算与假设有关的信息的度量、主观和经验概率估计等。该方法在概念上是简单的，但由于需要对传感器输入进行加权、应用阈值和其他判定逻辑，使算法的复杂性增加。

3) 表决算法。表决算法是多传感器信息融合目标识别算法中比较简单的。它由每个传感器提供对被测对象状态的一个判断，然后由表决算法对这些判断进行搜索，以找到一个由半数以上传感器支持的判断（或采取其他简单的判定规则），也可采用加权方法、门限技术等判定方法。在没有可利用的准确先验统计数据时，该算法非常有用，尤其适合实时融合。

4）聚类算法。聚类算法是一种启发性算法，用来将数据组合为自然组或者聚类。所有的聚类算法都需要定义一个相似性度量或者关联度量，以提供一个表示接近程度的数值，从而可开发算法以对特征空间中的自然聚集组进行搜索。聚类分析能发掘出数据中的新关系，以导出识别范例，因而是一个有价值的工具。但缺点是该算法的启发性质使得数据排列方式、相似性参数的选择、聚类算法的选择等都对聚类有影响。

5）模式识别。模式识别主要用来解决数据描述与分类问题，主要为基于统计理论（或决策理论）、基于句法规则（或结构学）和基于人工神经网络方法等。该方法通常用于高分辨率、多像素图像技术中。

3. 基于知识的算法

基于知识的算法主要包括逻辑模板、模糊集理论及基于知识的专家系统等方法。

（1）逻辑模板方法

逻辑模板方法实质上是一种匹配识别的方法。它将系统的一个预先确定的模式与观测数据进行匹配，确定条件是否满足，从而进行推理。预先确定的模式中可包含逻辑条件、模糊概念、观测数据，以及用来定义一个模式的逻辑关系中的不确定性等。

（2）模糊集理论

模糊集理论是将不精确知识或不确定边界的定义引入数学运算的一种算法。它可以将系统状态变量映射成控制量、分类或其他类型的输出数据。当外界噪声干扰导致识别系统工作在不稳定状态时，模糊集理论中丰富的融合算子和决策规则可为目标融合处理提供必要的手段。通常情况下，模糊逻辑可与其他的信息融合方法结合使用，如基于模糊逻辑和扩展的卡尔曼滤波的信息融合，基于模糊神经网络的多传感器信息融合等。

（3）基于知识的专家系统

基于知识的专家系统是将规则或专家知识相结合，以自动实现目标识别，而知识是对某些客观对象的认识，并通过计算机语言来表述对客观对象属性的认识。通常基于计算机的专家系统由一个包括基本事实、算法和启发式规则等组成的知识库、一个包含动态数据的大型全局数据库、一个推理机制，以及人机交互界面构成。专家系统法的成功与否在很大程度上取决于建立的先验知识库。该方法适用于根据目标物体的组成及相互关系进行识别的场合，但当目标物体特别复杂时，该方法可能会失效。

14.3.3 多传感器信息融合新技术

近年来，随着信息融合技术的发展，一些新方法不断地应用于多传感器信息融合，如小波变换、神经网络、粗糙集理论和支持向量机理论等。

1. 小波变换

小波变换是一种时频分析方法，它在多信息融合中主要用于图像融合。即将多个不同模式的图像传感器得到的同一场景的多幅图像，或同一传感器在不同时刻得到的同一场景的多幅图像，合成为一幅图像的过程。经图像融合技术得到的合成图像可以更全面、精确地描述所研究的对象。

2. 神经网络

神经网络技术具有大规模并行处理、连续时间动力学和网络全局作用等特点。利用人工神经网络的高速并行运算能力，可在信息融合的建模过程中消除由于模型不符或参数选择不当带来的问题。由于神经网络的种类、结构和算法很多，使神经网络的研究成为多传感器信息融合技术的研究热点。

3. 粗糙集理论

粗糙集理论（Rough Sets Theory，RST）是由Z. Pawlak及其合作者在20世纪80年代初提出的一种处理模糊性和不确定性数据的工具，其主要思想是在保持信息系统分类能力不变的前提下，通过知识约简，导出问题的决策或分类规则。它的一个重要特点是具有很强的定性分析能力，具有对不完整数据进行分析、推理，并发现数据间内在关系，从而提取有用特征和简化信息处理的能力。

4. 支持向量机理论

支持向量机（Support Vector Machine，SVM）最初是由AT&T Bell实验室的V. Vapnik提出的一种基于统计学习理论的学习机。它是目前机器学习领域的一个研究热点，并已在多传感器信息融合中得到应用。相对于神经网络的启发式学习方式和需要大量前期训练过程，SVM具有更严格的理论和数学基础，不存在局部最小问题。由于小样本学习具有很强的泛化能力，不太依赖样本的数量和质量的特点，该方法适用于解决小样本、高维特征空间和不确定条件下的多传感器信息融合问题，可提高融合结果的准确性、可靠性，以及输入数据信息的利用效率和融合方法的灵活性。但由于支持向量机的理论和实践研究尚不成熟，该信息融合方法还有待进一步完善。

总之，随着人工智能技术的发展，以模糊理论、神经网络、证据理论、支持向量机为代表的多传感器信息融合新技术将在实际应用中越来越广泛。而且，微传感器技术、数字信号处理技术、无线网络通信等技术创新融合也必将促进多传感器信息融合技术的新发展。

14.4 无线传感器网络在物联网技术中的典型应用

14.4.1 无线传感器网络在物联网环境监测中的应用

近年来，随着人们生活水平的提高，对环境质量的要求也越来越高，而传统的环境监测多以人工监测和大型环境监测站方式为主，各监测点相距较远，且存在以下缺点：①系统部署和维护的成本高；②难以自适应采集各种类型的生态数据信息；③难以实时、可靠地传输环境监测数据；④信息化程度仍偏低，造成数据不共享、服务不开放。

随着低功耗、远距离无线物联网通信技术的出现，通过整合无线传感器网络、云服务等先进技术，可实现以物联网为核心的环境监测系统，使环境保护工作变得更加系统化、标准化。物联网环境监测应用主要包括大气监测、水质监测、生态（噪声、温度、湿度等）监测、海洋监测以及污染监测等。图14-9为无线传感器网络在物联网环境监测中的应用系统架构示意图。

物联网技术虽可在实际应用中实现环境的科学监测，但还有一些需要改进的方面。如传感器和云技术的技术缺陷往往使得传感器的灵敏度处于失真状态，无线传感器的传输速率对信息送达存在一定的延后。在未来发展中，物联网环境监测技术将趋向于多方式监测，同时在电磁监测和化学的组成系统分析方面具有广阔的应用前景，有利于推动环保事业的高效发展。

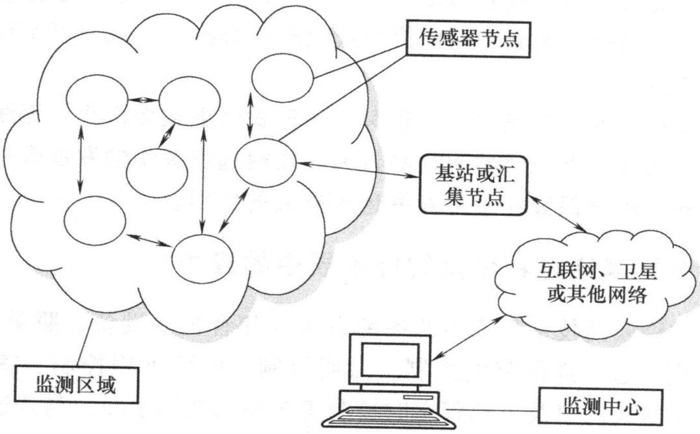

图 14-9 环境监测物联网系统架构示意图

14.4.2 无线传感器网络在物联网健康监护中的应用

通过物联网对患有慢性病的病人进行院外监测，及时获取实际生活状况下的生理和心理参数变化对评估家庭治疗效果具有重要意义。穿戴式技术是近年来出现的一种新应用，其关键技术涉及多个学科的交叉领域，可广泛应用于临床监护、睡眠分析、应急救护、航空航天、特殊人群监护、心理评价、体育训练等方面。

近年来我国在远程医疗方面已有长足发展。20 世纪 90 年代后，我国大力发展了通信和互联网基础设施建设，为远程医疗创造了条件。较早开展的应用包括远程会诊和心脏监测。如图 14-10 所示为远程健康监护系统，被监护者在身上布置或植入传感器节点，以采集其生理体征数据和活动背景信息。这些传感器节点将数据送给一个网关节点，从而根据协议的不同形成基于 IEEE 802.15.4 或者蓝牙的健康监护无线传感器网络。网关节点将接收的数据经

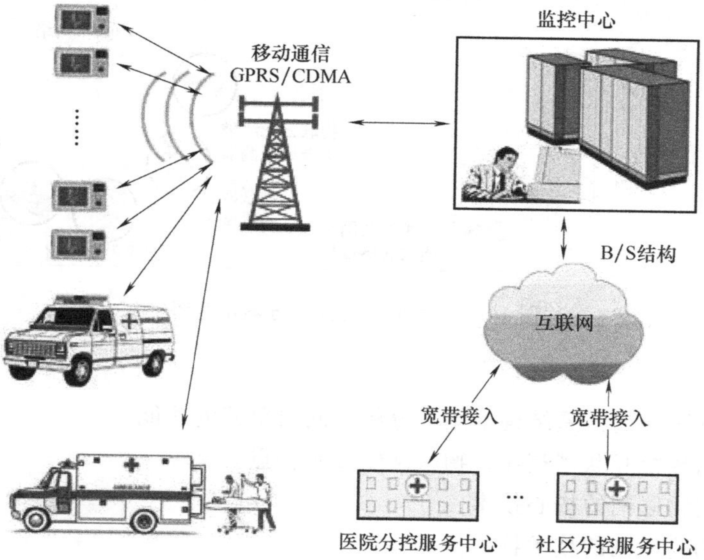

图 14-10 远程健康监护系统

数据压缩或者融合后通过互联网或者移动网络发送给远程的健康监护数据处理中心。处理中心在发现被监护者健康情况出现异常时向医生或急救中心报告，从而可实现对被监护者的连续 24h 监控或即时监控。

因此，随着信息技术的不断发展，远程医疗的形式将更加多样化，无线、移动和传感技术融合而成的微型化无线智能传感器网络必将为物联网远程医学的发展带来新的突破，远程医疗将逐步进入常规的医疗保健体系并发挥越来越大的作用。

14.4.3 无线传感器网络在物联网智能家居中的应用

智能家居是通过物联网技术将家中的各种设备（如音视频设备、照明系统、窗帘控制、空调控制等）连接到一起，提供家电控制、照明控制、电话远程控制、室内外遥控、防盗报警、环境监测、暖通控制以及可编程定时控制等多种功能和手段。与普通家居相比，智能家居不仅具有传统的居住功能，同时兼备网络通信、信息家电和设备自动化，可提供全方位的信息交互功能，甚至节约各种能源费用。

无线智能家居在物联网推动下应运而生，并逐渐发展壮大。其中，ZigBee 是目前智能家居行业最流行的无线技术之一。图 14-11 为一种家庭智能安保方案示意图。总体上，智能家居行业目前正进入快速增长期，一些机构正在积极研发更为符合市场的智能化家居设备，以解决当前智能化产品实用性差、使用复杂以及产品昂贵等问题。

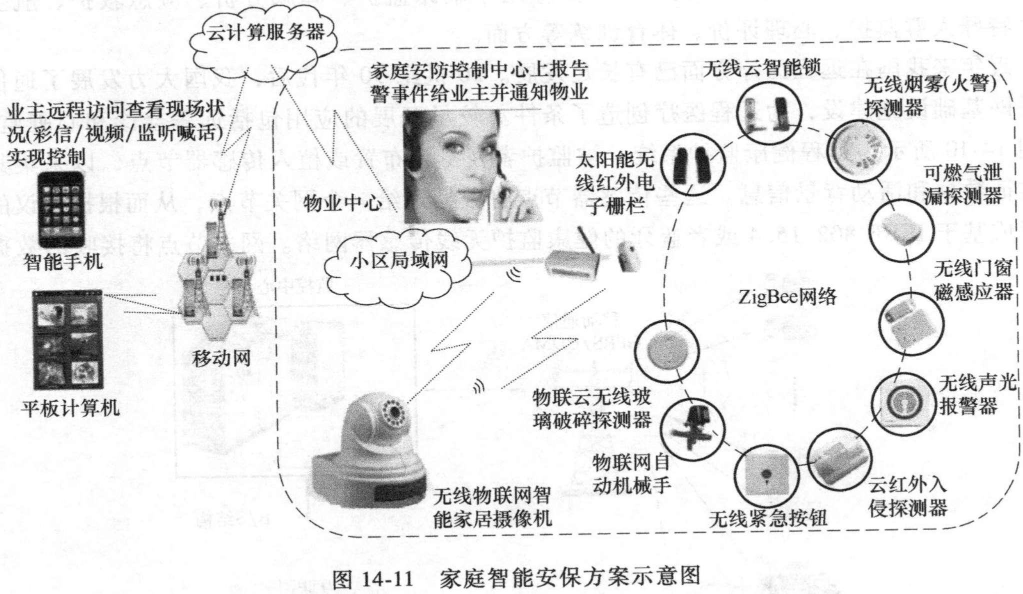

图 14-11　家庭智能安保方案示意图

习题与思考题

14-1　结合物联网的体系结构框图，分析不同层单元的功能。

14-2　简述与传统互联网相比，物联网的技术特点。

14-3　试说明物联网的核心技术。

14-4　试说明物联网的技术特点。

14-5　比较无线传感器网路与传统传感器网络的不同。

14-6 简述无线传感器网络的三种硬件平台及其各自功能。

14-7 说明无线传感器网络设计的要点。

14-8 结合表 14-1，比较分析 ZigBee、蓝牙和 Wi-Fi 等无线通信协议的技术性能。

14-9 说明无线传感器网络存在的安全问题及对策。

14-10 简述多传感器信息融合的结构形式。

14-11 结合图 14-5 和图 14-6，试比较两种结构形式的特点。

14-12 根据信息融合处理方式的不同，可将信息融合划分为哪三种？并说明各融合结构的特点。

14-13 结合图 14-8，说明多传感器信息融合的常用算法有哪些？各有何特点？

14-14 试说明经典推理法的应用特点。

14-15 试说明基于信息论技术的主要方法及各自特点。

14-16 多传感器信息融合的新技术有哪些？各有何特点？

14-17 举例说明无线传感器网络技术在物联网中的典型应用。

14-18 结合图 14-10，简要说明远程健康监护系统的工作原理。

14-19 结合图 14-11，简要说明家庭智能安保方案的主要组成及工作原理。

部分习题参考答案

第 2 章

2-14

1）$\xi_{LB} \approx 0.447\%$

2）$\xi_{LB,M} \approx 0.327\%$

3）$\xi_{LS} \approx 0.279\%$

2-15

分辨力为 0.018m/s^2；分辨率为 $r=0.0036$。

2-16

$\xi_{LB,M} \approx 0.0741\%$

2-17

$10/3 \geqslant x \geqslant 0$ 时，灵敏度由 1 单调增加至 1.0033；$10 \geqslant x \geqslant 10/3$ 时，灵敏度由 1.0033 单调减小至 0.99。

2-18

分辨力为 $1\mu\text{m}$；

分辨率为 $\frac{1}{9999} \times 100\% \approx 0.01\%$。

2-19

测量范围 $\pm 0.707g$ 时，只能测量 $45° \sim 135°(-135° \sim -45°)$ 范围以内的倾角，上述范围外的倾角超过了传感器的测量范围。

测量范围 $\pm 10g$ 时，只用到传感器十分之一的测量范围，因此测量性能不好，导致灵敏度、分辨率、精度下降。

2-20

$\xi_H \approx 0.0743\%$；$\xi_R = 0.125\%$。

2-21

$\xi_a \approx 0.229\%$

2-22

在 5g 标定时，传感器的直接输出为

$$9000\text{mV}/20 = 450\text{mV}$$

这时传感器的电压灵敏度为

$$K = 450\text{mV}/(5g) = 90\text{mV}/g < 100\text{mV}/g$$

故灵敏度比原来的低。

2-23

$$G(s) = \frac{1}{0.4998s+1}$$

$T=-1/A\approx 0.4998\text{s}$

$T_s\approx 1.499\text{s}$

第3章

3-26

$\Delta l=l\varepsilon=1\times 300\times 10^{-6}\text{m}=3\times 10^{-4}\text{m}=0.3\text{mm}$

$\sigma=E\varepsilon=2.06\times 10^{11}\times 0.3\times 10^{-3}\text{Pa}=6.18\times 10^{7}\text{Pa}$

$\Delta R=RK\varepsilon=120\times 2.1\times 300\times 10^{-6}\Omega=7.56\times 10^{-2}\Omega$

如果需要测出 1×10^{-6} 的应变，则相应的 $\Delta R/R$ 为

$$\Delta R/R=K\varepsilon=2.1\times 1\times 10^{-6}=2.1\times 10^{-6}$$

3-27

由 $U_{out}=\dfrac{1}{4}U_{in}K\varepsilon$，可得

$$\varepsilon=\frac{4U_{out}}{U_{in}K}=\frac{4\times 5\times 10^{-3}}{10\times 2}=10^{-3}$$

$$\sigma=E\varepsilon=2\times 10^{11}\times 10^{-3}\text{Pa}=2\times 10^{8}\text{Pa}$$

3-28

1）如答图 3-1 所示。

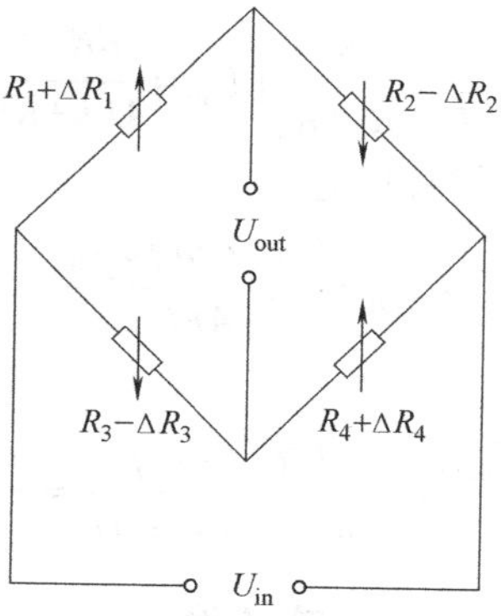

答图 3-1　题 3-28 答案图

2）$R_1=R_4=120.133\Omega$

$R_2=R_3=119.867\Omega$

3）$U_{out}\approx 5.53\text{mV}$

3-29

$\Delta R_1/R_1=1.75\times 10^{-3}$

$\varepsilon\approx 8.33\times 10^{-4}$

3-30

对于图 3-27 的悬臂梁式加速度传感器，加速度向下时，惯性力向上；处于悬臂梁上表面的 R_1、R_4 感受负应变，处于悬臂梁下表面的 R_2、R_3 感受正应变；当加速度增加时，负应变的减小量与正应变的增加量在数值上相等。因此，可以给出如答图 3-2 的四臂受感电桥电路示意图。

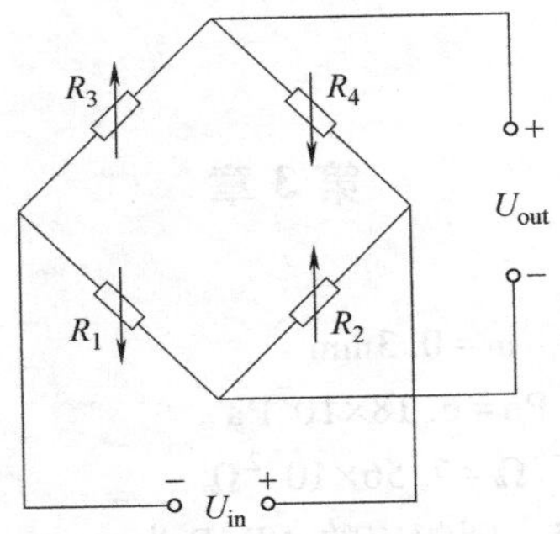

答图 3-2　题 3-30 答案图

3-31

基于图 1-1，圆柱筒外壁的切向应变和沿着切向设置的 $R_1(R_4)$ 分别为

$$\varepsilon_\theta=\frac{pR(2-\mu)}{2Eh}$$

$$R_1=R_{10}\left[1+\frac{KR(2-\mu)p}{2Eh}\right]$$

式中，R_{10} 为电阻应变片的初始电阻（Ω）。

于是电桥电路输出为

$$U_{out}=\left(\frac{R_1}{R_1+R_3}-\frac{R_2}{R_2+R_4}\right)U_{in}=\frac{KR(2-\mu)pU_{in}}{4Eh+KR(2-\mu)p}$$

不考虑非线性因素时的电桥电路输出为

$$U_{out0}=\frac{KR(2-\mu)pU_{in}}{4Eh}$$

由非线性引起的相对误差为

$$\xi_L=\frac{U_{out}-U_{out0}}{U_{out0}}=\frac{-KR(2-\mu)p}{4Eh+KR(2-\mu)p}\approx\frac{-KR(2-\mu)p}{4Eh}$$

第 4 章

4-7

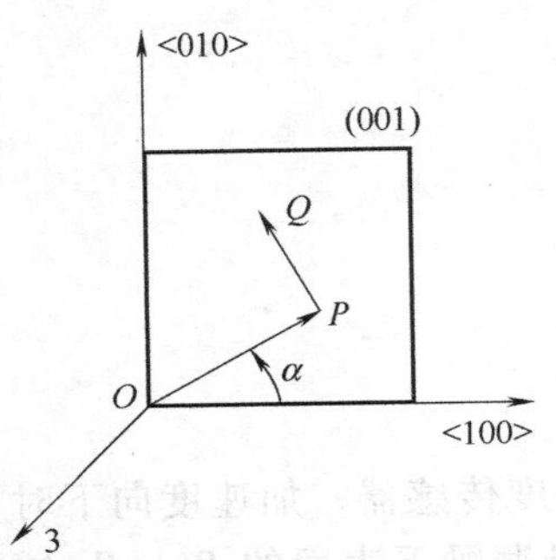

答图 4-1　题 4-7 答案图

$$\pi_a \approx \pi_{11}(1-0.75\sin^2 2\alpha)$$

$$\pi_n \approx \pi_{11}(0.75\sin^2 2\alpha-0.5)$$

π_a、π_n 均是以 $\sin^2 2\alpha$ 为周期的函数，如答图 4-2 所示。

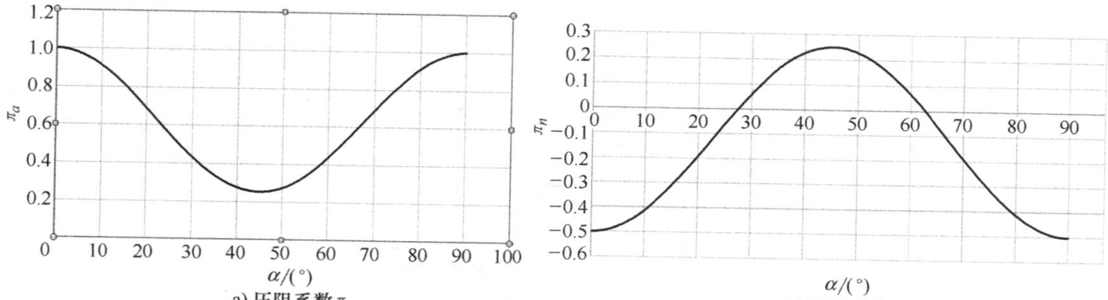

a) 压阻系数 π_a

b) 压阻系数 π_n

答图 4-2 压阻系数 π_a、π_n 随 α（0°~90°）变化规律

4-11

对于图 4-12 恒流源供电电桥电路，两条支路 ABC、ADC 的电阻值相等，均为 2 $[R_0+\Delta R(T)]$，因此通过这两条支路的电流均为 $0.5I_0$，因此输出为

$$\begin{aligned} U_{\text{out}} &= U_{\text{BD}} = 0.5I_0[R_0+\Delta R(p)+\Delta R(T)]-0.5I_0[R_0-\Delta R(p)+\Delta R(T)] \\ &= I_0\Delta R(p) \end{aligned}$$

由于 ABC、ADC 两条支路的电阻值均为 2 $[R_0+\Delta R(T)]$，则恒流源两端的等效电阻为 $[R_0+\Delta R(T)]$，所以恒流源两端的电压为

$$U_{\text{AC}} = I_0[R_0+\Delta R(T)]$$

式（4-27）、式（4-28）得证。

4-17

（111）晶面如答图 4-3 所示，即 *AFH* 面；<110>晶向如答图 4-4 所示 *HC*。

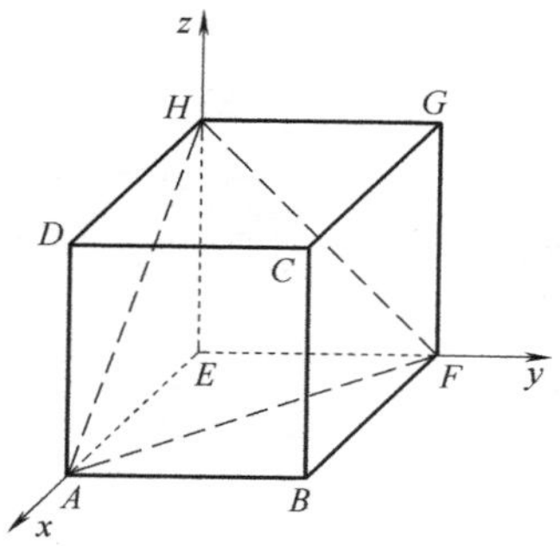

答图 4-3 （111）晶面

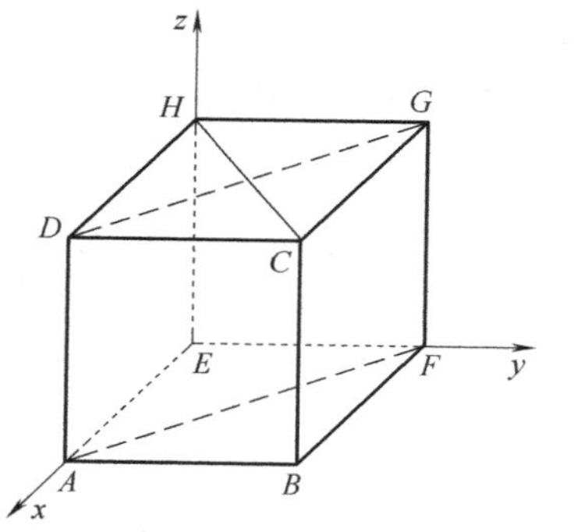

答图 4-4 <110>晶向

（111）面内，$<1\bar{1}0>$的横向为$<11\bar{2}>$，如答图 4-5 中所示 *AF* 与 *HM*，*M* 是 *BE* 的中点。

$$\pi_a = \frac{1}{2}(\pi_{11}+\pi_{12}+\pi_{44})$$

$$\pi_n=\frac{1}{4}(\pi_{11}+3\pi_{12}-\pi_{44})$$

对于 P 型硅，$\pi_a=0.5\pi_{44}$；$\pi_n=-0.25\pi_{44}$；对于 N 型硅，$\pi_a=0.25\pi_{11}$；$\pi_n=-0.125\pi_{11}$。

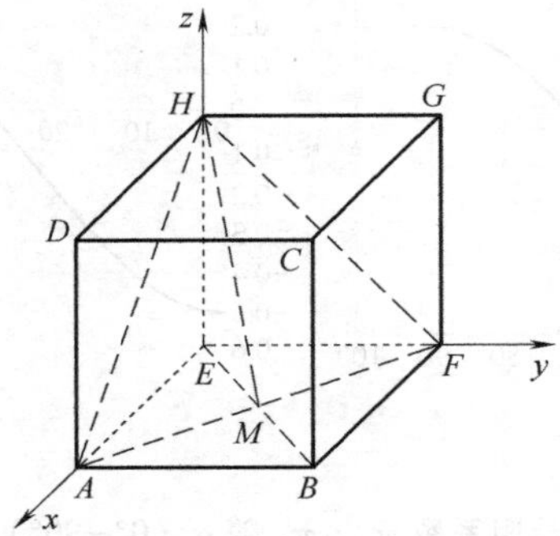

答图 4-5 （111）晶面内<1$\bar{1}$0>晶向和<11$\bar{2}$>晶向

4-18

$$\pi_a=\frac{1}{2}(\pi_{11}+\pi_{12}+\pi_{44})$$

$$\pi_n=\frac{1}{2}(\pi_{11}+\pi_{12}-\pi_{44})$$

对于 P 型硅，$\pi_a=0.5\pi_{44}$；$\pi_n=-0.5\pi_{44}$；对于 N 型硅，$\pi_a=0.25\pi_{11}$；$\pi_n=0.25\pi_{11}$。

4-19

$0\sim1.409\times10^5$Pa

4-20

1）0~105.4mV。

2）0~151.3mV。

4-21

1）如答图 4-6 所示。

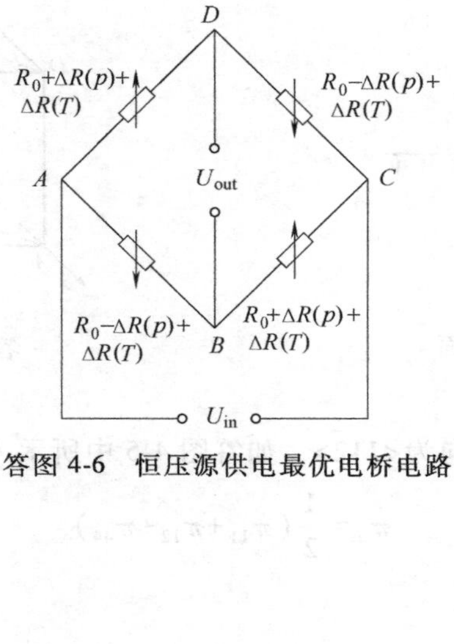

答图 4-6 恒压源供电最优电桥电路

2）$U_{out}=75$mV。

3）如答图 4-7 所示，$U_{out}=135\text{mV}$。

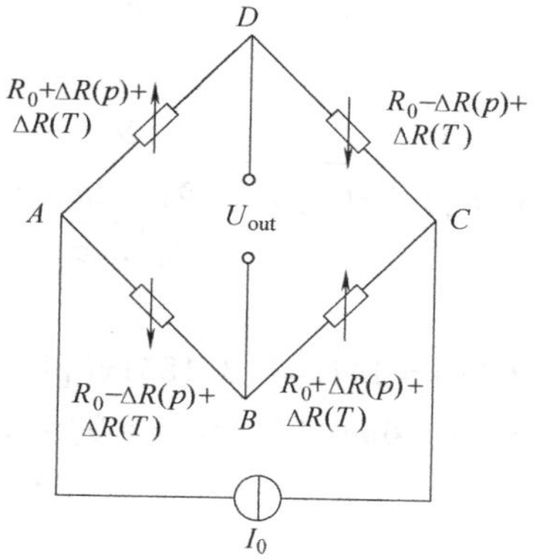

答图 4-7　恒流源供电电桥电路

4-22

$-1.116\times10^3\sim1.116\times10^3\text{m/s}^2$

4-23

$-0.0449\sim0.0449$；$0.0449\sim-0.0449$。

第 5 章

5-5

$$R_{eq}=R_C+\frac{R_P}{\omega^2R_P^2C^2+1}$$

$$C_{eq}=\frac{1+\omega^2R_P^2C^2}{\omega^2R_P^2C-\omega^2L(\omega^2R_P^2C^2+1)}$$

5-29

基于图 5-23b，当可动容栅栅极与固定容栅栅极完全重合时，单条扇形容栅的电容量达到最大为

$$C_{unit,max}=\frac{\alpha}{2\pi}\frac{\varepsilon(\pi R^2-\pi r^2)}{\delta}=\frac{\alpha\varepsilon(R^2-r^2)}{2\delta}$$

式中，R、r 为栅极外半径和内半径（m）；α 为每条栅极所对应的圆心角（rad）。

于是，对于有 n 个可动容栅的情况，相当于它们并联，于是最大电容量为

$$C_{max}=n\frac{\varepsilon\alpha(R^2-r^2)}{2\delta}$$

5-30

$$C(x)=\frac{\varepsilon_1\varepsilon_2\varepsilon_0WL}{\varepsilon_2(\delta-d)+\varepsilon_1d}+\left[\frac{\varepsilon_1\varepsilon_0W}{\delta}-\frac{\varepsilon_1\varepsilon_2\varepsilon_0W}{\varepsilon_2(\delta-d)+\varepsilon_1d}\right]x$$

5-31

总电容 C 相当于原来的电容 C_0 与两片云母片电容 C_a 的串联，原电容和单个云母片电容分别为

$$C_0=\frac{\varepsilon_0 S}{\delta_0},\quad C_a=\frac{\varepsilon_r\varepsilon_0 S}{a}$$

总电容为

$$C=\frac{1}{(C_0)^{-1}+(C_a)^{-1}+(C_a)^{-1}}=\frac{S}{\dfrac{\delta_0}{\varepsilon_0}+\dfrac{2a}{\varepsilon_r\varepsilon_0}}=\frac{\pi\varepsilon_r\varepsilon_0 D^2}{4(2a+\delta_0\varepsilon_r)}$$

5-32

$$C(x)\approx 141.47-3.1831x(\text{pF})$$

其中，位移 x 的单位为 mm。$x=0\text{mm}$ 时，$C(x=0)=141.47\text{pF}$；$x=40\text{mm}$ 时，$C(x=40\text{mm})\approx 14.15\text{pF}$。

特性曲线如答图 5-1 所示。

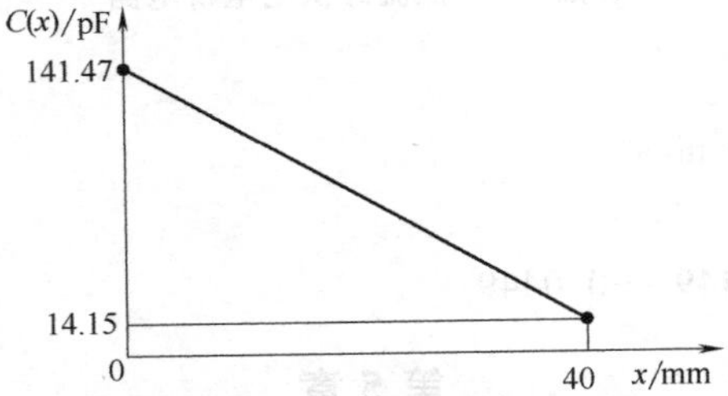

答图 5-1　电容式位移传感器的特性曲线

5-33

答表 5-1　电容式位移传感器的电容变化量及相应的电容相对变化量

$\Delta\delta/\mu\text{m}$	10	30	50	70	100	150	200
$\Delta C/\text{pF}$	0.0722	0.226	0.393	0.576	0.884	1.52	2.36
$\Delta C/C$	0.0204	0.0638	0.111	0.163	0.250	0.429	0.667

5-34

答表 5-2　硅电容式压力传感器压力-电容特性

$p/\times10^{-5}\text{Pa}$	0	0.2	0.4	0.6	0.8	1.0	1.2	1.4	1.6	1.8	2.0
C_x/pF	1.660	1.676	1.692	1.710	1.727	1.746	1.766	1.786	1.808	1.830	1.854

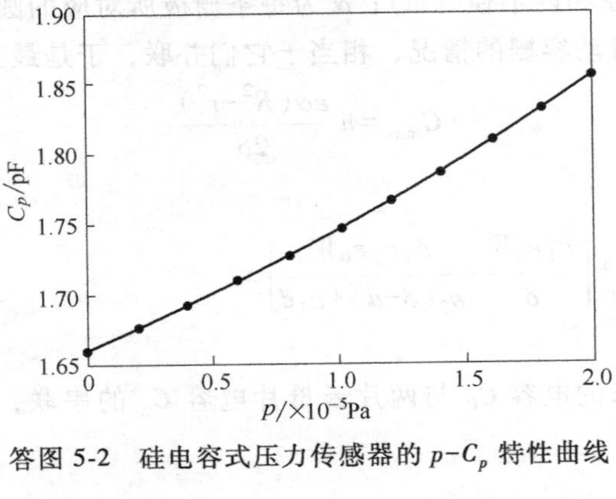

答图 5-2　硅电容式压力传感器的 p-C_p 特性曲线

5-35

$\xi_t \approx -2.25\times10^{-4}$

第 6 章

6-26

答表 6-1 某简单电感式变换元件的磁阻与电感计算值

δ/mm	0	0.25	0.5	0.75	1.0
L/mH(不考虑)	2571	101.79	50.89	33.93	25.45
L/mH(考虑)	2571	97.91	49.91	33.49	25.20

6-28

$\xi_{LS,Y} \approx 1.452\%$

6-29

$$u_{out} = \frac{3(1-\mu^2)(R^2-R_0^2)^2 U_m \sin\omega t}{32EH^3\delta_0}\Delta p$$

6-30

$$C_e = \frac{E_s}{n} = \frac{3}{300}\text{V/(r/min)} = 0.01\text{V/(r/min)} = 10\text{mV/(r/min)}$$

$$C = \frac{C_e}{1+r_s/R_L} = \frac{0.01}{1+1/25}\text{V/(r/min)} \approx 0.0096\text{V/(r/min)} = 9.6\text{mV/(r/min)}$$

6-31

$$e = E_m \sin(\omega t+\theta_x) = 2.5\times10^{-2}\sin\left(500t+\frac{\pi}{5}\right)$$

$$\theta_x = (2\pi/W)x$$

则

$$x = \frac{\theta_x W}{2\pi} = \frac{\pi}{5}\ \frac{0.5}{2\pi}\text{mm} = 0.05\text{mm}$$

说明：根据鉴相特点，相位 θ_x 为周期变化，则位移可表示为

$$nx = 0.05\pm0.5n(\text{mm}) \qquad n=1,2,3,\cdots$$

6-32

$$e = E_m \sin(\omega t+\theta_x) = 2\times10^{-2}\cos\left(1500t+\frac{\pi}{5}\right) = 2\times10^{-2}\sin\left(1500t+\frac{7\pi}{10}\right)$$

$$\theta_x = (2\pi/W)x$$

则

$$x = \frac{\theta_x W}{2\pi} = \frac{7\pi}{10}\ \frac{0.8}{2\pi}\text{mm} = 0.28\text{mm}$$

说明：根据鉴相特点，相位 θ_x 为周期变化，则位移可表示为

$$nx = 0.28\pm0.8n(\text{mm}) \qquad n=1,2,3,\cdots$$

6-33

电涡流式传感器输出信号的角频率为

$$\omega = 2\pi \times 1200\text{rad/s}$$

转轴的转速为

$$n = \frac{60\omega}{2\pi Z} = \frac{60 \times 2\pi \times 1200}{2\pi \times 24}\text{r/min} = 3000\text{r/min}$$

20min 测量过程中有±1 个计数误差，在上述实际测量状态下，对应的误差为

$$\frac{1}{24 \times 20}\text{r/min} = \frac{1}{480}\text{r/min}$$

第 7 章

7-28

$$U_{\text{out,M}} = \frac{15 \times 5}{1200}\text{V} = 0.0625\text{V} = 62.5\text{mV}$$

7-29

有并联电阻时，输出特性为

$$u_{\text{out}} = -\frac{Z_{\text{f}}}{Z_{\text{in}}}u_{\text{in}} = -\frac{R_{\text{f}}qs}{1 + R_{\text{f}}C_{\text{f}}s}$$

$$U_{\text{out,M}} = \frac{Q_{\text{M}}R_{\text{f}}\omega}{\sqrt{1 + (R_{\text{f}}C_{\text{f}}\omega)^2}} = \frac{15 \times 10^{-12} \times 5 \times 10^6 \times 15000}{\sqrt{1 + (10^6 \times 1.2 \times 10^{-9} \times 15000)^2}}\text{V} \approx 0.0624\text{V} = 62.4\text{mV}$$

第 8 章

8-31

$Q \approx 5702.4$

8-32

$5703 > Q > 5702$

8-33

$Q \approx 5132.2$

8-34

$Q \approx 6415.3$

8-35

答表 8-1 谐振筒式压力敏感元件的压力-频率特性

$p/\times 10^5$Pa		0	0.135	0.27	0.405	0.54	0.675	0.81	0.945	1.08	1.215	1.35
$m=1$	$n=2$	4138.2	4169.1	4199.7	4230.1	4260.3	4290.3	4320.1	4349.7	4379.1	4408.2	4437.2
	$n=3$	2833.9	2932.1	3027.2	3119.4	3209.0	3296.1	3380.9	3463.7	3544.6	3623.7	3701.0
	$n=4$	3913.7	4039.5	4161.6	4280.2	4395.6	4508.0	4617.7	4724.8	4829.6	4932.2	5032.6
	$n=5$	5894.0	6024.9	6153.0	6278.4	6401.4	6522.1	6640.6	6757.0	6871.4	6984.0	7094.7
$m=2$	$n=2$	13605	13615	13625	13635	13646	13656	13666	13677	13687	13697	13707
	$n=3$	7202.9	7243.9	7284.6	7325.0	7365.3	7405.3	7445.1	7484.7	7524.1	7563.3	7602.3
	$n=4$	5636.8	5727.1	5815.9	5903.4	5989.7	6074.7	6158.5	6241.3	6322.9	6403.5	6483.1
	$n=5$	6586.7	6705.9	6823.0	6938.1	7051.3	7162.8	7272.5	7380.6	7487.2	7592.2	7695.8

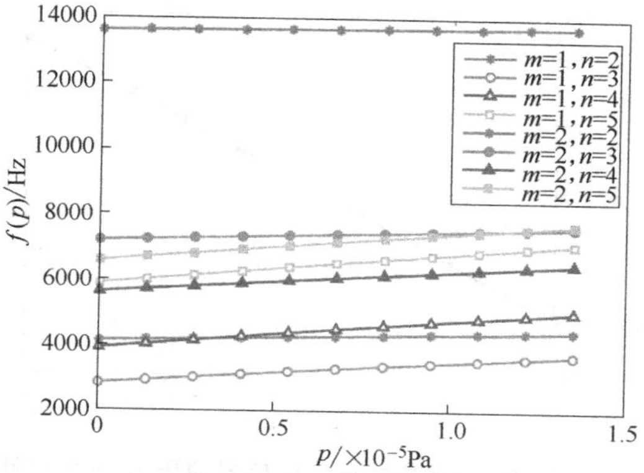

答图 8-1 谐振筒式压力敏感元件的压力-频率特性曲线

基于计算结果，对于相同的圆周方向波数 n，母线方向半波数 $m=2$ 时的频率要高于母线方向半波数 $m=1$ 的频率。以零压力下的频率值进行对比，当 $n=2$、3、4、5 时，$m=2$ 的频率值与 $m=1$ 的频率值之比分别为 3.29、2.54、1.44、1.12，逐渐减小。

基于计算结果，$m=1$，$n=2$、3、4、5 时，频率的相对变化率分别为 7.23%、30.6%、28.6%、20.4%；$m=2$，$n=2$、3、4、5 时，频率的相对变化率分别为 0.76%、5.54%、15.0%、16.8%。均低于相应的 $m=1$ 的情况。

8-36

初始频率为

$$f_{B1}(0)\approx 54.924\text{kHz}$$

压力为 p 时的频率为

$$f_{B1}(p)=f_{B1}(0)\sqrt{1+0.2949\frac{KpL^2}{h^2}}$$

$$K=\frac{0.51(1-\mu^2)}{EH^2}(-L^2-3X_2^2+3X_2L+A^2)$$

由上述公式可以计算出不同压力 p 时的频率 $f_{B1}(p)$，见答表 8-2。为了进一步分析 p-$f_{B1}(p)$ 关系的变化规律，表中还给出了不同压力下，相对于零压力时的初始频率的变化量对压力变化量的比值 $S_f=[f_{B1}(p)-f_{B1}(0)]/(p-0)$。随着压力的增加，反映灵敏度指标的 S_f 逐渐减小。这与该传感器的工作原理有关。

答表 8-2 硅微结构谐振式压力传感器的压力-频率特性 单位：kHz

$p/\times10^5$Pa	0	0.3	0.6	0.9	1.2	1.5	1.8	2.1	2.4	2.7	3
$f_{B1}(p)$/kHz	54.924	55.409	55.890	56.367	56.840	57.309	57.774	58.235	58.693	59.147	59.598
$S_f/(\times10^{-5}$Hz/Pa)		1618	1610	1603	1596	1590	1583	1577	1570	1564	1558

8-37

$$R_{V1}=\frac{Q_{V1}}{Q_V}\approx 65.4\%$$

$$R_{m1}=\frac{Q_{m1}}{Q_m}\approx 62.2\%$$

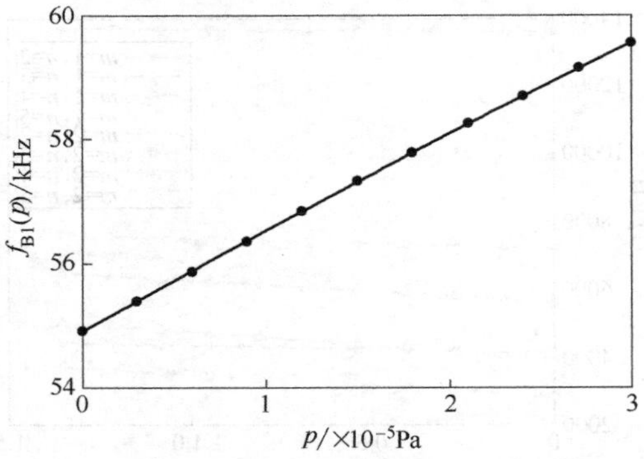

答图 8-2　硅微结构谐振式压力传感器的压力-频率特性曲线

第 9 章

9-15

$NA\approx0.3098$

9-16

$\alpha\approx0.25\text{dB/km}$

9-17

传输损耗为

$$\alpha=\frac{10}{L}\lg\left(\frac{P_{\text{in}}}{P_{\text{out}}}\right)=\frac{10}{10}\lg\left(\frac{P_{\text{in}}}{3}\right)=0.2$$

即

$$P_{\text{in}}=3\times10^{0.2}\text{mW}\approx4.755\text{mW}$$

因此，最小的输入光功率为 4.755mW。

9-18

当 $\Omega=0.02°/\text{h}$ 时，$\Delta\varphi\approx8.833°\times10^{-6}$；

当 $\Omega=200°/\text{s}$ 时，$\Delta\varphi=318°$。

9-19

频率偏移为

$$\Delta f\approx4.004\text{MHz}$$

相对频率变化为

$$\Delta f/f\approx1.124\times10^{-8}$$

第 10 章

10-30

根据图 10-17，当 $\Delta U=0$ 时，有

$$I_{\lambda1}R_1=I_{\lambda2}R_3+I_{\lambda2}\frac{R_2R_{\text{P}}}{R_2+R_{\text{P}}}\frac{R_x}{R_{\text{P}}}$$

$$\frac{R_xR_2}{R_2+R_P}=\left(R_1\frac{I_{\lambda1}}{I_{\lambda2}}-R_3\right)$$

$$R_x=\frac{R_2+R_P}{R_2}\left(R_1\frac{I_{\lambda1}}{I_{\lambda2}}-R_3\right)$$

10-32

$R_t=120\mathrm{e}^{3384.7(1/T-1/293.15)}$ 或 $R_t=120\mathrm{e}^{3384.7[1/(t+273.15)-1/293.15]}$

10-33

$$R_0\approx139.9\mathrm{k}\Omega$$

10-34

1） $R_s=R_t(t=0℃)=200\mathrm{k}\Omega$

2） $R_s=R_t(t=20℃)=200(1+0.01\times20)\mathrm{k}\Omega=240\mathrm{k}\Omega$

3） 输出电压为

$$U_o=U_i\left(\frac{R_t}{R_s+R_t}-\frac{1}{2}\right)=U_i\left[\frac{200(1+0.01t)}{200(2+0.01t)}-\frac{1}{2}\right]=U_i\frac{0.01t}{2(2+0.01t)}$$

温度 0~100℃范围内，输出电压为 $0\sim\frac{U_i}{6}$，即测温电路的平均灵敏度为$\frac{U_i}{600}$V/℃；如果要求该测温电路的平均灵敏度达到 15mV/℃，工作电压为

$$U_i=600\times0.015\mathrm{V}=9\mathrm{V}$$

10-35

1） 主要特点。温度为 0℃时，$R_t=200\mathrm{k}\Omega$，四个桥臂具有相同的电阻值，输出电压为 0；根据电桥电路的结构形式，考虑到感温电阻 R_t 是温度的单调增函数，输出电压也是温度的单调增函数，而且温度在 0℃以上时，输出电压为正，温度在 0℃以下时，输出电压为负。

2） 输出电压为

$$U_o=U_i\left(\frac{R_t}{R_0+R_t}-\frac{1}{2}\right)=U_i\left[\frac{200(1+0.008t)}{200(2+0.008t)}-\frac{1}{2}\right]=U_i\frac{0.008t}{2(2+0.008t)}$$

$t=0℃$，$U_o=0$；$t=100℃$，$U_o=\frac{10\times0.008\times100}{2(2+0.008\times100)}\mathrm{V}=1.429\mathrm{V}$。

测温平均灵敏度为

$$S=\frac{1.429-0}{100-0}\mathrm{V/℃}=14.29\mathrm{mV/℃}$$

10-36

1） 电桥电路始终处于平衡状态，通过调节电阻 R_B 的大小反映所测温度，适用于缓慢变化的温度测量，测量过程受电源波动影响小，抗干扰能力较强。

2） 电路中的 G 代表检流计，用其反映电桥电路是否处于平衡状态。若要提高测温灵敏度，G 的内阻应尽可能小；内阻越小，表明其越灵敏，即反映电桥电路不平衡的能力越强。若检流计的内阻为 R_G，发生可观察偏转的最小电流为 I_{min}（这是由检流计自身的工作特性决定的，对于确定的检流计其值应为固定值），即当检流计两端电压偏差达到 $I_{min}R_G$ 时，才发生偏转。因此，G 的内阻越小，$I_{min}R_G$ 就越小，也就越灵敏。

3） 该测温电路平衡时，满足

$$\frac{R_0}{2R_0}=\frac{R_t}{R_B}$$

即

$$R_B=2R_t=2R_0(1+0.005t)$$

10-37

答表 10-1 参考端温度为 5℃和 15℃时某热电偶的热电动势值 单位：mV

t/℃	0	5	10	15	20	25	30	35	40
$T_0=5$℃	-1.519	0	1.509	3.024	4.544	6.088	7.607	9.096	10.583
$T_0=15$℃	-4.543	-3.024	-1.515	0	1.520	3.064	4.583	6.072	7.559

10-38

参考端温度为 10℃时，热电偶的分度值见答表 10-2。假设热电偶在每 5℃的区间是线性的，则当热电偶的输出热电动势为 5.352mV 时，测量端的温度为

$$T=25+(5.352-4.579)/(6.098-4.579)\times 5℃\approx 27.54℃$$

类似地，可以计算出热电偶的输出热电动势分别为 6.325mV、7.793mV 和 8.637mV 时，测量端的温度分别为

$$T=30+(6.325-6.098)/(7.587-6.098)\times 5℃\approx 30.76℃$$
$$T=35+(7.793-7.587)/(9.074-7.587)\times 5℃\approx 35.69℃$$
$$T=35+(8.637-7.587)/(9.074-7.587)\times 5℃\approx 38.53℃$$

答表 10-2 参考端温度为 10℃时热电偶的分度值

t/℃	0	5	10	15	20	25	30	35	40
E/mV	-3.028	-1.509	0	1.515	3.035	4.579	6.098	7.587	9.074

10-39

1）系数 C_F、C_T 的量纲分别为 V/N、V/℃，分别代表传感器的测力灵敏度和温度干扰的灵敏度。

2）$F=\frac{1}{C_F}(U_o-U_{o0}-C_T T)$

第 13 章

13-10

图 13-8 智能化流量传感器可以实现以下功能：

1）基于流体流过测量管引起的科氏效应，直接测量流体质量流量。

2）基于流体流过测量管引起的谐振频率变化，直接测量流体密度。

3）基于同时直接测得的流体质量流量和密度，实现对流体体积流量的实时解算。

4）基于直接测得的流体质量流量和解算得到的体积流量，可累积流体的质量数与体积数，实现批控罐装。

5）基于直接测得的流体密度，可以实现对不互溶的两组分流体（如油和水）各自质量流量、体积流量的解算，给出两组分流体各自的质量比例和体积比例，也可以实现对两组分流体各自质量与体积的积算。

参考文献

[1] 仪器仪表元器件标准化技术委员会. 传感器通用术语：GB/T 7665—2005 [S]. 北京：中国标准出版社，2005.

[2] 樊尚春，张建民. 传感器与检测技术 [M]. 北京：机械工业出版社，2014.

[3] 樊尚春. 传感器技术及应用 [M]. 4版. 北京：北京航空航天大学出版社，2022.

[4] 樊尚春，刘广玉. 新型传感技术及应用 [M]. 3版. 北京：高等教育出版社，2022.

[5] 金篆芷，王明时. 现代传感技术 [M]. 北京：电子工业出版社，1995.

[6] 宋文绪，杨帆. 传感器与检测技术 [M]. 北京：高等教育出版社，2009.

[7] 樊尚春，周浩敏. 信号与测试技术 [M]. 2版. 北京：北京航空航天大学出版社，2011.

[8] 王祁，等. 传感器信息处理及应用 [M]. 北京：科学出版社，2012.

[9] 李现明. 现代检测技术及应用 [M]. 北京：高等教育出版社，2012.

[10] 刘广玉，樊尚春，周浩敏. 微机械电子系统及其应用 [M]. 2版. 北京：北京航空航天大学出版社，2015.

[11] 赵常志，孙伟. 化学与生物传感器 [M]. 北京：科学出版社，2012.

[12] 蒋亚东，谢光忠. 敏感材料与传感器 [M]. 成都：电子科技大学出版社，2008.

[13] 罗志增，蒋静坪. 机器人感觉与多信息融合 [M]. 北京：机械工业出版社，2002.

[14] 黄永明，潘晓东. 物联网技术基础 [M]. 北京：航空工业出版社，2019.

[15] 廖光辉，王敏，代光明，等. 基于物联网的环境监测系统设计 [J]. 现代电子技术，2022，45 (14)：51-56.

[16] 李秀红. 生态环境监测系统 [M]. 北京：中国环境出版集团，2020.

[17] 王基策，李意莲，贾岩，等. 智能家居安全综述 [J]. 计算机研究与发展，2018，55 (10)：2111-2124.

后　记

经全国高等教育自学考试指导委员会同意，由电子、电工与信息类专业委员会负责高等教育自学考试《传感器技术与应用》教材的审稿工作。

本教材由北京航空航天大学樊尚春教授担任主编，北京航空航天大学李成副教授参与编写。全书由樊尚春教授统稿。

全国考委电子、电工与信息类专业委员会组织了本教材的审稿工作。清华大学丁天怀教授、北京工业大学何存富教授参与了全文审稿，并提出修改意见，谨向他们表示诚挚的谢意。

全国考委电子、电工与信息类专业委员会最后审定通过了本教材。

全国高等教育自学考试指导委员会

电子、电工与信息类专业委员会

2023 年 5 月